鸣谢资助单位与项目

内蒙古农业大学 国家自然科学基金五铺作柱头斗拱木构件的静力结构性能评价体系构建（32360356）

浙江理工大学 教育部人文社会科学研究基于DFS理论的中国传统纤维产品设计策略研究（20YJC760037）

浙江裕华木业股份有限公司

| 光明社科文库 |

# 日本器物文化志

赵广杰　李超　姚利宏　金月华◎编著

光明日报出版社

**图书在版编目（CIP）数据**

白木器物文化志 / 赵广杰等编著 . -- 北京：光明
日报出版社，2025.2. -- ISBN 978 - 7 - 5194 - 8513 - 9

Ⅰ. TS66-092

中国国家版本馆 CIP 数据核字第 2025TR4787 号

白木器物文化志

**BAIMU QIWU WENHUAZHI**

编　　著：赵广杰　李　超　姚利宏　金月华

责任编辑：史　宁　　　　　　　　责任校对：许　怡　李海慧

封面设计：中联华文　　　　　　　责任印制：曹　净

出版发行：光明日报出版社

地　　址：北京市西城区永安路 106 号，100050

电　　话：010-63169890（咨询），010-63131930（邮购）

传　　真：010-63131930

网　　址：http://book.gmw.cn

E - mail：gmrbcbs@gmw.cn

法律顾问：北京市兰台律师事务所龚柳方律师

印　　刷：三河市华东印刷有限公司

装　　订：三河市华东印刷有限公司

本书如有破损、缺页、装订错误，请与本社联系调换，电话：010-63131930

开　　本：170mm×240mm

字　　数：494 千字　　　　　　　印　　张：27.5

版　　次：2025 年 2 月第 1 版　　　印　　次：2025 年 2 月第 1 次印刷

书　　号：ISBN 978 - 7 - 5194 - 8513 - 9

定　　价：99.00 元

# 编著分工

| | | |
|---|---|---|
| 赵广杰 | 北京林业大学教授 | 总体框架　上篇　前言　后记 |
| 张建辉 | 国家林业和草原局产业发展规划院主任/教授级高工 | |
| | | 总体策划　白木资源咨询 |
| 李　超 | 浙江理工大学副教授 | 下篇　第六章　全书统稿 |
| 姚利宏 | 内蒙古农业大学教授 | 下篇　第十六章　白木源固化 |
| 金月华 | 浙江裕华木业股份有限公司高工 | 总体策划　白木产业咨询 |
| 耿晓杰 | 北京林业大学副教授 | 下篇　第六章　部分统稿 |
| 林　剑 | 北京林业大学副教授 | 下篇　第五章　附录　部分统稿 |
| 王来华 | 天津社会科学院研究员 | 下篇　第十二章 |
| 汪庆华 | 许昌学院教授 | 下篇　第九章 |
| 段国梁 | 云南剑川木雕工艺美术大师 | 下篇　第八章 |
| 田步高 | 华夏琴筝艺术博物馆馆长 | 下篇　第十五章 |
| 田　婷 | 日本东京 SARIYA 工作室设计师 | 上篇　第四章 |
| 秦　静 | 北华大学副教授 | 上篇　第四章 |
| 戴　璐 | 北京林业大学副教授 | 下篇　第五章 |
| 余丽萍 | 贵州大学副教授 | 下篇　第五章 |
| 牛　敏 | 福建农林大学副教授 | 下篇　第五章 |
| 卫佩行 | 江苏农林职业技术学院副教授 | 下篇　第五章 |
| 刘　晴 | 清华大学美术学院研究生 | 下篇　第六章 |
| 张　悦 | 江苏农林职业技术学院讲师 | 下篇　第六章 |
| 金华厦 | 福建省永泰县嵩口镇玉湖村书记 | 下篇　第七章 |
| 张求慧 | 北京林业大学教授 | 下篇　第七章 |
| 马晓军 | 天津科技大学教授 | 下篇　第七章 |
| 金　枝 | 中国林业科学研究院副研究员 | 下篇　第七章 |

| | | | |
|---|---|---|---|
| 吕文华 | 中国林业科学研究院研究员 | 下篇 | 第七章 |
| 苌姗姗 | 中南林业科技大学教授 | 下篇 | 第七章 |
| 尹江苹 | 中国林业科学研究院工程师 | 下篇 | 第七章 |
| 詹天翼 | 南京林业大学副教授 | 下篇 | 第七章 |
| 段四兴 | 云南剑川木雕工艺美术大师 | 下篇 | 第八章 |
| 王玉荣 | 中国林业科学研究院研究员 | 下篇 | 第八章 |
| 蒋宝良 | 浙江东阳木雕工艺美术大师 | 下篇 | 第八章 |
| 周 宇 | 中国林业科学研究院研究员 | 下篇 | 第八章 |
| 许 倩 | 中国林业科学研究院研究生 | 下篇 | 第八章 |
| 谢九龙 | 四川农业大学教授 | 下篇 | 第八章 |
| 于丽丽 | 天津科技大学副教授 | 下篇 | 第八章 |
| 高 明 | 许昌学院助教 | 下篇 | 第九章 |
| 刘秀娟 | 江苏农林职业技术学院讲师 | 下篇 | 第九章 |
| 张玉斌 | 浙江理工大学助理研究员 | 下篇 | 第十章 |
| 韩刘杨 | 北京科技大学副教授 | 下篇 | 第十一章 |
| 宋莎莎 | 北京林业大学副教授 | 下篇 | 第十一章 |
| 黄金田 | 内蒙古农业大学教授 | 下篇 | 第十一章 |
| 冀瑶慧 | 清华大学博士后 | 下篇 | 第十一章 |
| 刘志高 | 广西大学副教授 | 下篇 | 第十三章 |
| 周 亮 | 安徽农业大学教授 | 下篇 | 第十三章 |
| 曹永建 | 广东省林业科学研究院研究员 | 下篇 | 第十三章 |
| 张方达 | 中国林业科学研究院助理研究员 | 下篇 | 第十三章 |
| 闫 丽 | 西北农林科技大学教授 | 下篇 | 第十四章 |
| 石敏任 | 广西崇左市林业发展中心高级工程师 | 下篇 | 第十四章 |
| 商俊博 | 北京林业大学高级实验师 | 下篇 | 第十五章 |
| 马俊颖 | 江苏农林职业技术学院讲师 | 下篇 | 第十五章 |
| 薛振华 | 内蒙古农业大学教授 | 下篇 | 第十五章 |
| 高金柱 | 内蒙古七狼民族乐器工艺美术大师 | 下篇 | 第十五章 |
| 张晓燕 | 河北农业大学副教授 | 下篇 | 第十五章 |
| 李 强 | 华中农业大学教授 | 下篇 | 第十六章 |
| 王绍恺 | 华中农业大学研究生 | 下篇 | 第十六章 |

胡英成　　东北林业大学教授　　　　　　　　　　　下篇　第十六章

杨佳欣　　哈尔滨商业大学副教授　　　　　　　　　下篇　第十六章

张鹏举　　哈尔滨商业大学副教授　　　　　　　　　下篇　第十六章

孙伟圣　　浙江农林大学教授　　　　　　　　　　　下篇　第十六章

蓝新章　　浙江云和县中等职业技术学校讲师　　　　下篇　第十六章

徐耀飞　　浙江裕华木业股份有限公司工程师　　　　下篇　第十七章

黄宇翔　　中国林业科学研究院副研究员　　　　　　下篇　第十七章

林秋琴　　中国林业科学研究院助理研究员　　　　　下篇　第十七章

刘文静　　内蒙古农业大学副教授　　　　　　　　　下篇　第十八章

朱礼智　　天津科技大学副教授　　　　　　　　　　下篇　第十九章

# 前　言

　　"白木"一词出自《山海经·大荒西经》："白木、琅玕。"郭璞注："树色正白。今南方有文木，亦黑木也。"南北朝庾信《枯树赋》有"东海有白木之庙，西河有枯桑之社，北陆以杨叶为关，南陵以梅根作冶"之句。这里的东海指东部沿海地区。白木之庙，相传为黄帝葬女处的天仙宫，在今河南密县。此地有白皮松，称"白木之庙"。白木，指白皮松。唐杜甫《乾元中寓居同谷县作歌》之二："长镵长镵白木柄，我生托子以为命。"此处，"白木"解释为未涂饰的木材。诸如此，"白木"或泛指"白色的树"，或特指"白皮松"树种，或技艺式地解释为"未涂饰的木材"。20世纪初，日本学者小原二郎博士在《日本人と木の文化》中论及了白木和白木文化，并围绕木材构造与物性方面进行了直觉性的、零星散在状的描述。但对于白木的概念没有清晰提出，以及对于白木文化特征等都缺乏科学性、本质性、系统性论述与归纳。可以说，2000多年来"白木"其释义众说纷纭，其用法亦各有所循。直言之，"白木"究竟是什么树，是针叶树还是阔叶树，归于什么科、属、种？——这是悠悠数千年以来，在木材学基础研究领域遗留下来的一个似模棱两可、又似深奥莫测的科学问题。

　　本书"白木文化篇"中创新之处：其一，聚焦上述科学问题，首次基于白木肌理的解剖特征、视觉特性与触觉特性，开创性提炼出白木的狭义概念与广义概念。狭义概念指针叶树材中肌理具有（1）"细腻"之解剖特征；（2）"清净"之视觉特性；（3）"柔软"之触觉特性的木材。广义概念指针/阔叶树材中具有狭义概念特征的木材。上述白木的狭义或广义概念清楚表明：白木不是一种木材而是其解剖特性、视觉特性和触觉特性满足一定标准的一群木材。如此，从木材学基础理论上科学回答了"白木究竟是什么树？"这个数千年以来久而未决的科学问题。其二，首次追溯佛像雕刻用材从阔叶树材向针叶树材转变的过程，探明了白木文化生成路径及其转折点。即白檀木→樟木（或楠木）→日本扁柏心材→日本扁柏独木的转变过程为白木文化生成路径；日本扁柏用材登场时间点可视为白木文化观念形成的转折点。其三，首次以观念文化为基本框架，基于白木的解剖特征、视觉与触觉特性，阐述了白木文化的鲜明特征，系统提出了白木的观念文化：精细·清净观、节省·包容观、柔和·亲近观、简约·素朴观四方面。其四，首次比较了白木文化与红木文化特征之间存在的主要差异：在细粗肌理观、淡浓材色观、轻重密度观及简繁纹理观诸方面，两者之间存在着截然不同的文化价值取向与艺术审美意识。其五，首次独创性提出了白木源意境构想及其空间固化方案，将"白木的概念、白木文化特征、白木器物文化历程"等融于"白木源"中，即围绕"白木池"为"白木源"地理中心，弥散在"白木亭""白木阁""白木居"三个白木园林建筑，以及其周围的"白木林"所构成的自然环境中。"白木池"不仅是"白木源"的地理中心，而且也是"白木苗圃""白木林""白木"乃至"白木源"的生命之源泉。"白木亭"包括立于其中的"白木赋"石碑是以文字形态记述"白木的概念、白木文化特征、白木器物文化历程"的白木文化基础空间（区域）；"白木阁"或称"白木文化博物馆"是以图片或视频、模型和实物展示"白木的概念、白木文化特征、白木器物文化历程"的白木文化传媒空间（区域）；"白木居"是以衣食住行白木器物打造成的白木文化体验生活空间（区域）。白木源意境的空间固化或白木源构想的落地生根，对于白木文化的普及、推广，以及白木产业的健康发展具有十分重要的意义。期待白木源落地项目在未来我国社会主义新农村文化建设方面发挥更大的作用。

　　本书"白木器物篇"中特色之处：其一，追溯到始于40万年前人类用云杉长矛狩猎，新石器时代独木舟船具的发明创制等悠长的白木器物文化历程。囊括了白木文化产业集群的各个门类，即白木建筑、白木家具、白木居饰、白木雕刻、白木农具、白木纺织具、白木行具、白木模具、白木炊食具、白木梳妆具、白木乐器、白木文体具、白木婚丧具、白木佛教具、白木包装具等产业门类。其二，有温度、有情感的器物。本篇精选了非物质文化遗产的器物作为典型例子优先登场，同时介绍了非物质文化遗产技艺传承人的不平凡人生经历。器物、人物两者相得益彰，激活了器物本身的潜在活力。其三，对于每一类（种）白木典型器物，从器物文化历史演变、典型器物名称、材质、结构与造型、技艺、功能以及文化特征诸区块，进行了历史性、客观性、系统性记述。其四，图文并茂、有的放矢。器物图片大多来自作者第一手资料，或来源于博物馆藏资料。可以说，可视化程度高也是本篇内容呈现的特点之一。其五，对于白木器物文化传承与创新具有十分重要的实用价值。本书对于大专院校从事木科学、木文化的研究者、教学工作者，高校木科学、木文化学科在学的本科生、研究生，都是必不可少的学术性参考书。对于白木器物创意文化产业白木产品的设计者、制作实践者也是日常必备的实用性工具书。同时，对于在人民大众中普及、推广、传承白木器物文化也是独一无二的教科书。

本书由"白木文化篇"和"白木器物篇"构成。"白木文化篇"属于白木文化理论部分，"白木器物篇"属于白木文化实践部分。两篇间既有上下密切的衔接关系，又有前后呼应的铺垫关系。换言之，两者相辅相成、相得益彰。此处，借用西汉刘胜《文木赋》中的描述来比喻白木与白木器物：白木肌理恰似"质参玉而无分"。白木器物则恰似"制为乐器，婉转蟠纡"。"制为屏风，郁第穹隆。制为杖几，极丽穷美。制为几案，文章璀璨，彪炳焕汗。制为盘盂，采玩踟蹰。"

本书编著团队汇集了来自全国高等院校、研究机构、白木产业等 42 个单位，学科交叉、专业素质极强、老当益壮、中流骨干的专家学者与工程技术人员共计 47 人。如德高望重的舆情专家王华来研究员、农耕文化专家汪庆华教授，德艺双馨的剑川木雕专家段国梁，国家工艺美术大师、古琴等创制工匠田步高先生等。他们和蔼可亲、身先士卒、专业精湛，令人钦佩。

本书历时 5 年，编著者们日复一日呕心沥血、同舟共济，发扬了"绳锯木断，滴水穿石"（宋代罗大经《鹤林玉露》）之百折不挠、锲而不舍的拼搏精神，终于张开双臂迎来了白木文化春天的迎春花绽放——《白木器物文化志》的问世！

赵广杰

2023 年 9 月 26 日

北京柏儒苑

# 目 录
## CONTENTS

第一篇

# 01

## | 白木文化篇 |

# 第一章

# 白木概念及其文化特征

## 绪　言

近年来，笔者相继浏览了《日本人と木の文化》①《木のいのち 木のこころ》②《木の文化と科学》③ 及《红木鉴》④ 等书籍。其间，一直围绕"白木"思考"白木观念""白木文化""白木文化生成""白木文化特征"，"白木文化"与"红木文化"之间差异等问题。

据考证，我国早在晋朝就开始了制作紫檀器具，基于文化形成论⑤推断，这或是原始红木文化的起源点。众所周知，我国红木资源稀缺，大部分来源于东南亚、非洲和南美洲。⑥ 但恰是这些舶来品构筑了红木文化的物质基盘。不仅如此，世界上还存在着诸多基于某些树种群相似木材之自然属性及民族观念意识形成的区域"木材群"文化现象。在欧洲，橡木文化则是彻头彻尾的，生成、发育于欧洲本土的，根深蒂固的木文化之一。⑦ 在非洲坦桑尼亚，乌木文化形成了当地生机勃勃的木文化之主流。可以断言，木材资源的丰富性、多样性，必然孕育丰富多彩的、独具特色的木文化，造就更加辉煌的"木材时代"。

常言道："一花独放不是春，百花齐放春满园。"在当下，这个经典名句既

---

① 小原二郎. 日本人と木の文化［M］. 東京：朝日選書，1984：3-108.
② 西岡常一. 木のいのち 木のこころ［M］. 東京：新潮文庫，2004：52-64.
③ 伊東隆夫. 木の文化と科学［M］. 大津：海青社，2008：11-34.
④ 符韵林，李英健. 红木鉴［M］. 北京：中国轻工业出版社，2019：21-23.
⑤ 冯天瑜. 中国文化生成史（上册）［M］. 武汉：武汉大学出版社，2016：92-120.
⑥ 符韵林，李英健. 红木鉴［M］. 北京：中国轻工业出版社，2019：21-23. 殷亚芳，姜笑梅. 濒危和珍贵木材识别图鉴［M］. 北京：科学出版社，2015：1-5.
⑦ 大場秀章，渡会圭子訳. 樹木と文明「M」. 東京：株式会社アスペクト，2008：251-254.

隐含着生物多样性，又隐喻着文化多元化之内涵。鉴于此，本章旨在如火如荼的红木文化氛围中唤醒沉睡许久的白木文化片段，梳理白木的狭义与广义概念，寻觅白木文化的生成路径，剖析白木文化的观念文化结构，挖掘、比较了白木文化与红木文化特征之间主要差异等问题。为构建一个多元化的"百花齐放"的木文化之格局，促进白木产业的繁荣与健康发展奠定理论基础与搭建技术性支撑平台。

## 第一节　白木的概念

### 一、肌理

为了搞清楚"白木"内涵，必须重温一下国标《红木》中有关"红木"的科学论述。[①] 在此定义中，集中规定了树种、心材或边材、密度、结构与材色。按本人理解，实质上规定了红木三方面特性：物理学特性（密度）、解剖学特征（结构）、视觉特性（材色）。这里，应留意在《GB/T18017-2017 红木》中删除了《GB/T18017-2000 红木》[②] 中有关"导管直径"的限定，而导管的大小与分布恰是决定阔叶树材"结构"的重要因子。作者曾提及关于描述木材表面组织粗细程度的"结构"一词用法的妥当性。[③] 本章为便于以下论述及用语一致性，有必要进一步澄清木材肌理的概念。一般而言，木材肌理（texture）指材面构成要素的相对大小及其分布的均质性。肌理粗（coarse）或粗糙则意味着构成要素尤其是导管直径大或年轮宽；肌理细（fine）或细腻则意味着导管直径小或年轮窄；中庸（medium）则处于粗和细之间的状态。[④] 同红木定义相类似，肌理是构筑白木的基本概念，也是白木的解剖特征、视觉特性、触觉特性十分重要的木质基盘。

---

① GB/T18017-2017 红木 ［S］. 北京：中国标准出版社，2017.

② GB/T18017-2000 红木 ［S］. 北京：中国标准出版社，2000.

③ 赵广杰. 近自然主义木雕艺术创作观——基于木材构造的自然属性 ［J］. 北京林业大学学报（社会科学版），2016，15（2）：8-12.

④ 島地 謙，須藤彰司，原田 浩. 木材の組織 ［M］. 東京：森北出版株式会社，1985：228-228.

**二、白木狭义概念**

为了搞清楚白木的狭义概念，这里从白木肌理的解剖特征、视觉特性和触觉特性三个方面来分别进行阐述，并考察了白木肌理魅力之渊源。

（一）白木肌理解剖特征

白木肌理"细腻（或精细）"。这主要基于白木（针叶树材）轴向细胞大多数为管胞，细胞类型单一化；其次是细胞排列有序、分布均匀。此同红木由导管、木纤维、薄壁细胞等多种细胞组成，排列无序、分布各异形成鲜明对比。

（二）白木肌理视觉特性

白木肌理"清净"。其中"清"之感觉主要基于白木纹理清晰、排列有序；"净"之感觉主要基于白木材色多呈淡色谱系列所致。此同红木纹理排列无序、材色多呈浓色谱系形成鲜明对比。

（三）白木肌理触觉特性

白木肌理"柔软"。日本扁柏的肌理如同绘绢一样非常软润，其中间断轮廓线的存在有一种不可言传之深奥感。一般阔叶树材肌理呈坚硬感，如涂饰过的、非常光滑的阔叶树材的材面呈现如同金属平板状之感觉。

（四）白木肌理魅力渊源

魅力意味着与众不同，具有很强的诱惑力与吸引力。那么，白木肌理的诱惑力或吸引力来自何处？综上，白木肌理魅力渊源在于其"细腻"之解剖特征、"清净"之视觉特性以及"柔软"之触觉特性。

总括之，白木狭义概念可归结为针叶树材中肌理具有"细腻"之解剖特征、"清净"之视觉特性、"柔软"之触觉特性的木材。


**三、白木广义概念**

在上文中，白木狭义概念限定在针叶树材（soft wood）中具有"细腻"之解剖特征、"清净"之视觉特性以及"柔软"之触觉特性的木材。假如用"细腻""清净"以及"柔软"这个标准去判定某种木材是否为"白木"的话，事实上，在阔叶树材（hard wood）中亦存在着诸多木材满足白木狭义概念的肌理特征的规定。例如，木佛像中的白檀 [*Symplocos paniculata* (Thunb.) Miq.]、中国四大木雕流派之一黄杨木雕的黄杨木（*Buxus* sp.）、东阳木雕的樟木 [*Cinnamomum camphora* (L.) Presl] 或椴木（*Tilia tuan* Szysz.）[1] 以及剑川木雕的滇南椴

---

① 王笃芳编著. 中国民间木雕技法 [M]. 北京：中国劳动社会保障出版社，2010：7-14.

(*Tilia mesembrinos* Merr.)① 等。

鉴于此，广义白木概念不仅限于针叶树材，还应囊括阔叶树材中肌理符合针叶树材肌理特征和感觉特性的木材。总括之，广义白木概念归结为针叶树材和阔叶树材中肌理具有"细腻"之解剖特征、"清净"之视觉特性、"柔软"之触觉特性的木材。

## 第二节　白木文化生成路径

### 一、白木器物文化历程

一般白木器物文化属于物质文化的范畴，是人类在认识白木和加工白木的漫长岁月中形成的，反映了人与白木之间的物质交换关系，也是白木文化的物质基础。这里按照不同文化生活领域，分析了白木器物文化历程中具有标志性的事例，从中领略到白木器物文化历史长河中令人惊叹的木文明进步。

德国 Harz 煤矿出土的距今约 40 万年前的云杉和松属木长矛，挖掘出马匹骨骸证明木长矛是狩猎用具。② 日本宫泽出土距今 1.5 万年—1.7 万年前的柏属木枪。③ 木长矛形态特征体现了旧石器时代人类木材加工水平，云杉在欧洲分布广、利用价值高，是当时用石器最易加工的树种之一。在欧洲因云杉树形呈尖塔状与圣诞节树（冷杉）极其相似，故具有较高的艺术审美与民俗文化价值。

中国杭州出土距今 8000 年前用樟子松原木制作的独木舟。④ 日本山梨县分别出土了用铁杉属、云杉属、刺楸等原木制作的独木舟。⑤ 据考证，在日本，人们用石斧砍伐独木舟用材后，在残留树根上竖立树梢部分进行平安祈祷。用火烤（Fire burnt method）原木一侧致使其处于焦灼态，再用石锛反复凿削加工独木舟技法，是新石器时代木材加工技术进步的标志之一。

① 陈钧，段四兴. 云南大理剑川·段国梁木雕艺术［M］. 昆明：云南美术出版社，2016：76-77.

② 山縣光晶. 木材と文明［M］. 東京：築地書館，2014：16.

③ 伊東隆夫. 木の文化と科学［M］. 大津：海青社，2008：59-60.

④ 林华东，任关莆. 跨湖桥文化论集［M］. 北京：人民出版社，2009：29-34.

⑤ 伊東隆夫，山田昌久. 木の考古学［M］. 大津：海青社，2012：81-82.

中国宁波河姆渡文化遗址出土干栏式建筑的杉木构件。[①] 在商代，有记载用松柏木修筑庙堂的诗句："陟彼景山，松柏丸丸。是斫是迁，方斫是虔。松桷有梴，旅楹有闲，寝成孔安。"(《诗经·商颂·殷武》) 汉武帝起柏梁台，"台高20丈，用香柏为殿，香闻十里"[②]。宋真宗年代，用山西汾阳一带的柏木建造道宫。中国人之所以喜欢利用松柏木材，原因之一是源于人们对松柏的树木信仰与崇拜。[③] 在日本，寺院建筑用材几乎都是柳杉和日本扁柏。日本学者西岗[④]认为，用树龄三千年的日本扁柏木材建造的法隆寺可以持续三千年以上生命力，即所谓木的两个生命之论说。

距今 2500 年前，中国宝鸡秦景公墓内的棺椁全部由柏木制作。其中大墓主棺室的柏木"黄肠题凑"的棺具，是周秦时代最具技术含量的高级木葬具。[⑤]其后，在北京大葆台汉墓发掘了用 15880 多根柏木之"黄肠"垒筑的木墙。[⑥]长沙出土了距今 2000 多年前东汉时代马王堆汉墓中用杉木制作而成的女尸棺椁，其棺椁周围用木炭填充阻隔外部湿气渗入，也是颇具匠心之作。[⑦]

在中国出土了辽代柏木桌子，这是针叶树材走进家具制作领域的标志之一。[⑧] 在日本，桐木一直以来是衣柜等家具的首选木材。桐木材色白净、纹理漂亮、具有光泽、耐湿耐旱，桐木衣柜已形成了诸如春日桐木衣柜等具有鲜明传统特色的家具品牌。又，拉丁学名的属名 *Paulownia* 起因于荷兰朱丽安娜女王的名字，故备受人们的特别关注与喜爱。源于此，在日本一般用桐木制作非常贵重的记载家世或门第的徽章。

古琴一般用桐木制作而成，当下也有用杉木制作。在中国传统民族乐器中，如最早源于战国时期的古筝，其面板用材也采用桐木。[⑨] 在日本，用花柏制作琴以及用冷杉制作琴柱。在欧洲，云杉木材一直是钢琴、小提琴类弦乐器共鸣板的最佳选择树种，至今还没有寻觅到能匹敌云杉木材声学特性的替代木材。

锹、锄类农具主身或把柄的树种有冷杉属、扁柏属、桦木属、槭木属、榉

① 殷力欣. 中国传统民居 [M]. 北京：五洲传播出版社，2018：55-59.
② 张澍. 三辅旧事 [M]. 西安：三秦出版社，2006：57.
③ 李莉. 中国传统松柏文化 [M]. 北京：中国林业出版社，2006：111-115.
④ 西冈常一. 木のいのち　木のこころ [M]. 東京：新潮文庫，2004：29.
⑤ 友之. 说"黄肠题凑"及其他 [J]. 森林与人类，2000 (10)：11-12.
⑥ 于卓. 黄肠题凑如何解密 [N]. 科技日报，2000-05-20.
⑦ https：//www.hnmuseum.com/zh-hans/content/安乐如意-长寿无极——长沙马王堆汉墓文物精品展
⑧ 邵晓峰. 卓然而立的宋代桌 [J]. 艺苑，2014 (06)：49-53.
⑨ 高罗佩. 琴道：高罗佩学术著作集 [M]. 上海：中西书局，2014：202-203.

树等。因地域不同，农用踏板使用树种也不一样。其中有冷杉属、日本扁柏、柳杉、日本花柏。① 不同地域、不同农具木材的选择充分展示了当时人们对木材物性的把握以及不同的文化习俗与传统。

食具中柄杓用冷杉属、日本黄杉属、日本扁柏或柏属木材制作。杓用冷杉属、日本扁柏等木材制作，或针叶树材和阔叶树材两者混合作为杓的原材料。筷子的木材种类很多，例如，冷杉、柏属、日本榉树等木材。炊具中的底板、侧板则用针叶树材，包括日本扁柏、日本黄杉在内的柏属木材居多。腿等部件则多使用铁杉和连香树木材。②

在日本，用黄柏、槭树、榉树等木材制作陀螺，象棋子则用榉木。围棋盘一般用榉木，被称为最具文化品位的上乘之作。用冷杉制作的 U 字形渔网框，用柳杉制作十字具、浮木等。③

综上，白木器物文化历程中涉及狩猎具、建筑、家具、舟船、祭具、乐器、农具、玩具、食具、渔具、履具等人类衣食住行等诸文化生活范围。

## 二、白木文化生成路径及其转折点

这里，通过追溯木雕佛像用材从阔叶树材向针叶树材的转化演变的历史，探索白木文化的生成路径及其转折点。

在印度，基于地域资源状况，早期的佛像大多用片岩或砂岩类石料雕刻。檀香木或称白檀 [*Symplocos paniculata*（Thunb.）Miq.] 木雕佛像是佛教从印度向中国以及中亚地区传播过程中的产物。白檀木作为雕刻佛像上乘用材之理由，是基于白檀木具有浓郁的芳香、材色淡黄、肌理细腻、易于雕刻加工之木材自然属性，还源于佛徒们虔诚地认为白檀木是来自释迦牟尼故里的圣树，格外尊重、崇拜它。现在北京雍和宫万福阁供奉一尊高 26 米、直径 3 米的白檀木雕弥勒像。在日本奈良法隆寺的九面观音、高野山金刚峰寺的枕本尊佛也都是用白檀木雕刻。④ Mertz⑤ 研究表明，中国木佛像用材中还有椴属（*Tilia* L.）、柳属

---

① 伊東隆夫，山田昌久．木の考古学 [M]．大津：海青社，2012：171.

② 伊東隆夫，山田昌久．木の考古学 [M]．大津：海青社，2012：160.

③ 伊東隆夫，山田昌久．木の考古学 [M]．大津：海青社，2012：216.

④ 金子啓明．日本の木彫像樹種と用材観 [C]．京都：第一回自然科学と人文科学の接点を探る，2007：3-53.

⑤ MERTZ M.，TTOH T. Study of Buddhist sculptures from Japan and China based on wood identification [M]. Scientific research on the sculptural arts of Asia：Proceeding of the third forbes symposium at the freer gallery of art, 2007：198-204.

（*Salix* L.）、杨属（*Populus* L.）、泡桐属（*Paulownia* Sieb. et Zucc.）等阔叶树材。

白檀木大多产于东南亚，日本没有白檀木资源。在飞鸟时代，日本产樟木（楠木）具有与白檀木类似的芳香气味，且材色、材质也较适于雕刻。此外，日本热海来宫神社内的樟木大树被奉为神树崇拜。故用樟木（楠木）作为白檀木的代用材来雕刻木佛像，如广隆寺中的宝髻弥勒像等。到了奈良时代，日本扁柏〔*Chamaecyparis obtusa*（Siebold & Zucc.）Endl.〕开始作为组合木佛像的心材得到使用。① 到了贞观时代，白木日本扁柏作为一根独木佛像原料使用。其后，日本木佛像原料一直高频率使用日本扁柏木材，如白菩萨、新药寺本尊类木佛像等。② 白木登场之原因：1）从解剖学特性看，日本扁柏木材具有细腻之肌理、清净之材面、洁白之色泽。2）从木材物性看，日本扁柏木材具有浓郁芳香、密度中庸的特点，适于雕刻加工。3）从文化观念看，应归结于日本人的审美观、价值观，即由日本独特的木文化观念、审美价值取向所决定。这也正是白木文化生成的物质基盘与人类欲求之间达成的、阶段性的完美平衡。

归结之：木佛像原材料从白檀木→樟木（楠木）→日本扁柏心材→日本扁柏独木。这可以称为木佛像原材料由阔叶树材向针叶树材，其文化观念从针叶树材文化向阔叶树材文化的转变过程，也是白木文化的生成路径。日本扁柏作为木佛像用材正式登场，形成了白木文化观念雏形的标志性时间点，可以称为白木文化生成的转折点。

## 第三节　白木文化特征

观念文化属于精神文化的范畴，它源于白木自然属性，由价值观念、思维方式、道德情操、民族性格等因素构成。这里忽略森林或树木文化观念，主要基于白木解剖特性以及材质自身形成，从精细·清净观、节省·包容观、柔和·亲近观以及简约·素朴观四方面对白木的观念文化进行扩展，深入阐述其内涵。

**一、精细·清净观**

白木肌理是白木观念文化形成的重要物质基盘，可用"精细"和"清净"

---

① 小原二郎. 日本人と木の文化［M］. 東京：朝日選書，1984：129-130.
② 小原二郎. 木の文化をさぐる［M］. 東京：日本放送出版協会，2003：41-44.

两个词来准确表达其审美观的内涵。"精细"源于白木细胞排列或取向有序,且分布均匀、细腻所致;"清净"则是源于白木纹理排列整齐、有序,材色白净、清淡。《论语·乡党》中有"食不厌精,脍不厌细"之语。南朝梁元帝《金楼子·聚书》中的"书极精细"是说精密细致。《孔子家语·七十二弟子解》:"清净守节,贫而乐道。"是说心境洁净,不受外扰。《素问·四气调神大论》:"天气清净,光明者也。"是说清洁、纯净等。

## 二、节省·包容观

总体而言,白木文化属于轻量文化范畴。"轻"中蕴含"节省",这源于白木狭义概念中针叶树材密度低于阔叶树材密度。[①] 从物理上说,密度低则空隙大,能够"容"下其他物质占驻,同时又有易于其他物质进出。从观念上说,轻量意味着"包容性""相容性""可及度高"等理念。明李东阳《大行皇帝挽歌辞》中有"草木有情皆长养,乾坤无地不包容"之句,就是说大自然的包容性。

## 三、柔和·亲近观

白木肌理给予人一种非常轻松、柔和的感觉,没有丝毫沉重之压抑感。一般由扁柏属或柳杉木材构成的白木室内装饰空间,给予人一种开阔宽松、温柔、易亲近之心理感觉。《管子·弟子职》:"见善从之,闻义则服,温柔孝悌,毋骄恃力。"是说温和柔软。

## 四、简约·素朴观

一般白木纹理整齐有序、花纹单调,呈现出单一化、简单化图案。例如,扁柏径切面呈现的直条纹具有"明快""洗练"等特征,同时给予人一种自然、素朴、丝毫无造作之感受。《庄子·马蹄》:"同乎无知,其德不离;同乎无欲,是谓素朴;素朴而民性得矣。"汉·张衡《东京赋》:"遵节俭,尚素朴。思仲尼之克己,履老氏之常足。"

---

① 日本木材学会编. 木質の物理 [M]. 東京:文永堂,2011:4.

## 第四节　白木·红木文化特征之比较

### 一、红木文化特征

在中国，最流行的阔叶树材文化代表首属红木文化，而红木文化的历史渊源及其主流载体应归属红木家具。红木文化特征归纳如下：

（一）浓材色观

在红木文化观念方面，红木材色与"中国红"十分契合。众所周知，红色是汉民族的文化图腾和精神皈依。其中，红木色彩中紫色被视为高贵之色，如宫城称为"紫禁城"，皇宫称为"紫阁""紫台"（一去紫台连朔漠）。又有"紫气东来"一说，"紫气"被认为代表"福祥"之意。

（二）重密度观

红木密度大，具有重量感。这同"重"中蕴含"贵""尊"及"尚"等中华文化理念一脉相承。如《诗经》① 中有"南有樛木，葛藟累之，乐只君子，福履绥之"之句，即古人视樛木如君子能够赐予人以富贵、快乐。

（三）繁纹理观

红木花纹富于变化，呈现出汉民族崇尚、喜欢以及符合其审美意识的图案。例如，在民间，黄花梨木的"鬼脸"花纹具有"美好""平安""吉祥"之寓意。

### 二、白木·红木文化特征差异

综上，白木·红木文化特征之主要差异概括如下：

（一）细粗肌理观

白木文化以肌理细腻作为审美的标尺，而红木文化则宽限一定范围。

（二）淡浓材色观

白木文化具有"清净"之淡色调，而红木文化则强调心材之浓色调。

（三）轻重密度观

白木文化属于轻量文化类，而红木文化则属于重量文化类。

---

① 孔丘. 诗经（国风）［M］. 北京：北京出版社，2006：15.

（四）简繁纹理观

白木文化追求纹理的有序度，而红木文化则追求纹理的无序度。

# 结　语

狭义概念：针叶树材中肌理具有"细腻"之解剖特征、"清净"之视觉特性、"柔软"之触觉特性的木材。广义概念：针/阔叶树材中肌理特征符合狭义概念中所规定内容的木材。

白木文化的生成路径：佛像用材料由阔叶树材转向针叶树材，即白檀木→樟木（楠木）→日本扁柏心材→日本扁柏独木转变。日本扁柏用材登场时间点可称为白木文化观念形成的转折点。

白木的器物文化历程：涉及狩猎具、建筑、家具、舟船、祭具、乐器、农具、玩具、食具、渔具、履具等衣食住行诸文化生活范围。

白木的观念文化：精细·清净观、节省·包容观、柔和·亲近观以及简约·素朴观四方面。

白木红木文化特征差异：在细粗肌理观、淡浓材色观、轻重密度观及简繁纹理观方面，两者之间存在着截然不同的价值取向与审美意识。

# 第二章

# 白木器物的文化历程

## 绪　言

树木是见证人类文明进化或动物演化历史的连续载体之一。① 例如，在英国中部，由于查尔斯二世一段政权复辟的战事，橡树（*Quercus* spp.）被称为"皇家橡树"。在新西兰，当毛利族从玻利尼西亚移居到新西兰时，贝壳杉 [*Agathis dammara*（Lamb.）Rich. et A. Rich] 已有 400 多年树龄。其后 500 年，栖居、穿梭贝壳杉林间的短翼鹰已经绝迹，但贝壳杉林至今仍生长茂盛。②

自然界中的森林是人类赖以生活的物质基础之一，木（或森林）文化是人类在同木（或森林）资源交往过程中创造、形成的。据考证，人类利用针（阔）叶树材的文明史十分悠长。③ 在农业革命前，人类不仅使用石器，还使用木材、竹或皮革等比较容易腐烂的材料，但后者在考古学上遗留下来的器物极少。故所谓石器时代，其实称"木器时代"也许更准确，因为当时狩猎采集工具多半是木制。④ 例如，在德国 Harz 山麓煤矿就曾挖掘出 40 万年前的狩猎用木长矛。⑤

白木的狭义概念限定在针叶树材范围，广义概念则涵盖了具有特殊解剖特征和感觉特性的极少一部分阔叶树材。因此，有必要对白木的自然属性及白木器物的加工技艺、文化特征有一个整体的认知。⑥ 本文首先从解剖特征、物理特

---

① 赵广杰. 木文明基本架构 [J]. 林产工业，2021，58（04）：76-80.
② 山縣光晶訳. 木材と文明 [M]. 東京：築地書館，2014：10-12.
③ 尤瓦尔·赫拉利. 人类简史 [M]. 林俊宏，译. 北京：中信出版社，2014：43-44.
④ 尤瓦尔·赫拉利. 人类简史 [M]. 林俊宏，译. 北京：中信出版社，2014：43-44.
⑤ 山縣光晶訳. 木材と文明 [M]. 東京：築地書館，2014：16.
⑥ 赵广杰. 白木的概念及其文化特征 [J]. 林产工业，2020，57（09）：1-5.

性和视觉特性三方面阐述白木之自然属性。在此基础上讨论白木文化特征及其表征，进而比较白木与非白木文化特征之间的差异。最后，从白木特性、器物加工技艺、器物文化特征等视角出发，系统论述狭义白木器物文化发展历程中若干经典作品的精华所在。本章旨在确立白木器物文化在木材种群文化范畴中的地位，为我国白木文化繁荣以及白木产业的健康发展树立文化自信与奠定理论基础。

## 第一节　白木自然属性及其表征

白木的自然属性亦是生成独具一格的白木文化特征的物质基石。在此，就白木之自然属性分别从解剖特征、物理特性和感觉特性进行具体阐述，并讨论其定量表征的技术方法。

### 一、解剖特征

白木的肌理是其解剖构造特征的典型因子。[①] 在狭义白木概念下，针叶树材几乎由单一管胞构成，即管胞不仅赋予针叶树材之强度，还构成其水分等流体的通路。狭义概念下的白木肌理取决于管胞的大小及其分布状态与管胞早晚材间的变化形态。故狭义概念的白木肌理以管胞的大小及其分布来定量表征。

在广义白木概念下，阔叶树材则是由针叶树材进化而来，是由诸如木纤维、导管、薄壁细胞等多种细胞构成的复杂组织构造体。在肌理特性方面，主要取决于阔叶树材导管的大小及其分布状态与年轮宽度的变化形态。故广义概念白木的肌理以导管的大小及其分布或年轮宽度的变化进行定量表征。

### 二、物理特性

白木的软硬度是其物理特性主要因子之一。一般木材软硬度与密度相关。狭义概念的白木针叶树材密度分布在 $0.3 \sim 0.5 \ g/cm^3$，广义概念的白木阔叶树材密度分布在 $0.2 \sim 0.6 \ g/cm^3$。[②] 故白木的软硬度可以用硬度物理量或密度来定量进行表征。

---

① 日本木材学会编. 木質の構造 [M]. 東京：文永堂，2007：25-26.
② 日本木材学会编. 木質の物理 [M]. 東京：文永堂，2007：4-5.

### 三、感觉特性

在视觉特性方面，白木能够营造明亮的视觉空间效果。一般利用白色或灰色木材等的明亮色彩进行空间颜色调和（Coordination）。在狭义白木概念下，大部分针叶树材色属于淡色谱系，具有满足营造明亮气氛的功能。在广义白木概念下，阔叶树材中也有许多色调明亮的树种，如桐木（*Scrophulariaceae*）、滇南椴（*Tilia mesembrinos* Merr.）等。白木的视觉特性可以用色差物理量L*a*b*，或其他颜色空间进行定量表征。

有关木材触觉特性之温冷感，一般低密度木材具有温和感觉，高密度木材具有冷凉感觉。总体而言，白木材触感温和。① 温冷感可以用密度定量表征。在粗滑感方面，白木的粗糙感分布范围比非白木小，两者差别之主要原因归结于白木材构成组织分布的均匀性等效应所致。② 故粗糙感也可作为表达白木肌理的物理量进行定量表征。

## 第二节  白木器物和非白木器物文化

### 一、基本概念

白木器物和非白木器物文化一般可归纳为人类有意识地作用于自然界中特定物态的白木和非白木，使天然的白木和非白木成为具有一定文化意蕴器物的创制活动过程。换言之，白木在被"人化"（或器物）过程的同时，人的认知水平与创制技能也均得到提升与锻冶，故亦称之为"化人"的过程。依据一般文化学基本分类，白木器物或非白木器物文化属于自然文化形态。

### 二、白木和非白木器物文化特征③

在肌理方面，上述狭义白木概念下的针叶树材细胞组织，90%以上由管胞构成，其肌理细腻、纹理清晰，具有绢丝一样的光泽。而非白木，以阔叶树材为例，其细胞组织复杂，具有丰富的纹理，且肌理较为粗糙。如将白木（以针

---

① 山田正编．木質環境の科学［M］．大津：海青社，1987：191.
② 山田正编．木質環境の科学［M］．大津：海青社，1987：204.
③ 小原二郎．日本人と木の文化［M］．東京：朝日選書，1984：56-59.

叶树材为例）的肌理比作绘绢，则非白木的阔叶树材肌理可比作油画用的帆布。甚至有学者把狭义白木概念下的针叶树材肌理比作鱼肉类质感，非白木（阔叶树材）的肌理比作牛肉类质感。

在材料匹配方面，由植物性材料如木、榻榻米、纸构成的居室环境中，一般以狭义白木（针叶树材）为主角，营造的是一种生物质感的自然氛围，亦即白木（针叶树材）的肌理与自然氛围更为和谐、匹配。而非白木（阔叶树材）与金属、石材构成的居室环境，营造的则是一种截然不同的非生物质感氛围。

在木材切削加工方面，或用于白木或非白木的刀具切削角度不同。狭义概念的白木（针叶树材）一般切削角度比非白木（阔叶树材）小，即非白木硬材类阔叶树材不用大角度切削无法获得光滑的材面，反之用于软材类狭义概念的白木针叶树材的刀具不适用于非白木阔叶树材硬材。

## 第三节　白木器物年谱

表1列举了不同区域、不同狭义白木器物经典之作的问世年代，亦可谓之为白木器物里程碑式作品。从表可见，白木器物涉及狩猎、宫殿、寺院、陵墓、家具、舟船、乐器、棋具等文化生活范围，充分反映了人类运用白木生活文化历史十分悠长，白木在人类文明历史进程的不同阶段扮演了十分重要的角色。

表1　狭义白木器物经典之作年谱

| 类别 | 木材树种 | 领域 | 年代 | 国别 |
|---|---|---|---|---|
| 木长矛 | 欧洲云杉［*Picea abies*（L.）H. Karst.］ | 狩猎 | 40万年前 | 德国 |
| 木枪 | 柏属（*Cupressus* Linn.） | 狩猎 | 1.3万年前 | 日本 |
| 独木舟 | 樟子松（*Pinus sylvestris* L. var. *mongholica Litv.*） | 水运 | 8 000年前 | 中国 |
| 干栏式建筑 | 柏属（*Cupressus* Linn.） | 建筑 | 7 000年前 | 中国 |
| 太阳船 | 黎巴嫩雪松（*Cedrus libani* A. Rich.） | 陵墓 | 4 500年前 | 埃及 |
| 黄肠题凑 | 柏属（*Cupressus* Linn.） | 陵墓 | 2 500年前 | 中国 |
| 棺室 | 杉木［*Cunninghamia lanceolata*（Lamb.）Hook.］ | 陵墓 | 2 000年前 | 中国 |
| 寺院 | 柏属（*Cupressus* Linn.） | 建筑 | 1 400年前 | 日本 |
| 围棋盘 | 榧木（*Torreya grandis* Fort.） | 棋具 | 500年前 | 日本 |

| 类别 | 木材树种 | 领域 | 年代 | 国别 |
|------|----------|------|------|------|
| 木佛像 | 日本扁柏 [ *Chamaecyparis obtusa*（Siebold & Zucc.）Endl.] | 宗教 | 贞观时代 | 日本 |
| 桌子 | 杉木 [ *Cunninghamia lanceolata*（Lamb.）Hook.] | 家具 | 宋代 | 中国 |
| 廊桥 | 杉木 [ *Cunninghamia lanceolata*（Lamb.）Hook.] | 建筑 | 1490 年 | 中国 |
| 小提琴 | 欧洲云杉 [ *Picea abies*（L.）H. Karst.] | 乐器 | 1564 年 | 意大利 |
| 鼓楼 | 杉木 [ *Cunninghamia lanceolata*（Lamb.）Hook.] | 建筑 | 1672 年 | 中国 |
| 钢琴 | 欧洲云杉 [ *Picea abies*（L.）H. Karst.] | 乐器 | 1720 年 | 意大利 |

## 第四节 白木器物里程碑典例

本文分别从木材特性、器物技艺特点、器物文化特征三方面对器物经典之作进行阐述。

### 二、木长矛

在德国 Harz 山麓煤矿挖掘出 40 万年前用欧洲云杉木材制作的木长矛①，其埋葬于 12 头马骨之间，形状完整，是迄今为止发现人类最古老的狩猎用具。在欧洲，云杉分布广、利用价值高。因云杉树形呈尖塔状与圣诞节树（冷杉）极其相似，故具有较高的艺术审美与民俗文化价值。云杉是用石器最容易加工的木材树种之一，木长矛形态特征体现了旧石器时代令人惊叹的人类手工作业的木材加工水平。木长矛的发现不仅追溯到人类针叶树材器物文化历史的起源，还见证了尤瓦尔·赫拉利提出的"木器时代"论断的正确性。

### 二、木枪

在日本宫泽出土了距今约 1.3 万年的、用柏属原木切削制作的木枪，其长

---

① 山縣光晶訳．木材と文明 [M]．東京：築地書館，2014：16．

度约为 10 厘米，直径最宽处约 2 厘米。① 在日本，柏属中的日本扁柏或中国台湾扁柏被视为最上品木材。柏属木材具有肌理细腻、纹理通直、色泽清淡、具有香气等优良特性。其应用见下文"十、木佛像"内容。

## 三、独木舟

在我国浙江杭州萧山出土的、用樟子松木材制作的独木舟，已有约 8000 年历史，被称为"中华第一舟"②。樟子松材质较细，纹理直，有树脂，可作为建筑、枕木、船舶等器物用材。据考证，其制作方法是先用火烤原木一侧致其处于焦灼状态，再用石锛反复凿削加工成独木舟，这是新石器时代木材加工技术进步的标志之一。独木舟的出现使中华民族的移动范围从陆地扩展到河海水域，人类的生活、文化领域有了新的拓展。③

## 四、干栏式建筑

在中国浙江余姚河姆渡遗址中出土了 7000 年前的干栏式建筑。④ 干栏式建筑用材为柏木、杉木，其中杉木质地较软，细致，有香气，纹理直，易加工，尤其杉木心材含有特殊化学抽提成分，耐腐力强，不受白蚁蛀食，是建筑、造船、矿柱、电杆等优良用材。以梁柱为主的干栏式建筑的构架结构在建筑技术上是一项重大发明，奠定了木构古建筑的基础，其木结构样式一直延续至今，主要分布在贵州、云南、湖南等地苗族、侗族等少数民族的居住区域。

## 五、太阳船

在埃及著名的胡夫金字塔附近发掘的、4500 年前的太阳船，是胡夫法老的陪葬品。⑤ 通过太阳船的造型及其艺术特征，能够在一定程度上解读埃及太阳船发展历程中早期的同化与晚期的渐次神化现象。⑥ 太阳船用材被鉴定为黎巴嫩雪松（*Cedrus libani* A. Rich.）。当时制作太阳船的木材由原产国黎巴嫩运输到埃及。在位于海拔两千多米山顶的贝鲁特雪松公园，有数十棵六千多年树龄的雪

---

① 伊東隆夫，山田昌久. 木の考古学 [M]. 大津：海青社，2012：81-82.
② 陈中行，程丽臻，等. 杭州萧山垮湖桥遗址独木舟原址脱水加固型保护 [C]. 呼和浩特：东亚文化遗产保护学会学术研讨会，2011.
③ 吴健. 跨湖桥遗址独木舟及其与海洋关系考 [J]. 杭州研究，2012（02）：171-176.
④ 劳伯敏. 河姆渡干栏式建筑遗迹初探 [J]. 南方文物，1995（01）：50-57.
⑤ 刘鹏. 法老重生象征——太阳船 [J]. 科学大观园，2011（16）：47.
⑥ 龚伊林. 古埃及太阳船的艺术造型初探 [J]. 艺海，2021（04）：98-102.

松，据说它们与《圣经》同时诞生。《圣经》中称雪松为"植物之王"。古代腓尼基人传说雪松是上帝所栽，故称"上帝之树"或"神树"。太阳船由一块块木板拼接而成，诸多木板之间的连接不是用木钉或金属钉，而是用绳子，这可以说是埃及人非常独到的造船工艺技术。

## 六、黄肠题凑

"黄肠题凑"是汉代帝、后和同制京师的诸侯国国王、王后用的一套葬具。以柏木黄心致累棺外，故曰黄肠。木头皆内向，故曰题凑。① 用黄心柏木做"题凑"主要基于黄心柏木材质优良，纹理直、肌理细腻、耐水湿、抗腐性强、有香气。2500 年前，我国宝鸡秦景公墓内的棺椁全部由柏木制作。其中，大墓主棺室的柏木"黄肠题凑"棺具，是周秦时代最具技术含量的高级木葬具。② 其后，在北京大葆台汉墓出土了用 15880 多根柏木之"黄肠"垒筑的木墙。③ 这些都充分体现了当时木材科学与技术的进步水平。

## 七、寺院

在中国商代，有记载用松柏木修筑庙堂的诗句："陟彼景山，松柏丸丸。是断是迁，方斫是虔。松桷有梴，旅楹有闲，寝成孔安。"汉武帝起柏梁台，"台高 20 丈，用香柏为殿，香闻十里"④。宋真宗年代，用山西汾阳一带的柏木建造道宫。中国人之所以喜欢利用松柏木材，原因之一是源于人们对松柏的树木信仰与崇拜。⑤ 建于 607 年，具有 1400 多年历史的法隆寺是日本最古老的日本扁柏木结构建筑⑥。其结构形式与细部纹样受中国南北朝时期建筑的影响很深，金堂的圆柱卷杀明富，柱上置有四板大斗，用整木刻成云头状的云头斗拱承载着檐桁，并采用变形字格子的勾栏与人字斗拱。法隆寺金堂，塔高 31.9 米，塔刹部分约占总高三分之一，塔中心有一根自下而上的中心柱支撑着塔顶的重量。

---

① 刘德增. 也谈汉代"黄肠题凑"葬制 [J]. 考古，1987 (04)：66-70.
② 友之. 说"黄肠题凑"及其他 [J]. 森林与人类，2000 (10)：11-12.
③ 鲁琪. 试谈大葆台西汉墓的"梓宫""便房""黄肠题凑" [J]. 文物，1977 (06)：32-35.
④ 张澍. 三辅旧事 [M]. 西安：三秦出版社，2006：57.
⑤ 李莉. 中国传统松柏文化 [M]. 北京：中国林业出版社，2006：111-115.
⑥ 稻畑環，渡邊大志. 日本の建築学における失われた建築家像についての考察：伊東忠太『法隆寺建築論』と岸田日出刀による『建築學者伊東忠太』「法隆寺建築論」を介して [J]. 日本建築学会技術報告集，2017 (23)：815-816.

## 八、椁室

在我国长沙马王堆一号汉墓中发现了以杉木为椁室的棺椁制度。① 椁室的底板 2 层，四壁板和 4 块竖隔板均采用完整木板隔一块。头部和足部的竖隔板稍长，将边箱分隔成 4 个箱。头箱宽达 1 米，其 3 个边箱宽 45 厘米。② 椁室巧妙利用了杉木自身固有的天然抗腐蚀性能，此外在棺椁周围覆盖了大量木炭，使得棺椁中女尸居于较恒定的温湿度环境中，与外界阻隔，因而得以长期保存。

## 九、围棋盘

在新疆吐鲁番阿斯塔那唐代墓葬中出土了一件木围棋盘。③ 棋盘有方形底座，每边长 18 厘米，高 7 厘米，底座每边掏出 2 个壶门。棋盘表面磨制得十分光滑，纵横线各 19 道，共 361 个交叉点。日本奈良正仓院收藏了最古老的"木画紫檀某局"围棋盘，保存至今有 1200 多年的历史。棋盘表面贴有紫檀木薄板，边缘线条嵌埋象牙线。纵横 19 路，高 15.6 厘米，长宽各约 49 厘米，比当今棋盘的尺寸大些。另，呈龟形状的棋子盒隐藏在抽屉内部，设有自动弹出机关，当拉开一边时，另一边就会弹出。④

500 年前，在日本出现了用有树瘤的榧木制作的、有"舞葡萄盘"之称的铭盘，棋盘用的榧木不仅具有 400 年以上漫长岁月的积累，而且有树瘤的榧木原料本身也是百年难遇。⑤ 榧木棋盘上落下蛤石棋子，是最理想的围棋具搭配方式。精心挑选的榧木板材在制作棋盘之前需要自然干燥 15 年，才能精准切割雕镂成上品围棋盘。

榧木材表黄白色，肌理细腻，具有触觉稍硬之特性。生材散发一种焦糖般气味。富于弹性，耐腐、耐湿，易保存、易加工。榧木也是其他器具、土木、船舶、雕刻用之良材。

---

① 江西省木材工业研究所. 长沙马王堆一号汉墓棺椁木材的鉴定 [J]. 林业科技, 1973 (01): 1-2.
② 史为. 长沙马王堆一号汉墓的棺椁制度 [J]. 考古, 1972 (06): 25, 49-53.
③ 邱百明. 从安阳隋墓中出土的围棋盘谈围棋 [J]. 中原文物, 1981 (03): 61-62.
④ 孙志刚. 诘棋新作 (66) [J]. 围棋天地, 2016 (20): 87-87.
⑤ 孙志刚. 诘棋新作 (64) [J]. 围棋天地, 2016 (16): 80-81.

## 十、木佛像

在日本贞观时代（859—877），日本扁柏开始作为一根独木佛像原料使用，如白菩萨、新药师寺本尊类木佛像等。[①] 日本扁柏木材具有细腻之肌理、清净之材面、洁白之色泽，且木材浓郁芳香、密度中庸，适于雕刻加工。在日本，日本扁柏培育与木材利用史悠长。据《大和本草》中记载，日本扁柏木材是钻木取火之用材，又被推崇为营造大型宫殿、寺庙的最理想建筑用材。长期以来，日本扁柏木材在日本衣食住行方面的应用已久，形成了独特的日本白木文化观念与审美价值取向。

## 十一、桌子

据文献记载，中国早在殷商前就发明了席、几、禁、扆等不同雏形的家具，其原材料大多为天然木材。在江苏省江阴县（今江苏省江阴市）北宋"瑞昌县君"孙四娘子墓中出土的杉木桌，桌高 47.6 厘米，桌面呈边长 43 厘米正方形、厚 3 厘米。足断面为扁方形，以长短榫与面框相接。桌面框宽 4.1 厘米，使用 45 度格角榫。框内有以闷榫连接的两件托档，心板（厚 0.9 厘米）与框内侧斜口（长 0.2 厘米）嵌合。[②] 这是针叶树材进入家具制作领域的标志性器物之一，它表明了人们在家具材料选择方面对针叶树材有了新的认知，体现了不同于阔叶树材器物文化的审美情趣。

## 十二、廊桥

廊桥又称虹桥、蜈蚣桥等。有顶，可保护桥梁，同时具有遮阳避雨、供人休憩、交流、聚会等功能。

在四川成都市金沙遗址中发掘出了 2000 多年前西汉的木制廊桥。桥长达 42 米，桥最宽处约 8.8 米。由桥台、桥柱、桥梁、桥面板和桥上部的廊房 5 部分构成。[③]

建于南宋、位于江西婺源的彩虹桥全长 140 米，由六亭、五廊构成。每墩

① 小原二郎. 日本人と木の文化［M］. 東京：朝日選書，1984：98.
② 邵晓峰. 卓然而立的宋代桌［J］. 艺苑，2014（06）：49-53.
③ 卢引科，曹桂梅，唐飞. 成都市青羊区金沙村汉代廊桥遗址发掘简报［J］. 成都考古发现，2008：249-270.

上建一个亭，墩之间的跨度部分称为廊，因此也叫廊亭桥。① 为了便于维修，化整为零，每个亭、廊都是独立的，这样不会因为一处损坏而影响到整座桥。彩虹桥榫头之间不用铁钉，全部用木钉。使用木钉成本低，便于加工，且木钉牢固，与木材为同一自然属性，在振动中伸缩相同，历经几十年榫头之间结合仍能紧密牢固。彩虹桥桥梁结构部件用百年以上老松树加工而成，木板桥面供人行走。整个廊桥具有古朴、厚重、历史存积感强之艺术风格。

值庆廊桥②建于明弘治三年（1490），位于福建省建瓯市。廊桥主体结构材料为当地乡土树种杉木。廊桥结构沿用了宋代营造法式，斗拱、月梁等结构具有浓郁的福建地域风格，这种建筑风格曾对日本奈良的东大寺大佛殿建造有很大的影响。

## 十三、小提琴

小提琴起源可以追溯到 2000 多年前埃及的乐器"里拉"（Lyre），15 世纪意大利人对其进行了改革，并用马尾制成弓子拉奏，定名为 Violin，即小提琴。

在 1564 年，意大利安德烈·阿玛蒂制造了现存最古老的小提琴。③ 背板是一块具有中庸花纹的枫木整板，从左到右略向下倾斜。侧板、琴颈也使用了同样花纹的枫木。琴头和弦轴箱（琴颈上挖空的部位，以使四个弦轴穿过）使用了无花纹的枫木，接在琴颈上。面板材料为中庸细纹理的云杉；指板采用的是乌木。琴面饰有瓦卢瓦王室的百合花，以及看似属于西班牙腓力二世的盾徽。

## 十四、鼓楼

建于清康熙年间（1662—1722），位于贵州增冲侗寨④的鼓楼是侗族特有的民俗建筑，是侗家聚众议事、排解纠纷、迎送宾客、对唱大歌和吹笙踩堂等重大活动的场所。

寨里有数百间纯杉木结构穿斗式青瓦吊脚楼，耸立于寨中央的鼓楼高 25 米，13 层重檐，用杉木原木制作地柱 12 根，其中金柱 4 根，房檐 8 根。塔楼为

---

① 吴水丕，张书瑀. 浅谈中国最美的廊桥——江西婺源彩虹桥之人性化设计 [J]. 工作与休闲学刊，2010（02）：90-96.

② 刘忠旺. 闽北廊桥概览 [J]. 大众文艺，2014（15）：58-59.

③ 华天礽. 可以考证的最早的小提琴制作家——安德烈亚·阿玛提 [J]. 乐器，2000（02）：26-27.

④ 陈鸿翔. 黔东南地区侗族鼓楼建构技术及文化研究 [D]. 重庆：重庆大学，2012：79-80.

13 层杉木结构，瓦房为重檐式古建筑，两层楼冠，葫芦宝塔。增冲鼓楼结构部件间用杉木榫连接，结构严谨，飞檐翘角，造型流畅。

### 十五、钢琴

1700 年，巴托罗密欧·克里斯多佛利在佛罗伦萨美第奇宫发明了钢琴，1720 年，他制造了世界上现存最古老的钢琴 Grand Piano。[①] 钢琴总高度为 86.5 厘米，宽度（与键盘平行）为 95.6 厘米，深度（外壳长度，垂直于键盘）为 228.6 厘米。所用材料有柏木、杉木、黄杨木，还有黄铜、皮革等。从用材音响特性判断，共鸣板采用的是柏木。

## 结　语

白木器物里程碑式经典之作涉及狩猎、宫殿、寺院、陵墓、家具、舟船、乐器、棋具等领域，可见白木器物文化生活范围之广泛、文化历程之悠长。

白木器物文化发展历程中里程碑式的经典作品，具有选材特性突出、加工技艺精湛、文化特征鲜明等本质特色。

白木器物文化在诸木材种群文化范畴中独树一帜，具有不可替代的、引领木文化发展前行的重要作用。

① 代百生. 钢琴乐器的演变历史（下）[J]. 钢琴艺术，2009（10）：31-36.

# 第三章

# 白木文明的基本架构

## 绪　言

关于木文明之定位，Colin Tudge[1] 认为，木材一直伴随着人类的文化生活从远古一道走来，并且赋予其文化形态的自然原材料。在过去"木材时代"是这样，至今仍然如此。这段论述充分肯定了木材在人类文化形成的历史过程中不可替代的重要角色。据考证，在农业革命前，人类不仅使用石器，还使用木材、竹或皮革等比较容易腐烂的材料，后者在考古学上遗留下来的器物极少。故，所谓石器时代，其实称"木器时代"也许更准确，因为当时狩猎采集工具多半是木制。[2] 例如，在德国 Harz 山麓煤矿挖掘出土 40 万年前的狩猎用木长矛[3]等实物佐证了这一观点。

一般而言，历史分期的文明指超越蒙昧期（旧石器时代）和野蛮期（新石器时代）的历史阶段。进入文明阶段的标志：1）文字发明与使用；2）金属工具发明与使用；3）城市出现（意味城乡差别及国家出现）。[4] 川添[5]则强调：城市的出现是文明的标志之一，而城市的构成无疑是建筑。这里，应区分建筑（architecture）与房屋（Building）的差异。如此，通过城市中代表性建筑的材料组成等特性可以判断文明的物质属性。另一方面，通过经书、诗歌、神话等纸质资料可以窥见与物质文明相关联的精神观念属性。

中国文明同埃及文明源于尼罗河流域不同，它是滋生于黄河流域和长江流

---

① 大場秀章，渡会圭子訳. 樹木と文明［M］. 東京：株式会社アスペクト，2008：10-20.

② 尤瓦尔·赫拉利. 人类简史［M］. 林俊宏，译. 北京：中信出版社，2014：43-44.

③ 山縣光晶. 木材と文明［M］. 東京：築地書館，2014：16.

④ 冯天瑜. 中国文化生成史（上册）［M］. 武汉：武汉大学出版社，2016：74.

⑤ 川添登. 木の文明の成立（上）［M］. 東京：日本放送出版協会，1990：i-v.

域两个气候、土壤等地理格局颇具差异的两大区段。中华文化因其地域环境的多样性而呈现出多元的、各具特色的区域文化状态。因此，中华文明是囊括中国不同地理环境形成的不同性格文明的综合体。同理，中华木文明也伴随着不同地域固有森林资源或社会发达程度的差异，呈现出不同演化规律和进化程度的不平衡状态。都城是国家政治文化中心，聚焦中国历代建都城市的标志性木结构建筑等关联木器物文化的演变历程，可以展现凝固态中国木文明的进化历史。同样，聚焦中国历代经书、史记、艺文等不同发达阶段的木观念文化，可以表现非凝固态中国木文明的进化历史。

基于上述思考，本文将围绕京师，以中国典型宫殿、寺庙、陵墓等为骨骼搭建白木文明之物质架构，以及以经书等经典论述为骨骼搭建白木文明之精神架构，两者融合一体形成白木文明之基本架构。

## 第一节　白木文明的物质架构

### 一、宫殿

在中国，宫殿约始于公元前 21 世纪的夏朝宫室。秦始皇统一中国，在都城咸阳搭建宫室。公元前 206 年，西汉灭秦，在都城长安建未央宫等多座宫殿。581 年，隋在长安东南新建都城大兴，唐朝立国后继建改称长安城，在皇城内建太极宫等。634 年，唐朝在长安城外再建大明宫。宋朝建都汴梁，建大庆殿等。1271 年，元建都城大都，宫城中建有璃顶殿、棕毛殿。1368 年，明朝建都应天，建紫禁城。1403 年，明迁都至北平，改称北京。永乐五年，建紫禁城。1644 年，清兵从山海关进入北京，明亡清立，沿用明紫禁城。[①] 梁思成绘制了豪劲时期（约 600？—1050）至羁直时期（1400—1900）中国历代木构殿堂外观演变图。[②]

国家的中心是都城，都城的中心是宫殿。因此，以宫殿为载体可以衡量一个国家诸方面的文化进步或文明发达程度。本节以中国历代宫殿遗迹的木构建筑材料特性和木构建筑结构特点等为主线，深入挖掘、剖析白木文明之物质架构的本质特征。

---

① 楼庆西. 极简中国古代建筑史［M］. 北京：人民美术出版社，2017：21-30.
② 梁思成.《图像中国建筑史》手绘图［M］. 北京：新星出版社，2017：15.

## （一）干栏式建筑

新石器时代河姆渡文化中的干栏式建筑①，是可目睹的历史遗留下来最早的中国木构建筑的基本形态。干栏式建筑用杉木 ［*Cunninghamia lanceolata*（Lamb.）Hook.］等木材。干栏式建筑框架结构的木构件之间采用了榫卯结合，奠定了木构建筑的营造技术基础。

## （二）阿房宫

阿房宫被誉为"天下第一宫"，是中国历史上第一个统一的多民族中央集权制国家——秦帝国修建的新朝宫。始建于秦始皇三十五年（前212），是中国首次统一的标志性建筑，也是华夏民族开始形成的实物标识。② 唐代诗人杜牧的《阿房宫赋》写道："覆压三百余里，隔离天日。骊山北构而西折，直走咸阳。二川溶溶，流入宫墙。五步一楼，十步一阁；廊腰缦回，檐牙高啄；各抱地势，钩心斗角。"

## （三）前殿

未央宫于汉高祖七年（前200），在秦章台基础上修建而成。前殿用清香名贵的木兰（*Magnolia liliflora* Desr）做栋椽，《白乐天集》云：木莲树生巴峡山谷间，民呼为黄心树。大者高五六丈，涉冬不凋。身如青杨，有白纹。《述异记》云：木兰川，在浔阳江中，多木兰。又七里洲中有鲁班刻木兰舟，至今在洲中。用银杏木（*Ginkgo biloba* L.）做梁柱不仅纹理雅致，而且银杏木具有神圣气息等喻义。殿前左为斜坡，以乘车上，右为台阶，供人拾级，础石之上耸立高大木柱。前殿作为西汉一代大朝之地，其建筑之豪华为其他宫殿所莫及。③ 其设计思想对后代宫城和都城的建设规划产生了深远的影响，奠定了中国两千多年宫廷建筑的基本格局。

## （四）太和殿

明永乐十八年（1420）仿南京故宫奉天殿建成，俗称金銮殿，北京明清紫禁城中主要宫殿建筑之一，是中国现存最大的木结构大殿，位于紫禁城（故宫）南北中轴线的中心位置。

太和殿木构梁柱主要原料楠木（*Phoebenees* 或 *Machilusnees*）是中国历代宫殿建筑用的珍贵木材之一。楠木木质坚实，经久耐用，耐腐性能优良，有特殊的芳香味。太和殿木构中72根大柱支撑其全部重量，其中顶梁大柱直径1.06

---

① 黄渭金. 河姆渡遗址木构建筑遗迹研究［J］. 史前研究，2004（00）：264-276.
② 杨帆. 秦阿房宫宫苑形制考［D］. 北京：北京林业大学，2017.
③ 李毓芳. 汉长安城未央宫的考古发掘与研究［J］. 文博，1995（3）：82-93.

米，高 12.07 米。太和殿木构中榫卯节点、斗拱连接等构造表明：在自重力及风荷载作用下，太和殿木结构的内力、变形均在容许范围内；在 8 级地震作用下，结构保持稳定状态，且榫卯节点及斗拱构造有利于减震。①

## 二、寺院

### （一）南禅寺

位于山西省忻州市五台县，重建于 782 年（唐德宗建中三年），为中国现存最古老的一座唐代木构建筑。

南禅寺梁、檩、檐椽为落叶松［*Larix gmelina*（Rupr.）Rupr.］木材。落叶松木材属硬松类，抗压及抗弯强度大，耐腐朽，是电杆、枕木、桥梁、矿柱、建筑等优良用材。门窗为红松（*Pinus koraiensis* Sieb. et Zucc.）木材。红松材质软，结构细腻，纹理通直，不容易变形，耐腐朽力强，所以是建筑门窗、家具等上等用材。柱为山西当地松木。②

南禅寺三间正殿，共用檐柱 12 根，殿内无天花板，无柱，梁架结构极为简练。墙身只起隔挡的作用，屋顶重量通过梁架传达到檐墙上的柱子支撑。四周各柱头向内微倾，与横梁构成斜角。四根角柱稍高，与层层迭架、层层伸出的斗拱构成"翘起"，致使梁、柱、枋的结合更加紧凑，增加了建筑物稳定性。大殿出檐深而不低暗，形成有收有放、有抑有扬、轮廓秀丽、气势雄浑的风格，给人以庄重而健美之感觉。屋脊两端装饰着鸱吻。全殿结构简练，形体稳健，庄重大方，体现了我国中唐时期大型木构建筑的显著特色。

### （二）恒山悬空寺

建成于 491 年，是佛、道、儒三教合一的独特寺庙。恒山悬空寺为铁杉木［*Tsuga chinensis*（Franch.）Pritz.］框架式结构，在陡崖上凿洞插悬梁为基，楼阁间以栈道相通，背倚陡峭的绝壁，下临深谷。悬空寺屋檐有单檐、重檐、三层檐。结构有抬梁结构、平顶结构、斗拱结构。屋顶有正脊、垂脊、戗脊、贫脊。总体外观，巧构宏制，重重叠叠，造成一种窟中有楼，楼中有穴，半壁楼殿半壁窟，窟连殿，殿连楼的独特风格，它既融合了中国园林建筑艺术，又不失中国传统建筑的格局。③

---

① 周乾，闫维明，关宏志．故宫太和殿结构现状数值模拟研究［J］．中国文物科学研究，2015（2）：79-84.

② 史向红．中国唐代木构建筑文化［M］．北京：中国建筑工业出版社，2012：38.

③ 王宝库，王鹏，王昊．北岳恒山与悬空寺［M］．北京：中国建筑工业出版社，2015：52-60.

（三）法隆寺

建于 607 年，具有 1400 多年历史的法隆寺是日本最古老的日本扁柏木结构建筑。① 其结构形式与细部纹样受中国南北朝时期建筑的影响很深，金堂的圆柱卷杀明富，柱上置有四板大斗，用整木刻成云头状的云头斗拱承载着檐桁，并采用变形字格子的勾栏与人字斗拱。法隆寺金堂，塔高 31.9 米，塔刹部分约占总高三分之一，塔中心有一根自下而上的中心柱支撑着塔顶的重量。

（四）天坛祈年殿

天坛始建于明永乐十八年（1420）。祈年殿是祈谷坛中主要建筑之一。祈年殿由 28 根金丝楠木（*Phoebe zhennan* S. Lee et F. N. Wei）大柱支撑，柱子环转排列，核心 4 根"龙井柱"，高 19.2 米，直径 1.2 米，支撑上层屋檐；中部 12 根金柱支撑第二层屋檐，在朱红色底漆上以沥粉贴金的方法绘有精致的图案；外围 12 根檐柱支撑第三层屋檐；相应设置三层天花，中间设置龙凤藻井；殿内梁枋施龙凤和玺彩画。祈年殿核心 4 根"龙井柱"，象征着一年的春夏秋冬四季；中层十二根大柱比龙井柱略细，名为金柱，象征一年的 12 个月；外层 12 根柱子叫檐柱，象征一天的 12 个时辰。中外两层柱子共 24 根，象征二十四节气。

三、陵墓

（一）黄肠题凑

2500 年前，我国宝鸡秦景公墓内的棺椁全部由柏木（*Cupressus funebris* Endl.）制作。其中，大墓主棺室的柏木"黄肠题凑"棺具，是周秦时代最具技术含量的高级木葬具。② 其后，在北京大葆台汉墓发掘出土了用 15880 多根柏木之"黄肠"垒筑的木墙。③ 在扬州汉广陵墓博物馆陈列着规模庞大的楠木之"黄肠"堆砌的墓葬。④

（二）马王堆棺椁

在我国长沙马王堆汉墓中出土、2000 年前的杉木［*Cunninghamia lanceolata* (Lamb.) Hook.］棺椁，巧妙利用了杉木自身固有的天然抗腐蚀性能，此外在

① 稲畑環，渡邊大志. 日本の建築学における失われた建築家像についての考察：伊東忠太『法隆寺建築論』と岸田日出刀による『建築學者伊東忠太』「法隆寺建築論」を介して［J］. 日本建築学会技術報告集，2017（23）：815-816.
② 楼庆西. 极简中国古代建筑史［M］. 北京：人民美术出版社，2017：75-82.
③ 友之. 说"黄肠题凑"及其他［J］. 森林与人类，2000（10）：11-12.
④ 于卓. 黄肠题凑如何解密［N］. 科技日报，2000-05-20.

棺椁周围覆盖了大量木炭，使得棺椁中女尸居于较恒定的温湿度环境中，与外界阻隔，得以长期保存。①

（三）长陵祾恩殿

建于永乐十一年（1413），位于北京昌平区天寿山南麓，是十三陵中规模最大、保存最完整的首陵，其中祾恩殿是中国现存的最大的木构大殿。支撑祾恩殿顶的 60 根楠木大柱，最粗一根重檐金柱，高 12.58 米，底径达到 1.124 米，世间罕见。长陵祾恩殿内有 12 根金丝楠木大柱，中央四根大柱的直径达 1.17 米，高约 23 米，质量之高，形体之大，在建筑史上绝无仅有。②

# 第二节  白木文明的精神架构

## 一、营造

喻皓《木经》对建筑物各个部分的规格以及构件之间的比例做了详细具体的规定，一直为后人广泛应用。《木经》的问世不仅促进了当时建筑技术的交流和提高，而且对后来建筑技术的发展有很大影响。北宋的《营造法式》和清代的《工部工程做法》，被梁思成先生称为"中国建筑的两部文法课本"，体现了中国古代木构建筑的基本法式和原则。这里介绍其中的斗拱结构和卯榫结构，梁思成先生在《〈图像中国建筑史〉手绘图》中绘制了十分详细的斗拱结构图解。③

（一）斗拱结构

斗拱是中国木构建筑特有的一种结构，其产生和发展有着非常悠久的历史。从两千多年前战国时代采桑猎壶上的建筑花纹图案，以及汉代保存下来的墓阙、壁画上，都可见早期斗拱的形象。中国古典建筑最富有装饰性的特征往往被皇帝攫为己有，斗拱在唐代发展成熟后便规定民间不得使用，如《明史·舆服志四》："庶民庐舍，洪武二十六年定制，不过三间，五架，不许用斗拱，饰彩色。"

---

① 侯伯鑫，程政红，何洪城，等．长沙马王堆一号汉墓椁室木材的研究［J］．湖南林业科技，2001（04）：31-34.
② 楼庆西．极简中国古代建筑史［M］．北京：人民美术出版社，2017：54，59.
③ 梁思成．《图像中国建筑史》手绘图［M］．北京：新星出版社，2017：2.

斗拱由方形的斗、升、拱、翘、昂组成，是较大建筑物的柱与屋顶间之过渡部分。其功用在于承受上部支出的屋檐，将其重量或直接集中到柱上，或间接地先纳至额枋上再转到柱上。研究表明：半刚性榫卯节点的转动以及斗拱铺作层的滑移使得结构模型地震响应大幅度减小，满足"小震不坏，中震可修，大震不倒"的设计要求。①

斗拱在结构和美学方面具有一种独特的风格，斗拱象征和代表中华古典建筑的精神气质。斗拱中间伸出部分仍叫作耍头，常雕著立双式的青色龙头，其两旁垫拱板雕半立体火焰珠一粒，此构图象征吉祥如意。

（二）榫卯结构

在河姆渡遗址发现了距今六七千年前大量榫卯结构的木质构件。这些榫卯结构主要应用在河姆渡干栏式房屋上，有凸形方榫、圆榫、双层凸榫、燕尾榫以及企口榫等。历代木构建筑如紫禁城、天坛祈年殿、山西悬空寺、应县木塔等木构建筑都有大量榫卯结构应用。研究表明，在低周反复荷载作用下，木构建筑典型榫卯通过连接间摩擦滑移机构耗散能量，故榫卯节点具有耗能减震作用。②

## 二、《诗经》中圣树

《诗经》是中国最古老的诗或歌谣的总集。其中涉及水果类、坚果类以及香木类等植物达 132 种之多。乔木之中的杨柳被称为具有咒力的植物。③ 来自民俗信仰的、作为社木的松柏多植于墓域，象征着繁荣与长寿。如果对照印度佛教的"三灵木"，即无忧树（*Saraca dives* Pierr）、菩提树（*Ficus religiosa* L.）和沙罗双树（*Shorea robusta* Gaertn. F.），外加杧果树（*Mangifera indica* L.）和槐树（*Sophora japonica* Linn.）就是日本佛教的"五天华"，总体上，与其说《诗经》中信仰树，倒不如说民俗的祈祷树、咒术树以及药用本草树更多一些。

## 三、《山海经》中圣树

（一）扶桑木

传说生长在东方，其形态特征："柱三百里，其叶如芥。"其功能特点：太

---

① 张风亮. 中国古建筑木结构加固及其性能研究 [D]. 西安，西安建筑大学：2013.
② 匡妍艺，乔长江. 木构建筑榫卯节点力学特性研究 [C]. 广州：全国建筑物检测鉴定与加固改造第十二届学术交流会，2014：294-298.
③ 王秀梅译注. 诗经 [M]. 北京：中华书局，2016：273-274，550-552.

阳从此升起，即"一日方至，一日方出，皆载于鸟"①。

（二）建木

其形态特征："有木，其状如牛，引之有皮，若缨、黄蛇。其叶如罗，其实如栾，其木若蕳，其名曰建木。"其功能特点：生长于"天地之中"，是沟通天地、人神之间的桥梁。传说伏羲、黄帝等众帝驾驭建木来往于人间天庭。②

（三）寻木

其形态特征："寻木，生于河边。竦枝千里。上干云天。垂阴四极，下盖虞渊。"其功能特点：在新的日落之所虞渊，方圆千里，笼罩着整个深渊。③

（四）若木

在昆仑山西，其形态特征：与扶桑木相似，青叶红花。其功能特点：太阳栖息在若木之上，若木发出红色光芒，普照天穹。传说太阳女神羲和，每天驾车载着太阳从东方扶桑之处出发，来到蒙谷、虞渊一带，人间此时即到了傍晚。④

**四、圣树象征意义**

在日本，生长于宫殿中枝繁叶茂的榉木 [*Zelkova serrata*（Thunb.）Makino] 被认为是覆盖全日本乃至整个宇宙的大树，被称为日本国土的中心点。⑤ 在北欧，诸神们也创造了一棵十分巨大的梣树——宇宙木。宇宙木树梢直穿天际，延伸至世界之顶，整个巨树构成了整个世界。宇宙木是宇宙万物的起源和载体，它茂密的枝叶覆盖了整个天地。⑥

古代诸民族的信仰中认为神殿或宫殿，以至于都市皆位于宇宙的中心。如同宇宙木一样，圣树生育于宇宙之中心，吸收了宇宙的灵气，首都必须建在圣树之上。另一方面，如果把宫殿看作宇宙木，那么建筑就是宇宙的象征。

① 刘向等编. 山海经 [M]. 北京：中国文联出版社，2016：217，257.
② 刘向等编. 山海经 [M]. 北京：中国文联出版社，2016：223，300.
③ 刘向等编. 山海经 [M]. 北京：中国文联出版社，2016：210.
④ 刘向等编. 山海经 [M]. 北京：中国文联出版社，2016：257.
⑤ 川添登. 木の文明の成立（上）[M]. 東京：日本放送出版協会，1990：96.
⑥ 足田輝一. 樹の文化誌 [M]. 東京：朝日新聞社，1986：487-488.

# 结　语

以历代典型宫殿、寺院、陵墓、营造等历史纪念碑式白木构建筑物构成了健硕、宏大的白木物质文明骨骼；以《诗经》《山海经》《木经》等经典论述构成了博大、深邃的白木精神文明骨骼。

融合上述物质、精神文明骨骼构成的白木文明之基本架构，此架构充分彰显了木文明悠长的历史进程以及令人惊叹的深邃内涵与发达水平。

在博大精深的中华文明历史长河中，木文明顺其自然居于其中不可忽视的一席之地。

# 第四章

# 白木源意境及其空间固化

## 绪　言

自 2018 年以来，作者一直从事白木概念及其文化特征、白木器物文化历程、白木文明的基本架构方面研究、普及推广工作，这是一项颇具突破性、创新性的研究课题。为了在大众生活中进一步普及、推广白木文化，作者借用东晋陶渊明《桃花源记》的文体脉络，构思了"白木源记"空间的理想意境，依托源中白木建筑体为主体表达，描绘了白木的基本概念、文化特征、文化生活历程等内容。在语言表达方面，汲取了中国传统汉赋精美的语言表达，独特的对仗句呈现格式，如东汉庾信《枯树赋》、西汉刘胜《文木赋》、东汉邹阳《几赋》等。

在"白木源"中，以"白木池"为地理中心，设置了"白木亭""白木阁""白木居"三个典型的白木建筑。"白木亭"及其亭中石碑刻"白木赋"具有记述白木文化基础之功能；"白木阁"则具有研究、展示、普及推广白木文化之功能；"白木居"则具有体验衣食住行白木文化生活之功能。池、亭、阁、居、圃等白木源构成物分散坐落在"白木林"之中。

本章将围绕上述主题做详尽描述，试图绘制一个纯白木构成的理想意境及其实现空间固化的路径图。在当今我国展开的乡村文化振兴的大潮中，白木源的空间固化，即落地生根、开花结果具有十分重要的现实意义。

## 第一节　白木源记

女贞年间，旗人筑屋舍为业。晨曦初露，黄鹂鸣啼，缘溪岸行，忽逢白木林，夹岸无杂树。百卉争艳，落英缤纷。旗人甚异之，欲穷其林。

林尽水源，便得一丘。丘上立玄关，横匾白木苑。入玄关，直行数十步，井然天地。苑中分形池，名曰：白木池。芙蕖数落，娉娉婷婷。彩鲤数匹，蟋蟋蜿蜿。蝴蝶贴池水飞舞，蜻蜓依芙蕖跳跃。垂柳围池岸，叠石堆其间。临池白木圃，面积二三亩。圃床纵横阡陌，柏苗郁郁葱葱。

池右近百尺，遇木构屋舍。名曰：白木居。酷似辽东平房，山杨（*Populus davidiana* Dode.）木房架，山杨木门窗。墙体河卵石堆砌，黄泥夹稻草涂面，苦草［*Arundinella hirta*（Thunb.）Tanaka］覆房山南北坡。正门框上悬一燕窝，燕子出入颇繁忙。厨间锅灶，直通东西两屋南北大炕。居前一棵老榆树（*Ulmus pumila* L.），挺拔高大，树根凸露，盘根错节，酷似蛟龙卧地。树表皮似豹皮文身，四季色变。树冠筑数团喜鹊窝。居后篱笆围一亩菜田，黄瓜翠翠，芸豆长长；韭菜楚楚，番茄红红。篱笆旁，簇簇毛樱桃［*Prunus tomentosa*（Thunb.）Wall.］，红果累累。总括之，此居弥漫人间烟火气。

池左近百尺，又遇木构屋舍，名曰：白木阁。酷似天一阁。白木阁藏书楼坐北朝南，为两层木结构重楼式建筑，斜坡屋顶，青瓦覆上。一层面阔、进深各六间，二层除楼梯间外为一大通间。阁一层，白木书斋。墙四周置扁柏木书柜，内藏《白木器物文化志》等书籍。中央置长条扁柏木书案，案上有文房四宝：湖笔徽墨，宣纸端砚。烛台一座、文稿数沓。南窗台旁有扬州桐木古琴，谱架置步高之《白木吟》。北窗台旁有榧木弈，上置榧木棋奁，内盛滇永子。阁二层，为白木器物馆。或图片挂壁，或模型缩写，或实物展示，琳琅满目，应接不暇。阁二层南隅处，坐一耄耋老人，圆形面廓，白齿赤颜，两目炯炯，黄发寥寥，络腮胡须。身披浅色汉长褂，足履黑色布长靴。旗人趋前问道："老者尊姓大名？"老人答曰："鄙人白木翁也。"旗人又问道："老翁何时来此修行？"老人答曰："鄙人生于长白山脉，苏子河畔。曾冰城攻土木学科，后改读木材学科。甲子时年，鄙人萌白木情，心无旁骛，情有独钟。故潜心白木论修行。"总括之，此阁弥漫神仙书生气。

池前近百丈，便得小山。山顶木构黛瓦顶亭，名曰：白木亭。酷似陶然亭。亭旁古柏大树，文横水蹙，拳曲拥肿。虽尽沧桑，却无婆娑。挺拔身姿，生意盎然。楹联曰：肌似冰颜似玉细腻洁净方显天然本色，香如故音如琴逸散浓韵遍历人间烟火。亭中矗立长方花岗石碑，碑首方形，双肩抹角。趺座长方，皆无雕饰。碑阳镌刻篆体《白木赋》。碑阴镌刻篆体：白木翁撰《白木赋》正文。

旗人吟诵道：

> 白木之问世，源于山海经。试问白木谓何物？答曰白色之树也。子美长镵白木柄，其义漆饰木材表。缘起密县白皮松，庾信东海白木庙。诸问滞留数千年，解疑立说归小原。可惜未就完璧篇，晓木铸成新概念。

白木之概念，基于木特征：肌理之解剖，颜色之视觉，软硬之触觉。归而言之，肌理似冰之细腻，颜色似玉之洁净。香气如故之逸散，柔软如水之舒坦。正可谓，细腻洁净凸显天然本色，逸散舒坦遍历人间烟火。

白木之文化，始于木佛传：雍和白檀弥勒佛，法轮樟木如来坐；太秦赤松菩萨像，神护扁柏药师佛。一言以蔽之，阔叶转针叶乃树种之变，芯木转独木乃部位之迁。浓郁转清淡乃木肌自然之折点，西念转东念乃风流文化之递旋。

白木之历程，囊括食住行。赫兹猎长矛，萧山独木舟。河姆渡干栏，奈良法隆寺。埃及太阳船，大葆台黄肠。神州桐古琴，欧洲云钢琴。东瀛榧棋盘，煤都杉方桌。玩食渔履具，比比皆触及。这正是，悠悠岁月荏苒恰似一江春水东流，漫漫白木历程宛如万山花丛绽放。

白木之观念，独立新视点：一曰精细洁净观——细胞均匀，排列有序，谓之精细；材色白皙，色泽清淡，谓之洁净。二曰节省包容——密度低下，体量轻盈，谓之节省；空隙多样，可及性遍，谓之包容。三曰柔和亲近观——肌理细腻，触觉松软，谓之柔和；宽松样态，温柔感觉，谓之亲近。四曰简约素朴观——纹理整齐，花纹单调，谓之简约；纯属天然，毫无造作，谓之素朴。

旗人诵罢，仰首叹曰："白木，乃超凡之物也！"夕阳坠山，余晖烁烁。旗人恋恋不舍，辞去。当夜梦游绝境，历历在目。翌日晨起，既出，便扶向路，遂迷，不复得路。"怪哉！怪哉！"旗人暗暗自语道。尔后，欲望不休。逢隔一日，屡屡其往，终极未果。

## 第二节　白木赋注释

白木之问世，源于山海经。① 试问白木谓何物？答曰白色之树也。子美长镵白木柄②，其义漆饰木材表。缘起密县白皮松，庾信③东海白木庙。诸问滞留数

---

① 《山海经·大荒西经》："白木、琅玕"郭璞注："树色正白。今南方有文木，亦黑木也。"

② 杜甫（712—770）。《乾元中寓居同谷县作歌》之二："长镵长镵白木柄，我生托子以为命。"长镵（cháng chán），亦作"长搀"，古踏田农具。白木柄，未涂饰之木柄。

③ 南北朝庾信《枯树赋》曰："东海有白木之庙，西河有枯桑之社，北陆以杨叶为关，南陵以梅根作冶。"东海：指东部沿海地区。白木之庙：相传为黄帝葬女处的天仙官，在今河南密县。此地有白皮松，称"白木之庙"。白木，指白皮松。

千年，解疑立说归小原。① 可惜未就完璧篇，晓木铸成新概念。

白木之概念，基于木特征：肌理②之解剖，颜色之视觉，软硬之触觉。归而言之，肌理似冰之细腻③，颜色似玉之洁净。④ 香气如故之逸散，柔软如水之舒坦。正可谓，细腻洁净凸显天然本色，逸散舒坦遍历人间烟火。

白木之文化，始于木佛传：雍和白檀弥勒佛⑤，法轮樟木如来坐⑥；太秦赤松菩萨像⑦，神护扁柏药师佛。⑧ 一言以蔽之，阔叶转针叶乃树种之变，芯木转独木乃部位之迁。浓郁转清淡乃木肌自然之折点，西念转东念乃风流文化之逆旋。

白木之历程，囊括食住行。赫兹猎长矛⑨，萧山独木舟。⑩ 河姆渡干栏⑪，奈良法隆寺。⑫ 埃及太阳船⑬，大葆台黄肠。⑭ 神州桐古琴⑮，欧洲云钢琴。东瀛榧棋盘⑯，煤都杉方桌。⑰ 玩食渔履具，比比皆触及。这正是，悠悠岁月茬苒恰似一江春水东流，漫漫白木历程宛如万山花丛绽放。

白木之观念，独立新视点：一曰精细洁净观⑱——细胞均匀，排列有序，谓

---

① 小原：指日本学者小原博士，曾著《日本人と木の文化》。
② 肌理：指木材表面构成组织要素的相对大小及其分布的均质性。
③ 细腻：指意味着导管直径小或年轮窄。
④ 洁净：指白木的视觉特性。
⑤ 北京雍和宫万福阁弥勒佛（1748—1749）。它的主体由单一的白檀雕刻而成。雕像高 26 米，地下埋 8 米。尼泊尔王国从印度运回来一种高大的白檀。达赖喇嘛一听到这个消息，就用大量的宝物买下了它，用 3 年时间从西藏经四川水路运回了北京。
⑥ 药师如来坐像（飞鸟时代），日本奈良法轮寺所藏。
⑦ 太秦赤松菩萨像。
⑧ 药师像，日本新药师寺所藏。
⑨ 指在德国 Harz 山麓煤矿挖掘出 40 万年前用欧洲云杉木材制作的木长矛。
⑩ 指在我国浙江杭州萧山出土的、用樟子松木材制作的独木舟，已有约 8 000 年历史，被称为"中华第一舟"。
⑪ 指在中国浙江余姚河姆渡遗址中出土了 7 000 年前的干栏式建筑。
⑫ 建于飞鸟时代，位于日本奈良生驹郡斑鸠町，是日本最古老的日本扁柏木结构建筑。
⑬ 指在埃及著名的胡夫金字塔附近发掘的、4500 年前的太阳船，是胡夫法老的陪葬品。
⑭ "黄肠题凑"是中国汉代帝、后和同制京师的诸侯国国王、王后用的一套葬具。以柏木黄心致累棺外，故曰黄肠。木头皆内向，故曰题凑。
⑮ 指源于战国时期的古筝或古琴，其面板用材也采用桐木。
⑯ 指 500 年前，在日本出现了用有树瘤的榧木制作的、有"舞葡萄盘"之称的铭盘，棋盘用榧木不仅具有 400 年以上树龄漫长岁月的积累，而且有树瘤的榧木原料本身也是百年难遇。
⑰ 指在山西大同出土的宋代杉木方桌。
⑱ 此句谓白木的解剖特征和视觉特性。

之精细；材色白皙，色泽清淡，谓之洁净。二曰节省包容观①——密度低下，体量轻盈，谓之节省；空隙多样，可及性遍，谓之包容。三曰柔和亲近观②——肌理细腻，触觉松软，谓之柔和；宽松样态，温柔感觉，谓之亲近。四曰简约素朴观③——纹理整齐，花纹单调，谓之简约；纯属天然，毫无造作，谓之素朴。

## 第三节　白木源空间固化

### 一、白木源意境平面图

图 4-1 所示从白木源玄关进入后，所见源中以白木池为中心，白木居、白木阁、白木亭 3 个园林主体建筑，以及白木圃、菜畦、白木林的空间布局。

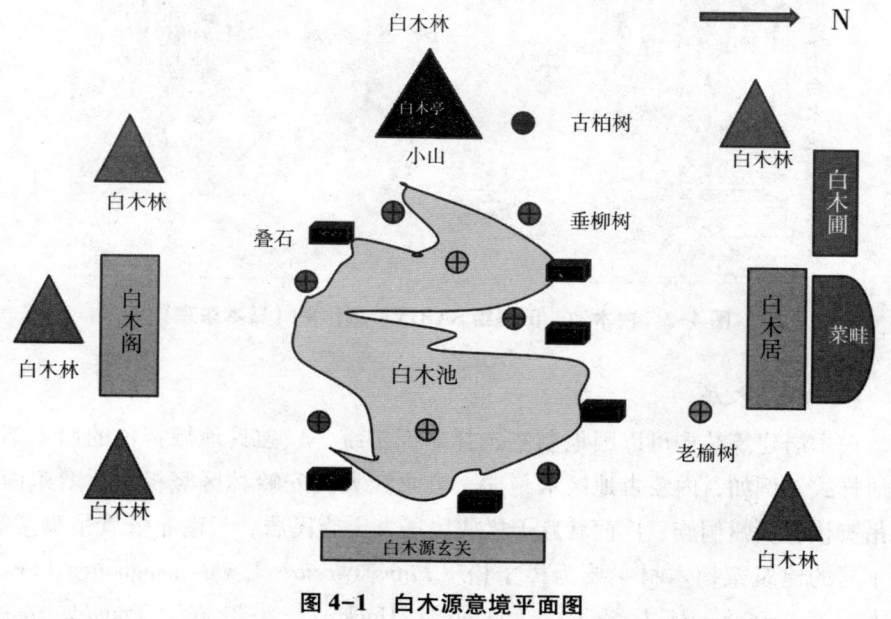

**图 4-1　白木源意境平面图**

---

① 此句谓白木的物理特性。
② 此句谓白木的肌理和触觉特性。
③ 此句谓白木的视觉特性和天然属性。

## 二、源中构成物概述

### (一) 白木池

白木池位于白木源中心处，可以说水是万物之源。五行中水生木，因为水能润泽树木，使其苗壮生长，所以水和木之间存在着相生关系。直接地，源中的白木林、白木圃、菜田等所有植物都与水息息相关。间接地，源中白木园林建筑中木材也是靠水的滋养长成栋梁之材的。北宋周敦颐《爱莲说》有"莲之出淤泥而不染，濯清涟而不妖，中通外直，不蔓不枝，香远益清，亭亭净植"之佳句。因此，池中莲花寓意白木源是一方清廉正洁之地。

**图4-2　白木池　田婷绘 SARIYA 工作室（日本东京）**

### (二) 白木居

白木居建筑结构可以因地制宜选择非固定统一、独具地域特色的白木结构民居样式。例如，内蒙古地区木刻楞，黑龙江大兴安岭林区竖板房，黔东南苗族吊脚楼，贵州侗族、广西壮族干栏式民居，土族民居，云南布依族吊脚楼等。白木居的建筑架构木材主要为樟子松（*Pinus sylvestris* L. var. mongholica Litv.）、杉木［*Cunninghamia lanceolata*（Lamb.）Hook.］、小叶杨（*Populus simonii* Carrière Carr.）、枫香木（*Liquidambar formosana* Hance）等。白木居内部布置衣食住行各类生活白木器物，如白木家具、白木食具、白木炊具、白木水具、白木玩具、白木饰具等。一言以蔽之，白木居区域搭配白木器物，人间烟火气十足。

图 4-3　白木居　田婷绘 SARIYA 工作室（日本东京）

（三）白木阁

酷似天一阁藏书楼，两层木结构重楼式建筑。阁一层，为白木书斋。正墙面挂段国梁大师滇椴木雕《白木源意境图》。墙四周置扁柏木书柜，内藏《白木器物文化志》等各类书籍。中央置长条扁柏木书案，案上有文房四宝：湖笔徽墨，宣纸端砚。烛台一座、文稿数沓。南窗台旁有扬州桐木古琴，谱架置步高先生之《白木吟》曲。北窗台旁有榧木弈，上置榧木棋奁，内盛滇永子。阁二层，为白木器物文化馆。主要展示四部分内容："白木的概念""白木器物文化历程""白木文明基本架构""白木文化大事记"。或图片挂壁，或模型缩写，或实物展示，琳琅满目，应接不暇。白木阁区域书卷气十足。

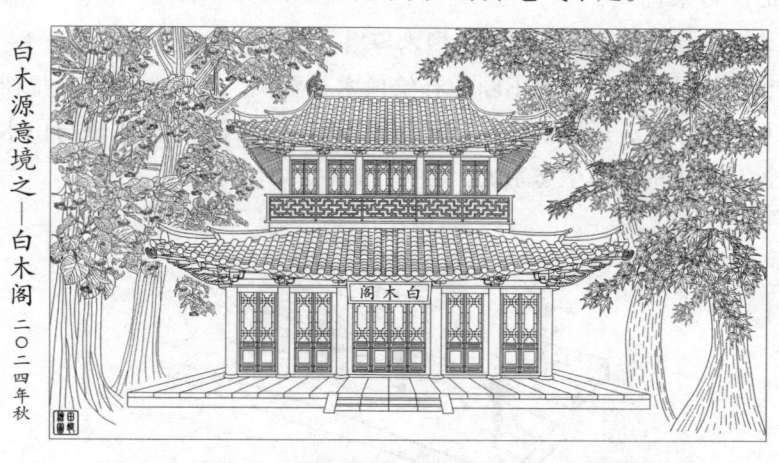

图 4-4　白木阁　田婷绘 SARIYA 工作室（日本东京）

（四）白木亭

白木亭的木构件应具有体现中国传统木构建筑的榫卯结构、斗拱结构。柱、梁应选择白木原木素材，材面无浓彩暗漆涂饰，彰显白木之天然本色。

　　楹联：（右）肌似冰颜似玉细腻洁净方显天然本色
　　　　　（左）香如故音如琴逸散浓韵遍历人间烟火

亭中碑，全碑无雕饰。碑角处或镶嵌扁柏针叶或镶嵌椴木树叶。碑阳镌刻颜体"白木赋"三个大字。碑阴镌刻颜体《白木赋》正文。

**图 4-5　白木亭　田婷绘 SARIYA 工作室（日本东京）**

（五）白木圃

白木圃是培育如扁柏、银杏、椴木等白木树苗之地。当苗木生长 1~2 年后，便移栽到白木林空地，源源不断地补给白木林资源。从白木林成熟母树中还可以采摘种子或枝条，返回到白木圃进行幼苗繁育。因此，白木圃与白木林形成了良性循环共生的森林生态系统。

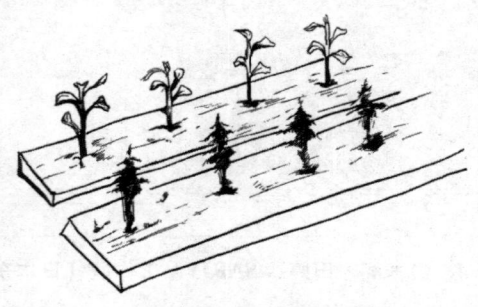

**图 4-6　白木圃（北京林业大学杨林山绘）**

（六）白木林

白木源被其周围一片片白木林簇拥着，白木林下百卉争艳、落英缤纷。时而可见到松鼠跳跃在白木林树枝上；时而可听到黄鹂等鸟类鸣啼……白木林构成了一个动植物和谐共生的美好世界。

图4-7　白木林（北京林业大学杨林山绘）

图4-8　白木源—池/居/亭/阁
（分别为北京林业大学周恣帆/杨林山/周恣帆/北华大学曲家兴绘）

# 结　语

　　白木源绘制了一个由白木概念及其文化特征、白木器物文化历程、白木文明基本架构等构成的非凝固态理想意境，以及由白木池、白木居、白木阁、白木亭构成的凝固态空间固化图。

　　在当今我国展开的乡村文化振兴的大潮中，白木源的空间固化，即落地生根、开花结果之路径具有十分重要的现实意义。作者已在江苏句容、内蒙古呼和浩特、福建永泰初步达成白木源意境整体或局部落地生根之协议，不久将成为看得见、摸得着的空间实体。

第二篇

# 02

| 白木器物篇 |

# 第五章

# 白木建筑

## 第一节　宫　殿

### 一、宫殿文化历史演变

中国古代宫殿建筑的发展大致有四个阶段：

第一，"茅茨土阶"的原始阶段。在瓦没有被发明以前，即使最隆重的宗庙宫室，也用茅草盖顶，夯土筑基。考古发掘的河南偃师二里头夏代宫殿遗址，湖北黄陂盘龙城商代中期宫殿遗址，河南安阳殷墟商代晚期宗庙、宫室遗址，都发现了夯土台基但无瓦的遗存。其中，20世纪80年代末，在安阳小屯村东地发现的建造于武丁村的大型夯土基址，结构最完整，却仍无瓦的发现。证明夏商两代宫室仍处于"茅茨土阶"时期。其中二里头与殷城中区都沿轴线做庭院布置是中国三千余年院落式宫室布局的先驱。

第二，盛行高台宫室的阶段。陕西岐山凤雏西周早期的宫室遗址出土了瓦但数量不多，可能还只用于檐部和脊部，春秋战国时瓦才广泛用于宫殿。与此同时，各诸侯国竞相建造高台宫室，如春秋时晋故都新田（山西侯马）、战国时齐故都临淄（山东临淄）、赵故都邯郸（河北邯郸）、燕下都（河北易县）、秦咸阳（陕西咸阳）等，都留有高四五米至十多米不等的高台宫室遗址。台上的建筑虽已不存，但从秦咸阳宫殿遗址的发掘来看，高台系夯土筑成，台上木架建筑是一种体形复杂的组合体，而不是庭院式建筑。加上春秋战国时的建筑色彩已很富丽，配以灰色的筒瓦屋面，使宫殿建筑彻底摆脱了"茅茨土阶"的简陋状态，进入一个辉煌的新时期。直至秦阿房宫、汉未央宫、唐大明宫含元殿和明北京奉天殿，都有很高的台基。其台基或用人工堆砌，或因天然土阜裁切修筑。足见高台宫室的遗风延绵达2000多年之久。

第三，宏伟的前殿和宫苑相结合的阶段。秦统一中国后，在咸阳建造了规模空前的宫殿，分布在关中平原，广袤数百里，布局分散：渭水之北有旧咸阳宫、新咸阳宫和仿照六国式样的宫殿，渭水之南有信宫、兴乐宫和后期建造的朝宫——宏伟的阿房宫前殿，骊山有甘泉宫，此外还有许多离宫散布在渭南上林苑中。其中，阿房宫所遗夯土基址东西约 1 千米，南北约 0.5 千米，后部残高约 8 米。西汉初期仅有长乐（太后所居）、未央（天子朝廷和正宫）两宫，文、景等朝又辟北宫（太子所居），武帝大兴土木建造桂宫、明光宫、建章宫。各宫都围以宫墙，形成宫城，宫城中又分布着许多自成一区的"宫"，这些"宫"与"宫"之间布置有池沼、台殿、树木等，格局较自由，富有园林气息。未央宫是汉帝的主要宫殿，有隆重的前殿，供大朝、婚丧、即位等大典之用（平日处理政务则在丞相府进行）。现存前台基残高达 14 米左右。

第四，纵向布置"三朝"的阶段。商周以降，天子宫室都有处理政务的前朝和生活居住的后寝两大部分。前朝以正殿为中心组成若干院落。但汉、晋、南北朝都在正殿两侧设东西厢或东西堂，备日常朝会及赐宴等用，三者横列。及至隋文帝营建新都大兴宫，追绍周礼制度，纵向布列"三朝"：广阳门（唐改称承天门）为大朝，元旦、冬至、万国朝贡在此行大朝仪；大兴殿（唐改称太极殿）则朔望视朝于此；中华殿（唐改称两仪殿）是每日听政之所。唐高宗迁居大明宫，仍沿轴线布置含元、宣政、紫宸三殿为"三朝"。北宋元丰后汴京宫殿以大庆、垂拱、紫宸三殿为"三朝"，但由于地形限制，三殿前后不在同一轴线上。元大都宫殿与周礼传统不同，中轴线前后建大明殿与延春阁两组庭院应是蒙古族习俗的反映。明初，朱元璋刻意复古。南京宫殿仿照"三朝"作三殿（奉天殿、华盖殿、谨身殿），并在殿前作门五重（奉天门、午门、端门、承天门、洪武门）。其使用情况：大朝及常朝在奉天举行，平日早朝则在华盖殿。明初宫殿比拟古制，除"三朝五门"之外，按周礼"左祖右社"，在宫城之前东西两侧置太庙及社稷坛。永乐迁都北京，宫殿布局虽一如南京，但殿宇使用随宜变通，明季朝会场所几乎延及外朝各重要门殿，"三殿"与"三朝"已无多少对应关系。

纵观汉、唐、明三代宫室，其发展趋势：一、规模渐小。汉长安长乐、未央两宫占地分别为 6.6 平方千米及 4.6 平方千米；唐长安大明宫为 3.3 平方千米；明北京紫禁城（宫城）仅 0.73 平方千米。二、宫中前朝部分加强纵向的建筑和空间层次，门、殿增多。三、后寝居住部分由宫苑相结合自由布置，演变为规则、对称、严肃的庭院组合，汉未央宫、唐大明宫台殿池沼错综布列，富有园林气氛，不似明清故宫森严、刻板。

二、宫殿典型实例

（一）唐长安大明宫

典型之处：唐代最宏伟壮丽的宫殿建筑群，也是当时世界上面积最大的宫殿建筑群。

时间：建于唐贞观八年（634），毁于唐末。

地点：唐都城长安（今西安）。

用材：黄杨木（*Buxus* sp.）。唐李华《含元殿赋》中有记载：所用建筑木材是从江南山林中"择一干于千木"中精选的"荆杨之材"。

历史沿革：唐初利用隋代旧宫，改名为太极宫。唐高宗时，因太极宫地势卑湿，遂在其东北角御苑内龙首原高地上，将唐太宗时所建大明宫扩建而成新宫。太极宫从此降为闲散之所，大明宫成为唐朝政治中心所在地。

建筑特征：大明宫位处高地，居高临下，可以远眺城内街市。宫城占地面积约为明清北京紫禁城的 4.5 倍。全宫分为外朝、内廷两大部分，是传统的"前朝后寝"格局。外朝三殿：含元殿为大朝，宣政殿为治朝，紫宸殿为燕朝。宫前横列五门，中间正门称丹凤门，从丹凤门到紫宸殿轴线长约 1.2 千米。含元殿前两侧则有钟、鼓楼和左右朝堂。经第一期考古发掘获知，含元殿高出地面 10 余米，殿基东西宽 76 米，南北深 42 米，是一座十三间的殿堂，殿阶用木平坐，殿前有长达 70 余米的坡道供登临朝见之用，坡道共 7 折，远望如龙尾，故称"龙尾道"。近年第二期考古发掘探明，龙尾道不是一直北上含元殿三台的，而是呈"S"形盘旋而上，即正南龙尾道直达第一层大台；然后龙尾道由两侧北上，在二层台处各向中间转折坡上；到达二层台面后，恰可与三层台面的两阶相接应。如《含元殿赋》所云"象龙行之曲直，夹双壶（按：宫中道谓之壶）之鸿洞"，而谓之"龙尾道"。坡道上铺设莲花砖，两侧为石栏杆。殿前左右有阙楼一对相向而立，有飞廊与殿身相连，形成环抱之势（图 5-1）。这组建筑造型雄伟、壮丽，表现了唐朝的兴盛与气魄。含元殿后为宣政门、宣政殿，殿前庭内遍植松树，殿东西两侧院内有门下省、中书省、御史台、待诏院史馆等官署。宣政殿后有紫宸门、紫宸殿，是常朝所在的天子便殿，大臣赐对从宣政殿东侧阁门入此殿，称为入阁。内廷部分以太液池为中心，布置殿阁楼台三四十处，形成宫与苑相结合的起居游宴区。太液池西侧的麟德殿，是天子赐宴群臣、宰臣奏事、蕃臣朝见、观看使乐等活动的重要场所。据发掘，殿平面进深 17 间，面阔 11 间，面积约 5000 平方米，规模宏大（图 5-2）。殿两侧还有楼阁相辅，形成一座体形复杂的殿宇。麟德殿西侧宫墙外有翰林院，是学士待诏之处。太液池利用龙首原北的低地开凿水面，池中有土山，称蓬莱山，池南岸有长廊，并环以殿阁楼台和树木，形成禁中的园林区。

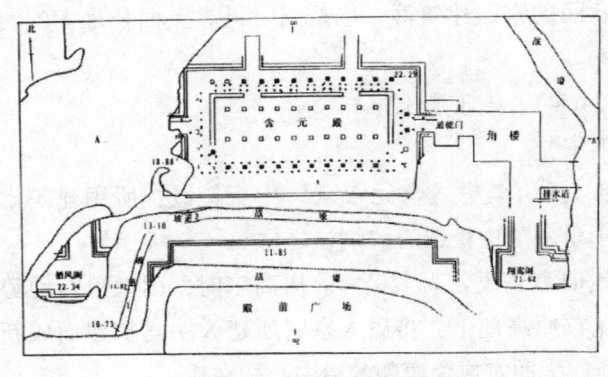

图 5-1　含元殿遗址平面　　　　　图 5-2　德殿遗址平面

（二）明清北京故宫

典型之处：世界上规模最大的木结构建筑群。

地点：北京。

用材：桢楠（*Phoebe zhennan* S. Lee et F. N. Wei）。

历史沿革：现存的北京故宫始建于明永乐四年（1406），完成于永乐十八年（1420）。北京故宫制度虽仿照南京，但壮丽宏伟过之。清代则沿用明代旧宫，其间已有重建、改建，而总体布局仍大体保持明代旧貌，且至今还有不少殿宇是明代遗物。

建筑特征：宫城称为紫禁城，东西宽 760 米，南北深 960 米（图 5-3），周围有护城河环绕。城墙四面辟门：南面正门曰午门，北面神武门，东、西分别为东华门和西华门，门上都设重檐门楼。城墙四隅有角楼，3 檐 72 脊，造型华美。

宫城内部仍分外朝、内廷两大部分，外朝包括三殿：文华殿、武英殿、南薰殿三区。文华殿在明代是太子读书、举行经筵讲学典礼和召见学士的地方，清代在此增建文渊阁，藏有《四库全书》。武英殿原是召见大臣议事之处，但实际应用很少，到清康熙时，在此刻印书籍，使用铜版活字印刷，称为"殿本"，200 余年间印成大量书籍，在中国印刷史上颇有地位。武英殿前小院内留有明代建筑南薰殿，原是学士缮写宝册和收藏历代帝王与名贤像的地方。殿内彩画精美，是明代原物。

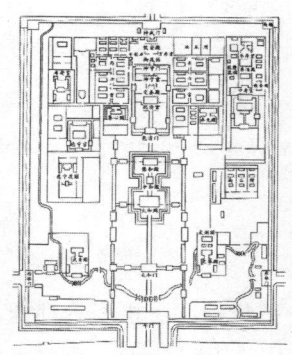

图 5-3  故宫总平面图

图 5-4  太和殿

　　外朝主殿太和殿供天子登基、颁布重要政令、元旦和冬至大朝会及皇帝庆寿等活动之用。殿前庭院长宽各 200 余米，有 8 米多高的汉白玉台基将殿身高高托起。每逢朝会，庭前排列卤簿仪仗，气象森严。太和殿后的中和殿是大朝前的预备室，供休息之用。再后，是殿试进士、宴会等用的保和殿。这三座殿宇共立于汉白玉台基上，一律红墙黄琉璃瓦，色调鲜丽。其中太和殿用重檐庑殿顶，中和殿用四角攒尖顶，保和殿用重檐歇山顶，使建筑体形主次分明，富于变化。

　　自保和殿后的乾清门以北就是内廷，包括以乾清宫为中心的中路和左右侧大片嫔妃所居的院落式寝宫。其中乾清宫是皇帝正寝，坤宁宫是皇后所居。明嘉靖时，两宫之间又建了一座小殿交泰殿，于是成了外三殿与内三殿的布局。紧靠乾清宫东西两侧，即为东六宫、西六宫、乾东五所、乾西五所等。这种布置，还附会天象：乾清宫象天，坤宁宫象地，东西六宫象十二星辰，乾东、西五所象征众星，形成群星拱卫的格局，其目的无非是夸大皇帝的神圣。东六宫东侧自北向南还有几组小庭院，是管理衣食的服务机构，南端是宫内祭祖用的奉先殿。西六宫西侧有两路院落：紧靠西六宫的是一些小殿和庭园，供居丧及游赏之用，再西侧为喇嘛教佛堂（明代为道观）。

　　以上内廷部分周围有内宫墙环绕保护，墙外还有长巷相隔，以加强警卫。由此再向东、向西直到紫禁城墙，南抵文华殿、武英殿，称为"外东路"与"外西路"，是皇帝长辈、晚辈居住的区域和服务机构。如外东路有乾隆做太上皇时居住的皇极殿、宁寿宫和"乾隆花园"，以及皇子所居的南三所；外西路有老太后、老太妃住的英华殿、寿安宫、慈宁宫等，其中英华、寿安两处正殿为明代建筑。

　　在中轴线的最北端，有一处御花园，殿阁亭台做对称布置，了无园林趣味。其中钦安殿又称玄极宝殿，是一座明代建筑，重檐盝顶。明时供季秋大享及祭祀玄武之神等用。

# 第二节　佛　寺

## 一、佛寺文化历史演变

佛寺，梵文作 vihara，音译为毗诃罗，意译作住处、游行处，泛指安置佛像并供僧居住以修行佛道的处所。

以佛塔为主的佛寺在我国出现最早，是随着西域僧人来华所引进的天竺制式。简单地说，这类寺院系以一座高大居中的佛塔为主体，其周围环绕方形广庭和回廊门殿，如建于东汉洛阳的我国首座佛寺白马寺、建于汉末徐州的浮屠寺以及建于北魏洛阳的永宁寺等。这种佛寺形制的产生与形成，乃出于古印度佛教徒绕塔膜拜的礼仪需要。虽然它为我国早期的佛寺所沿袭，但由于我国北方的冬季相当寒冷，特别是在室外举行礼佛仪式有诸多不便，因此在佛寺中出现可容多人顶礼传法的金堂、法堂乃是顺理成章的事，并且逐渐发展成为寺中取代佛塔的主体建筑。此时佛塔已不再成为寺内的主要膜拜对象，其位置也从寺内中心移至侧后，甚至后来成为寺中可有可无的建筑。

以佛殿为主的佛寺，基本采用了我国传统宅邸的多进庭院式布局。它的出现，最早可能源于南北朝时期王公贵胄的"舍宅为寺"。为了利用原有房屋，多采取"以前厅为大殿，以后堂为佛堂"的形式。这一类型的佛寺，不但解决了前述以佛塔为主体的佛寺在实用上的不足，又符合人们日常生活的习惯与观念，更重要的是它在建造时所消耗的物资与时间可大大减少，从而成为自盛唐以后国内最通行的佛寺制度。

有的佛寺常在中轴线侧另建若干庭院，大的佛寺可多达数十处，并依所供奉对象或行使职能而命名，如观音院、祖师院、方丈院、翻经院、山池院等。有的寺院则因宗派教义或规模大小的不同，分别建有戒坛、罗汉堂、藏经楼、钟楼、鼓楼、放生池等多种建、构筑物，它们的平、立面各有特点，并为寺院增色良多。

## 二、佛寺典型实例

### （一）山西五台佛光寺大殿

典型之处：最具代表性的唐代建筑，中国现存唐代木构中规模最大的一座，也是现存唯一的殿堂式庑殿顶唐构,被梁思成先生誉为"中国第一国宝"。

建造年代:佛光寺内现存主要建筑有成于晚唐的大殿、金代的文殊殿、唐代的无垢净光禅师墓塔及两座石经幢。大殿建于唐大中十一年(857),虽然经过多次修葺,大体仍保持唐代原来面貌。

地点:山西省五台山。五台山在唐代已是我国的佛教中心之一,建有许多佛寺。佛光寺位于台南豆村东北约5千米的佛光山腰,依山势自下而上并沿东西向轴线布置。

用材:杉木〔*Cunninghamia lanceolata*(Lamb.)Hook.〕。

建筑特征:大殿柱高与面阔的比例略呈方形,斗拱高度约为柱高的1/2。粗壮的柱身、宏大的斗拱,再加上深远的出檐,都给人以雄健有力的感觉。殿内的木质板门、砖砌佛座和塑造佛像都是唐代原物。佛光寺大殿是我国现存最大的唐代木建筑,已列为全国重点文物保护单位。

佛光寺大殿面阔七间,进深八架椽(清称九檩),单檐四阿顶(清称庑殿顶)(图5-5)。大殿建在低矮的砖台基上,平面柱网由内、外二圈柱组成(图5-6),这种形式在宋《营造法式》中称为"殿堂"结构中的"金箱斗底槽"。内、外柱高相等,但柱径略有差别。柱身都是圆形直柱,仅上端略有卷杀。檐柱有侧脚(平面上各檐柱柱头向内倾斜)及生起(立面上,檐自中央当心间向两侧逐间升高)。阑额(清称额枋)上无普拍枋(清称平板枋)(图5-7)。

斗拱中之柱头铺作(清称柱头科)与补间铺作(清称平身科)区别明显。柱头铺作外出七铺作(出四跳,清称九踩斗拱),双抄("抄"或作"杪",宋又称华拱,清称翘。双抄,即出二跳华拱)双下昂,第一、第三跳偷心(出跳之拱,昂头上不置横向拱者),批竹昂(昂头削成批竹形,清代已不用)尾直达草乳栿(清式天花以上之双步梁)下;内出单抄承明乳栿月梁。补间铺作很简洁,每间仅施一朵(一组斗拱,清称一攒),不用斗(清称大斗或坐斗),而是在柱头枋(清称正心)上立短柱,柱上内、外出双抄(清称重翘)。内柱上的内檐斗拱一端与外檐柱头铺作的内出形式相同,另端出华拱四跳承四椽明栿月梁(清式为天花以下外形呈月梁之五架梁)。

梁架分为天花下的明栿和天花上的草栿。脊槫(宋《营造法式》中槫、檩并用。清代《工程做法》亦二者并用。一般称桁,用于大式建筑有斗拱者。檩则用于一切无斗拱之建筑)。下不施侏儒柱(清式之脊童柱),而仅用叉手(支托于脊檩下二侧之斜撑,清代已不用),是现存木建筑中的孤例。上平槫(清称上金桁)下仍用托脚(支托于各平槫侧下方之斜撑,清代不用)。天花用小方格的平棋(清代已不用)。屋面坡度较平缓,举高(屋顶高度与进深尺度之比)

约为 1/4.77。正脊及檐口都有生起曲线。

图 5-5　佛光寺大殿正立面图

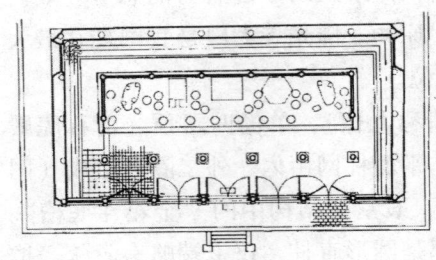

图 5-6　佛光寺大殿平面图

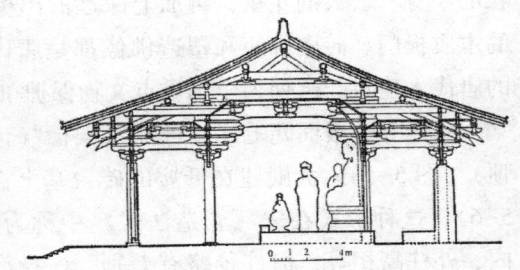

图 5-7　佛光寺大殿剖面图

（二）河北正定隆兴寺

典型之处：国内现存时代较早、规模较大而又保存完整的佛教寺院之一，是全国重点文物保护单位。著名古建学者、建筑大师梁思成先生称之为"京外名刹之首"。

建造年代：此寺始建于隋，原名龙藏寺，到宋初改建时才用现名，摩尼殿建于北宋皇祐四年（1052）。

地点：河北省正定县。

用材：具体材料不详。

建筑特征：其总平面至今仍大体保存了宋代风格，呈南北中轴线的狭长方形（图5-8）。山门对面有照壁，门前有石桥及牌坊。门内左右的钟、鼓楼和正面的大觉六师殿已毁。以北是东、西配殿和摩尼殿，殿后有戒坛（四周回廊和后端的韦陀殿已不存）、慈氏阁、转轮藏殿。再北为东、西碑亭和佛香阁，最后是弥陀殿。方丈室及僧舍在佛香阁东，并附香火厨、马厩等。由于巧用了建筑体量大小和院落空间的变化，轴线虽长而不觉呆板。

摩尼殿面阔长七间（约35米），进深也是七间（约28米），重檐歇山殿顶

（后代重修），四面正中都出龟头屋（图5-9），外檐檐柱间砌以封闭的砖墙，内部柱网由两圈内柱组成，面阔和进深方向的次间都较梢间为狭，和一般的处理不同。檐柱也有侧脚及生起，阑额上已用普拍枋，阑额端部并伸出柱外作卷云头式样。下檐柱头铺作出双抄偷心造。上檐柱头铺作出单下昂（昂头部向下伸者）但耍头呈昂形；后尾出四抄（衬方头后尾也作成华拱式样）托明栿。补间铺作已用45度斜拱，当心间二朵，次间一朵。除四面抱厦有门窗外，仅供眼壁（嵌于二组拱之间的板壁，多用木板）略通光线，所以殿内采光及通风均欠良好。

转轮藏殿内设一可转动的八角亭式藏经橱，因以为名。该殿为建于北宋的2层楼阁式建筑，外形和对面的慈氏阁相仿。平面方形，每面三间，入口处另加雨搭。上用九脊殿顶（清称歇山顶）（图5-10）。底层因设八角形的亭状转轮藏，所以将中列内柱向两侧移动，使与檐柱组成六角形平面。这种改变柱子位置的方式，是宋、金建筑常采用的手法。殿内梁架都用彻上明造（不用天花，梁架均暴露在外），下层为了避开转轮藏的屋顶，在正面与山面当心间（清称明间）的檐柱上使用了曲梁。上檐柱头铺作的第二跳昂又延伸到平梁

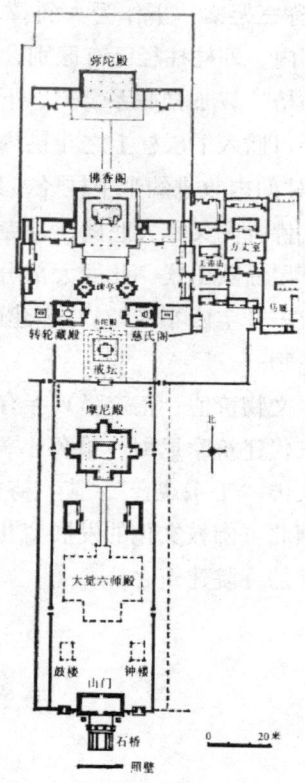

图5-8 正定隆兴寺总平面图

图5-9 正定隆兴寺摩尼殿

图5-10 正定隆兴寺转轮藏殿

（清称三架梁）下作为大斜撑。补间铺作的昂尾则延到下平槫（清称下金桁）下。内、外柱柱径已有区别，由于柱身较高，檐柱与内柱间使用顺栿串（清称穿插枋）以加强联系。上、下层柱交接处大都采用叉柱造（上层柱之下端施十字开口插入下层柱上之斗拱内），但平坐檐柱与下屋檐柱之交接则采用缠柱造（上柱向内收进约半个柱径，其下端不开口，直接置于梁上）。

佛香阁又称大悲阁，是寺中最高大的建筑，共 3 层，高 33 米，有栏杆、平坐，屋面歇山式，此殿大部分为近代重修。阁内有高 24 米的千手千眼铜观音，是北宋开宝四年（971）创建此阁时所铸，也是我国古代铜制工艺品中最大的一件遗物。

文物价值：正定隆兴寺有被中国古建专家梁思成先生誉为世界古建筑孤例的宋代建筑摩尼殿、被鲁迅誉为"东方美神"的"倒座观音"、中国最高的铜铸大佛"千手观音"。隆兴寺作为河朔名寺，历经千年，见证了唐宋至民国时期中国北方佛教文化的发展变化。隆兴寺是中国国内现存宋代建筑、塑像及石刻最多的寺院建筑之一。

## 第三节　侗族鼓楼

### 一、侗族鼓楼文化历史演变

侗族有一首古歌："未曾立寨先立楼，砌石为坛敬圣母。鼓楼心脏做枢纽，富贵光明有根由。"漫游侗乡，首先映入眼帘的是一座座巍峨高耸、形似杉木的塔式建筑，它们造型奇异、翘角飞檐、层叠而起、美观优雅，矗立于侗寨的木质吊脚楼群之中，在蓝天白云之下，与绿水青山相映成趣，这就是侗乡独特的建筑景观——鼓楼。① 对侗族来说，鼓楼不仅是一座建筑，更是侗族的象征、侗族群众的骄傲。重檐密阁的鼓楼、廊檐相接的吊脚木楼、优美精巧的凉亭、别具风格的风雨桥，错落有致地将侗寨装扮得绚丽多姿、秀美异常。

侗族群众主要居住在我国贵州省、湖南省和广西壮族自治区三省（区）交界地带，从最北的湖北利川到最南的广西融水，从最西的贵州镇远到最东的湖南城步，都有侗寨分布。根据中国第六次人口普查结果：侗族人口，广西305565 人，湖南 854960 人，贵州 1431928 人。贵州东南部的黎平县、从江县、

---

① 杨永明. 侗寨鼓楼［J］. 中国民族博览，2016，37（4）：88-91.

榕江县是侗族的高度聚居区。

哪里有侗寨，哪里就有巍然屹立的鼓楼。纵观整个侗族地区，共有鼓楼800余座。据不完全统计，贵州有400余座，其中黎平县有大小鼓楼324座，从江县有120座，榕江县40余座，贵州境内建于清代以前的鼓楼就有82座；广西有300余座，其中三江县有230座①，龙胜各族自治县有100余座；湖南省有200多座，其中通道侗族自治县有190余座；湖北省内有十余座。除此之外，还不断有新的鼓楼在全国各地落成。

侗族有口头语言，但无文字记载。侗族鼓楼始建于何时？无从得知，但史料有一些相关记载：

后蜀人冯鉴《续事始》曰："北史，李崇为兖州牧，多劫盗，崇乃村置一楼，楼置一鼓，以防盗贼，盗发之处，双槌乱击……诸村闻鼓，皆守要路……故后世效之，州县多置鼓楼。"由此可见，鼓楼，见之于文献者，始建于北魏，为李崇所创。以此传递信号，便于擒贼捉盗。这种传递信息的方法，是我国古人继烽火狼烟之后的又一创举。但这是否与侗族"鼓楼"有关，无史可稽。

明代万历年间古本《赏民册示》中记载："遣村团或百余家，或七八十家，三五十家，竖一高楼，上立一鼓，有事击鼓为号，群踊跃为要。"说明从明代起侗族就以一个村团或一个姓氏为单位立一栋鼓楼，并以击鼓为信号，召集村民议事。明代邝露在《赤雅》中记载"罗汉楼"："以大木一株，埋地作独脚楼，高百尺，烧五色瓦覆之，望之若锦鳞矣，攀男子歌唱饮啖，夜归，缘宿其上，以此自豪。"侗族将未婚青年男子称作"罗汉"，而这独脚楼就是未婚男子唱歌的场所。《赤雅》中还记载："侗亦僚类……善音乐，弹胡琴，吹六管，长歌闭目，顿首摇足。"说明侗族自古以来就擅长弹琵琶、吹芦笙、唱歌等音乐技艺。清乾隆《玉屏县志》载："南明楼即鼓楼，明永乐年间建……其始基以坚础，竖以巨柱，其上栭题栌之类，凡三层。"康熙初，黔阳县（今湖南省洪江市）令张扶翼曾作《鼓楼记》载："邑治旧有鼓楼，创自弘治年间，规模宏壮，巍然为一，现年久倾颓。"雍正年间的《广西通志》亦曰："狪（侗）人，居黔峒中，又谓峒人……春以巨木埋地作楼，高数丈，歌者夜则缘宿其上，谓之罗汉楼。""罗汉楼"即为鼓楼。清嘉庆年间俞蛟著《梦厂杂著·龙城苗》："每寨必设鼓亭，有事则击鼓聚众。"清代文人李宗昉的《黔记》中说："诸寨共于高坦处建一楼，高数层，名聚堂。用一木杆，长数尺，空其中，以悬于顶，名长鼓。凡

---

① 刘梦颖 ."地方"的营造：以侗寨鼓楼为中心［J］. 社会科学家，2020（11）：150-155.

有不平之事，即登楼击之，各寨相闻，俱带长镖利刃，齐至楼下，叫寨长判之。有事之家备牛待之。如无事而击鼓，及有事击鼓不到者，罚牛一只，以充公用。"所谓"聚堂"，乃聚众集会之场所，即为鼓楼。

从以上史籍可知，历史上侗族鼓楼的称谓不一，鼓楼最初侗语称为"gon共"，意为鸟巢，随后称为"百""楼""罗汉楼""独脚楼""鼓亭""聚堂"等①，在侗语中，并无"鼓楼"一词。后随着社会发展，在汉文化的融入影响下，称呼才逐渐被"鼓楼"所替代。同时通过史籍可以推断，完整的"鼓楼"形式最晚在明代时已经出现在侗乡，但因鼓楼是全木质建筑，早期的鼓楼大都毁于历史长河的侵蚀或是各种大火中。各侗寨现存的鼓楼建造时间，几乎都在清代以后。如贵州从江县的增冲鼓楼始建于康熙十一年（1672）；广西龙胜平等侗寨上的伍氏鼓楼建于清乾隆年间；衙寨胡氏鼓楼建于清代嘉庆年间；广西三江高友大寨鼓楼建于清乾隆十八年（1753）；湖南通道县马田鼓楼建于清咸丰三年（1853）。还有一些鼓楼建造时间较早，后因各种原因毁坏后重建的，如贵州黎平纪堂上寨鼓楼始建于明嘉靖十七年（1538）；贵州黎平述洞独柱鼓楼始建于明崇祯九年（1636）；岩洞四洲鼓楼始建于清顺治元年（1644）；从江县信地鼓楼，始建于清乾隆二十六年（1761）。可见，在明朝中、晚期，侗族鼓楼的建造技术已经相当成熟了，到了清朝鼓楼的建造已经非常兴盛。

当然，不管是历史留存至今的鼓楼，还是古文献中记载的鼓楼，都不是最古老的鼓楼，而是较为成熟的鼓楼，那些最原始的鼓楼是什么结构则无迹可寻了。追溯鼓楼最初的起源，或许要从古人的"巢居"开始追究，战国《韩非子》载："上古之世，人民少而禽兽众，人民不胜禽兽虫蛇，有圣人作，构木为巢，以避群害。"《魏书·卷一〇一·列传第八九》中记载"依树积木，以居其上，名曰干兰，干兰大小，随其家口之数"。"干兰"一词亦作"干栏"，侗语意为"上面的房子"。西晋张华的《博物志》中有"南越巢居，北朔穴居，避寒暑也"之语。由此可知古人为防御野兽侵害、防寒避暑，便以一株大树或独木为承重柱，在其上搭盖茅屋，形成独木巢居形式，后来由于人口增加，又逐步发展为以多木为柱的多木巢居形式。巢居是我国南方潮湿地区原始古人简陋的居住房屋，从起源上看，所有干栏式木结构建筑都应当是由巢居发展演变而来，鼓楼当然也不例外。并且从形制上看，侗族特有的独柱鼓楼跟古代的独木巢居非常相似。随着时代和手工技术的发展，侗族群众对独柱鼓楼的形式和结构不断进行改进，在主承柱周边立起边柱，围成稳定性、承重性都更好的方形

---

① 蔡凌，李欣瑜，邓毅. 侗族木构建筑的实尺营造［J］. 建筑师，2020（4）：46-52.

主体构架，在柱子上凿孔穿枋，叠加瓜柱，层层出挑加檐，檐上覆以茅草瓦片，便形成了实用美观的侗族鼓楼。

除此之外，在历史发展的长河中，各民族不断在迁移中进行文化和艺术的融合，侗族群众也对其他民族如汉族的文化及建筑技术进行了吸收和借鉴，并结合自身特点予以创新，如嘉庆十三年（1808）始建，于光绪十七年（1891）重建的贵州榕江车寨鼓楼的顶部，借用的就是汉族建筑中的房殿、亭阁的样式，它既有侗族鼓楼的特征，又具有汉族阁楼的特色，是侗汉文化交融的最好见证。①

侗族村寨一般都建在青山环抱、绿水潺潺的地方，依山傍水，聚族而居，小寨一二十户或四五十户，中寨有一二百户，大寨则有三四百户。一般一寨一姓或多姓，多姓结为拜把兄弟，但按姓划片居住，很少混姓居住。② 各寨鼓楼的数量，根据村寨的大小及姓氏多少而定。一般小寨每寨建一座鼓楼，而大寨则根据姓氏而定，如广西龙胜县平等侗寨有清代至民国年间建造的十三座鼓楼，其中有九座以姓氏命名，星罗棋布地分布于寨中。侗族鼓楼多建在村寨中央，也有建在村头寨尾或道旁的，但必须处于村寨中能一呼百应的位置，且一般离鼓楼不远处就会有一个水塘。传统鼓楼，内部主要承重的主柱有独柱、四柱、六柱之分；外部的瓦檐有四角、六角、八角之分；重檐少则三五层，多则十余层，均为单数，每层均有翘角飞檐、彩画泥塑作为装饰；宝顶主要有歇山顶和攒尖顶两种形式，攒尖顶有四角和八角两种，又有单重和双重之分，顶上通常串宝葫芦，这些葫芦造型基本相同，但大小不一，个数不同，一般为奇数，有一个，也有五个、七个，最多的有十三个③，使鼓楼显得雄伟壮观。

现代鼓楼，集历史、文物、民俗、建筑、艺术等于一体，既是侗族传统的木构建筑代表，又可作为一道独特的景观与现代街道、城市园林相结合。新建造的鼓楼和风雨桥也可以不再局限于纯木质结构，可以用钢筋混凝土与传统木结构相结合，集实用与美观性于一体，成为展示城市面貌的新地标。在贵州乃至全国，很多地方如高速路旁、高铁站、城市广场、高校校园等地方都用鼓楼作为点缀，使这些地方极富民族特色，给都市人带来古朴、宁静的别样感受。同时也让更多青年人了解和关注少数民族的文化和技艺，呼吁大家保护经典，与时俱进，不断创新，让古老的遗产注入新鲜的血液，才能生生

① 杨秀朝. 侗族"鼓楼"称谓考辨 [J]. 湖北民族学院学报（哲学社会科学版），2011，29（1）：75-78.
② 杜倩萍. 侗寨鼓楼建筑特色及文化内涵 [J]. 中央民族大学学报，1996（1）：62-66.
③ 石瑾颖. 从侗族建筑看侗族图案艺术 [J]. 艺术品鉴，2020（5）：25，45.

不息，繁荣昌盛。

## 二、侗族鼓楼典型实例

### （一）增冲鼓楼

**图 5-11　增冲鼓楼**

概况：增冲鼓楼位于贵州省从江县西北部往洞镇增冲侗寨中心位置，是我国原样保存至今历史最为悠久的鼓楼，被称为中国侗寨第一鼓楼。增冲鼓楼保存完好、结构完整、巍峨壮观，是侗族群众的骄傲，1988 年被国务院列为全国重点文物保护单位。

时间：建于清代康熙十一年（1672），距今已有 350 多年的历史。

地点：贵州省黔东南苗族侗族自治州从江县往洞镇增冲侗寨。

材质：杉木［*Cunninghamia lanceolata*（Lamb.）Hook.］。

结构：鼓楼是全木质结构，整楼全采用当地盛产的杉木，增冲鼓楼占地 160 平方米，通高 26 米，共 13 层重檐，包括双重八角宝顶。整栋鼓楼枋穿斗连，不用一钉一铆，精密吻合，结构严密，工艺精湛，造型独特。

增冲鼓楼整体造型分上中下三部分，上部是造型别致的八檐八角攒尖状双重宝顶，为我国木质结构建筑所罕见，顶盖上端，是四个由桅杆串起的陶瓷宝珠尖顶，直插云霄。第十一层与第十二层塔檐之间相距约 2 米，为阁楼。檐下阁板均有彩色透雕花纹，并绘有卷草、流云、葫芦、花朵等图案，美丽壮观。

（a）　　　　　　（b）　　　　　　（c）　　　　　　（d）

**图 5-12　增冲鼓楼外部**
**（a. 双重宝顶；b. 鼓楼中部；c. 檐板彩画；d. 正门泥塑）**

中部是十一层八角形塔檐，层层叠叠，各层之间分别相距 1.5 米，是鼓楼的主体。各层分水瓦脊上都层层叠叠铺着小青瓦，由于年代久远，青瓦上长满了绿色的苔藓，诉说着它悠久的历史；每个檐角上都泥塑同样的花草翘角，遥指苍穹；每层封檐板面，都绘制了不同的图案，有孔雀、荷花、鸭鹅、鱼虾、松树、藤蔓及各种卷草花卉等，给巍峨庄严的鼓楼增添了优美、婉转的意趣。

下部是厅堂，高 4.5 米，四周有栏杆围住，开 3 扇门，南、北、西三面各有一门，主门上泥塑二龙戏珠，旁边悬挂着一块道光十年（1830）刻有"万里和风"四个大字的匾，另外两扇门则较为素雅。鼓楼内地面由八角形方块青石铺就，正中设一直径为 1.4 米的圆形火塘，天冷时侗家人坐在火塘四周放置的大条凳上烧火取暖。鼓楼的正前方是一个大水塘，是鼓楼及周边民居的防火生命线。

功能：在侗族历史上，凡有重大事宜商议、抵御外敌骚扰、起款定约、排解纠纷等，均在鼓楼击鼓以号召群众。同时，鼓楼是侗族村寨政治、经济、军事、娱乐、民俗、教育聚集的地方。鼓楼的用途非常之多，总结起来主要有以下这些方面：聚众议事、击鼓报信、排解纠纷、摆古休息、活动中心。此外，鼓楼还是行歌坐月、吹笙踩堂、迎宾送客、失物招领、宣传讲习、存放芦笙、悬挂牛角、协调人际关系等的重要场所。

技艺：增冲鼓楼底部正中由四根直径约 0.8 米、高约 15 米的杉木原木围成一个正方形，起到主要承重作用，这四根柱子被称为主承柱。一层层木枋穿斗，将四根巨型主承柱牢固地连接在一起，从下至上每一层的木枋穿斗逐渐缩短变小，形成向上逐层向中心缩小的高耸的梭形楼架，最后构成规模宏大、结构复杂的整座建筑物。距主承柱向外 3 米，竖 8 根 3.6 米高的檐柱，每根檐柱有一块大穿枋与四根主承柱穿斗连接，底部平面呈正八边形，每边的挂檐板都用杉木小料攒接成不同造型的木格，有几何纹、花卉纹等。整座建筑物以青石铺就的平面为基础，层层由底柱支撑，短枋穿斗连接，构成檐层外架，由下至上逐层内收，每层用8根瓜柱支撑，紧密衔接，形成向八方辐射的正八角形。往上逐层内收，形成飞檐。每层柱子之间架设檩子，上钉橡皮铺盖小青瓦。楼内有四层回廊，各层内壁有精美的方格和万字栏杆。为防止小孩爬楼出现危险，因此增冲鼓楼的底层到二层没有固定的楼梯，只在二层楼板上留出搭梯的孔洞。从第二层起有板梯旋回而上至十二层的阁楼，顶部两层重檐采用斗拱结构支撑八角飞檐，八方斗拱巧布木格，千孔万眼，密如蜂窝。楼阁正中放置一架长约3米，直径0.5米的牛皮"楼鼓"，也叫"信鼓""款鼓""齐心鼓"等。①

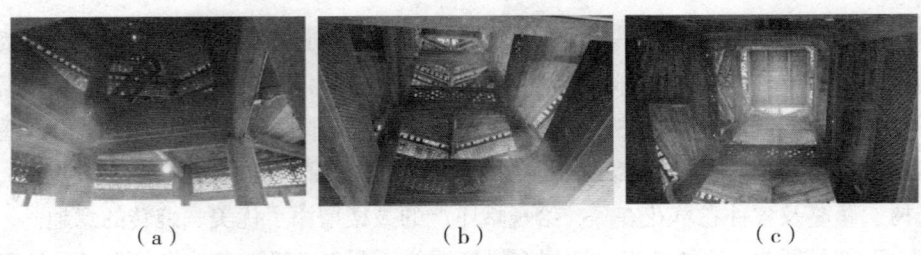

（a）　　　　　　　　　（b）　　　　　　　　　（c）

**图 5-13　增冲鼓楼内部结构**
**（a. 四根中心柱、楼梯；b. 各层回廊、悬挂的牛角；c. 置鼓的阁楼）**

文化特征：鼓楼是侗族文化集中体现的场所，寨上只要遇到急事或重大事情时，寨老就登楼击鼓，村民们听到"咚咚"的鼓声，全寨男女老少，汇集鼓楼，听候寨老吩咐。平时，寨里人常围坐在鼓楼里唱歌、吹芦笙、摆故事；每逢过年过节，侗族群众盛装在鼓楼演侗戏、踩歌堂。此外，乡规民约都在鼓楼里议定和施行，如清康熙十一年（1672）在鼓楼议定的"万古传名"碑，就从偷东西、婚姻、男女行歌坐月、拐带、山林分界、卖田、横行、失火烧屋等12方面议定成禁条，伸张正义，打击了歪风邪气，起到了维护社会治安，维护传统精神文明的作用。

（二）述洞独柱鼓楼

概况：明代邝露所撰《赤雅》中记载了一个"罗汉楼"："以大木一株，埋地作独脚楼。"古籍中描述的独脚楼应该就是"独柱鼓楼"的前世。杉木是侗族群众最常用的建筑材料，杉树更是被侗族群众视为神树。最早的侗族独柱型鼓楼，就是完全以杉树的树形为原型建造的，仅以一根粗壮的杉木原木作为唯一的中心支撑柱，没有其他任何辅助支撑，在中心柱上悬臂穿枋出挑形成楼架，整体造型好似杉树的形态，又似一把巨大的雨伞。但这种仅有一个支撑柱的造

---

① 刘文光. 中国侗寨第一楼——增冲鼓楼 [N]. 贵州政协报，2005-08-02（B03）.

图 5-14　述洞独柱鼓楼

型结构，一方面会限制鼓楼的体量；另一方面因为一个支撑柱的不稳定，容易被外界因素如大风等所摧毁。因此，后来逐步发展为现存独柱鼓楼结构样式，即在中心柱的四周加檐柱，增加多个支撑点以稳固整个鼓楼建筑。① 在贵州黎平县岩洞区铜关乡述洞村的述洞鼓楼就是一座完好保存下来的历史最悠久的独柱鼓楼。它位于村寨中心较开阔的一片铺满鹅卵石的空地上，又名现星楼，因是目前我国发现的现存最早的独柱鼓楼，所以被称为"鼓楼之宗"。2013 年 5 月，述洞独柱鼓楼被批准为第七批全国重点文物保护单位。

　　时间：述洞独柱鼓楼始建于明崇祯九年（1636），由述洞著名工匠杨正儒掌墨，由于年代久远而损毁。现在的鼓楼是民国十一年（1922）由述洞工匠杨锡珍照原样重建的。

　　地点：贵州省黔东南苗族侗族自治州黎平县岩洞镇述洞村下寨。

　　材质：杉木 [Cunninghamia lanceolata (Lamb.) Hook.]。

　　结构：述洞独柱鼓楼为七层檐四角攒尖顶密檐式纯杉木结构建筑，占地面积 53.3 平方米，高 15.6 米。独柱鼓楼整体呈正方形，下面六层四角形密檐，覆盖青灰色小瓦，四角微微上翘。六层密檐上方是一段方形木阁，木阁的窗户中间竖向刻有"现星楼"三个大字。顶部是蜂窝状宝顶，四角起翘。述洞独柱鼓楼外部没有任何彩画和泥塑，给人一种古朴自然而又沉稳宁静之感。整栋鼓楼

① 龚敏.侗族鼓楼建筑艺术的美学认知 [J]. 文艺争鸣，2016（8）：216-220.

除第一层为了伸展空间和稳固鼓楼在四周立有八根檐柱作为辅助支撑柱以外，整栋鼓楼只由一根直径 50 厘米左右的中心柱支撑。中心柱直立于鼓楼正中央，贯通上下，作为最主要的承重构件，直伸鼓楼顶端，因此独柱鼓楼的高度由中心柱的长度而决定。鼓楼底层的地面用鹅卵石铺成圆圈呈花瓣状，紧靠围栏的内部四周用大木板做了靠栏板凳。朝北方开有一道大门。与其他鼓楼不同的是，因承重的中心柱在鼓楼的几何中心，因此火塘不能设在鼓楼内部的中心位置，而是在中心柱的东西两方分别设置了一个火塘，但寨里常用东边那一个。火塘四周用杉木厚独板做了四个长条凳供人们休憩。

**图 5-15　述洞独柱鼓楼内部结构**

　　技艺：从楼外远观，述洞独柱鼓楼由下至上四方楼檐逐层向内缩小，形成上下层叠形状。从楼内近赏，以中心柱为主承柱，其外围有八根短边柱，四角的边柱通过交错于中心柱的四根穿枋与中心柱相连，这四根穿枋直接出挑承托檐檩，与边柱上的正心檩共同支撑形成第一层檐，同时穿枋作为第二层瓜柱的撑底。从下至上，穿枋的尺寸逐渐减小，纵横交织于中柱，连成整体。第二层穿枋又作为第三层瓜柱的支撑，层层加瓜柱，按照这样的形式反复构造至第六层。① 在"楼心柱"约 4 米高处的一层十字穿插枋上，叠置四抬梁互相衔接于穿插枋中点，抬梁枋中部安有长瓜柱直达第四层檐，有十字穿插枋与瓜柱头相扣，东西两根瓜柱脚精刻垂瓜为四方灯笼形，四面阳刻有"天官赐福"四个字，西垂瓜为圆灯笼形。到第三层穿插枋上仍设有抬梁枋，中部安有四根长瓜柱，互相联通，规模相应递减，到第四层十字穿插枋上铺有方形台板。

---

　　① 蒲爽，樊浪波，黄川腾，等．侗族独柱鼓楼构造特征及模态分析——以述洞鼓楼为例［J］．中国新技术新产品，2020（15）：92-94.

文化特征：独柱鼓楼把整个述洞侗寨点缀得原始古朴、宁静和谐。尽管重建至今经历了一百年的风吹日晒，仍然保持着原有的风貌特征，被公认为侗族鼓楼的始祖，并入选上海大世界"吉尼斯之最"。据侗族掌墨师陆文礼说：侗族地区的鼓楼最初都是独柱，但后来随着鼓楼占地面积越来越大，体形越来越高，中心的独柱无法承受太大的体量，为了让鼓楼更加稳固，才增加了立柱的数量，立柱越多，鼓楼的体形也就越大。由此推断后来侗族地区各种各样形态的其他鼓楼都是在独柱鼓楼的形式上演变发展而来。

（三）肇兴侗寨鼓楼群

图 5-16　肇兴侗寨全景

概况：位于贵州省黔东南苗族侗族自治州黎平县肇兴乡的肇兴侗寨鼓楼群，距县城 68 千米，是国内鼓楼群中样式经典、保存现状较好、最具有侗族鼓楼代表性的鼓楼群之一，其鼓楼在全国侗寨中绝无仅有。肇兴侗寨是全国最大的侗族村寨，2005 年被《中国国家地理》评选为"中国最美的乡村古镇"，并被载入吉尼斯世界纪录，被誉为"鼓楼文化艺术之乡"，素有"侗乡第一寨"之美誉，是 2018 年中央电视台春节联欢晚会四大分会场之一。这里的建筑布局虽是人为，更胜天然，鼓楼、花桥、吊脚楼巧妙地与溪流、青山、田野相融。寨中有 5 座特色鲜明的鼓楼星罗棋布地点缀在千户干栏吊脚木楼之中，与 5 座戏台、5 座花桥交相呼应，绘成了一幅经典的侗族生活风貌图。寨中共有陆、齐、白、邓、夏、孟、宰、赢、满、龙、袁、马十二个姓氏，5 座鼓楼将肇兴侗家人分为 5 个可以通婚的宗族，一个宗族聚在一起生活成为一个寨团，5 个宗族分为 5 个寨团，分别以"仁义礼智信"命名为"仁团""义团""礼团""智团""信团"。每个寨团各有一座鼓楼，5座鼓楼的外观、高低、大小、风格各异。

时间：五座鼓楼均始建于清代，礼团鼓楼始建于17世纪，是肇兴首栋鼓楼，义团鼓楼、智团鼓楼、信团鼓楼均始建于18世纪，仁团鼓楼始建于19世纪，是肇兴最后修建的鼓楼。可惜在"文革"时期，肇兴的五座鼓楼全部被毁，现在的鼓楼均于1982年重建。仁团、义团、信团三座鼓楼的掌墨师为肇兴堂安人陆继贤，礼团鼓楼掌墨师为肇兴纪堂人陆文礼。智团鼓楼掌墨师为外地迁入肇兴居住的张根银。

地点：贵州省黔东南苗族侗族自治州黎平县肇兴乡。

材质：杉木〔*Cunninghamia lanceolata*（Lamb.）Hook.〕。

结构：肇兴侗寨的5座鼓楼结构基本相同，皆为纯穿斗式木构架中的"中心柱型"结构，首层（仁团、义团）或前两层（礼团、智团、信团）楼檐为四角，上面几层则转为八角。每座鼓楼皆以四根粗壮的承重中心柱直通楼顶，十二根边柱围出正方形边界，并采用"加柱造"做法，即在四根中柱与边柱的第一层或某一层穿插枋上架横梁一根，在横梁的对应位置加柱直通顶部，且与中柱在位置上构成正八边形；再在中柱和边柱的下（上）一层穿插枋上再架横梁，用以支撑加柱对应的挑檐瓜柱，梁枋与瓜柱层层内收，支撑层层楼檐与上方楼颈处的"蜜蜂窝"构造。① 上部宝顶造型，除智团鼓楼为重檐单冠歇山顶外，其他四座均为重檐单冠攒尖顶。

图5-17　智团鼓楼的四角歇山顶、信团鼓楼的八角攒尖顶

5座鼓楼的正门之上均是二龙戏珠的立体彩画泥塑，四个檐角分别塑有狮子、老虎、猎豹、龙鱼以及侗族姑娘小伙等形象，其他各层的角上亦塑有形态各异的飞角。鼓楼的各层挂檐上栩栩如生地彩绘着侗族的蓝靛印染、纺线、织

---

① 毛琳箐. 基于血缘联系的侗族楼团空间研究——肇兴鼓楼的建筑人类学考察〔J〕. 建筑与文化，2020（07）：245-248.

布、打糍粑、农耕等劳动场景；侗族大歌、吹芦笙、能歌善舞等歌舞场景；飞龙、凤凰、鸳鸯、锦鲤、牡丹、小花小草等花鸟动物图案；此外，还生动描绘了侗家青年载歌载舞、挑着礼物、担着猪鸭、放着鞭炮去女方家结亲的热闹场景。这些彩画将淳朴而又丰富的风俗人情描绘得淋漓尽致。

**图 5-18　鼓楼的泥塑和彩绘**

功能：当代侗族群众的生活仍然跟鼓楼密切相关，农作之余，鼓楼里经常欢歌笑语。年长者喜欢在这里烤火摆龙门阵，年轻者常在这里行歌坐月，侗族男人们在这里下棋议事，女人们则拿着针线在这里刺绣，还经常会有吹着芦笙、载歌载舞的场景。村寨有重大活动或喜事时会聚集在鼓楼庆祝，有问题时会召集寨民在鼓楼里解决。鼓楼里悬挂着代表集体荣誉的奖状、锦旗以及牛角，以此来团结民众。

技艺：杉木原木从山上伐下来后经过天然干燥，选择其中最粗壮、最高的四根杉木为鼓楼的中心承重立柱，鼓楼的高度由这四根主柱决定，因为鼓楼是下大上小的杉木造型，因此主柱不能直立，而是要向内有一定的倾斜角度。首先在四根主柱外围分别竖起三根边柱，用榫头和四根大枋连接起来，形成四组正方形，支撑起整个鼓楼的重量，再加檩、加椽、盖瓦形成首层四檐。在第一层大枋上竖第二层外柱，用檐枋和外柱穿连起来，形成第二层。依此方法向上层叠加，每高一层，木枋尺寸都要递减缩短。一直加到与四根主柱顶端平行后，放上一块框架结构的木板做鼓阁平台，主柱顶端牢牢顶住平台四角，平台上放置侗族牛皮木鼓。平台底部一角开一个仅容一人上下的圆孔，一架特制独柱木梯从鼓楼底部通过圆孔一直架到鼓阁之上，方便有事时到鼓阁上击鼓。五座鼓楼塔顶上都以宝葫芦为装饰，俗称葫芦顶，采用一根金属针将数量不等的几个宝葫芦由大到小串联起来，其中仁团一个、智团三个、礼团五个、义团和信团宝顶分别为七个宝葫芦，中间的金属针远高出宝葫芦，这种造型除了美观之外，还起到了避雷作用。①

图 5-19　鼓楼内部结构

文化特征：鼓楼的四根中心立柱，象征着春夏秋冬四个季节，十二根边柱作为辅柱则象征着十二个月，鼓楼首层四个角象征着东南西北四个方位，上层的八个角象征着八卦卦象。鼓楼对侗家人来说，不仅是一座建筑，更是一种精神的依赖和支柱，它展现了侗族群众踏实能干的淳朴民风，勇敢善良的内在品质，多姿多彩的生活情趣以及团结一致的不屈精神。

（四）从江鼓楼

图 5-20　从江鼓楼

---

①　刘芳羽. 肇兴侗族鼓楼的营造技艺与文化价值［D］. 北京：中国艺术研究院，2012.

概况：从江县现存造型各异的鼓楼百余座，以增冲鼓楼历史最为悠久，而以从江鼓楼最为高大。侗寨鼓楼自古以来都是举全寨之力投工献料，集资筹建，从江鼓楼也不例外。干部群众、工矿企业，纷纷解囊捐资，平瑞举寨搬迁，国有林场献木四百余方，集能工巧匠之心血，于2005年冬竣工。从江鼓楼坐落在美丽的都柳江畔，为二十九檐双重攒尖顶宝塔式八角鼓楼，占地477平方米，通高46.8米，下部为二十七层密檐式八角重檐，顶上为双重八角攒尖宝顶，是目前为止世上最高的全木质鼓楼。楼内四根通天巨柱，分别采自小黄、托苗、分居、大家坳，皆为数百年巨杉。

时间：2004年夏举行奠基仪式，2005年冬竣工。

地点：贵州省黔东南苗族侗族自治州从江县平瑞村。

材质：杉木［*Cunninghamia lanceolata*（Lamb.）Hook.］。

结构：整座鼓楼从上至下皆为正八角形，正中间四根通天巨柱成为鼓楼的承重主体，巨柱底部直径1.3米左右，高36米；向外一些是八根稍小一点的柱子，最外围是更小一点的二十根边柱，共三十二根柱子撑起整座鼓楼。楼内设有木质楼梯，蜿蜒盘旋至三十余米处为一平台，平台上方置一木鼓。第一层置四门于东西南北，寓意为东迎朝辉，西送晚霞，南进财宝，北拥吉祥。正门向北，上方有黑底鎏金阴刻行书"从江鼓楼"字样。下方为一幅镂空雕刻的龙凤呈祥木质花屏。龙凤栩栩如生，呼之欲出。大门两侧为百字长联，内容涉及侗族历史、特色及辉煌成就。鼓楼第一层挑檐吊脚，吊脚柱镂作木瓜或倒置莲花状，悬于檐下。吊脚柱间饰镂空木雕画三十二幅，均以侗族生活为题材，有狩猎、斗牛、少女洗头、捕鱼、纺线织布、弹琴、逗鸟、吹芦笙、唱大歌、跳舞、划龙舟、长桌宴、踩歌堂、木工活、打糍粑、舂米、牛耕田、大丰收等场景，妙趣横生。二十根边柱之间，皆设有木质长凳，供人们休闲歇息。楼体由下至上层层内收，层层覆以青瓦，塑八角飞檐。各层檐口封板均有彩画图案，游龙、神兽、花草、走兽，千姿百态、意趣生动，并绘有文字"国泰民安""风调雨顺"等侗族群众的美好愿景。鼓楼上部是双重八角楼冠宝顶，每重楼冠下置如意斗拱，斗拱下装漏窗，八边翼角起翘，宝顶之上为九个陶瓷葫芦串成的宝葫芦顶直插云霄。

鼓楼基座为两层花岗岩平台，均砌花岗石栏杆，栏杆上嵌石屏一百五十二幅，每幅双面均刻浮雕，展示从江椪柑、香猪、鼓楼、传说、故事、风情等丰富内容。鼓楼基座东南西北四面均有石阶，可直登楼内，石阶扶手为青石浮雕，形如钩藤缠绕。

图 5-21　从江鼓楼内四根通天巨柱

图 5-22　从江鼓楼内的楼梯与放置木鼓的阁楼

　　功能：除了鼓楼本身具有的各项功能之外，从江鼓楼在建设完成之后，又筹资六百八十万元续建从江生态广场。广场以鼓楼为中心，占地二万八千平方米。广场有五株千年古榕树，与喷泉、翠竹、花圃、宫灯、旱桥相映成趣，每天有很多人在鼓楼里及广场上进行各种娱乐活动。因此，从江鼓楼的功能在传统侗寨鼓楼的基础上更增添了娱乐、休闲以及彰显千年鼓楼文化，展示从江生态特色，提高从江城市品位的功能。

　　技艺：从江鼓楼虽是 2005 年建造的，但仍然是全木质结构，用的是当地采集的杉木，整栋鼓楼不用一钉一铆，全由榫卯构成。

文化特征：鼓楼是侗乡建筑之瑰宝，是侗族群众精神之凝结，乃聚众议事、制定款约、迎宾送客、对歌摆古之场所。从江鼓楼更是世界上目前最高的全木质鼓楼，它不仅是侗族文明的传承，更是侗族群众在盛世中华，物阜民丰、生活美好的写照。

## 第四节　木拱廊桥

### 一、木拱廊桥文化历史演变

中国廊桥历史悠久，最早可追溯至春秋战国时期的秦蜀栈道，它悬空建造于悬崖边上，与桥类似，条件允许时还可加盖阁楼，展现出了廊桥雏形。秦汉时期，栈道技术改良出廊桥技术并随工匠足迹从蜀道至西北再进入中原。《水经注·卷十六》中记载着晋惠帝（259—307）于 293 年在洛阳造石梁于谷水上，"并纪列门广长深浅于左右巷，东西长七尺，南北龙尾广十二丈，巷渎口高三丈，谓之皋门桥"，表明西晋时期呈现了廊桥早期形态。唐宋时期，桥梁营造技术，尤其是石拱技术已经日臻成熟，廊桥成为中国古代桥梁中一个重要品类，得到快速繁荣发展；并于明清时期达到鼎盛高峰，但最终却没落于近代。相较于两千多年历史的廊桥，木拱廊桥出现的时间则相对较晚，在廊桥繁荣的唐朝（618—907）才初显萌芽，而到宋代（960—1279）才真正开始发展。①

然而，关于木拱廊桥的起源空间位置存在一定争议，与上述观点不同的另一种观点则认为，从造桥时间、桥梁结构和闽浙地区桥梁发展来看，闽浙地区木拱廊桥的桥式发展脉络可能是闽浙山区历代先民在长期实践中因地制宜、由简到繁，独立创造和发展起来的一种符合当地地域条件的桥梁形式。②

元代时期，闽浙地区木拱廊桥建造技术日趋成熟，横木与拱骨之间采用了传统木结构房屋的"榫卯结构"，廊桥桥体上部也增加建造廊屋来保护木质桥体，以克服闽浙山区多云雨、重湿气等问题，保证耐久性，使得逐渐演变的木拱廊桥的功能也有所增加，其间共新增建造木拱廊桥 6 座，初步形成集聚分布态势。明代时期，社会商品经济开始发展，城镇数量增加，地方建筑业也空前

---

① 鲁晓敏 . 木拱廊桥的前世今生 [J]. 文化交流，2012（7）：55-58.
② 冯倩 . 浙江宋元时期桥梁研究 [D]. 杭州：浙江大学，2011.

繁荣，加上移民开发和县制设立使得闽浙地区建造大量的木拱廊桥，共新增 21 座。同时，娴熟的雕饰技法也被运用于廊屋建造之中，带动了廊桥建造技术的新发展。清代时期，廊桥技术没有新的发展，但各地建造廊桥的风气甚盛，共新增 48 座，新增数为历史之最，现存的古廊桥大多为清代重建或始建，奠定了清代以后闽浙木拱廊桥分布格局的基础。民国时期，成熟于明清时期的木拱廊桥的数量增长速率显著下降，仅新增 4 座，其集聚程度没有很大的变化，基本保持清代的分布格局。1949—2000 年，中华人民共和国处于发展建设时期，新增 3 座木拱廊桥，对原有的空间格局影响不大。2001—2019 年，国家经济和社会得到大力发展，人民生活水平显著提高，从而也提升了对闽浙地区木拱廊桥文物保护的意识与城市景观建设的需求，新建了 14 座木拱廊桥。

从宋朝开始到今天，闽浙地区木拱廊桥经历了近 1100 年的发展，总体数量呈增长趋势，其空间分布集聚程度得到了进一步加强，整体形成以闽浙两省交界宁德北部为核心的高密度区，丽水南部、宁德西部为次级密度区，南北轴延伸与散点扩散分布并存的分布格局。①

**二、木拱廊桥环境材料特征**

现有木拱廊桥多数建造于以山地丘陵为主要地形地貌的山多林密地区，平均海拔 200~800 米，属亚热带湿润季风气候，常年平均气温 16℃~17℃，平均降水量约 1800 毫米。受山区地貌影响，区域内地形险要、地貌多变、台风频发、雨水丰沛，造就了发达的支流水系、狭窄的河谷空间、湍急的河溪水流。木拱廊桥通常选址于山区深沟高涧之上，其河流两岸之间距离相对较窄，并且两岸均有凸出和坚固的岩石，可用于砌筑廊桥的桥台，减少拱架跨度的同时，稳定和保护与之接触的桥体木材。

修建木拱廊桥桥体的原料通常就地取材于当地盛产的我国特有树种松科（*Pinaceae*）油杉属（*Keteleeria*）的油杉（*Keteleeria fortunei*）及其变种江南油杉（*Keteleeria fortunei* var. *cyclolepis*），主要生长于雅砻江以东、长江下游以南的云南东南部、贵州西南部、广西西北部及东部、广东北部、湖南南部、江西南部、

---

① 陈晓悦，姚李燕，陈进燎，等. 闽浙木拱廊桥文化遗产的时空布局与演变［J］. 中国园林，2021，37（5）：139-144.

浙江南部、福建西南部至北部等海拔 340～1400 米地区。① 油杉属树木高大挺拔、木材纹理清晰、节疤少、密度适中、硬度适中、肌理细腻，干后不裂，含少量树脂，易加工，不易虫蛀朽变，具有防腐功能，可做房屋建筑、桥梁、家具、农具及木纤维工业原料等用材。油杉木材的心边材区分明显，射线薄壁细胞凹痕不明显，管胞内壁上具有明显的瘤状层，气干密度 0.331 g/cm³。选用于木拱廊桥建造的油杉木材的树龄通常为 50～70 年，直径 28～32 厘米，每根木材长度 12 米为最佳。

### 三、非遗传承人

木拱廊桥的营造技艺秉承口传心授、家族传承之原则，遵循严格规仪之程序，形成流传千年之谱系。具有代表性的世家谱系主要有福建省屏南县长桥镇黄氏世家、代溪镇韦氏世家，寿宁县坑底乡郑氏世家和徐氏世家，周宁县礼门乡张氏世家；浙江省泰顺县罗阳镇董氏世家，庆元县松源镇吴氏世家。其中，国家级非物质文化遗产代表性项目（木拱桥传统营造技艺）代表性传承人有 4 位，分别是福建省寿宁县坑底乡小东村的郑多金（1929—2021 年，2009 年第三批入选，代表性作品是寿宁县下党乡杨溪头村的杨溪头桥）、浙江省泰顺县罗阳镇岭北社区村尾村的董直机（1925—2018 年，2009 年第三批入选，代表性作品是泰顺县罗阳镇村尾村的同乐桥）、福建省屏南县长桥镇长桥村的黄春财（1936 年生，2012 年第四批入选，代表性作品是屏南县棠口乡下坑尾村的百祥桥）、浙江省庆元县左溪镇竹坪村的胡淼（1967 年生，2018 年第五批入选，代表性作品是庆元县左溪镇竹坪村蜈蚣桥）。②

另外，浙江省泰顺县的郑昌贵（1957 年生，师从于夏立忠）、曾家快（1967 年生，师从于董直机）、浙江省庆元县的吴复勇（1955 年生，师从于其父亲吴太荣）、福建省寿宁县的郑多雄（1954—2021 年，师从于其哥哥郑多金）、福建省顺昌县的徐云双（1964 年生，师从于其叔公徐应铭）、福建省屏南县的韦顺领（1949—2022 年，师从于其父亲韦万会）是省级代表性传承人。

① 雷华. 两个类型杉木木材构造和材性的比较研究 [J]. 中南林学院学报，1988，8（2）：208-219；赵兵. 基于杉木特性的闽浙木拱廊桥保护措施 [J]. 山西大同大学学报（自然科学版），2015，31（2）：94-96；林健勇，蒋燚，梁瑞龙. 江南油杉及中国油杉属植物的形态特征识别 [J]. 广西林业科学，2014，43（4）：431-434.
② 吴苏梅. 从"廊桥世家"看工匠精神 [J]. 海峡通讯，2016（6）：22-23.

### 四、木拱廊桥典型实例

#### （一）双门桥

图 5-23　双门桥（左图：桥外观；右图：桥内部）

典型之处：在全国有史料记载的木拱廊桥中始建时间最早。

修建时间：始建于 1004 年之前（具体时间不详），明隆庆元年（1567）重修，1992 年 5 月 8 日倒塌后重建现桥。

修建地点：浙江省丽水市庆元县松源镇大济村济川溪。

结构特点：如图所示，旧双门桥全长 11.50 米，宽 4.8 米，东西走向。廊桥拱架由数十根圆木拼接组合而成，自两岸各斜出九根圆拱木，水平顶端亦对应出九根圆拱木构成八字撑拱架；斜出拱木与水平拱木间用一横向枋木铆接；八字撑拱架上部平铺木平梁，与八字撑拱架顶部的水平拱木叠压；在斜出拱木上方设"交叉苗"，增强整体拱架的稳定性。木平梁中部与拱架的根部固定在两岸竖式排架上，竖式排架亦以圆木组成，紧贴两岸竖立构成框架；排架左右两侧竖两根长圆木，下部与竖式排架的横枋木铆接，上部伸出桥面作为廊屋檐柱。桥面中央处设有社坛和神龛，供乡民祭拜。

文化特征：双门桥原名临清桥。宋真宗景德元年（1004），吴氏祖先崇煦公迁居此地，取名大济，意为子孙具有经邦济世之才；此时，村中已有临清桥和莆田桥两座木拱廊桥。宋仁宗天圣二年（1024）和景祐元年（1034），吴家长子吴毂和次子吴毂两兄弟先后金榜题名，联登进士；族人合议后决定建造两座二重檐三开间雄伟壮观的木牌坊竖立于临清桥两端，即"一门双进士"之寓意，故将"临清桥"改名为"双门桥"。千百年来，双门桥是村民寄托精神信仰的重要载体，人们在祭拜时要点上蜡烛、清香，摆上各种供品，虔诚跪拜，口中念念有词，祈求风调雨顺，阖家平安云云。

（二）万安桥

**图 5-24 万安桥（第六批全国重点文物保护单位）**
（上图：桥外观；左下图：桥东边戏台；右下图：桥西头正面）

典型之处：国内最长木拱廊桥。

修建时间：始建于北宋元祐五年（1090）；明万历十六年（1588）被人为拆毁；清康熙四十七年（1708）遭火焚，清乾隆七年（1742）重建；乾隆三十三年（1768）又遭盗焚；清道光二十五年（1845）复建；民国初烧毁，民国二十一年（1932）再度重建；1952 年桥西北端被大水冲毁 12 开间，1954 年县人民政府出资重建；2014 年进行大规模修缮；2022 年 8 月 6 日晚突发大火，桥体烧毁坍塌。

修建地点：福建省宁德市屏南县长桥镇长桥村龙江河。

结构特点：如图所示，万安桥总长 112.06 米，总宽 4.7 米，桥面至水面高度 8.5 米，五墩六孔，船形墩，不等跨，最大差异接近 10 米；桥塊、桥墩均用块石砌筑，排列并不完全平行；桥西北端有石阶 36 级，桥东南端有石阶 10 级；

桥东头建有一座供奉孙悟空的齐天大圣庙，桥边有造桥"祖师"卓茂龙仅存的作品大戏台。桥屋建 38 开间、用柱 156 根，为四柱九檩穿斗式木构架，上覆双坡顶；桥面以杉木板铺设，两侧设木凳、靠背栏杆，外置挡雨板；桥中原设神龛，祭祀观音，新中国成立后重修时因担心香火会引起火灾，不设神龛；桥上有 13 副楹联；遥望该桥形似长虹卧波，非常壮观。

文化特征：万安桥原名"龙江公济桥"，后改称"彩虹桥"，由于长达近百米，长长的身躯从龙江河上跨越，远望如龙，因此又被当地乡民称作"长桥"，其所在地长桥村的名字也是因为桥而得名。"万安"这个桥名是在 1954 年的那次重修时改用的。在桥快修成之际，一位桥匠从高达十余米的横梁落水，但奇迹般地毫发无伤；人们觉得这桥有神明护佑，于是将原来的"龙江公济桥"改名"万安桥"，一直沿用至今。1990 年，万安桥被认定为县级文物保护单位，次年被福建省人民政府公布为省级文物保护单位，2006 年公布为第六批国家重点文物保护单位，2012 年入选中国世界文化遗产预备名单。它是当地的图腾，在推荐的景点、饭店的包厢、政府的围墙等都能随处可见万安桥特殊桥拱形状的标识。

（三）如龙桥

图 5-25　如龙桥（第五批全国重点文物保护单位）
（左图：桥外观；右图：桥内部）

典型之处：全国迄今为止有确切纪年的最早且保存桥体构架最好的木拱廊桥。

修建时间：始建年代已无考证，明天启五年（1625）四月十二日谷良旦吴门重新修造，清康熙、民国时期和 1998 年有过小修缮。

修建地点：浙江省丽水市庆元县举水乡月山村举溪。

结构特点：如图所示，如龙桥南北走向横跨举溪，全长 28.2 米，宽 5.1 米，净跨 19.5 米，拱高 6.8 米。桥体由数十根粗大圆木纵横组合铆接而成，与桥台结合形成架设廊屋的拱骨平面。桥台外砌糙块石，内多堆砌卵石，依地势分设台阶通往村落及去闽古道。廊屋北端顶部建钟楼（钟楼结构与整体差异较大，疑为后期改建），为三檐歇山顶；南端顶部设桥亭，为重檐歇山顶；中间部分高起做重檐歇山顶，使得廊桥集楼、桥、亭三者于一体，造型美观、结构复杂、工艺精湛、功能完备，具有一定的代表性和较高的历史、艺术、科学价值。廊屋内部为九间四十柱，四柱九檩穿斗式构架；明间宽 3.4 米，作为通道使用；两次间各宽 0.84 米，设有木凳；当心间东侧设神龛，供奉平水王（周凯，字公武，又名周清，俗称周七郎）。桥身通体鳞叠铺钉风雨板，各间在风雨板上开形状各异的小窗，如宝瓶形、扇面形、梅花形、圆形等，除了通风外，还可供行人欣赏窗外风景。

文化特征：呈南北向的如龙桥与后山的古松林依稀相连，如同龙首下颌，故而称之为如龙桥。除此说法，关于如龙桥的来历，民间还相传月山村举溪两岸的吴、陈两姓每年都要因天旱争水而发生斗殴，后来吴姓的吴如龙和陈姓的陈来凤通过比武而结亲，并共同开凿引水渠，平息了争端；他们的后人便建造了如龙桥和来凤桥以示纪念。"如龙桥"三个大字的古匾也苍劲有力地悬挂于神龛上方，活像巨龙腾空。1993 年，如龙桥被公布为庆元县县级文物保护单位，1997 年公布为省级文物保护单位，2001 年公布为第五批全国重点文物保护单位，2012 年 11 月，正式列入《世界文化遗产预备名单》。

（四）兰溪桥

**图 5-26　兰溪桥（第七批全国重点文物保护单位）**
**（左图：桥外观；右图：桥内部）**

典型之处：现存单孔跨度最大的木拱廊桥。

修建时间：始建于明万历二年（1574），清乾隆五十九年（1794）重建，1984 年按原貌迁建于现址，并于 2006 年落架大修。

修建地点：原址在兰溪桥水库淹没区内，后按原貌迁建于浙江省丽水庆元县五大堡乡西洋村兰溪。

结构特点：如图所示，兰溪桥呈东南、西北走向，全长48.12米，宽5米，单孔跨度36.8米，拱高9.8米。拱架外观呈八字形，内由数十根粗大圆木纵横铆接组合而成，具有抗压、抗弯、抗侧移等功能；还利用"青蛙腿"连接三折边和五折边系统，上下相互叠压穿插，左右环环相扣；拱架又用立柱置于横枋木上，纵向铆接，使拱架与廊屋互为交锁，浑然一体，坚固无隙，牢不可摧；拱架与廊屋结合面形成若干个方形的框架基础，俗称"豆腐架"，其上铺钉一层木板，木板上置箬叶，再在箬叶上散铺一层木炭、砂石，以防潮湿；这种桥体的构架原理在我国民间桥梁建筑史上堪称一大杰作。廊屋内梁架为明间五架抬梁左右单步用四柱九檩，计二十榀，廊屋九间；拱坡桥面，卵石墁砌，中轴嵌一道条石，以增加桥面自重，稳定整体构架。当心间重檐歇山顶，内施藻井，双凤朝阳图案彩面。桥体两侧鳞叠铺钉三层风雨板，依次叠垂状如桥裙，风雨板上开启有折扇形、寿桃形、葫芦形等小花窗，古朴典雅。两端桥台立面砌筑观音兜式封火墙，引桥设多级石台阶登临，台阶两侧顺势筑三山式马头墙，在墙正中辟出拱券门进入桥屋。

文化特征：据《庆元县志》和《兰溪县志》记载，兰溪人游历庆元，见此地群峰拱揖、四水归堂，是块风水宝地，遂定居于此，故将此地命名为兰溪村；后邑人谢子隆、吴丰等人于明万历二年在村边建桥，故取名兰溪桥。1983年，因为修建水库兰溪桥按原样往上游搬迁了将近十千米，与供奉有菇神吴三公的西洋殿珠联璧合、交相辉映。1997年，兰溪桥公布为浙江省省级文物保护单位，2013年公布为第七批国家级重点文物保护单位。

## 第五节　园林小品

### 一、园林小品文化历史演变

园林是指在特定的区域内运用工程技术和艺术手段，通过人工改造地形（或进一步筑山、理水、叠石）、植物配置、建筑营造等途径制作而成的自然环境和游憩境域。[①] 中国古典园林和其他园林体系相比较，以人为主体还是以自然为主体是中西园林具有完全不同形式的根源。因此，心随景动、意由情生的审

---

① 赵飞鹤. 园林建筑小品及构造［M］. 上海：上海科学技术出版社，2015.

美倾向是中国古典园林最主要的特点。一般而言，园林包括四大要素：山、水、建筑和植物。建筑包括园林建筑和园林小品，具有人类工程技术和地域文化特征。本章将园林小品限定在不能供人进入的构筑物范围，且不涉及园林建筑等内容。

在我国古典园林里，尚无园林小品这个概念，园林小品是近现代园林中特有的名词。① 源于建筑及石文化的园林小品源远流长。② 从最早的上古园林时代，亦即三皇五帝时代反映对神的图腾崇拜的灵台、龙、麒麟、白鸟、龟、图腾柱，到明清皇家园林、私家园林中的景墙、长廊、园桥、华表、石刻、灯柱、孤赏石等，再到现代都市园林中的各类座椅、指示牌、垃圾箱、园灯等。园林小品已渗入园林景观设计中，不仅给人们提供一个优美的外部环境，而且对提升园林的艺术和文化内涵有十分重要的作用，因而受到越来越多的关注。③

随着社会物质生活水平的提高，人们对园林精神方面的需要不断增加，园林中建筑的内涵、形式、类型及功能等发生了较大变化。在古典园林中，大部分园林是服务于私人生活的，而现代园林的功能属性发生了本质的变化，即现代园林主要服务于所有大众。④ 例如，在日本，园林小品常被称为"景观建筑小品"或"风景建筑小品"。在西方，园林小品通常被称为"环境小品"或"环境艺术小品"。园林小品作为园林的重要组成部分，和园林发展是同步的。根据我国古典园林历史发展⑤，园林小品可以划分为五个发展时期：

生成期，即殷商至秦汉时期，是园林发展的初始阶段。这一时期的造园活动是以贵族宫苑为主的皇家园林，规模宏大。以"宫""苑"为主的园林形式，以圈筑自然山水形成天然山水园或人工山水园，建筑物简单散布于自然环境中。虽有楼台水榭，但规模与后期的园林小品相距甚远。

转折期，大致为魏晋南北朝时期。这一时期，私家园林迅猛成长。另外，受宗教影响，寺观园林也得到了发展。园林规模逐渐缩小，更趋于精密细致，出现了置石与理水相结合的雕刻小品（石雕、木雕、金属铸造等）。亭亦被引入

---

① 韩雪. 中国现代园林小品概念及分类研究综述 [J]. 吉林省经济管理干部学院学报，2015（3）：155-157.

② 高瑞红，黄欣，贾新宇. 园林建筑小品的种类及其在园林中的用途 [J]. 安徽农业科学，2009，37（03）：1056-1058.

③ 金环. 浅谈园林小品的种类及其在园林中的用途 [J]. 绿化与生活，2014（03）：17-21.

④ 韩雪. 中国现代园林小品概念及分类研究综述 [J]. 吉林省经济管理干部学院学报，2015（3）：155-157.

⑤ 孙永. 园林小品在中式庭院景观中的应用研究 [D]. 济南：齐鲁工业大学，2019.

宫苑，成为点缀园景的园林建筑。至此，园林小品的雏形开始显现。

全盛期，即隋唐时期。由隋开始，园林发展进入盛年期，其风格特征已经基本形成。文人士大夫将其对自然风景的理解融入园林，使园林小品进入新的境界。如造园用石的美学价值得到了肯定，园林植物题材更为多样；搭配其他元素，形成以诗入园、因画成景的手法。山水画、山水园林以及山水诗文的融合，推动了中国古典园林诗画情趣的发展。

成熟时期，主要阶段为两宋到清初。隋唐盛世之后，园林从盛年阶段向成熟阶段发展。此时，园林小品发展迅猛。品石成为普遍使用的素材，园林叠石技艺水平大为提高。文人化的画理介入造园艺术，从而使园林呈现为"画化"的表述。景题、匾联的运用，赋予园林以"诗化"的特征。

成熟后期，该阶段从清中期到末期。园林发展出现对成熟期的传统继承，更加精致，但创新元素开始丧失。到清末民初，西方文化不断涌入，中国园林风格出现较大改变，此时古典园林时期开始终结。

纵观我国古典园林发展历史，园林小品的应用在私家园林中十分广泛，主要分为建筑类园林小品、观赏类园林小品、植物造景和铺装类园林小品。① 苏州古典园林是我国古典园林的杰出代表，特征鲜明。宅园合一，运用了大量的园林小品，面积虽小却可"咫尺之内，再造乾坤"②。

古典园林建筑中应用了大量木材，有些优秀园林建筑幸运地保存了下来。③同样，园林小品中也应用了大量木材，但由于在室外暴露，木材腐烂降解，回归自然。以木材为原料的园林小品是园林绿地景观艺术的组成部分。目前，这类园林小品广泛布置于城市绿地（公园、广场）、主题展示公园、滨水区域、住宅绿地、森林公园、郊区绿地、风景区和各类庭园中，具有景观艺术意境并能满足服务功能。④

木质园林小品种类繁多，五花八门。主要有满足功能型的，有展示艺术型的，有休闲娱乐型的，有方便服务型的，有环保卫生型和景观观赏型的等木质小品。若按服务功能分类，可以分为展示文化艺术内容的园林小品，如几架、木雕、木桶、棋盘、花格、景窗、隔断、浮雕、指示牌、展览牌、图腾、灯柱、

① 孙永．园林小品在中式庭院景观中的应用研究［D］．济南：齐鲁工业大学，2019．

② 付立婷，王玲．浅析苏州古典园林中小木作的类型与功能［J］．福建建筑，2017（06）：62-64．

③ 付立婷，王玲．浅析苏州古典园林中小木作的类型与功能［J］．福建建筑，2017（06）：62-64．

④ 李展平，李凌州．木质园林小品［M］．北京：化学工业出版社，2009．

牌坊、水车、风车等；营造环保卫生的园林小品，如果壳箱、花器、饮水钵、洗手钵、栏杆、木挡土墙等；营造休闲娱乐的园林小品，如凳、椅、桌、秋千、攀爬架、滑梯、爬杆、爬梯、转盘、跷跷板、荡木、阶梯、平台、木门、木船（舫）等；营造方便娱乐的园林通道小品，如栈道、栈桥、木桥、平台、码头等。

木质小品易于建造，容易创新；易于修改，造景方便；应用广泛，融于自然；体量小巧，满足功能；富有文化，发挥意境等特点。能与建筑、山水、森林、植被等环境融为一体，形成朴实、典雅、和谐、舒适和自然的视觉景观和艺术感悟，满足人们的精神需要，同时还能起到绿地景观艺术上的画龙点睛之用。

**二、园林小品典型实例**

**（一）清代黄杨木根花台**

**图 5-27　清代黄杨木根花台（中国园林博物馆藏）**

时间：清代。

地点：中国园林博物馆。

材质：黄杨木（*Buxus* sp.）。

结构：清代黄杨木根花台长 75 厘米、宽 72 厘米、高 56.5 厘米，选材于天然黄杨木树根，形制稍宽，随树根形状而作，技法娴熟，栩栩如生。

功能：木根花台常常用于园林景观的布置中，其上摆放盆花或盆景，犹如其根的延伸，有画龙点睛的作用。

技艺：此花台造型秀美雅致，明暗处的雕刻十分生动，具有很强的立体感，给人强烈的视觉冲击。

文化特征：这件花台以黄杨木根雕刻而成，取材天然，台面整齐，造型优美，台下虬枝盘曲纠结呈 S 形，宛如身材曼妙的少女，生动而有趣。花台是明清时期硬木雕刻的代表性工艺品，这件花台采用黄杨木雕刻，木料名贵，明末清初文学家李渔称黄杨木有君子之风，为"木中君子"，他在其戏曲理论著作《闲情偶寄》中说"黄杨每岁一寸，不溢分毫，至闰年反缩一寸，是天限之命也"①。宋代大文豪苏轼诗云："园中草木春无数，只有黄杨厄闰年"②；唐代段成式在其笔记小说《酉阳杂俎》③ 中，也对黄杨木的采伐有详细的记载："世重黄杨木以其无火也。用水试之，沉则无火。凡取此木，必寻阴晦，夜无一星，伐之则不裂"，足见其珍贵。这件黄杨木根花台木质细腻，香雅恬淡，通体色泽华润，包浆深厚，造型灵动舒畅，枝节斑驳中承托台面，雕工匠心独运，十分难得，反映了清代高超的硬木加工水平，是木雕艺术中的精品。

（二）木海观鱼

图 5-28　木海观鱼

时间：现代，具体时间不详。

地点：中国园林博物馆。

材质：柏木（*C. funebris* Endl.）。

结构：由木片捆扎而成工艺类似箍大木桶的大木盆，外面漆成绿色，下面是绿色的木架托底。木盆直径在 1.5 米到 2 米，深度在 0.3 米到 0.5 米。

---

①　李渔. 闲情偶寄［M］. 北京：中华书局，2011.

②　苏轼. 苏轼诗集［M］. 北京：中华书局，1982.

③　段成式. 酉阳杂俎［M］. 北京：北京联合出版公司，2017.

功能：木盆具有透气性能好、隔热好等优点，且容易生长青苔，有益于保持盆内良好水质，是饲养珍贵金鱼的最好容器。

技艺：纯手工制作，一般选用干木料锯刨成木板拼接，外壁刷天然桐油，再用2~3条防锈金属条紧箍而成。一般新制的木海需要泡水、挂苔后才不漏水，这是利用了木材的"吸湿膨胀"特性。木材浸水后会膨胀，外边的金属条会将木板紧紧抱牢，浸水越多就箍得越紧，木板之间就越没有空隙。而且这膨胀的力会沿着圆形圆弧彼此抵消，即便木板膨胀得过大，还可以将金属箍向下滑动来卸掉张力。

文化特征：木海，就是养鱼用的木盆，最好的金鱼只在木海里饲养，在露天的院子里欣赏。自乾隆年间，宫廷园林就开始用大木盆饲养金鱼，取名"木海观鱼"。后来，这种玩法慢慢流到了民间，融入了北京人的生活里，成了老北京京味文化的一部分。受到传统习惯影响，木海养金鱼透着一股浓浓的文化气息，让人养心修性。此外，木海养金鱼，碧苔清水、清澈透亮，观赏效果极佳。

（三）幸福古村景观树

**图5-29　四川省眉山市丹棱县幸福古村景观树**

时间：现代，具体时间不详。

地点：四川省眉山市丹棱县幸福古村。

材质：杉木［*Cunninghamia lanceolata*（Lamb.）Hook.］。

结构：本木质园林小品命名为"变废为宝"，就是利用当地废弃的杉木枝条与主干组成形态如倒地的一棵树，结构简单、整齐。

功能：四川省眉山市丹棱县幸福古村打造美丽乡村过程中，注重乡村美丽景观的塑造，本木质小品与乡村周围树林浑然一体，相得益彰，突出生态。

技艺：本木质园林小品技艺简单，但寓意深刻。

文化特征：本木质园林小品就地取材，自然美观，与乡村自然和人文环境能够融为一体。

（四）葛劳士山公园的人物木雕

图 5-30　葛劳士山公园的人物木雕

时间：现代，具体时间不详。

地点：加拿大葛劳士山公园。

材质：西部红柏（*Thuja plicata* Donn. Ex D. Don）。

结构：巨型木雕高 5 米有余，就地取材，选材于当地天然西部红柏，技法熟练，栩栩如生。

功能：葛劳士山素有"温哥华之峰"的美誉，在加拿大温哥华市区，抬头就能看到它在北岸的伟岸身姿。葛劳士山主要以锯木业闻名，在山上多处伫立着巨型伐木先民木雕，向世人诉说伐木史迹。

技艺：加拿大葛劳士山公园的巨型木雕技艺不同于我国传统木雕技艺，其夸张变化的造型手法、稚拙朴素的表现形式以及神秘奇诡的艺术风格，令人联想不断。

文化特征：巨型木雕分布在公园步道旁，由山上一整株天然林木雕刻而成，特别的是，雕刻用的林木并非刻意砍伐，而是当每棵巨木自然倒地时，以此废物利用雕刻而成。主题多为人物、动物，有黑熊、印第安人、当地伐木工人、登山客等，别有创意。反映了生态环保的价值取向以及北美印第安先民筚路蓝缕建设家园的历史传说。

# 第六章

# 白木家具

## 第一节 椅 凳

### 一、椅凳历史演变

如今，我们的日常生活中椅凳随处可见。但其实在汉代之前，人们多为席地而坐，在两晋南北朝时期，由于北方和西北民族的内迁和佛教的普及，人们的起居方式发生了一定的变化。尽管席地而坐的习俗还未改变，使用的家具却已逐渐升高，椅凳类型的坐具也开始出现。

在夏商周及以前坐具还只是席、筵，其中又以茵席使用最早，且可舒可卷，随用随设，既轻巧又灵便。秦汉是低型家具发展的高峰时期，坐具除了席、筵外，已创造出榻和独座式小榻。这时也出现了一种可供垂足而坐的胡床，这是日后流行高型家具的先导。到了三国两晋南北朝时期，中国建筑开始发生显著变化，室内的空间变得更加开阔的同时，垂足而坐的风俗也开始普及，高型家具由此兴起，凳、筌蹄、胡床和椅子也开始出现。

关于凳子的最早记载，可见《吾书·王羲之传》："魏时，陵云殿榜未题而匠者误钉之，不可下，乃使韦仲将悬橙书之。"所谓"橙"就是凳子，因其较高，故称"悬橙"，可站在上面书写榜额。当时凳子的形象可见于敦煌莫高窟北魏第 257 窟壁画。椅子出现得较晚，在这一时期记载很少。

隋唐是席地而坐与垂足而坐并存的时代，从当时壁画及传世名画中人物与家具的比例关系看，还未达到合理的使用高度，这也正说明了坐具从低型到高型发展过渡的特点。隋唐五代是一个家具史上的大变革时期，上承秦汉，下启宋元，融汇各民族文化，大胆吸收外来文化，这一时期的家具注重构图的匀齐对称，造型雍容大度，色彩富丽洒脱。在唐代《宫乐图》中可见，凳类有如四腿八挓小凳、方凳、宽体条形坐凳、圆凳，还新出现了一种平面呈半圆形的凳子，称为"月样杌子"。

在两晋南北朝时期有背可倚的坐具也开始逐渐流行，但当时多称为"绳床"。在唐武周末期以前，绳床仅限于僧侣之间流行，且可上溯西晋，约达四百年之久。僧侣将绳床用于坐禅，坐禅多采用印度传来的跏趺法，亦即盘腿而坐，与垂足坐不同。唐武周末期后，绳床开始出现在世俗社会，最早见于《太平广记》之《韦安道》篇。白居易诗云"坐倚绳床闲自念，前生应是一诗僧"。李白诗也说："吾师醉后倚绳床，须臾扫尽数千张。"都可以说明绳床的世俗化。绳床世俗化的同时，模仿绳床形式的有背椅子逐渐增多，于是概括性的统称孕育而生，将有靠背的坐具统称为椅子，始见于唐德宗宪宗之间，是"倚子"谐音。

在宋代，高型坐具已经普及并有更多的形制，如交椅、太师椅、折背样椅等，同时艺术风格也与唐代的富丽豪华不同，以简约挺秀为特点。随着家具由低到高的转变，其中的结构和榫卯也相应调整和创新，为明代家具的高度成熟铺设了基石。

宋代的凳类坐具基本沿袭之前的形制，有方凳、圆凳、墩、条凳、春凳等，其中方凳多无束腰，春凳是较为精致的条凳，有软性坐屉。在《韩熙载夜宴图》中可见靠背椅，说明在宋朝靠背椅已经开始流行。

从众多的宋代壁画和出土的随葬品可以看出，宋代靠椅多为搭脑出头，与宋官帽的展翅幞头异曲同工。宋代有一种"折背样"椅，特点是靠背极矮，甚至与扶手齐平，又称四平齐式扶手椅，可以看作明清时期玫瑰椅的前身。两宋的战事频繁，因而重量轻、方便搬运的交椅得到很大发展，根据靠背可分类为有靠背的交椅和无靠背的交杌，靠背又有横向靠背、竖向靠背、圆形靠背等不同类型。

元代由于统治者为蒙古族，家具发展缓慢，中国传统家具的高峰时期则在明代和清代前期。明式家具和清式家具一般以清代乾隆为界，明代和盛清以前的家具大致可纳入明式家具，清式家具则指乾隆以后直到清末民初的家具。明式家具与清式家具相比，水平更高。明式家具造型完美、格调典雅、装饰得体、工艺技术精良。明代家具继承了宋元的优秀成果，明代中期以后社会经济高度发展，并出现了资本主义的萌芽，城市空前繁荣，市民文化也有了长足的发展，家具艺术的发展得到了巨大的推动。

明式家具的成就体现在诸多方面。明式家具功能合理，注重人体尺度，注重内容与形式的完美统一；明式家具造型优美，有良好的比例，寓变化于统一，柔与刚相宜，装饰繁简得当，髹饰精美；明式家具结构科学、构造合理，榫卯结构的卓越应用使家具在保持整体结构形式确定的前提下，各个部件之间的局部连接方式能够满足功能的要求，如交椅中的折叠结构就要求保证其实现可折叠性能。

　　清初的家具带有浓厚的明式家具特点，具有很高的水平和美学价值。乾隆时期家具根据统治阶级的趣味而创作，同时也受西方文化影响，家具的内容得到极大丰富。但此后社会变迁，国力衰弱，审美趣味日趋俗化，家具艺术走向没落。

## 二、椅凳典型实例

### （一）江苏江阴宋孙四娘子墓出土杉木靠背椅

**图 6-1　江苏江阴宋孙四娘子墓出土杉木靠背椅（北宋）**

　　材质：杉木［*Cunninghamia lanceolata* (Lamb. ) Hook.］。

　　结构：靠椅后足连靠背，靠背向后微弯，上承出头如意形横梁。背柱中间有横档，向后微弯，作为背板。足间为步步高升枨，前足用对角榫衔接大边，前牙为壸门状。后足内侧各钉一侍俑，俑身穿广袖大褂，双手交叉腹前。[①]

　　功能：该靠椅通高 66.2 厘米，为明器，随墓主人下葬，做陪葬。

　　技艺：该靠椅的连接结构多为榫卯连接。靠背上横梁凿半榫并用铁钉加固，前面下档两端为 45 度格角榫，左右档做透榫于后足中，踏脚枨两端用铁钉固定，其余三枨则用闷榫。

---

① 佚名. 江阴北宋"瑞昌县君"孙四娘子墓［J］. 文物, 1982（12）: 28-35, 97-98.

文化特征：宋代墓葬出土家具较为少见，此靠椅虽属明器，但制作与实用家具无异。① 后腿所钉侍俑或为当地的风俗产物，是某些丧葬观念的体现，如希望墓主人在阴间也有仆人侍奉。

（二）黄杨木官帽椅

图6-2　黄杨木官帽椅（明代）

材质：黄杨木（*Buxus* sp.）。

结构：此椅为高靠背式，在明代官帽椅中较为常见。搭脑两端与扶手处均不出头，属于"南官帽椅"的类别。扶手、鹅脖弯曲弧度不明显，下设联帮棍呈上细下粗的"净瓶式"。四条腿足均采用穿过椅面的"上下一木连做"，足间枨子抬高，作步步高升枨。

功能：在传统坐具中，官帽椅较为普通与常见，使用范围也较广泛。官帽椅常置放在厅堂之上，与几连用，不仅作为舒适坐具，其优美的外形也起到丰富建筑空间文化内涵、装点之用。

技艺：靠背板以木条纹为主，饰有刻纹，椅面采用细藤编织。上下腿足采用椅类家具中较常见的"一木连做"。做工精美别致。

文化特征：造型简洁，整器带有温润之感，色泽古雅。古有"君子温润如玉"之说，其表面质感的处理，便是来源于古人对玉石光洁、温润的喜爱。官帽椅得名于古官帽，呈中轴对称构造，在视觉上极具平衡感。官帽椅带有古人对"官运"的向往和期许，其或高或低的管脚枨便带有"步步高升"的吉祥寓意。

---

①　佚名. 江阴北宋"瑞昌县君"孙四娘子墓 [J]. 文物, 1982（12）: 28-35, 97-98.

（三）桦木双凤嵌黄杨木诗文书卷椅（一对）

**图6-3　桦木双凤嵌黄杨木诗文书卷椅（一对）（清初）**

材质：桦木（*Betula* L.），黄杨木（*Buxus* sp.）。

结构：围式高靠背，卷口式扶手。牙板为浅雕卷叶纹，灵芝如意形腿足。座椅靠背由整块木材制作而成，无镂空处理，较为罕见。

功能：书卷椅一般常供文人书房、小馆等场所陈设和使用。此椅型制特别，制作精美，不仅作倚靠休息用，亦是上佳的收藏、装饰品。

技艺：此对椅用桦木制成，靠背面镶嵌黄杨木诗文，椅腿雕有精美纹样，牙板嵌镂空纹饰。黄杨木精心雕刻后，木质细腻光洁，色泽古朴，具有象牙的质感，被称为"木中象牙"。

文化特征：书卷椅式样考究，造型优美，有一种所谓"书卷之气"，在明式家具中具有较高的艺术水平。以古时文人书卷为意象，将书香文化融入家具制作中，常用于搭脑、扶手等部位的制作。其线条之流畅优美，大有中国书法之行云流水的韵味。此对书卷椅腿足部运用如意之形，如意是一种祥瑞之器，古时人们用其祈愿平安吉祥、事事如意，其纹样在桌椅腿足、靠背等多有应用。至清代，家具制作常在牙条上雕刻卷叶纹，多变的纹样造型极具动感，赋予家具更灵活的生命力。其镶嵌用材黄杨木，被李渔喻为"木中君子"，称其有君子之风[1]。

---

[1] 王立伟. 对木雕屏类文物进行如何有效工艺修复的探讨——以一件清代黄杨木雕挂屏的修复过程为例 [J]. 文物修复研究，2018（00）：609-614.

（四）柏木椅

图 6-4　柏木椅

材质：柏木（*C. funebris* Endl.）。

结构：形制为一统碑椅，椅背弯度小、搭脑不出头，形象有点像矗立的石碑，而碑标准量词为"统"，故得名"一统碑"。椅背与椅面之间呈直角，椅背与后腿足连作一体。椅板下有矮老和罗锅枨，作步步高升枨。

功能：通常为二椅一几的模式，可靠墙陈列，一般作坐具使用，美观实用。

技艺：搭脑和后脚格角相交，没有使用更为寻常的"挖烟袋锅"造法。背板有浅雕团型花纹，罗锅枨形制特殊，牙条为对称曲线，优美流畅。

文化特征：整体线条笔直硬朗，但弯曲的靠背、曲线的牙条、背板的雕刻、特制的罗锅枨都使椅子的形象变得温和，造型简练，装饰精而不烦琐。

（五）柏木四出头扶手椅

图 6-5　柏木四出头扶手椅

材质：柏木（*C. funebris* Endl.）。

结构：此椅造型独特，搭脑呈波浪形弯曲，与扶手连接处作券口牙子装饰，扶手自搭脑处顺势而下，未与椅面有直接连接，至出头处向上扬起。此椅具有双联帮棍，鹅脖下端与前联帮棍相接，前后腿由一木弯曲而成，高出椅面，在北方此种椅子称为"乞丐椅"。双联帮棍穿过侧边与前后腿间直枨相接，十分罕见。腿足部作步步高升枨，其搭脑和扶手均出头，为典型的"四出头"形制椅[1]。

功能：此椅称"乞丐椅"，其做法多见于民间。作为坐具，此类椅大部分坐上去十分舒适，适用于书房、茶室、会所休闲之用。

技艺：器物椅盘采用格角榫攒边框，略高于椅面，前后腿为同一木料弯曲制成，高于椅盘。此种做法不常见于家具制作中，是"乞丐椅"典型特征。

文化特征：整体器型秀气文雅，靠背板雕刻圆形纹样，因其来源于民间，整体器型、线条走向更显自由、无拘无束，却又带有明清家具制作上的原始感。部件的连接、穿插赋予整器更多舒适洒脱之感。整体造型偏于奇特，带给人耳目一新的感觉。

（六）黄杨木小座

图 6-6　黄杨木小座（清代）

材质：黄杨木（*Buxus* sp.）。

结构：小座，不同于一般式样的方凳，造型较为特殊，无矮老。带托泥，托泥之下有小足，椅腿类似于三弯式，使用圆材，腿中部向外弯曲弧度较大，马蹄外翻程度较为明显，椅腿中下部生出向上弯曲部分并加有直枨连接，起到加固作用，同时亦填补此部分视觉上的空缺感。椅面平整，牙条雕卷草纹与回形纹样，对称流畅。

---

① 无秋．"奇形怪状"民间椅赏析［J］．家具与室内装饰，2014（09）：33-35.

功能：坐具。弯曲的椅腿造型使整个器物顿添生动，其用材黄杨木亦使器物具有较佳的收藏价值。

技艺：此椅无精雕细琢之细密部件，牙条纹样采用透雕工艺，椅腿似为一木雕琢而成。

文化特征：整器细腻光泽，制作精细考究。在椅凳中，托泥运用不广泛，此部件多见于桌案、几类等家具。托泥的存在，使得器物足部不直接着地，起到保护作用，同时增添了整器稳重之感。回纹常用于古家具制作装饰中，寓意连绵不断、富贵吉祥。此件器物属清代家具。

（七）黄杨木太师椅（一对）

**图 6-7　黄杨木太师椅（一对）（清代）**

材质：黄杨木（*Buxus* sp.）。

结构：此椅具有典型的清代太师椅特征，属于"屏背式扶手椅"，有束腰，椅子下部为独立机凳式样，与椅子上部存在较为明显的区分。靠背与扶手为屏风式，与椅面呈近乎垂直状态。牙条呈对称雕刻，装饰效果上与靠背扶手相呼应，管脚枨为四面平，整体造型方正，带给人较为强烈的视觉感受[①]。

功能：太师椅以官职命名，作为一种坐具，最早是权力与地位的象征。其靠背扶手垂直于椅面，减少了舒适感，更多代表着一种威严。此椅在寻常百姓家，一般情况下陈设于厅堂等较为正式庄重的场所，不仅作为家常坐具，更能体现主人的审美意趣，是一种精美的装饰品。

技艺：太师椅造型方正，整器光洁，雕刻精美，椅面采用格角榫进行拼接，为太师椅常用的"攒边框装板心"方式。在太师椅的制作工艺中，装饰性工艺十分精湛。矮老进行雕刻，有着强烈的装饰作用。靠背顶端运用一些曲线型变

---

① 陈增弼. 太师椅考［J］. 文物，1983（08）：84-88.

化，使整个方正的造型更富于一些灵活性。靠背板非一木平整式，采用"攒边框"，中嵌入木板并进行涂饰。

文化特征：我国以官职命名的古典家具并不多，"太师椅"是一例。太师椅最早出现在宋代，属于一种特殊式样的交椅。在不同的朝代，太师椅具有不同的式样和特征。此椅属于清代，系一种扶手椅，整体尺寸较大、造型方正是这一时期太师椅的典型特点。

# 第二节　桌　案

## 一、桌案文化历史演变

桌，从卜、从日、从木。木制占卜日常用几案是桌之范式①。桌发展自案和几。桌、案、几三者具有不同的使用场合和作用。桌主要是人们日常起居所用，如方桌、圆桌、饭桌、书桌，而且出现的时期比较晚。案则出现的比较早，且具有很强的祭祀和礼制功能，后发展出了书案也可用于生活。几则稍为复杂，最早的几作为人席地而坐的凭几所用，而后几面变宽，几则用于人们坐时手旁置物，然后把桌面小的一类置物家具皆归为几，如香几、花几、茶几等，早期几的凭倚作用则归到了椅子的靠背和扶手上。但不论如何，桌、案、几作为置物家具的重要一员，在人们的生活起居以及文化发展中都扮演着重要的角色。

案是人类早期使用木质器物的具体体现。新石器时期，人们第一次在地上铺设木板，用来放置日用器物，这是迄今所知最早的对于木器的应用。1978年发现了距今约4500年的山西襄汾陶寺遗址，并挖掘出了用于放置饮食器皿的木案和炊事用具木俎。当时的人可以席地而坐，但是摆放之事，要有所盛依，因此将器物放置于木板之上，乃至于木俎、木案之上。

俎是最早的祭祀用家具。夏商周时期，社会生产力低下，宗教与祭祀活动兴起，礼制逐渐成熟，礼俎成了礼制活动的重要载体，这一时期便出现了木质礼俎。俎首先在日常生活中扮演着重要角色，正所谓"人为刀俎，我为鱼肉"，这里的俎就是切肉用的砧板；同时，因为俎盛放牲畜的功能，也让其出现在祭祀活动中，《论语·卫灵公》有"俎豆之事，则尝闻之矣"的说法，以"俎"和"豆"的器具组合指代世室承继的祭祀礼法。夏商周时期的俎也有了不同的

---

① 陆费逵．中华大字典［M］．北京：中华书局，1985：1168．

形制发展，聂崇义《三礼图》中描绘了"梡俎""巌俎""棋俎""房俎"的形制发展。《礼记·明堂位》阐述了俎的形制发展过程："俎，有虞氏以梡，夏后氏以巌，殷以棋，周以房俎。"①

《三礼图》中也记录了几的形象。郑玄注云，五几乃是左右玉几、雕几、彤几、漆几、素几五种。《器物从》说："几，案属，长五尺，高尺二寸，广一尺，两端赤，中央黑"，几为凭倚而设，是面比较窄小的凭倚家具。几也具有礼的内涵：几为长者、尊者所设，放在身前或身侧。《周礼·春宫》有"司几筵掌五几五席之名物，辨其用，与其位"。

春秋战国时期，各国混战不休，青铜器逐渐衰落，而木工则作为单独的行业出现。加之在此时代出现了老子、孔子等大思想家，文化中出现百家争鸣的局面，几、案等家具得以发展和推广。此一时期仍属于席地而坐阶段，但是低矮型家具已经开始有了装饰倾向，以及各种形态结构的发展。与此同时，楚漆工艺逐渐成熟，出现各式各样的楚国俎、漆案、漆几等。此时漆器一般髹朱饰黑或髹黑饰朱，在器物表面绘制出既有保护作用又有装饰效果的图样。湖北枣阳九连墩出土的战国彩绘云纹漆俎，方柱形四足与俎面以榫卯结构相接，整器髹漆彩绘，纹饰精美，造型简洁，为楚式梡俎之精品。

汉代国泰民安，文化统一，科技发达，供席地起居的低矮型漆木家具进入全盛时期，并形成了较完整的系列家具。同时家具中的礼教成分逐渐消退，实用性日渐增强。案在汉代发挥了重要作用，根据饮食、办公、置物等功能，发展出了食案、书案、置物案等。上至天子，下至黎民百姓，都将案用于饮食、议事、办公等，以案为承托的分餐制文化也盛行于此时期。现存于安吉县博物馆的西汉黑漆木凭几，木胎，黑漆，由几面、足和足座三部分以透榫接合而成，通体髹黑漆，素面无纹饰，此漆木凭几几面呈马鞍形，两端耸起，中部向下弯曲，两端稍狭似梭形，造型简洁优美，为木器精品。

魏晋南北朝至唐代，佛教传入，思想融合，人们的起居方式也逐渐开始变化，人们逐渐由席地而坐转向垂足而坐。虽然此时椅、凳、墩等高型家具已经出现，但室内陈设大多仍以可移动的屏风、床榻、几案、箱柜为主，生活起居主要在抬高的床榻上进行。唐代虽然无桌的名称，但有了桌的形象。敦煌85窟唐代壁画中，绘一《屠师图》，前放两张方桌，肉架后面还有一稍矮的长方桌，屠师正站立桌旁持刀切肉。

---

① 陈于书. 家具史［M］. 2版. 北京：中国轻工业出版社，2018：125.

五代十国时期，政权割据，纷争不断，思想文化激烈碰撞，家具随着文人的思想潮流逐渐进行演变。凭几逐渐融入椅子的靠背和扶手中，几在此时逐渐演变成了物品的小型承托具，以香几最为常见。高型桌子正式出现，在《韩熙载夜宴图》中可以看到长桌、方桌。桌子的使用方式也更为多样，可单独摆放，也可拼合使用。桌子加入更多的结构件，使其更加稳固也更加美观。

宋代以后，随着垂足而坐起居方式的普及，传统几、案、台等逐渐被各种类型的桌子取代。宋代的桌主要分为两种形式，即台座式结构与梁柱式框架结构。台座式结构主要由唐代的箱体台座以及壶门装饰形式的案榻结构发展而来；梁柱式框架结构的桌子从五代开始就形式十分丰富，有有束腰与无束腰之分，有束腰的方材居多，无束腰的圆材居多，腿间有横枨，牙板装饰。宁夏贺兰县拜寺口双塔（西塔）出土的彩绘供桌，为梁柱式结构，装饰雕刻牙板。这件专为佛教供奉而设的长桌制作工艺精湛，雕刻复杂，设色丰富，装饰华美，虽历经千年，仍未见明显的损坏，且色泽较新，足见当时工匠高超的技艺水平。

宋代以前，桌案没有根本的区别，人们的叫法也比较混乱；宋代以后，桌与案开始逐渐分化，桌更趋实用性，而案则更加注重其陈设功能。桌有长条形与方形，案则只有长条形，两者的区别到了明代则更加明显。几在宋代功能、形式日渐丰富，除了传统的凭几，还有茶几、花几、香几、榻几、炕几、琴几、曲足几等。

元代属于马背上的天下，此时期不仅引入了交椅等移动式家具，更出现了带抽屉的桌案类家具。其形象在山西文水北峪口元墓壁画中可见，两个抽屉位于桌面之下，与桌面平齐，抽屉面上有装饰、有拉环；三弯腿，有花牙装饰，云头足，腿带托泥。此造型是前代所未见的。元代给宋代朴素的家具中又增添了许多装饰性的元素，这为后续的明清家具造型奠定了基础并提供了丰富的素材。

明代是自汉唐以来我国家具历史上的又一个兴盛期。一是明代手工业和经济繁荣，城市园林和住宅也兴旺起来，贵族、富商们新建成的府第需要装饰大量家具；二是明代大批文化名人，热衷于家具工艺研究和家具审美探求，他们的参与促进了明式家具风格的成熟；三是郑和下西洋，从盛产高级木材的南洋诸国运回了大量的紫檀、花梨等高档木材，为明式家具的发展创造了条件，使硬木在家具中的发展得以升华。虽然明代开始使用硬木制作家具，但是白木家具仍在寻常百姓家中常驻，一直绵延至今。明代的桌案类家具是品种最多的一类，可分为炕桌、炕几、炕案，酒桌、半桌，方桌，条几、条桌、条案，画桌、画案，书桌、书案，以及其他桌案等①。

清朝后期八旗贵族为了追求富贵享受，大量兴建园林，皇帝也会对家具的形制、尺寸、用料、装饰内容、摆放位置等进行过问，工匠在家具造型和装饰上竭力显示皇家威仪，社会上出现了一味追求富丽华贵、繁缛雕琢等奢靡风气，家具形成了造型厚重、装饰烦琐的风格。

而后西方家具样式传入，出现了中西合璧的海派家具，至今又出现了各式新的家具形式。如今人们的生活节奏快，木质家具和装饰获得了越来越多年轻人的青睐，它温润的质地，不宣扬的自然色彩和纹路，无不给人一种宁静舒适的感受。

纵观中国古典家具发展史，白木家具在其中占据了非常重要的历史地位，而非一朝一代之事。本次研究笔者采用了马可乐先生的许多珍贵藏品作为典例，也幸得柯惕思先生为这些曾"做不得数"的白木家具在中国古典家具中的地位正名做录。然而马先生、柯先生只是将这些家具做"似明式家具""不似明式家具"的区分。此时，笔者将所收集的白木桌案类器物融入此志，以木为引，汇入木器发展史。

## 二、桌案典型实例

### （一）南宋壸门式直枨条桌

**图 6-8　南宋壸门式直枨条桌**

（图源：马可乐，《可乐居选藏山西传统家具》，2012 年）

时间：南宋时期。

地点：产地山西，现存于可乐马古典家具博物馆，天津。

---

① 陈于书. 家具史 [M]. 2 版. 北京：中国轻工业出版社，2018：130-229.

材质：刺槐。

造型：桌面边框四角踩委角，以及板边削出陡峭的冰盘沿。修长的四腿和直枨都打洼面起委角，略微撇腿。柔弱飘逸的小尖足状如倒悬的如意，常见于宋元时期的绘画和木刻，存世实物却难得一见。由于槐木密度大，又耐潮湿和虫蛀，因此保存状况非常好。

结构：桌长 97 厘米，宽 41 厘米，高 83.5 厘米，为梁柱结构桌。桌面采制式的攒边装双拼板，底侧以三根穿带支撑。

功能：主要为置物功能。

技艺：随着榫卯技法在明代末年兴起，大边安直枨的做法几已消失。此桌在大边安单直枨，抹边安双直枨，属于宋代传统形制①。

文化特征：此条桌四腿与面相连处装饰卷草雕刻，同样四脚也有此卷草装饰，比例适中，浪漫美妙，似芭蕾舞者的足尖，挺拔秀丽。此条桌虽没有繁复的雕刻，但是周身压线刻槽，显得异常秀美，这是宋代文人追求浪漫隽秀而又低调内敛的最佳体现。此条桌为槐木和软杂木制作，审美拔群，技艺高超，恰恰体现了木器材质不分高低，其中蕴含的技术和审美才是恒久的。

（二）明代四面平条桌

**图 6-9　明代四面平条桌**

（图源：马可乐，《可乐居选藏山西传统家具》，2012 年）

时间：元代。

地点：来自山西，现存于可乐马古典家具博物馆，天津。

材质：刺槐。

造型：腿柱顶端出榫贯穿桌面拍合，壶门形牙条以铁钉和桌面底侧相接。

---

① 马可乐，柯惕思. 可乐居选藏山西传统家具 [M]. 太原：山西人民出版社，2012：166-167.

腿间双掌较一般粗大，与腿柱等宽接合四足以倒置的如意作终，这种装饰在绘画中很常见，但黄花梨等硬木有此形制并不多见①。

结构：此平条桌长110厘米，宽48.5厘米，高86厘米。桌面桌腿采用四面平结构，侧面两腿之间各设两条横枨。

功能：承托用。

技艺：桌面攒边打槽装板，桌腿使用抱肩榫工艺，牙子壸门装饰，腿下雕刻花脚，表面髹漆。

文化特征：四面平制式家具是明代家具的典型风格，此桌表面保有一层薄料深色漆，桌面的涂漆更厚。此桌主要以槐木制成，面心为梧桐木，因梧桐木的共鸣效果极佳，常用来制作乐器的共鸣板，加上后代琴桌多采用四面平结构，因此这张桌子可能曾作为琴桌使用。整个桌子气质朗逸，为不可多得的白木桌案佳品。

（三）明代壸门式直掌条桌

**图6-10　明代壸门式直掌条桌**
（图源：马可乐，《可乐居选藏山西传统家具》，2012年）

时间：明代。

地点：来自山西，现存于可乐马古典家具博物馆，天津。

材质：刺槐。

造型：桌面起略微冰盘沿，有束腰，四腿和直掌都打洼面起委角，壸门装饰牙板，四脚为马蹄形。

---

① 马可乐，柯惕思. 可乐居选藏山西传统家具 [M]. 太原：山西人民出版社，2012：170-171.

结构：此条桌长 105 厘米，宽 44.5 厘米，高 87 厘米，为梁柱结构桌。桌面采制式的攒边装双拼板，底侧以三根穿带支撑。

功能：承托用。

技艺：随着榫卯技法在明代末年兴起，大边安直枨的做法几已消失。此桌在大边安单直枨，抹边安双直枨，属于宋代传统形制。

文化特征：此桌乃是明代作品，与图 6-8 南宋壶门式直枨条桌虽然同名同制，并出现在后，但是从审美造型上与南宋那件条桌相比却更显笨拙。这也从侧面说明审美意趣因时而异、因人而异，不分前后高低。

（四）明代内翻马蹄条桌

**图 6-11　明代内翻马蹄条桌**
（图源：马可乐，《可乐居选藏山西传统家具》，2012 年）

时间：明代。

地点：来自山西，现存于可乐马古典家具博物馆，天津。

材质：刺槐。

造型：此桌在大边安单直枨，抹边安双直枨，属于宋代传统形制。随着榫卯技法在明代末年兴起，大边安直枨的做法几已消失。由于槐木密度大，又耐潮湿和虫蛀，因此保存状况非常好。此桌与图 6-8 南宋壶门式直枨条桌虽然同名同制，且此桌出现在后，但是从审美造型上与另一件条桌相比却更显笨拙。

结构：此条桌长 105 厘米，宽 47 厘米，高 87 厘米。桌面攒边打槽装板，桌腿使用有束腰抱肩榫工艺，牙子壶门装饰，表面髹漆。

功能：承托用。

技艺：此件条桌桌面周围起大凹线冰盘沿，且四面带壶门彭牙装饰，横向壶门为复杂三门样式,桌面攒边装板,桌腿抱肩三插榫,且带束腰,整体造型比例合适,繁简得当。

文化特征:明代民间有许多精美优雅的白木家具,延续并推动着白木家具的传承和发展。此件明代条桌原髹漆早已脱落,却未失其优美的外观。此件条桌为槐木所制,高束腰和内翻马蹄足形制优美,壶门延续宋代经典制式,造型朴素典雅,线条流畅自然。

（五）清末内翻马蹄条桌

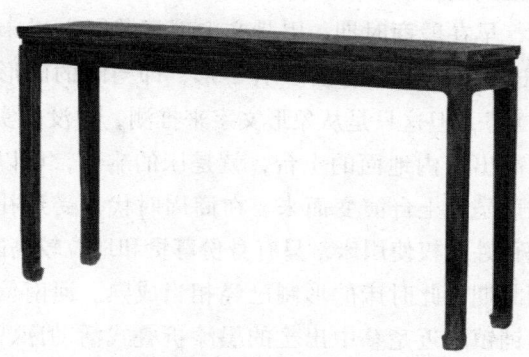

**图 6-12　清末内翻马蹄条桌**
（图源:马可乐,《可乐居选藏山西传统家具》,2012 年）

时间:清道光年间。

地点:来自山西,现存于可乐马古典家具博物馆,天津。

材质:核桃木（*Juglans regia* L.）。

造型:清代家具有着造型笨重、用料粗大的特点。

结构:此条桌长 160.5 厘米,宽 35.5 厘米,高 89 厘米。梁柱式结构,桌面攒边打槽装板,桌腿使用有束腰抱肩榫工艺、表面髹漆。

功能:承托用。

技艺:桌面板边线脚的设计稍显薄弱;束腰和牙条一木连作,牙条的两肩太过凌厉,几乎看不见弧度,与直腿相交处生硬,不够流畅。但撇开风格造型的弱点,整体的结构和榫卯技巧还是可圈可点的。

文化特征:清代,木器制作更加成熟,宫廷内外造办处或作坊都有着各自的营生。此张核桃木条桌桌面下方款实:"道光元年置,一样两张每张价三两五钱,怡如堂郑记。"但是对桌中的另一张不知去向。到清代,人们追求的方向更加厚重,木作也走向了堆砌木材的方向。此桌成于清代末期,虽然造型遵循"明式"风格,但是比例不堪匀称,细节缺少了一定的圆滑性,显得棱角分明。

## 第三节 床 榻

### 一、床榻文化历史演变

如今，床已经是人们生活中不可缺少的一部分。其实，床出现的历史很早，根据现有资料考证，早在殷商时期，甲骨文上就记载了由"床"组成的象形文字①。从甲骨文的记载上，可以看出"爿"形，即当时的床形，这说明当时已经出现了真正的"床"，但这只是从象形文字来推测，并没有实物证明。在西安半坡遗址中看到的高出室内地面的土台，就是床的雏形，可以称为土床。由此可以证明，床的雏形是由土台演变而来。在商周时代，受到礼制的约束，等级低下的官吏和平民百姓无权使用床，只有身份尊贵和地位较高的人物才能使用。

到了春秋战国时期，此时床的形制已经相当成熟。河南信阳出土的彩漆木床及湖北荆门十里铺镇附近楚墓中出土的黑漆折叠式活动床，为我们提供了当时床的具体而真实的形制。由此可见，床的形制至少在战国时期，就已基本定型。

但随着社会经济和木工技术的发展，由竹、草、芦苇等制成的席已经不足以体现出上层社会的尊贵。此时，虽有"床"的存在，可用于就座休息，但床毕竟以睡觉安寝为主，不适合摆放在会客、宴请等场所，而且床体型比较大、不易移动，另外由于几、案等形制向加宽加高发展，与低矮的席越来越不相称，在这种情况下区别于席、床，又能适应几、案的新型家具——榻，便产生了。

汉代时期，凡是能坐人的都称为床，关于此时床的记载文献很多，如汉代刘熙《释名·床篇》云："床，装也，所以自装载也""人所坐卧曰床"。床的种类很多，可分为居床、梳洗床、火炉床等。此外，床的使用在贵族阶层也十分讲究，除了要满足基本的坐卧功能外，床还要兼具美观与身份象征，因此人们的注意力也逐渐转移到床上及四周装饰上面。有的在床上设幔帐或在床的后面、侧面设屏风，甚至还会用珠宝等做装饰，在辽阳市棒台子二号汉魏墓壁画中可见其形象。

榻在汉朝时十分流行，尤其常见于汉画像石中。到了西汉后期，出现了

---

① 熊先青，吴智慧. 床榻的历史渊源及文化脉络探悉［J］. 家具与室内装饰，2009（08）：24-25.

"榻"这个称呼，专指坐具，不可用于卧。西汉刘熙《释名·释床帐》中记载"长狭而卑曰榻，言其榻然近地也。小者曰独坐，主人无二，独所坐也"。榻是床的一种，与床的功能相似，但在高度和宽度方面较床低、窄，尺寸较小，呈方形，相对床来说榻无围栏、不设幔帐①。另外，榻又特指宾客留宿的床，即"下榻"的来源，除此之外别无大的差别。河南禅城出土的西汉石榻可以看到当时榻的式样。

床和榻是汉代人的主要家具。从汉代的画像可以看出，当时的床榻形象主要分为有屏大床、有屏坐榻和无屏床榻三种。在山东安丘汉画像石墓、河南洛阳朱村汉壁画墓、密县打虎亭 1 号汉画像石墓和辽宁辽阳三道壕汉壁画墓中均发现了有屏大床的身影，床的后面和一侧立有围屏，屏上饰有较宽的花边，这是当时屏床最常见的形式。有屏坐榻见于河南密县打虎亭 2 号汉壁画墓和辽阳三道壕汉壁画墓中，其与有屏大床结构类似，但形制较小，围屏立于三面或一面。至于无屏床榻常见于汉代画像中，较长的床榻可坐多人，较短者只有地位尊贵的人物才能坐，这也说明了当时榻的使用具有明显的等级观念。

魏晋南北朝时期，由于朝代更迭频繁，社会动荡，玄学和佛教兴盛，形成了追求个性解放的文化氛围。反映在床榻上则是尺寸开始加宽加高、使用方式更加随意、使用阶级开始变多。特别是在少数民族入主中原后，带来的新的高型家具，如胡床等，对我国古代床榻的变革具有重要影响。此时，床榻结构开始往框架式发展，围屏与床榻在结构上开始分离，并且在尺寸上较汉代略矮，实用性突出。此时的床榻形象主要包括有屏床榻、独坐式小榻和大型带帐六足或七足床榻等。东晋顾恺之《女史箴图》中可见"架子床"的最早实例——围屏架子床，是有屏床榻的典型形象。此时出现的三扇屏风榻与四扇屏风榻床极受贵族阶级的喜爱②。

汉代到魏晋时期，榻除了在尺寸上发生变化外，在造型与装饰上也开始变得丰富。在这个时期，床与榻除了在尺寸上区别明显，在功能上又进一步细分，床的封闭性加强，成了仅供睡觉的专用卧具，而榻此时兼具了坐和卧的功能。

唐朝时期，由于外来文化和佛教习俗的影响，"席地而居"的传统生活方式受到冲击，床榻和坐姿在一定程度上也受到影响。但床榻主要还是分为案形结体和台形结体，种类主要包括箱式床、架屏床、平台床和独立榻。

---

① 朱新艳. 床榻围子的历史渊源研究 [J]. 家具与室内装饰, 2015 (10): 92-93.
② 刘源, 谷岩, 易欣. 释"床"说"榻"——中国古家具床、榻之辩 [J]. 南京艺术学院学报（美术与设计）, 2015 (04): 36-42, 205.

　　唐朝至五代时的床榻上承唐代之风，下接宋代之荣，随着民族融合、佛教传入以及高足家具的进一步引入，床榻的结构开始发生变化①。床榻的高度增加，形制变大，横竖方料显小，结构更加合理，按足座形式可以分为方座式、高足式和带有足围和屏壁的封闭式三类，在北齐《校书图》、五代《重屏会棋图》及《韩熙载夜宴图》中均可见其典型形象。

　　这一时期也是起居方式由席地而坐向垂足而坐的过渡时期，为发展高足家具做了铺垫。到了宋代，基本完成了席地而坐到垂足而坐的过渡。床榻类家具仍保留了前代的遗风，如形制较大、无围屏等特点。所以当时的床榻类家具又有"四面床"的说法，使用时，一般又需要凭几或直几等辅助家具。但床榻类家具仍有一些新发展：形制变小，造型方面分为有围屏和无围屏两种，围屏高度降低，开始出现栏杆结构的围子。

　　宋代的床已基本接近明式家具中的床，以带围栏的居多，形成封闭性的专用卧具，有围子床、架子床、平台床等。围子床的实物主要有山西大同金代阎德源墓出土的围子床、山西襄汾金墓出土的围子床和内蒙古翁牛特旗解放营子辽墓出土的围子床等，另外在宋画《女孝经图》中也可见设三面素朴围板的围床。在使用上，采取床与小榻组合、床上加帐子或在床前加个小廊子，用于放置凳、灯等用具，便于使用。榻按座部区别可分为榻下施足和榻下施方座。施方座的榻可在李公麟的《维摩演教图》中看到，形体较高，榻座为壸门托泥式。这一时期，榻与床虽在高度上类似，但区别依然明显：榻一般无围栏且整体素雅，在空间上呈开放式，便于与他人沟通②。

　　宋代出现的床榻家具造型与明清时期的造型非常接近，出现了真正意义上的围子，对后世明清同类家具造型有极大启发。

　　辽、金、元时期，出现了三面或四面围栏床榻，做工及用材方面都比之前要好。元代仿宋制，床前设脚踏子，形制近似明代的罗汉床。

　　到了明清时代，床、榻在继承宋朝基础上发展成熟，结构更加完善，装饰更加丰富，在工艺和用材上达到了巅峰。这个时期，围子部件已发展成熟，制作及装饰工艺精湛。床的种类多样，有床、帐结合的架子床，床、帐、榻廊结合而成的拔步床，还有介于床形和榻形之间的罗汉床等，其中，拔步床可以说是床具发展的顶峰之作。另外，榻的应用也十分广泛，材质上就有竹榻、木榻、凉榻和石榻之分，形质上也有交脚榻、折叠榻等。

---

　　① 杨春芳. 谈谈古代的床榻［J］. 苏州工艺美术职业技术学院学报，2007（01）：31-32.
　　② 佚名."床""榻"不是一回事［J］. 文史博览，2012（11）.

明代床在继承宋元传统样式的基础上，制作工艺和品种样式进一步发展，样式有罗汉床、架子装和拔步床等。清代的床榻起初和明代风格差异不大，但到了后期形成了用材厚重、装饰华丽的独特风格，这时的家具纹样繁缛、雕工细腻。

虽然床榻类家具的发展在整个家具史上只是很小的一部分，但我们可以从中总结经验，更好地传承传统家具和发展现代家具。

**二、床榻典型实例**

**（一）柏木六柱架子床**

**图 6-13 清早期 柏木六柱架子床**

材质：柏木（*C. funebris* Endl.）。

结构：床身上架置六柱，无顶盖，床面两侧和后面装有围栏，中间留有方形的月洞门。三段式的床围板上层为券口，中层雕如意云纹，下层为壶门。矮束腰，大弯腿带托泥。

功能：卧具。床角立柱用来支撑悬挂幔帐，形成封闭睡眠空间，增强睡眠区域私密性，更有安全感。由柏木制造的架子床散发木材特有的清香之气，不仅具有清热解毒、燥湿杀虫的作用，还可安神。另外，还可以调节居室的湿度。

技艺：券口由三面牙板拼接而成，缺少向上的一块，呈拱券状，不受人体接触限制；中层雕刻的如意云纹象征祥瑞、吉利，雕刻于床边是希望"吉祥如意"的美好祝愿时刻伴在人的身边。

文化特征：三段式床围板为典型明式风格，腿足做法已有清式风格，故判断为清早期作品。

**（二）榉木带门围子架子床**

图 6-14　清早期 榉木带门围子架子床

材质：榉木。

结构：床的四角处安装立柱，立柱上承接盖顶，盖顶周围装有楣板和倒挂的牙子，正面装有两根立柱，床的两侧安装门围子，与角柱连接，正中部无围子。左右及后面装长围子。床围子用整料透雕大双套环攒成，上部正面围榻下榫卯槽嵌有六根垂花柱，侧面及后面挂檐镶整块木料，透雕如意云头纹样。矮束腰，内翻马蹄足。

功能：卧具。架子床可以挂帐，大多在南方使用，冬季挂夹帐取暖，夏天挂纱帐防蚊虫；四周装有围子，床的有效面积增大，同时给予人安全感。

技艺："卡子花"，是用木块经雕刻后嵌在两横料或竖料中间部位的特殊装饰构件。双圈结又称"套环式"，其栽榫方式是左右上下错落，一边一个，稳定牢固。这两个圈是一个受力结构，是矮老的变形和变体，起到承接桌面的受力，传递给横枨，同时加固固定横枨与桌面的位置的作用。

文化特征：在民间风俗中，双套环寓意"同心相连"，将吉祥图案融入家具床的装饰中，表达了人们对美好生活的祝福与期待。

**（三）榉木攒海棠花围拔步床**

材质：榉木。

结构：此床为十柱，周身大小栏板均为攒海棠花围，垂花牙子也镂出海棠花，风格统一，空灵有致。主体部分也由架子床组成，它的特别之处是在架子床的外面又增设了一个空间，好比把架子床的脚踏处扩大成了一间独立的空间，

图6-15　清中期 榉木攒海棠花围拔步床

成为架子床前的踏廊。

　　功能：卧具。踏廊和架子床连接成为一个整体，让使用者起床后能有一个缓冲的空间，在床前的踏廊上做简单的活动。可根据主人的生活习惯，在踏廊的两侧添置小型的桌子、凳子、便桶、灯盏等小型家具，以添加使用功能。让使用者很多动作都能在拔步床内完成，独立性非常强。

　　技艺：这件拔步床没有其他床的封闭、压抑感，主要原因在于床围子的海棠花纹攒斗工艺使得其空灵、疏透。"攒斗"是明清家具装饰工艺术语，"攒"指把纵横的短材用榫卯按合成纹样，"斗"指锼镂的小料簇合构成花纹，攒与斗有时结合使用，称为"攒斗"。在传统家具制作中，像制作架格的栏杆、各种围子时通常都会应用这种工艺。在攒斗图案的制作中，各个短材的开榫、凿卯形式多变，又要求整齐划一，工艺繁复而又要求精准。

　　文化特征：海棠花纹是我国的传统吉祥纹样，因"棠"与"堂"谐音，故有"玉堂富贵""满堂平安"之吉祥寓意。

　　（四）杉木大漆马蹄腿榻

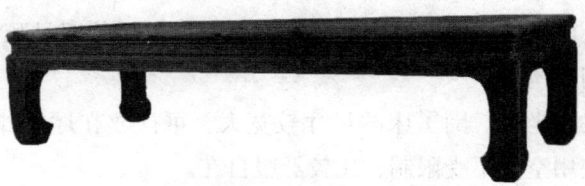

图6-16　清早期 杉木大漆马蹄腿榻

材质：杉木 ［*Cunninghamia lanceolata*（Lamb.）Hook.］。

结构：此榻为明式床榻中较为典型的一类，厚拙淳朴，有束腰，大体为方形断面的直腿延至下部处，两个外侧面开始内收并逐渐变弯直至腿端，这样腿端部就构成了一只向内翻转的马蹄。

功能：坐卧类家具。古代文人将榻安设在亭榭书斋，用于小憩或读书。

技艺：腿子与两个方向的牙板和束腰以三碰肩的方式连接形成结构框架，然后再与面板的边抹连接，在均匀分担重量的同时，保证了外观的简洁性和整体性。

文化特征：榻的起源是席，不是现代人铺在床上的草席、竹席，而是古人的坐垫。贵族们为了体现自己的特殊地位，遂将坐席向精细化发展，另外由于几、案等形制向加宽加高发展，与低矮的席越来越不相称，便出现了既区别于席、床，又能适应几、案的新型家具——榻。特别是上层社会生活社交礼仪的需要，使得除床外，这种体型更便于移动的榻成为文人墨客相互之间交流、博弈等不可或缺的社交工具。

（五）四足形栏杆式围子床

图 6-17　金 榉木带门围子架子床

材质：杏木。

结构：由床柱、围板、床板、床腿四部分组成，床的上半部与下半部之间用一圈围板遮护，四角均有方立柱，左、右、后面的立柱间又有花形间柱，嵌有栏杆和围板。四条床腿为秋叶形，腿之间有横枨，板状四足雕饰为如意云纹。床体有箱形壶门结构。

功能：卧具、坐具。围子床的尺寸较宽大，可摆放在厅堂作坐具，又可以供睡眠使用，使用空间不受限制，比较舒服自在。

技艺："壶门"，指来源于古代建筑、家具中的框架结构形制，多在建筑门楣、家具边框等起装饰作用的一种式样或图案，由有拱券转化而来。

文化特征：此件木榻受到两宋文化的影响，反映了当时高超的雕刻技艺，是南北文化交融和游牧、农耕文化碰撞的产物。

# 第四节　屏　风

## 一、屏风文化历史演变

屏风是我国最古老的家具之一，自古以来在中式室内空间中占据着不可代替的位置。它具有分隔、挡风、美化、协调等物质功能，更在不断的发展和演绎中形成了特有的文化内涵。屏风对中国人的心理影响也是非常深远的，它暗合了中国人含蓄而不张扬的处世哲学，承载着古人对政治秩序的诉求，寄托着文人墨客的理想情趣。正是这样的文化背景，决定了屏风这类家具历经几千年而不衰。

不同于桌子、凳子、床榻、几案等因日常生活所必需而诞生，屏风的诞生源于礼法，起源于西周王朝[1]。《礼记》中记载："昔者周公朝诸侯于明堂之位，天子负斧依南乡而立。"这里所说的"斧依"，也称"黼扆"。黼扆作为天子的专用器具，被设置在天子身后，是权力、地位的象征。黼扆的形制是以木为框，框内镶板芯，板芯裱糊绛帛，上面画斧纹，斧形近刃处画成白色，其余的地方为黑色。上朝时，周天子背对屏风，面朝诸侯百官。无柄斧头屏风旨在显示天子的威严[2]。据《周礼·天官·掌次》中记载："王大旅上帝，则张毡案，设皇邸。"如果天子外出要临时搭建住所，此时在天子座后所设置的器物，不能称之为"黼扆"，而是称之为"皇邸"。皇邸上绘有凤凰羽毛的纹饰[3]。

战国开始，屏风在民间流行开来。据《史记·孟尝君列传》记载："孟尝君待客坐语，而屏风后常有侍史，主记君所与客语，问亲戚居处。"意思是孟尝君与食客交谈时，屏风后面有侍者，把主宾之间的谈话记录下来。侍者地位卑微，不能与主人、客人坐在一起，只能坐在屏风后面[4]。说明屏风在这一时期仍是等级尊卑的象征。春秋战国时期，屏风的材质变得多样，形制也发生了巨大的变

①　周进. 鸟度屏风里 [M]. 重庆：重庆出版社，2016.
②　朱莎. 屏风的研究 [D]. 南京：南京林业大学，2008.
③　葛晓伟. 中国古代屏风的嬗变及其文化内涵 [J]. 家具，2017，38（05）：73-76.
④　吕国强，吕成龙. 细说中国屏风的古与今 [J]. 家具，2021，42（04）：87-90，118.

化，不仅有高大的厅堂屏风，也有小巧玲珑的桌案屏风。1965 年，在湖北省江陵望山一号楚墓出土一件东周时期楚国髹漆木雕小座屏，以透雕的手法，雕刻了凤、雀、鹿、蛇等多种动物，左右对称，均衡美观，端庄稳重，绚丽夺目①。

至汉代，凡厅堂居室必设屏风，屏风的使用已经非常普及了。这一时期的屏风在种类和形式上较前代有所增改，由以前的独扇屏风发展到多扇屏风拼合的折屏，可开可合，折叠起来可节省空间。还出现了屏风榻，这种屏风榻开创了屏风与榻相结合的新器物的问世②。汉代也是中国漆器艺术的第一个高峰，漆器装饰千姿百态，也大量运用在了屏风的装饰上。近年出土的实物中，以湖南长沙马王堆汉墓出土的漆屏风最为典型③。

魏晋南北朝时期，屏风的装饰功能更受重视。常用的屏风画题材为历史故事、贤臣、烈女、瑞应之类。如北魏司马金龙墓出土的木板漆画屏风，从保存较好的两段看，绘画内容大部分取自汉代刘向《列女传》中的故事，它描绘了汉代宫廷生活和权臣之间的内部斗争，歌颂了历代贤德而有智谋远见的烈女们④。在形制上，仍以单屏式居多，但曲屏自汉代出现以后，在魏晋已经开始流行，并出现了多种变化。

至唐代，屏风既保留了原有的座屏、曲屏，又延伸出新的功能，在屏风上书写诗词、绘制山水人物，把屏风所有的功能发挥得淋漓尽致。此时期书画屏风盛行，画屏和诗屏尤其受到青睐。再加上唐代小木作工艺、金银工艺、漆工技艺、螺钿等工艺的繁荣，屏风在唐代有了很大的发展⑤。"尔不见当今甲第与王宫，织成步障银屏风，缀珠陷钿贴云母，五金七宝相玲珑"，这是白居易《素屏谣》中描写皇室屏风的诗句。可见唐代屏风从款式、图案、色彩、质材与工艺均极其讲究，日趋成熟。

五代时期的屏风和其他家具一样，在继承前朝的基础上也丰富了一些内容，增加了一些新的创作手法。此时期流行幔帐围屏床、围屏榻，还出现了屏风床。从顾闳中的《韩熙载夜宴图》中可以看出，三屏风床榻、座屏、围屏榻均有出现。周文矩的《重屏会棋图》既画了座屏，在座屏之内又画了一架三折曲

① 陈振裕. 巧夺天工的彩绘木雕小座屏 [J]. 江汉论坛, 1980 (02): 97.
② 王果. 汉代屏风艺术 [J]. 苏州工艺美术职业技术学院学报, 2006 (04): 87-88.
③ 王超. 汉代家具与陈设浅析——以马王堆汉墓文物为例 [J]. 湖南省博物馆馆刊, 2019 (00): 366-371.
④ 白晶. 司马金龙墓屏风漆画的历史文化价值探究 [J]. 文物世界, 2020 (03): 73-75.
⑤ 许辉. 唐代家具研究 [D]. 上海: 东华大学, 2007.

屏。王齐翰的《勘书图》中画的也是三折曲屏，它是五代时期屏风的典型制式。

宋代屏风形制进一步发展，造型、装饰更为丰富。就底座而言，宋代屏座已由汉唐时简单的墩子发展成为具有桥形底墩、桨腿站牙以及窄长横木组合而成的屏座，至此形成了座屏的基本造型。使用较前代也更为普遍，不但居家陈设屏风，日常使用的茵席、床榻等家具旁附设小型屏风，就连室外环境中也可以看到屏风的使用①。屏风的做工变得更加精巧别致，制作材料也比较青睐具有自然之美、纹理较佳的石材。屏风的内容也更加生活化，绘制手法多为雕刻、绘画、刺绣等。

明代屏风在继承宋元的传统样式上逐渐发展起来，但这个时期的屏风较宋代屏风无论在制作上，还是在品种样式上都有很大的发展，制作更为精巧、细致。样式有六屏、八屏、十屏、十二屏等。其用材以紫檀、黄花梨等高级硬木为主。屏风从实用性向装饰性过渡，逐渐演化为极具装饰功能的艺术品，更富观赏性。

到了清代，奢华、繁缛成为主流，屏风力求玲珑剔透，强调装饰性能。清代的屏风不仅种类更加齐全，制作手法也更加多元化。清代屏风种类齐全，主要有插屏、挂屏、围屏、座屏等。尤其在乾隆年间，各种工艺制作技艺日益发展，北京的珐琅、广州的牙雕、苏州的刺绣、扬州的剔红等工艺皆被用于屏风制作中，无论是所用材料还是工艺技术都达到了历史最高水平，这一时期的屏风艺术成为我国历史上最鼎盛的时期②。

屏风早已超越一件普通家具的实用功能，更是一种可以反映时代演进，记录民族文化传承与发展的载体。从王权的象征到百姓的家常陈设，屏风的发展满足了各个时期人们的生活需求与精神文化需求。东汉文史学家李尤曾做《屏风铭》来赞美屏风："舍则潜避，用则设张，立必端直，处必廉方。雍阏风邪，雾露是抗，奉上蔽下，不失其常。"在博大精深的中华传统文化中，屏风文化必定是浓墨重彩的一笔。

---

① 邵晓峰. 中国宋代家具［M］. 东南大学出版社，2010.
② 徐华铛. 中国木雕屏风［M］. 北京工艺美术出版社，2017.

## 二、屏风典型实例

### （一）辽代彩绘木雕马球运动屏风

**图 6-18   辽代彩绘木雕马球运动屏风**
（图源：付红领 2008 年）

时间：辽代。

地点：山东私人收藏。

材质：柏木（*C. funebris* Endl.）。

造型：该屏风为正方形形制的插屏。屏心左上部绘两只展翅飞翔的大雁，右上大半侧为淡绿色青山。左下侧为一骑黑马红袍男子，右下侧分别为一骑白马绿袍男子和一骑黄马蓝袍男子。穿红袍者右手握黑色球杖，穿绿袍者手反握球杖，正在准备用力一击，蓝袍者手握球杖，正在调整身体方向。底部绘一只白狗正在戏球。整个画面惟妙惟肖，生动有趣。

结构：该屏风整体长 120 厘米，高 120 厘米（加底座高），由屏心、边框、底座三大部分组成。其中底座高 50 厘米，底座有一短横梁，上有方形榫头，与屏风下边框有方形卯眼相铆合，屏心由五块长宽大小不一的木板拼接而成。

功能：装饰性器具，美化空间。

技艺：木板之间拼接的横断面上打圆形孔，用圆形木栓相连，类似于龙凤榫，使木板拼接整齐，不至于开裂。屏心最下面的木板最小，在拆装屏心的过程中可以减少框架向外撇的角度。这都反映出制作者构思独特、技艺娴熟。

文化特征：该屏风描绘内容为辽代民间打马球场面，整体较生活化，充满了民间田园的气息。人物服饰、发型都是典型辽契丹族特征。在辽代，马球是国球，是一项全民体育运动。该屏风具有十分重要的研究价值，在木器中，它是为数不多的传统体育题材之一，具有典型性。

（二）清代银杏木雕人物故事座屏风

时间：清代。

地点：现藏于上海博物馆。

材质：银杏木（*Ginkgo biloba L.*）。

造型：该屏风为长方形形制的座屏。正面雕刻风景人物，背面阴刻书法，底座雕刻狮子戏球图案。屏面分上下两块，下屏界为九格。虽满雕人物、景色而不显冗余，虽精巧富丽亦不失清雅，不同木色相映生辉，意境幽远。

结构：该屏风底座长 122 厘米，宽 84 厘米，连座高 232 厘米。单扇插在一个特制的底座上。屏风用硬木作边框，中间加屏心，屏心雕刻图案做表面装饰。底座起稳定作用，其立柱限紧插屏，站牙稳定立柱，横座档承

图 6-19　清代银杏木雕人物故事座屏风
上海博物馆藏

受插屏。底座除功能上需要外，还施加线形和雕饰起装饰作用。

功能：该屏风可作为主要座位后的屏障，借以显示其高贵和尊严。也可设在室内的入口处，尤其是室内空间较大的建筑物内，起遮掩视线的作用，使人一进门不会有一览无余的感觉，同时还能起到挡风遮光的作用。

技艺：该屏风屏心板上的山水人物构图复杂，层次分明。在上半部雕人物景致，树木丰茂，细致入微，以较小的雕刻深度内表现较大景深，十分见功力。屏座下半部横分为绦环板三块，两侧各一块，雕镂钻空，给屏风一种透气感，避免上下同样雕绘带来的沉闷，在墩座上圆雕小狮。

文化特征：银杏是中国最古老的树种之一，也是中国传统文化中的重要象征。国人对银杏有着深厚的情感，把它视为"凤凰树""长寿树""吉祥树"等。郭沫若称其为"东方的圣者""中国人文有生命的纪念塔"。

（三）清十扇鸡翅木框镶黄杨木雕花鸟人物祝寿围屏

时间：清代嘉庆十四年（1809 年）。

地点：现藏于福建民俗博物馆。

材质：黄杨木（*Buxus* sp.）。

图 6-20　清十扇鸡翅木框镶黄杨木雕花鸟人物祝寿围屏
福建民俗博物馆藏

　　造型：该屏风为十扇围屏。这件围屏是清嘉庆十四年泉州安溪学教谕邓培风送给伯祖母八十大寿的贺礼，阴刻于金漆为底的屏心上方的祝寿序文描述了伯祖母一家家族昌盛、子孙绕膝的情景，同时表达了对伯祖母的美好祝愿。

　　结构：该屏风高 146.5 厘米，长 260 厘米，厚 2 厘米。围屏以鸡翅木为框，内嵌四十八块大小不一的黄杨木透雕花板，屏心以金漆为底阴刻贺寿文字。围屏采用浮雕、透雕相结合工艺，雕刻人物故事、花卉、瑞兽等纹饰，为贺寿专门定制。同时，每扇之间装有钩纽，可以随意拆合，轻巧灵便。

　　功能：祝寿围屏出现于明末清初，是寿庆礼俗的重要礼器，既作室内空间间隔、装饰之用，又满足庆寿的礼仪之需，蕴含着深厚的祝寿文化。

　　技艺：围屏顶部黄杨木绦环板雕刻有"喜上眉梢"纹饰。两侧雕有八仙祝寿图，八仙手持法器，向老寿星行礼致意。八仙作为传说中修道成功的长生者，寓意福寿绵长。围屏底部雕有王羲之爱兰、陶渊明爱菊、周敦颐爱莲、林和靖爱梅鹤等文人雅士图，尽显名士风流。下半部的裙板雕刻有"郭子仪拜寿""围棋赌别墅"等戏曲人物故事。这些装饰题材表现了古人对富贵长寿、子孙兴旺、运势昌隆、福泽绵延、平安如意等美好生活的向往。围屏历经百年风雨，仍保存完好，是难得的民间瑰宝。

　　文化特征：祝寿习俗由早期祭祀寿星，发展成为人生礼仪中的重要组成部分，承载了人们平安久寿的现实心理，对幸福生活的向往，这种融吉祥愿望与民间信俗于一体的文化形式，引导与鼓舞人们积极乐观面对生命，珍视生命。

（四）清代红木镶黄杨木花卉挂屏

时间：清代。

地点：现藏于福建民俗博物馆。

材质：黄杨木（*Buxus* sp.）。

结构：该挂屏长44厘米，高94厘米，为二挂屏，框式结构。

功能：挂屏是指单扇无座无脚挂在室内墙上的屏，与其他家具配套使用，相当于工艺装饰画。挂屏是明代晚期出现的，一般成组成双，或二挂屏，或四挂屏，或六挂屏。清初的挂屏，多代替画轴在墙壁上悬挂，这种陈设形式，在雍正、乾隆时期风行一时，在皇帝和后妃们的寝宫内，几乎处处可见挂屏。挂屏的出现彻底打破了屏风原有的实用性质，成为纯粹的装饰品和陈设品。

图6-21　清代红木镶黄杨木花卉挂屏
福建民俗博物馆藏

技艺：该挂屏以红木作底框，其中镶嵌黄杨木雕刻加座花瓶及一束荷花如意，花瓶通身雕饰为"卍"字纹锦地，瓶座雕成博古图饰，荷花如意纹雕刻得栩栩如生，飘逸自然，整体雕工十分精湛，选材精良，实为一对珍贵的挂屏。

文化特征：中国人很喜欢瓶花，它既高贵又庄严，并且有至高的内涵，在民间，瓶子是藏有无尽甘露宝藏的吉祥物，"瓶"字发音和"平"相同，是和平、平安的意思。荷花一直是高洁、淡雅、君子之风的象征，也代表着吉祥如意。连绵的"卍"字构成的几何图形，则象征富贵绵长，永不断头。以瓶插荷花和如意，寓意平安连年，平安如意，表达着中国人民对幸福美好生活的向往。

（五）清代红木镶黄杨木雕三国演义六扇屏

时间：清代。

地点：台湾徐政夫先生私人收藏。

材质：黄杨木（*Buxus* sp.）。

造型：该屏风为紫檀嵌黄杨木雕曲屏，每扇嵌入圆形、扇形、方形等不同形状的高浮雕黄杨木板五块，共六扇。雕刻内容为三国演义故事，人物生动，场景构图和谐自然。整件屏风造型独特，为晚清黄杨木雕屏风的精品。

结构：该屏风高度为220厘米。整体为榫卯结构。每扇之间以销钩连接，

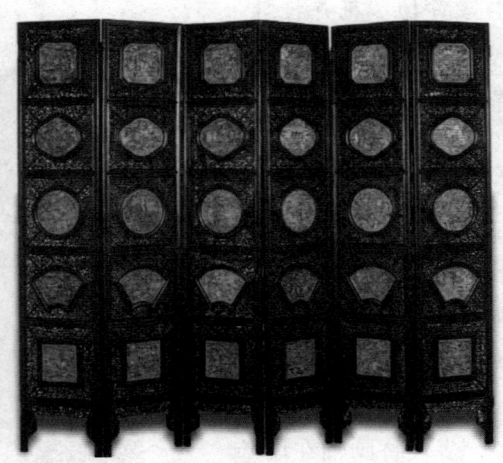

图 6-22　清代红木镶黄杨木雕三国演义六扇屏
（图源：顾章驰，《观想：艺术珍藏》，2017 年）

折叠十分方便。

　　功能：曲屏也叫落地屏风、软屏风或围屏。它与座屏不同的是不用底座，且都由双数组成。少则二至四扇，多则六至八扇，最多可达十二扇。曲屏轻便灵巧，可根据室内空间大小自如曲直。用于分隔空间，兼具实用性与观赏性。

　　技艺：该屏风用料考究，红木屏风通体采用镂空透雕缠枝葡萄花卉纹饰，每扇上下嵌五种不同形状之高浮雕黄杨木板，整扇共镶饰三十块，每块木板长宽均 20 厘米。雕工繁复工整，人物表情生动，故事意境绝伦，再现了当年三国乱世的经典场景，同时也把黄杨木的特性发挥到极致。整扇屏风保存如此完整，极为难得，又集三十面稀有黄杨木高浮雕画版，完整展现了清式家具的高超技艺。

　　文化特征：利用颜色较浅的黄杨木雕刻三国人物故事，极大增添了屏风的美感与装饰性，并且生动展现了民族大义与忠义精神等人文内涵，以及足智多谋的民族智慧和浓厚的家国情怀。

　　（六）清代白檀边座乾隆御书藏经纸双面插屏

　　时间：清代。

　　地点：现藏于故宫博物院。

　　材质：白檀。

　　造型：该屏风为长方形形制插屏，屏心上书写乾隆《文园四咏》中的二首，背面为《鹿》诗："野鹿如牛羊，日夕每下来。溪边及岩畔，可与共徘徊。此地

**图 6-23　清代白檀边座乾隆御书藏经纸双面插屏 故宫博物院藏**
（图源：文藏）

之所长，江南何有哉？"正面为《石》诗："南方石玲珑，北方石雄壮。玲珑类巧士，雄壮似强将。风气使之然，人自择所向。"落款为甲午季夏御笔，时当乾隆三十九年（1774 年）。最下有朱白文印各一，为金粟山藏经纸印。

　　结构：该屏风整体长 51 厘米，宽 32 厘米，高 85 厘米。屏心与屏座可装可卸，整体为榫卯结构。

　　功能：摆放于几案之上，供人欣赏之用。

　　技艺：插屏为白檀边座，屏框一面雕洋花一面光素，立柱头雕卷叶纹，柱身浮雕拐子龙纹，透雕夔龙纹站牙，底座三卷如意头，批水牙透雕西番莲纹，绦环板透雕西洋风格卷草纹。雕刻精美，技艺精湛。

　　文化特征：由于纸绢难以流传至今，现存明清传世作品以木制和漆制为多，纸绢屏风极为少见。该屏风屏心各边藏经纸乾隆御笔字一张，极为珍贵。

# 第七章

# 白木居饰

## 第一节　门

### 一、门文化历史演变

门的历史可以追溯到至少一万年以前。据中国历史大系表记载①，有巢氏生活在旧石器时代早期，开创了巢居文明。早先古人穴居野处，常受野兽侵害，有巢氏引领民众构木为巢，以避野兽，从此人类才由穴居到巢居。《庄子·盗跖》记载："古者禽兽多而人少，于是民皆巢居以避之。昼拾橡栗，暮栖木上，故命之曰有巢氏之民。"

门以居住进出而生，又以开闭方式而存。其出现的具体时间和地理位置以及演变轨迹难以准确考证，不易追踪，但现有研究成果仍可略见一二。有学者指出，构巢筑屋是人类对"门"意识的真正开始②。有巢氏被奉为人类建筑的始祖，自然也是"门祖"。为解决栖身问题，先民们要做的事情就是人为造成一个相对隔绝的空间，这个封闭空间需要留出缺口，以备出入。正是这个出入口，在漫长的岁月中逐渐派生出绚丽多彩的门种类和门文化。

门的原始功能主要是用来遮蔽风雨、提防猛兽，人类的祖先应是以石或树枝为门的，为自己构筑栖息居住之地。在漫长的发展演进中，门成为人类生存生活方式封闭与开放的最古老见证。春秋时期的老子在《道德经》中曾写道："凿户牖以为室，当其无，有室之用。"户为门，牖为窗，可见凡房屋都有门与窗。门供人出入，窗则用于采光和通风。

---

① 赵红霞. 中国历史大系表［M］. 太原：山西人民出版社，2009.
② 吴裕成. 中国的门文化［M］. 天津：天津人民出版社，2004.

　　在认识人类历史和文明特征的一切建筑实物中，再没有比"门"更具有直观性和代表性的器物。古时的门所用到的材料涉及多种植物如木或竹等，古代文献及古诗词中常出现的"柴门""柴扉"多是乡野百姓所用的单扇门，使用较多的是树枝、荆条或芦苇等，而达官贵人等富人们的家门多使用木板制成的双扇门，并涂饰以红色，因此"朱门"成为封建统治阶级的象征。

　　人类在创造并享用门的同时，也创造了包括文字在内的一切文明和厚重多彩的门文化。木字部中与门有关的汉字尤其丰富。如"枢"字，在《说文解字》中的释意是："枢，户枢也。户所以转动开闭之枢机也。"也就是说，枢的本意是传统建筑门的转轴，门轴是便于门开合的装置，可理解为开合、活动。旧时的门轴多用木制成，所以"枢"的意符是木。又如"门楣"和"门槛"，前者是门上的横木，后者是门下的横木，门槛经常会被踩踏，所以在封建社会，有人希望通过"捐门槛"去赎罪。由此可以看出，传统建筑中的门从外形到细部的特征都十分繁复和精致，体现出祖先高超的技艺和独特的审美情趣。

　　伴随工艺的改善和材质的丰富，门的品种日趋繁复，其艺术内涵也因此博大精深，逐步达到以色炫目、以形表心、以质竞富、以艺显神的境界。不同的门有不同的建筑形式、不同的装饰花纹，代表着不同时期的文化。门所象征的是房屋户主的地位和资望，门楼高巍，门扇厚重，精雕细刻，重彩辉映，所记载的是历史与文化。

　　在中国古代，门作为富贵贫贱、盛衰荣枯的象征，早已突破了狭义的范畴。门既是房屋建筑的一个重要部分，又在历史发展中衍生出丰富的文化内涵①。关于门的文化演变，最具代表性的莫过于北京故宫博物院南端的天安门，这个伟大的建筑以其杰出的建筑艺术和特殊的政治地位为世人所瞩目。天安门是明清两代北京皇城的正门，始建于明朝永乐十五年（1417年）。1949年10月1日，在这里举行了中华人民共和国开国大典，天安门由此被设计入国徽，并成为中华人民共和国的象征。天安门由城台和城楼两部分组成，城台下有券门五阙，中间的券门最大，位于北京皇城中轴线上，过去只有皇帝才可以由此出入，体现了皇权的至高无上。天安门五个拱形门洞各有用处，以清代为例：中间最大的券门只有皇帝才能走，两侧稍矮的券门供宗室王公使用，外面两侧的门道则供三品以上官员通行，寓意全朝百官辅佐皇帝一统天下。天安门的大门采用的

---

①　最美中国门，门内过往，门外沧桑［EB/OL］. 个人图书馆，2017-09-08.

木材以楠木、杉木为主，木质的菱花格扇框架采用楠木制作①。据现今故宫博物院的工程部管理人员介绍，后期天安门的木构件和大门有过多次不同程度的修缮，所用的木材树种就不仅限于以上提到的树种，某些木构件也有用落叶松或其他木材如桧木等制作的。

中国人对门，有依赖、有敬畏、有信仰。从周代开始，中国人就将尊卑、贵贱、长幼的秩序直接与建筑相连，尤其是门，它成为维系社会秩序的标尺。从古至今，木质的门在建筑中一直占有十分重要的位置，古时绝大多数的户门均为木质。中国的木门在世界上很有代表性②，它从一开始就形成了独特的存在方式和文化取向。门面，门面，门总是和面子联系在一起，过去的中国等级制度森严、讲究面子，所以"门饰"被赋予了中国传统文化的内涵③。中国民居建筑的门饰在其装饰艺术上带有浓厚的文化色彩，隐含了中国传统古老而又深沉的观念，对人们有一种强烈的感染力，是具有中国传统文化价值的建筑艺术遗产。

我国传统建筑的木门主要有木板门（也称板门）、格扇门（也称格子门、隔扇门）等。木板门在中华民族上下五千年的历史变迁中，有着最好的延续和传承，它是非常传统的门的形制，从始至今未曾发生过太多的变化。在唐代之前，中国建筑的门都是木板门，一块整体，不透光。几根木柱、几条木枋、几块木板、一方基石，就构成了纵横交错的整个"门"的构架，门上充满"木生生不息"的智慧，它的特色浸透在每个部件中。格扇门自唐代开始已有使用，到了宋代大量使用，成为各类宅院内普遍使用的厅堂门，它通透而轻巧，采光条件好，各种具有人文意趣的雕饰分布其上，为中国特有。

## 二、门典型实例

（一）佛宫寺释迦塔大板门

时间：建于辽清宁二年（1056年）。

地点：山西省朔州市应县佛宫寺内。

材质：红松（*Pinus koraiensis* Sieb. et Zucc.）。

---

① 天安门拆建亲历者讲述：天安门城楼木构件的制作与安装［EB/OL］. 搜狐网，2017-10-27.
② 傅志前.《离》卦美学研究——中国古代建筑门窗艺术溯源［J］. 周易研究，2017（01）：46-52.
③ 千门之美，中国门的"礼"和"理"［EB/OL］. 搜狐网，2017-04-18.

**图 7-1　佛宫寺释迦塔大板门**

（图源：作者自拍）

结构：将自由开合的门扇安装在门框上。左右两根框柱和上面用一根（被称为上槛）水平木枋共同构成一个矩形框架，固定在柱子中间或者院墙、门洞之中，以供安装门扇。

门扇要自如转动，要倚靠门扇边上下突出的轴。固定门轴的是一条被叫作"连槛"的横木，这条比门框宽度略长的横木两头各开有一个圆形孔洞，承纳门扇的上轴。

将窄条木板组合成门扇的形式之一是暗串，与在木板后面钉上横向长条加以固定的明串方式不同，暗串可以不使用门钉，更为美观。

功能：该大板门是释迦塔的出入口，有礼佛观光和登高瞭敌之用。另外，作为普遍意义上的功能，大板门可以满足人们质朴的需求，带来厚实的安全感。不透光不透气，仅为机关，可显示出庙堂的森严和神秘。

技艺：红松锯材经天然干燥或人工干燥后，进行大板门的各部件加工工序。构件之间大部分采用榫卯结构连接。整套门（包括门板、门框、门簪、门槛等）进行朱漆涂饰。

文化特征：释迦塔 1961 年被列入中国首批全国重点文物保护单位，是现存最高的木结构楼阁式佛塔。为现存世界木结构建设史上最典型的实例，也是中国建筑发展上最有价值的坐标。佛教建筑不是民宅，但它的建筑模式，是世俗民宅的扩大，或者说是宫殿的缩小。门的形态往往有意无意表露出主人祈求安全或实现某种愿望的符号元素，这些符号可能是具有广泛意义的传承，也可能是少数民族历史遗留的祈求神灵护佑的，还有可能是房屋主人因为自身所处的地理环境、气候条件、资源缺失等状况而盼望实现美好愿望的一种模拟。可以说，中国人对包括大板门在内的各种门上的一切，都心怀寄托。

（二）故宫博物院阙左门（带门钉）

**图 7-2 大板门**
（图源：楼庆西，《千门之美》，2011）

时间：明永乐十八年（1420 年）建成。

地点：位于北京市东城区北京市劳动人民文化宫西门西侧。

材质：杉木 [ *Cunninghamia lanceolate* （Lamb.）Hook. ]。

结构：大板门通常具有以下几个主要组成部分：（1）门框，左右两根框柱，上面一根平枋，安装在墙洞中起固定门扇的作用。当墙洞很宽，门扇又不需要过宽时。门框就由抱框（外框）、内门框和余塞板（封堵用木板）组成。（2）门钉，清朝对门钉的使用数量有严格的等级规定，皇家为横纵各九颗，共八十一颗。其下按等级递减。门钉因此成为门上最具等级意味的部件①。（3）门簪，古代女子在头上簪金钗、簪鲜花做装饰。古人打扮门脸，就用到门簪，有各种形状、各种图案，有时两枚，有时数枚。而它实际的用途是将安装在门扇上轴的连楹木与上槛（或中槛）穿合固定。（4）铺首，门扇上兽面衔环的装饰物称铺首，可供叩门之用，同时将威严与气象带上大门，凸显装饰性作用。（5）门槛（下槛），门框下部挨着地面的横木（或长石等），它同时也是一道分隔内外的关口。

---

① 楼庆西. 千门之美 [M]. 北京：清华大学出版社，2011.

功能：阙左门是故宫博物院午门外向东的出入之门。

技艺：木板门是用木板拼合起来的。将木板的后面加一个腰带（横向的长木板条），再用钉子从外面钉上，就可以将木板钉成一个结实的板门，然后安在门框上，门上就露出一排排钉子头。从隋唐（581—907 年）开始，就在大门上使用门钉了。在大门上装门钉，本出自构造需要，在本板和穿带部位钉上铁钉是为防止门板松散。但钉帽外露，有碍美观，古人将钉帽打成泡头状，使门钉兼有装饰功能。作为皇宫大殿建筑大门上的一种装饰件，门钉经历了一个从无意形成到有意为之的过程，因为后来的宫殿大门无须用腰带木、钉子，此时的门钉已失去功能作用，本可取消，但为了装饰作用，还是保留在门上，而且赋予它丰富的人文内涵。

文化特征：天安门东西两侧的太庙（今劳动人民文化宫）与社稷坛（今中山公园）是按照中国古代封建帝王都城"左祖右社"的传统规制建造。太庙是皇帝祭祀祖先的地方，社稷代表政权、土地。二者位于天安门两侧，故建午门左右相对的阙左门和阙右门，从而凸显皇城中轴线上天安门的重要地位。

对于门的尺度和色彩，各朝代是有严格规定的，明、清两代的朝廷规定，非皇家建筑上不许使用黄色琉璃瓦，大门上不许使用红色门板和金色门钉等。皇宫以外的门应为黑色或木本色。原因在于，在古代，黄色代表黄土地，在以农业为基础的农耕社会，黄色成为最贵重的色彩。红色是中国传统的喜庆色彩。金作为一种有色金属，色黄而带光泽，故称黄金，用金打成金箔再贴在门钉上，或用金粉涂饰在门钉上，既显富贵又极具装饰效果。

门钉是钉于大门扇外面的圆形突起的装饰，是中国古建筑大门上的一种特有装饰。这一排排门钉，不仅有其构造功能，也是装饰品，并体现着中国封建等级制度的森严。门钉的数量和排列，在清朝以前未有规定，到了清朝则对门钉的使用有一定之规。门钉数量的决定则来自我国古代《阴阳说》及封建的恩封制度，与厚重的门扇相称，显示出庄严和气势。门的颜色是大红、大金，这是最富贵的颜色，门钉左右的个数分别是一行九个、上下九排，共有八十一个门钉，这变成表示等级制的一种符号。"朱扉金钉，纵横各九"，九是阳数之极，象征帝王最高的地位，这是皇宫门上所用的极致之数。等级往下，亲王门的门钉是横九路、纵七路，一共是六十三个门钉，称九路七路。郡王府门的门钉规格是纵七路，横七路，一共是四十九个门钉，称为七路七路。侯以下，纵七路，横五路，共三十五颗门钉，称为七路五路；或纵五路，横五路，共二十五颗，称为五路五路。老百姓家的门一个门钉也没有，所以平民百姓又被称为"白丁儿"。

（三）北京故宫博物院太和殿格扇门

**图 7-3　北京故宫博物院太和殿格扇门**
（图源：作者自拍）

时间：明永乐十八年（1420 年）建成，后曾 9 次大修①。

地点：北京市故宫博物院太和殿。

材质：楠木（*Phoebe zhennan* S. Lee et F. N. Wei）。

结构：格扇门由格心、裙板和绦环板三部分组成，其基本形制分为上下两部分：上部为主，称为格心，用木棂条组成格网，再糊以纸或绸绢，是格扇采光的部分（也可避风雨）；下部为裙板②。唐代的格扇门上的格心常用直棂或方格，表现出质朴和大方。宋代的格扇门上，格心已经有了非直线的木条组合，不同的图案在光线下形成剪纸般镂透光影，多含妙趣美意。明清时格扇门使用更为普遍，格心的纹样也极为丰富、举不胜举。裙板部分还会加上如意云头图案，有许多表现吉祥的浮雕图样。格心与裙板之间为绦环板，如果格扇较高，则在格心之上和裙板之下再各增加一道绦环板。一扇格扇用四周木框组成框架，框架左右的立框称为边挺，上下横向的边框称为抹头。格扇的高低和复杂程度由几道抹头而定，最简单的只有两道抹头，中间不分格心与裙板，从上到下都由木棂条组成网格，称为落地格扇，多用于园林厅堂、水榭。

---

① 国庆华. 关于紫禁城三大殿重建和变化的思考［J］. 中国建筑史论会刊，2014（01）：199-214.

② 楼庆西. 户牖之艺［M］. 北京：清华大学出版社，2011.

　　故宫博物院太和殿的格扇门是最复杂的六抹格扇，除了格心、裙板以外，上中下各有一块绦环板。格心上有三交六椀菱花格网，每个菱花中央均有梅花钉钉入，以加固三根棂条的联结。裙板中央有双龙戏珠的木雕，两条盘曲的龙飞舞在祥云之间（双龙戏珠），裙板四角各有卷草纹构成的三角形装饰。上下绦环板上也有一条行进中的龙做装饰。固定格扇门的铜叶上也有龙，做工极为精美，彰显华贵与威严。

　　功能：格扇门也是建筑物的出入口。比大板门轻巧，可以透光，但不透视。格扇门极少单扇使用，多为几扇并列安装在房屋开间的两根柱子之间，常见的是四扇，如果开间宽也可用六扇。多为双数，以便保持中央的两扇可开关。中央两侧的格扇平常关闭，出入人多时也可打开使用。因为格扇之间可能存在间隙，保暖性差，所以在殿堂开间中央的两扇格扇外常加装帘架。帘架是一种门框，与格扇同高，分上下两部分：上部分称帘架心，有格窗装饰；下部分可挂门帘，也可安门扇。冬季挂棉布门帘可挡风寒，夏季挂竹帘，可透风并防蚊虫进入。

　　技艺：格扇门的加工技艺重点是在某些特殊部位上。因为太和殿的格扇门高达5米，所以格扇四周的边挺和抹头的尺寸也较大。为了使这些边框不显笨拙，在它们的表面进行线角加工。先把平直的外框面向朝外的一面修成弧形面，再在两边压出线，中央也突起两条线。这种式样做法在宋《营造法式》中称为"破瓣单混出双线"。为了保持门扇的平直与坚固，用金属片钉在边挺和抹头的交接处，称为"面叶"，意思是钉在表面上的叶片。太和殿的格扇门面叶用铜片制作，冲压出的龙纹与云纹，表面镀金，用小钉钉在门框上。另外，边框上还钉有一副用来开关的门环，称为"纽头圈子"（见图7-4所示），在其上也冲压出如意等装饰花纹。

**图7-4　格扇门上的"纽头圈子"**
（图源：楼庆西，《户牖之艺》，2011年）

文化特征：从周代开始，中国人就将尊卑、贵贱、长幼的秩序直接与建筑相连，尤其是门，从某种角度上看，格扇门也是维系社会秩序的标尺。宫廷建筑中的格扇门，如太和殿的格扇门，就使用了大红的成排格扇门，在总体上与太和殿屋檐下的彩画形成鲜明的对比，而且格扇上的金色装饰和彩画中的金龙相配在一起（自从汉武帝称自己为龙之子后，历代的皇帝都称自己为真龙天子。龙成为封建皇帝的象征），共同构成了宫殿建筑所特有的大红大金的富丽堂皇形象，同时这种金碧辉煌的场面，也突显出宫廷文化的高贵与气韵。

不同等级的建筑，尽管都可以使用格扇门，但格心部分使用的花样是分等级的。三根棂条交替变成的六瓣菱花图案，被称为三交六椀菱花，这是只能在皇宫大殿里使用的最高一等的菱花图案（故宫大三殿太和殿、中和殿、保和殿的格扇门的格心就采用了这种图案）。再往下是两根棂条交替起来的双交四椀菱花格心，这是第二等，可以供大臣和官宦人家使用。第三等是用棂条垂直交叉组成正方格或斜方格，是最简单的一种格心图案，可以供百姓使用。

在民间，格扇门主要用于宗教寺庙、园林庭院、临街的店铺、堂屋或民居的室内。

（四）内蒙古自治区锡林浩特贝子庙格扇门

时间：始建于清代乾隆八年（1743年）。

地点：内蒙古自治区锡林浩特贝子庙的朝克沁殿左侧的厢殿。

材质：云杉（*Picea asperata* Mast.）。

结构：基本结构同典型实例（三）。虽然也是六抹头，但整体结构简约大方自然朴素。格扇部分用的是正方形格心（呈45度斜置），这种格心在故宫博物院的三大殿以及三宫四周的长庑、内廷部分次要的殿堂也有使用。裙板部分只采用线形雕刻出如意云头的图案，表现吉祥如意的寓意。

功能：同典型实例（三）。

技艺：同典型实例（三），只是采用了更为简单的制作工艺和装饰手法。

文化特征：贝子庙始建于清代乾隆八年（1743年），乾隆皇帝亲笔御赐"崇善寺"。朝克沁殿是贝子庙的行政教务部，是行使贝

图7-5 锡林浩特贝子庙格扇门
（图源：作者自拍）

子庙的行政教务大权的主殿，也是贝子庙的最高殿堂，大型法事活动都会在这里举行。

　　富有特色的佛寺格扇门是构成藏传佛教寺庙建筑外貌的重要组成部分，它反映的是特殊的佛寺文化和艺术。此格扇门的裙板部分采用的是如意头图案（上）和草龙团花图案（下）的裙板。如意原为器物名，用来搔痒，可如人意，故称"如意"。也有一种说法是，僧人在讲经时，常手持如意（其上记有僧文，以免遗忘），因此"如意"的名称有吉祥之意。在宋《营造法式》中小木作制度中，提到一种"护缝板"，说其板之下端用"如意头"，并在相关附图中有如意图的形式。草龙团花是以盘曲的卷草纹来象征性地表现草龙。龙既象征皇帝，又是中华民族的图腾，所以龙具有神圣、吉祥的寓意，在门上也喜欢用龙纹做装饰。为了便于制作，龙的形象被大大简化了。草龙团花龙纹既表现了龙的内涵，又变化自如地与如意纹组成了和谐的几何形体装饰纹样。这些象征着神圣、吉祥的装饰纹样，既有形式之美又有文化内涵，实际上所表达的内容都是向佛祖祈求平安喜乐、健康如意。

　　（五）明（清代重建）故宫储秀宫格扇门

**图7-6　明（清代重建）故宫储秀宫格扇门**
（图源：作者自拍）

材质：桢楠（*Phoebe zhennan* S. Lee et F. N. Wei）。

结构：格扇门。中间为开启扇，两边为固定扇。

功能：具有通风、采光功能。装饰感强。

技艺：门雕刻万字锦底、五蝠捧寿。裙板雕刻万福万寿纹。

文化特征：采用楠木原色，突出了原木纹理的自然美感。色泽淡雅肃然，色调柔和，叠加楠木之香气，更显清新脱俗、富贵雅致之气质。万字锦底、五蝠捧寿寓吉祥福寿之意。

（六）福建省福州市永泰县嵩口镇玉湖村恭恩厝门

图7-7　第一道门：风水门

图7-8　第二道门：正门　　　图7-9　第三道门：礼仪门

材质：杉木［*Cunninghamia lanceolata*（Lamb.）Hook.］。

结构：中槛、门扇和下槛。

功能：典型的福建清代院落三道门，自外而内分别为风水门、正门和礼仪门。

文化特征：第一道门是院落的大门，亦是风水门，保留了杉木显著的节子特征，斑驳古朴，纹理深邃，恰似时光的镌刻；搭配轻巧优美的曲线燕尾脊，与天际轮廓相接相融，具有独特的历史感。第二道门是院落的正门，用于人们进出，杉木纹理较第一道门细腻，颜色清淡，门扇两侧搭配雕花檐柱，温馨祥和。第三道门是院落的礼仪门，与风水门相应，门顶搭配风窗镂空花格，在迎接最尊贵的客人时开启，在院内举行重要活动时，也起到隐私保护的作用。

## 第二节　窗

### 一、窗文化历史演变

从石器时代的"洞窗"至秦汉时期的"直棂窗"，跨越魏晋时期的"借景移情"、唐宋时期的"匠心工艺、风格凸显"，再至明清时期的"美轮美奂、独具特色"，"窗"作为建筑主体的重要组成部分，具有深厚的文化历史渊源。

东汉时期史料记载，"在墙曰牖，在屋曰囱""凿窗启牖，以助户明也"，窗最早称"牖"，即墙上的洞。据此，"窗"的主要功能是通风和采光。汉代，"直棂窗"的装饰美化功能逐步显现，并开始用织物遮挡。魏晋时期，赋予了"窗"美学内涵，有"辟牖期清旷，开帘候风景"（《新治北窗和何从事诗》），"罗层崖于户里，列镜澜于窗前"（《山居赋》）等诸多诗句辞赋。唐宋时期，"窗"制作技艺日趋成熟，逐步规范化。唐代"窗"造型多为"直棂窗"，此窗无开启机关。我国现存最早木窗实物——山西五台山的南禅寺大殿和佛光寺大殿，分别建于782年和857年，是唐代窗型的典型代表。宋代，"窗"的制造工艺及美学意义都得到显著的提升，成为建筑装饰美化的重点部分。"窗"的造型出现多样化，诸如"槛窗""阑槛钩窗"等具有启闭功能的新品种。其中窗饰繁盛细腻，风格凸显。北宋《营造法式》将窗归为"小木作"，以图文并茂形式规范了窗的各种造型特征和制作工艺，为"窗"类技艺及文化的传承奠定了坚实根基。

明清时期，梁思成在《中国建筑史》中对明清时代的窗做出如下总结："屋内格扇所用方格球纹菱纹等图案，已详见于营造法式，为明、清宫殿所必用。法式所有各种直棂或波纹棂窗，至清代仅见于江南民居，而为官式所鲜用。清式之支摘窗及槛窗，则均未见于宋元以前、在窗之设计方面，明、清似较前代进步焉。江南民居窗格纹样，较北方精致纤巧，颇多图案极精，饶有风趣者。"这一时期的"窗"繁盛与简约相间，美观与实用并存，美轮美奂且独具特色，赋予了建筑群体各式各样的风情韵味，达到了成熟、卓越之水平。

## 二、窗典型实例

### （一）直棂窗

材质：樟子松（*Pinus sylvestris* L. var. *mongolica* Litv.）。

结构：此窗外形多为矩形，窗框内用直棂条（方形断面的木条）沿竖向具一定间隔平行排列构成，酷似栅栏状，称此为直棂窗（图7-10）。其中若方形断面的木条沿横向平行排列者则称为横棂窗；若用三角形断面的破子棂条者，称为破子棂窗（图7-11）。

图7-10　直棂窗
（唐 山西五台山南禅寺）

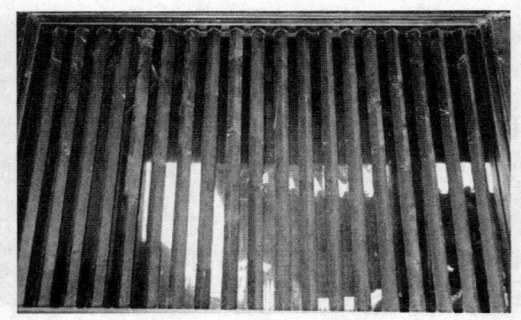
图7-11　破子棂窗
（宋 山西关王庙正殿）

功能：该窗不具有开闭机构，具有通风、采光功能。

技艺：樟子松锯材经天然干燥或人工干燥后，进入窗框和直棂条部件加工工序。窗框与直棂条之间呈卯榫结构连接。窗框和直棂条表面或涂饰，或素材裸露以凸显白木肌理特性。

文化特征：直棂窗体比例匀称、流畅，窗棂直线条搭配，结构简洁与简约。其窗不可开启性赋予了建筑本身透过窗体与外界环境恰如其分的接纳度，即体现了寺院作为佛教圣地之庄严性，又体现了佛教光谱天下之慈善理念。

（二）支摘窗（亦称合和窗）

材质：松木（*Pinus*）。

结构：分为上下两段，上半段为开启窗，可上旋支起；下半段为固定窗，可摘下。上半段多以纱、纸糊饰，下半段安装玻璃，以利于室内采光。

功能：具有通风、采光功能，装饰感强。

技艺：外层窗心为步步锦格心，棂条间以"步步锦"的形式组合，即互拼成多个长方形，呈对称排列。棂条间以尖榫胶接。内层窗饰雕以万字团寿纹。窗框和棂条表面以朱漆涂饰，鎏金点缀。

文化特征：支摘窗便于生活起居，多用于帝后妃嫔居住的内廷。步步锦格心凸显了棂条组合的韵律感，赋予了周围环境柔和灵动、光影闪烁的浪漫氛围。万字团寿纹形态连绵不断，寓意福寿延绵不断（图7-12）。

**图7-12　明（清代重建）故宫翊坤宫支摘窗**

（三）格扇（亦称落地窗）

材质：杉木［*Cunninghamia lanceolata*（Lamb.）Hook.］、椴木（*Tilia tuan* Szysz.）、香樟木［*Cinnamomum camphora*（L.）Presl］。

结构：杉木为框，椴木或香樟雕花。自上而下由上绦环板、格心、中绦环板和裙板组成。

功能：具有通风、采光功能，装饰感强。

技艺：攒插、透雕、浮雕。

文化特征：素裙板及边框可见杉木显著的节子特色，搭配格心以小木条攒插的星光锦地，繁简相称，衔接规矩，丝丝入扣，自然大气。上绦环板透雕缠枝花卉纹环绕开光浮雕植物纹。腰板浮雕"扯不断"边饰环绕人物故事纹，刻画生动，是当时儒家文化思想的形象体现（图7-13）。

材质：杉木［*Cunninghamia lanceolata（Lamb.）Hook.*］。

结构：自上而下由上绦环板、格心、中绦环板、裙板和下绦环板组成。

功能：中间为开启扇，两边为固定扇。具有通风、采光功能，装饰感强。

技艺：榫接，雕镂，浮雕。

文化特征：上绦环板、中绦环板富贵花卉、树木枝叶植物浮雕，格心回形纹，中心花瓶纹样雕镂。裙板象征富贵吉祥、世代平安（图7-14）。

图7-13　清代浙江格扇
（图片来源：马未都. 中国古代门窗［M］.
北京：中国建筑工业出版社，2020.）

图7-14　清代福建格扇
（福建省福州市永泰县嵩口镇
玉湖村恭恩厝内）

（四）开扇窗（槛窗）

材质：松木（*Pinus*）。

结构：三交六椀菱花（图7-15），即由三根棂子交叉相接，相交点以竹或木钉固定装饰成花心。正交法各夹角均为60度，斜交法中线偏30度相交，可以组成圆形、菱形、三角形等多种图案，也可以变化为龟背锦线、圆线、花瓣线组成的球纹菱花、龟背锦菱花、满天星六椀带艾叶菱花等，形式非常丰富，是古建筑外檐装修中的高等级形式。双交四椀菱花（图7-16），由斜棂和横棂交错构成，然后在相交的空白区域内装饰上花瓣形成菱花形。级别次于三交六椀菱花。

功能：可开启，具有通风、采光功能，装饰性强。纹样尊贵庄重，简洁美观大方，具有极高的艺术品位，且成为权位等级的象征。

**图 7-15　清 故宫三交六椀菱花窗①**

**图 7-16　清 故宫双交四椀菱花窗**

技艺：松木锯材经天然干燥或人工干燥后，进入窗框和棂条部件加工工序。采用插接工艺，棂子交叉相接，相交点以竹或木钉固定装饰成花心。窗框和棂条表面以朱漆涂饰。

文化特征：在中国古代传统文化中，"礼"是君王治国理政的指导思想，等级制度亦充分体现于建筑窗饰之上。三交六椀菱花象征正统的国家政权，内涵天地，寓意四方，是寓意天地之交而生万物的一种符号，象征皇权的最高级别，用于太和殿、中和殿、保和殿、文华殿、乾清宫等核心宫殿。双交四椀菱花级别次之，用于慈宁宫、景仁宫等。

材质：杉木 ［*Cunninghamia lanceolata*（Lamb.）Hook.］、椴木（*Tilia tuan* Szysz.）、香樟木 ［*Cinnamomum camphora*（L.）Presl］。

---

① 故宫窗户的寓意［EB/OL］. 个人图书馆，2014-10-03.

结构：杉木为框，椴木或香樟雕花。自上而下由上绦环板、窗扇、下绦环板组成，两侧装饰围板。窗扇为四抹槛窗。

功能：中间可开启，具有通风、采光功能，装饰性强。

技艺：攒插、透雕。

文化特征：以杉木直纹理为粗框架，上绦环板透雕卷草纹、蝙蝠纹；窗扇格心攒插菱形纹，嵌饰卡子花；下绦环板攒插风车锦，花卉纹卡子花连接，其间花形开光雕饰花鸟动物纹理；两侧以透雕花鸟纹理装饰围板环绕。寓意福从天降，相依相护，绵绵不断，生机勃勃（图7-17）。

图7-17　清代浙江开扇窗

（图片来源：马未都．中国古代门窗［M］．北京：中国建筑工业出版社，2020．）

（五）花窗

材质：杉木［*Cunninghamia lanceolata*（Lamb.）Hook.］、椴木（*Tilia tuan* Szysz.）、香樟木［*Cinnamomum camphora*（L.）Presl］。

结构：杉木为框，椴木或香樟雕花。双层圆光设计，中间不可开启。

功能：具有通风、采光功能，装饰性强。

技艺：攒插、透雕。

文化特征：圆光设计的窗子暗合"天圆地方"，双层圆光之间以6个花卉卡子花连接固定，中心圆攒插万字锦地纹。四角透雕卷草纹，下绦环板双联雕拐子纹。窗扇整体视觉开阔大气，具有包容天地万物之寓意（图7-18）。

**图 7-18　清代浙江花窗**
（图片来源：马未都. 中国古代门窗［M］. 北京：中国建筑工业出版社，2020.）

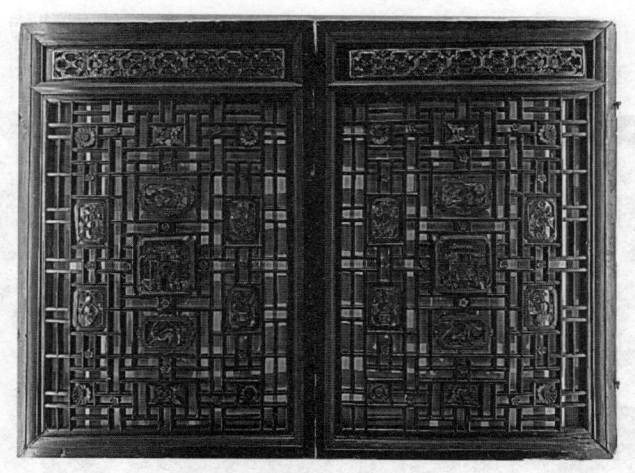

**图 7-19　香樟雕花杉木花窗**
（摄于中国门窗博物馆）

材质：杉木［*Cunninghamia lanceolata*（Lamb.）Hook.］、香樟木［*Cinnamomum camphora*（L.）Presl］。

结构：香樟雕花、杉木框，包括上绦环板和格心。

功能：装饰作用为主，也起到划分空间的作用。

技艺：攒插、透雕结合鎏金工艺。

文化特征：杉木框涂饰以红黑配色，雕饰采用鎏金工艺，色调庄重喜气。上绦环板透雕柿蒂纹，寓意事事如意。格心攒插亚纹，寓意明辨是非。格心中心透雕庭院楼阁，周围围绕透雕当时流行的吉祥装饰元素，如花瓶代表"平安"，鹿代表"官运亨通"等。设计繁简相辅，内涵丰富，体现当时人们对生活富足、官运顺畅的美好愿望。

材质：白木香［*Aquilaria sinensis*（Lour.）Gilg］。

结构：在室内隔墙上开的矩形窗口，由筒子口、边框和仔屉三部分组成。筒子口内为多扇花窗的边框与仔屉。双层仔屉，一为固定屉，一为活动屉。仔屉由最外圈的仔边与内部的雕刻图案组成。

功能：装饰作用为主，也起到划分空间的作用。

技艺：采用包镶工艺，楠木为内芯，白木香包裹其外①。仔屉雕刻的灵芝、佛手、水仙等纹饰图案采用浮雕、透雕工艺，前者为在平面上雕刻出凹凸起伏形象的一种木雕做法，用压缩的办法来处理对象，靠透视等因素来表现三维空间，并只供一面或两面观看。后者为在浮雕的基础上镂空背景部分，展示出雕刻构件，具有立体感。另，采用玉石镶嵌工艺点缀仔屉雕刻纹案。

文化特征：雕工深浅错落、精致细腻。又以玉器等镶嵌装饰，琳琅满目，美不胜收。灵芝、佛手、水仙等纹饰寓意圣灵仙气、多福多寿（图7-20）。

图7-20　清 故宫符望阁花窗

（六）落地罩

材质：白木香［*Aquilaria sinensis*（Lour.）Gilg］、祯楠（*Phoebe zhennan* S. Lee et F. N. Wei）。

---

① 郭泓. 故宫符望阁内檐木装修的工艺特征及榫卯构造［J］. 古建园林技术，2012（04）：2-3，12-21.

结构：属于古建筑内檐装修木雕花罩的一种。自地面直到房梁，由顶部自上而下分别为紧贴梁的上槛、迎风板、中槛、横披和两端固定的格扇以及两侧紧贴柱的抱框组成的隔断，横披和格扇相交两处为雕刻纹饰的花牙。其中，上槛、中槛和抱框为落地罩的结构骨架；风板由外圈的边框和内部的心板组成；横披为固定扇，不能开启，由边框和仔屉组成，仔屉为双层，一扇固定，一扇活动；格扇由边框、格心、裙板和绦环板组成，格心双层仔屉，一扇固定，一扇活动。

功能：建筑室内装饰美化、空间划分。

技艺：采用包镶工艺，楠木为内芯，白木香包裹其外①。另外，横披仔屉、格扇格心和花牙雕刻的拐子纹、如意纹等采用透雕工艺，按照图案雕刻出纹饰，将不需要的部分镂空，展示出雕刻构件。格扇绦环板和裙板还用到了竹丝镶嵌工艺，即将细如针锥的竹丝染色，再用若干根竹丝黏结成竹丝片，最后将竹丝片按照图案规律牢固粘贴到木质表面，拼出万字锦或龟背锦等图案的一种镶嵌工艺。

文化特征：符望阁以精巧的内檐装修展示了建筑分隔空间之审美趣味，有"迷楼"之称。落地罩可引导出入，对空间的划分起到主导作用。外观覆以顶级木料白木香，尽显皇家富贵尊贵之风范。白木香外层和楠木内芯香气弥漫，给人心旷神怡之精神享受（图7-21）。

**图7-21　清 故宫符望阁落地罩**

---

① 郭泓. 故宫符望阁内檐木装修的工艺特征及榫卯构造［J］. 古建园林技术，2012（04）：2-3，12-21.

# 第三节 窗 帘

## 一、窗帘文化历史演变

早在我国秦汉时期，窗帘、帷幔等帘类织物就已在室内空间中广泛应用，秦汉时期还有专门掌管帘幕的官员称为"幕人"。窗帘的创造，产生于实际需要，受制于自然环境、物理条件、技术水平等因素，蕴含了古人的智慧与思想[1]。中国古人崇尚"天人合一"，窗帘的产生和发展体现了人与自然和谐相处的内在文化。窗帘遵循以人为本的原则，针对人们生理与心理的需求，以最大化满足人们需求为目的，力求居住环境舒适健康。窗帘的卷舒之间，体现着人们生产、生活和养生方面的经验。窗帘对自然光线、风、热的调节体现了人与自然的关系。

北魏时期的《齐民要术》中利用窗帘卷舒调节光线明暗来控制蚕的生长[2]。北宋周邦彦《风流子》中的"新绿小池塘，风帘动，碎影舞斜阳"体现了窗与帘的纳景功能。南宋洪迈的《踏莎行》中有"院落深沉，池塘寂静。帘钩卷上梨花影"。窗帘增加了人与自然环境的互动。窗帘的卷舒还体现着古人的养生之道，中医认为风是万病之源，应让身体与风合理接触，生病者则须谨慎，"楼前杨柳发青枝，楼下春寒病起时。独坐小窗无气力，隔帘风乱海棠丝"。窗帘悬挂于门窗、楹木之下，或垂或卷，室内与室外虚拟又实在的空间有机融合，多重空间给人以朦胧含蓄之美[3]。窗帘使得气息流通，景观互借，内外交融，赋予了中国古建筑独特的审美韵味。这与现代"生态设计"理念不谋而合。

---

① 张红娟. 中国古代窗帘的营造智慧与设计思想 [J]. 美苑，2015（3）：86-89.

② 张红娟. 中国古代窗帘的营造智慧与设计思想 [J]. 美苑，2015（3）：86-89.

③ 陈赛飞. 窗帘实用性和装饰性在建筑中的应用 [J]. 绿色科技，2019（14）：236-238.
赵梅. 重帘复幕系的唐宋词——唐宋词中的帘意象及其道具功能 [J]. 文学遗产，1997
（4）：41-50.

中国古代窗帘的营造特点①：（1）除遮挡和装饰外，窗帘还承载建筑“软墙”功能，使用于室内与室外之间“亦内亦外”的衔接过渡空间，或与可拆卸长窗配合使用。如半开放的檐廊悬挂窗帘，可通过卷舒调节檐廊空间的闭合，实现室内外环境的连接或隔离。宋代小木作技术的发展使得窗户形式更加多样，建筑的一侧或者四壁皆为长窗，可根据天气拆装使建筑外围空间具有更大的灵活性。如宋代的《荷亭对弈图》，建筑四壁全部用通长的满幅格子窗构建，天气炎热时拆掉几乎全部窗扇，窗檐下悬挂整排竹质窗帘，通过其卷舒调节室内温度和光线。（2）多层设置：采用双重或多层窗帘来适应不同气候需要，既可夏日纳凉、防风雨，又可冬天保暖。窗户除挂布帘外，在其内外侧均可悬挂竹帘使环境“重帘复幕”，根据天气、心境的需求“重重张挂，舒卷有致”，从而与自然和谐共处。

根据窗帘的不同开启方式，可将我国古代窗帘分为上卷类、平掀类和撑启类三种基本类型，上卷类分为组绶式和卷帘式，平掀类分为单边掀帘和双边掀帘，撑启类分为无框和有框②。

组绶式窗帘：一般没有楣幔，以带子将窗帘向上系起为开启方式，即在窗帘内外每隔一段距离就有两条带子，带子系起时将窗帘上卷收拢，并形成一种波浪形装饰效果。规则组绶，即带子位置等距离排列，且带子系起的长短基本相同；不规则组绶，带子系起方式比较自由，帘体呈不规则状态。隋唐以前的窗帘，包括室内帷幔等纺织品，常常为组绶形式，隋唐之后演变为装饰性的窗帘楣幔，也在承尘、车轿等檐部单独作为装饰物。

卷帘式窗帘：将帘从底部向上卷，卷到顶部后用带子或钩子固定，竹木帘常用纺织品包边处理。在建筑中起着改变空间划分，调节室内声、光、热等微环境的作用，兼顾实用性（调节室内光线、阻挡紫外线、保护隐私、隔热保温、软分割空间等）和装饰性（装饰美化空间、增加空间的层次感）。古诗中关于卷帘动作和场景的描写很多，如胡曾的“窗残夜月人何处，帘卷春风燕复来”，苏轼的《少年游·润洲作》中“对酒卷帘邀明月，风露透窗纱”，以及“人情伤岁时，卷我东窗帘”“彩阁闭朝寒，妆成拟问安。忽闻春雪下，唤婢卷帘看”等都形象描写了“卷”窗帘的动作。

平掀类窗帘：通常在顶部悬挂楣幔，窗帘向窗的一边或两边掀起，由带子

---

① 张红娟．中国古代窗帘的营造智慧与设计思想［J］．美苑，2015（3）：86-89.

② 张红娟．重帘复幕 舒卷有致：中国古代窗帘基本形态研究［J］．美术大观，2015（7）：56-58.

或帘钩拢住。楣幔装饰性好，同时遮挡窗帘悬挂结构，使空间层次更加丰富。楣幔分平幔和水波幔两大类，平幔分单层、双层，水波幔有大、小之分，通过这些基本造型的变化演化出多种款式。窗帘内侧可用平幔和水波幔；考虑到建筑整体美观性，窗帘外侧一般用平幔。在历代绘画作品中，无论是写意的水墨山水画还是写实的风景人物画，常有平掀类窗帘的描绘。

撑启类窗帘：无框撑启是将窗帘的上沿固定在窗户上，窗帘下沿用木条做骨架，两边保持纺织品柔软性，下沿木条方便撑启时用木棍支撑。有框撑启与无框撑启形态基本相同，只是帘体四周有木制边框，使窗帘更加挺括平整。窗帘撑起遮阳，垂下将窗户遮蔽。窗帘四周通常有平幔装饰，接近于建筑檐障。在故宫博物院收藏的夏圭《雪堂客话录》中可见障和帘的配合使用，"临水的一座瓦房，槛窗之外悬障，槛窗之内挂帘，启闭舒卷，自然方便"。此处"障"即指悬挂且支撑在窗外的那块木板，与有框支撑类窗帘非常相近，元代《荷亭消夏图》中也有同样形制。宋代陆游《居室记》中"东西北皆为窗，窗皆设帘障，视晦明寒燠为舒卷启闭之节。""帘障"一词的出现应缘于此种形制，说明窗帘名称与其形制相关。

窗帘发展最明显的变化反映在窗帘材质上。窗帘的传统材质主要是棉、麻、羊毛织物、竹、木、混纺材料等，在宋代到清代的绘画中大多是竹帘。随着制作工艺与科技水平的进步，窗帘的材质、结构和功能都发生了重要变化。

## 二、窗帘典型实例

### （一）椴木百叶窗帘

**图 7-22　椴木百叶窗帘**

材质：椴木（*Tilia tuan* Szysz.）。

结构：叶片一般为厚度2至3.5毫米、宽度2.54至5.08厘米（可按要求定制）的木薄片；叶片之间有空隙，叶片可180度自由旋转；叶片颜色可定制；可配置梯绳、梯带、循环拉绳或电子系统，手动或电动控制百叶窗帘的升、降、开、合。

功能：透光透气、光线可控、绿色环保、遮阳降温、美观节能、冬暖夏凉、清洁方便、阻挡紫外线、改善视觉舒适度、改善室内空气流通、改善热舒适度、提升私密性等。百叶窗帘可通过调整帘片角度控制射入光线；层层叠覆式的设计既保证了私密性又可舒心地享受习习凉风；完全封闭时犹如多了一扇窗，可有效隔音隔热。

技艺：原木→制材→干燥→规格料→分片→磨砂→冲孔→喷涂油漆（环保漆、颜色定制、耐水耐磨、防霉阻燃、易清洁）→分选→组装（安装滑道等）→成品包装。

文化特征：木质百叶窗帘，古朴典雅，书香气息浓郁，适用于高档写字楼、办公室、会议室、书房、客厅、卧室、浴室、卫生间、酒吧、茶馆、艺术馆、别墅等场所。木质百叶窗帘，具有纯天然美感，符合人们返璞归真、回归大自然的生活理念。

（二）樟子松百叶窗帘

**图7-23　樟子松百叶窗帘**

材质：樟子松（*Pinus sylvestris* L. var. *mongolica* Litv.）。

结构：叶片经干燥、剖片、分选、上漆等工序精制而成，叶片宽度5厘米或3.5厘米，幅宽1.2—2.4米；优质烤漆铁上梁，配置：低轨梯绳、高轨梯绳、低轨梯带、高轨梯带、拉绳梯带、拉绳梯绳、电动升降等款式。

功能：简洁、大方、质朴、透气、色泽自然，能自由调节光线，叶片能180

度旋转，调节到特定角度时从里向外能看见室外，从外向里看不见室内。经防霉、防潮、防蛀等处理，可适合不同场所；通过染色处理可定制颜色，满足不同的装饰需求，应用面广。

技艺：梯绳秀气易于清洁，梯带结实牢固。采用高轨配置，拉动轻松，转向轮定向转向容易制动。拉绳二合一配置，同时控制升降和转向，拉动轻便，可将整幅木帘在任意高度停止或放下。

文化特征：适合书房、咖啡厅、客厅、茶楼、酒店等较中式或木质装修风格较浓的场所，如仿古、返旧、较质朴、田园等风格。

（三）竹木编织帘

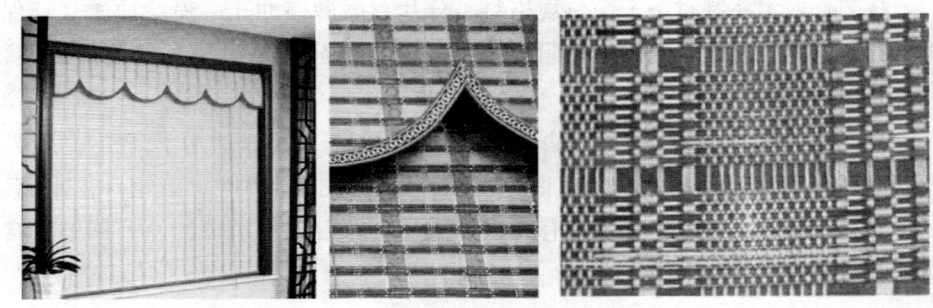

图 7-24　竹木编织帘

材质：椴木（*Tilia tuan* Szysz.）、毛竹。

结构：一般采用强度较高的纱线如丝光棉、合成纤维长丝等染色后作为经线，与硬质的直径为 1.5—2.5 毫米的条状或宽度为 2.5—15 毫米的竹片、木条交织而成。

功能：织帘的花色品种更多，色彩图案更丰富，装饰效果更好，清洁打理也更方便。窗帘不仅体现房间表情，也反映了主人的生活品位和情趣。

技艺：经线以牵成经轴形式或筒子架挂经形式，纬用竹木丝一般采用手工喂入方式，普通有梭织机织造；借助经纬线的宽窄、色彩、排列、外观形态等的变化，可设计不同的装饰花纹。如两根竹片之间可夹设特定数量的圆木条，编织成特定花纹。

文化特征：组织简单，花形别致，配色温和淡雅，垂直悬挂，装饰效果突出。以其清新、典雅、个性、休闲的风格，越来越受到餐厅、宾馆、茶楼和现代家庭的欢迎。

# 第四节　地　板

## 一、地板文化历史演变

实木地板源自中国新石器时期河姆渡文化，据 1973 年考古发现，在浙江余姚河姆渡文化遗址出土的 1000 多件干栏式建筑构件中，其中最大一幢建筑的地梁上就铺设有带企口的杉木地板，标志着从新石器时期开始，我国就开始初次尝试使用实木地板①。出土的木构件中还有数件带企口的构件，企口内插入一块砍削成梯形截面的木块，衔接不见通缝，是密接拼板的一种较高工艺，现在多用于地板和厅堂屏风板墙拼接②。时至今日，干栏式木建筑一直延续到广西、贵州、云南、湖南等拥有丰富杉木森林资源的少数民族居住区域。除河姆渡遗址外，在同为新石器时代的马家浜文化（遗址中心位于浙江省嘉兴市乍浦镇马家浜遗址）和良渚文化（遗址中心位于浙江省杭州市西北部瓶窑镇）的许多遗址中，考古工作者也都发现了埋在地下的木桩以及底架上的横梁和木板③。这些考古发现证明，实木地板约在 7000 年前就已开始为人类所使用，是目前传承最为悠久的地材种类之一。

据考古发现，2014 年陕西省考古部门在陕西榆林清涧县的辛庄遗址发现一处 4200 平方米的商代晚期建筑遗址④。在该遗址的主体建筑里，考古人员发现地面横铺宽约 0.15—0.2 米不等的木板，这是 3000 年前的木地板，木板都已经腐朽，但是痕迹非常清晰。还在两侧发现了类似"地脚线"的方木痕迹。该遗址木地板的主要特征是经由原木粗加工而成，其宽度和厚度不一，为保证铺设后地板表面的平整，地板嵌入地面的深度是不一样的。同时为保持使用中的稳

---

① CPAM, Chekiang Province and Chekiang Provincial Museum. 河姆渡遗址第一期发掘报告 [J]. 考古学报, 1978（01）：39-94.

② 赵晓波. 河姆渡遗址干栏式建筑的再认识 [J]. 史前研究, 2000（00）. 吴汝祚. 河姆渡遗址发现的部分木制建筑构件和木器的初步研究 [J]. 浙江学刊, 1997（02）：91-95. 黄渭金. 河姆渡遗址木构建筑遗迹研究 [J]. 史前研究, 2004（00）. 吴彦妮. 河姆渡遗址出土的榫卯相关研究 [J]. 福建质量管理, 2018, 000（008）：254-255.

③ 牟永抗, 魏正瑾. 马家浜文化和良渚文化——太湖流域原始文化的分期问题 [J]. 文物, 1978（04）：69-75. 王海明. 河姆渡文化与马家浜文化关系简论 [J]. 东南文化, 1991（6）：8.

④ 陕北发掘殷墟外商晚期规模最大古建筑遗迹 [J]. 艺术品鉴, 2014（3）：1.

固,地板两端均嵌入夯土内,并在木地板的两端有类似于地脚线的横木进行压边①。

秦汉之后的魏、晋、南北朝三百余年间（220—589 年）,社会生产力的发展比较缓慢,在建筑上不及秦汉时期有那样多的创造和革新,但建筑形态发生了较大的变化。特别在进入南北朝以后,建筑结构逐渐由以土墙和土墩台为主要承重部分的土木混合结构向全木构发展,一般中小型建筑可以用全木构建造②。此外,由于南北朝统治阶级大力提倡佛教的原因,促进了佛塔的大量建造,并创新出中国式的木塔。这些都在一定程度上,有利于木质楼板兼作实木地板建造技术的提高和向民间的发展③。

宋代《营造法式》中,详细记载了壕寨、石作、大木作、小木作、雕作等共十三种一百七十六项工程的尺度标准以及基本操作要领（类似现代的建筑工程标准做法）,其中涉及了木地板的铺设、用材、制作规范等内容。由于加工技术的进步,宋代的实木地板已经具备了一定的可靠性,表面平整,形态美观,所以普及度有所增高④。

到了 18 世纪,工业化的木材干燥技术诞生——匠人们开始使用烤房来烘干木地板的原料,木材含水率的控制变得更为准确,效率也大大提高。随着西风东渐,添加了西方文化的拼花类地板开始在上流社会引发一股"时尚潮"。当时无论是南京总统府、江南富商的民居,还是上海十里洋场的百乐门舞厅,都开始铺设实木地板,一时蔚为大观,风气大盛。

随着现代加工技术的日趋成熟,在大大降低木地板成本的同时也提升了品质,使得木地板在寻常百姓之家也得到了普及。除此之外,木地板因其具有冬暖夏凉、调节室内环境、脚感舒适等特点而越来越受到人们的青睐,其中纹理细腻、颜色清净、触感柔软的白木地板逐渐成了市场的潮流宠儿,顺应"回归自然、尊重本性"的理念带给人一种清新自然之感,在保持艺术审美的同时,也满足了人们追求回归本真生活的精神需求。

---

① http://culture.people.com.cn/n/2014/0211/c172318-24324463.html.
② 班睿.汉魏两晋南北朝佛教的本土化研究［D］.兰州:兰州大学,2011.
③ 班睿.汉魏两晋南北朝佛教的本土化研究［D］.兰州:兰州大学,2011.
④ 潘谷西,何建中.《营造法式》解读［M］.南京:东南大学出版社,2005.

## 二、地板典型实例

### （一）三江侗寨风雨桥

**图 7-25　广西三江侗族自治县风雨桥的杉木桥面**

材质：杉木 ［*Cunninghamia lanceolata*（Lamb.）Hook.］。

结构：桥的下部为青石垒砌而成的桥墩，桥面铺设等长等宽的杉木地板，为密布式悬臂托架简支梁木质桥面，两边镶有栏杆。

功能：风雨桥既为人们提供通行便利，也是居民和行人遮风避雨、休憩聊天的场所，承担着林溪河两岸居民通行、休憩、公共活动等社会功能，是侗族居民进行集体民俗活动、文化展示与交流、民族艺术创造的重要场所。

概况：风雨桥在侗族居住的地区到处可见，其中以程阳风雨桥最具代表性。程阳桥又称永济桥，位于广西壮族自治区三江县城北 20 千米处的程阳寨旁，始建于 1912 年，现为全国重点保护文物。整座桥都由杉木建造，由桥、塔、亭组成，桥面铺板，两旁设栏杆、长凳，桥顶盖瓦，形成长廊式走道。桥梁全部都是以榫卯连接，十分牢固，结构之间接合缜密，丝毫不差，整座桥梁仿佛浑然天成，相当坚固。桥梁的木质表面都涂有防腐桐油，经历过岁月变迁，风雨侵蚀，依然横跨于林溪河之上。

文化背景：程阳桥能够在上百年的时间内屹立不倒，离不开居民同心同德的协作和努力，自发在洪水过后对其进行修复重建，在居民心中已超出了普通公共建筑范畴，是几代侗族居民劳动智慧的结晶，成为侗族文化的象征之一，表现出侗族居民热情大方、聪明能干、乐于奉献的族群观念。

（二）应县木塔（又名佛宫寺释迦塔）

图 7-26　应县木塔第三层

材质：华北落叶松。

结构：释迦塔外观五层六檐，实为明五暗四的九层塔，各层装有木制楼梯，可逐级攀登到顶层，凭栏远眺。

功能：佛教文化的中心和圣地，具有礼佛和登高的双重功能。

概况：应县木塔（又名佛宫寺释迦塔），建于 1056 年（辽清宁二年，即北宋至和三年），全塔高 67.31 米，俯瞰呈八角形，是我国现存最古老、最高且相对完整的纯木结构塔。1961 年，被国务院公布为全国重点文物保护单位，2016 年 9 月，被吉尼斯世界纪录认证为"世界上最高的木塔"。

文化背景：应县木塔是辽代为了巩固封建统治，大力提倡佛教而建造。塔内共有 34 尊彩塑，以及大量佛像、佛教经典、壁画和艺术品，反映了佛教在辽代时期的繁荣，是我国古塔中的瑰宝，具有十分重要的历史、科学、建筑、宗教、艺术和观赏价值。

（三）瑞士斯沃琪与欧米茄园区

材质：云杉（*Picea asperata* Mast.）。

结构：采用瑞士云杉材质的木质构件进行铺设。

功能：斯沃琪与欧米茄园区是世界上最大的混合功能型木结构项目之一，由三栋建筑组成，分别是用于"斯沃琪"跃层办公所需的斯沃琪总部；"欧米茄"手表生产所需的"欧米茄"工厂；名为"时间之城"的展示博物馆。

图7-27　瑞士斯沃琪与欧米茄园区内景

概况：该建筑由坂茂建筑设计事务所设计，是目前世界上最大的功能混合型木构建筑之一。三栋建筑在设计语言、材质色调和环境氛围上均保持了高度的一致性，通过结构形式的调整，打造整体的和谐和独特的建筑美学。

文化背景：斯沃琪和欧米茄建筑园区的落成展示了木材之于现代建筑的无限可能。木材是一种可以支持大型建筑设计并且能够完全被循环利用的材料，用木材建造建筑，能减少能量消耗和碳排放量。同时，大量使用浅色木材，在一定程度上提高了内部用户的幸福指数，更具亲和力也更舒适。

## 第五节　灯　具

### 一、灯具历史演变

我国历史记载，"灯"最早出现在战国时期的《楚辞·招魂》一书，"兰膏明烛，华镫错些"中的"镫"是"灯"字的鼻祖。最早的灯具实物是出土于战国晚期中山王陵墓的人俑灯和十五连枝灯，于1978年6月在河北平山县被发现。但是从灯具的造型、材质、技术等方面来论证，都不能定论为最早的灯具形态。因此，最早的灯具具体是什么样，尚没有定论。据美国《大不列颠百科全书》记载：西方的灯具起源较早，旧石器时代晚期，石头上挖有小洞穴，洞穴中放置苔藓或其他植物，浸泡上动物油脂能够点燃发光。而我国在原始社会时期石器工艺就已经发达，最原始的灯具也可能是石灯。也有一种说法，最早的灯具是陶制的，陶豆是盛食物的器具，与灯具的产生有着紧密的关联，最早的陶豆出现在 7000 多年前的河北武安磁山新石器时代的早期遗址，陶豆由三个部分组成：上为敞口浅盘，中间是高柄，下为喇叭形圈足。直到商周时期，这一造型都还较为流行。

战国初期以后，专用照明的灯具普遍用于生活中，这一时期灯具以青铜质和陶质为主。两汉时期灯具制造工艺有了新的发展，在青铜灯具继续盛行的同时，陶质灯具以新的姿态逐渐成为主流，还新出现了铁灯和石灯。三国至宋元时期，青铜灯走向末端，陶瓷灯具尤其是瓷灯成为灯具主体，汉代始见的石灯随着石雕工艺的发展也开始流行，另外，玉质灯具、木质烛台也陆续出现，至此木质灯具登上历史舞台。

明清时期，宫灯的盛行使得木质灯具得以发展。宫灯主要以细木为骨架镶以绢纱和玻璃，并在外绘各种图案。它们主要由灯座、灯杆、灯芯和灯罩几部分构成。宫灯多以红木作为立柱，如紫檀、花梨、酸枝等，以白木作为灯具木质部分的木材有楠木、榆木、桃木以及黄杨木等，白木作为灯具的骨架，通常会被涂朱漆。

随着钨丝白炽灯的诞生，光源应用于灯具开启了现代灯具设计。现代木质灯具，灯架、灯罩等主体结构由木质材料制作，配以现代光源。灯具造型方面，呈现出功能细分化、绿色环保化、高科技化以及艺术人性化的特点。随着社会发展，经济实力逐步上升，国人意识到了民族文化的魅力，尤其灯具设计方面，国内开始寻求民族特色，摆脱灯具市场的同质化现象。如新中式风格的灯具，将榫卯结构、中国文化和现代光源结合，展现出了独具中国特色的木质灯具魅力。现代木质灯具，常用的白木有桦木、楠木、杨木、胡桃木、黄杨木以及樱桃木等。

## 二、灯具典型实例

### （一）清代宫灯

材质：银杏木（*Ginkgo biloba* L.）。

结构：造型是六角形，分上中下三节，上节灯帽，雕刻各种纹饰，中间灯身，装有灯窗六扇，每扇镶有玉石，下节底座，挂上各种穗子，秀丽、高雅。

技艺：宫灯主体采取榫卯结构，雕刻龙纹、蝠纹等。

功能：宫灯长期为宫廷所用，除了照明以外，还要配上精细复杂的装饰，以显示帝王的富贵和奢华。

文化特征：在典籍史册上记载的宫灯多是宫廷重器，是身份、地位、皇权

图7-28　清代宫灯

的象征。尤其在明清时期，宫灯达到灯具史上巅峰时期，为皇家独有，只有宫廷里才可以使用。后来通过皇帝赏赐给大臣传出宫外，进入达官贵族府第。因为是宫廷用物，宫灯制作过程格外讲究，从选材、加工、磨光到雕刻整个制作过程都是精挑细选、精雕细琢。宫灯传入达官贵族府第后，经过工匠的设计演绎，造型更加别致，形状不拘一格，丰富多彩。

（二）清代升降式烛台

材质：楠木（*Phoebe zhennan* S. Lee et F. N. Wei）。

结构：以基本几何体为主体造型，按照形式美法则来组织造型。底座采用独板形式，灯杆下端有横木，构成丁字形，横木两端出榫，纳入底座主柱内侧的直槽中。横木和灯杆可以顺直槽上下滑动。灯杆从立柱顶部横杆中央的圆孔穿出，孔旁设用木楔。

技艺：升降式烛台主体采取直角式榫卯结构，底座和烛台托雕刻卷草纹。

功能：落地升降式烛台为明清时期室内照明用具，同时起装饰作用。

文化特征：整体线条优美、明快、清新，通体轮廓方中有圆、圆中有方，体现出天圆地方的哲学思想。

图7-29　清代升降式烛台

## （三）清晚期烛台

材质：楠木（*Phoebe zhennan* S. Lee et F. N. Wei）。

结构：由灯盏座、灯柱和底座构成，圆形底座，上置铁盖形灯盏座。灯座形似倒扣的碗状，灯柱中间穿插圆盘，造型别致、大方，灯盏座上圆形铁盖代替。整体造型呈现天圆地方之感。

图7-30　清晚期烛台

技艺：主体采取穿插连接榫卯结构，雕刻简单线条。

功能：烛台常与蜡烛搭配起到照明作用，另外，烛台也可单独作为家居摆设的一部分。

文化特征：灯具是不同地域、不同习俗的老百姓千百年来的生活写照。灯具不仅反映了中国的文明进程也反映了中国百姓的审美价值。不同时期的民俗民风、精神风貌和文化形态都直接影响灯具的装饰、造型和用材。经济繁荣的明清时期，人们更讲究生活品位，即使日常用器也做得异常精致。清晚期，实用和简单成为主流，但又不落雅致，烛台上面简单的线条，集实用性、工艺性、观赏性、装饰性为一体，突出主人的品位，增添家居生活情趣。

## （四）民国吉象台灯

材质：黄杨木（*Buxus* sp.）。

结构：底座为一头憨态可掬的吉象，象鼻上置圆形托盘，竹编帽形灯罩下接现代光源。整体造型雅致、精美。

技艺：整个灯台主体是作为底座的吉象，黄杨木细腻的纹理配合粗中有细、线条流畅的雕刻技巧，以及丰富的雕刻技法，使得吉象栩栩如生，体现了极高的木雕艺术价值。

图7-31　民国吉象台灯

功能：居室的台灯已经远远超越了台灯本身的价值，台灯已经变成了一个不可多得的艺术品，用于点缀空间效果，装饰功能与照明功能同等重要。

文化特征：大象因其诚实忠厚的形象成为全世界的吉祥物，而在中国传统文化里，象与祥字谐音，故象被赋予了更多吉祥的寓意。吉象寓意吉祥，人们巧借谐音寄寓深意，表达对未来美好生活的祈求。值得一提的是，黄杨木雕有着悠久的历史，晚清及民国是黄杨木雕发展的巅峰时期，将精美的黄杨雕刻品与现代光源相结合，体现了这一时期人们对艺术和科技的共同追求。

# 第六节　浴　具

## 一、浴具文化历史演变

我国沐浴历史悠久，早在 3000 多年前的殷商时代，甲骨文中就有沐浴的记载。"沐"字形如双手掬水沐发状，是洗发之义；"浴"字形如人身置于器皿中。西周时期，沐浴礼仪逐渐形成定制。《周礼·天官·宫人》记载："宫人掌王之六寝之脩，为其井匽，除其不蠲，去其恶臭，共王之沐浴。"秦汉之际形成了全社会性的沐浴习俗，《礼仪·聘礼》记载"三日具沐，五日具浴"的良俗。人们在事务繁重之时，也会抽出时间沐浴。汉代皇帝甚至给官吏五日一假，让他们回家沐浴换衣。除沐、浴外，洗、澡等也有类似沐浴的含义，但古人却分得很细。东汉许慎《说文解字》记载："沐，濯发也。浴，洒身也。洗，洒足也。澡，洒手也。"当把许慎对"沐""浴""洗""澡"的解释合起来，才是完全意义上的现代沐浴。到了魏晋南北朝时期，风流雅士们喜好沐浴，并且成瘾，他们将整洁的外表，视为个性风度和社会地位的象征。南朝时期，梁简文帝萧纲喜爱沐浴，专门撰写沐浴专著《沐浴经》。到了唐代，"五日一休沐"改为官吏每十天休息洗浴一次，叫作"休浣"。俗以每月上旬、中旬、下旬为上瀚、中瀚、下瀚，"瀚"即"浣"的异体字，本意是洗濯，因为十天一浣的缘故，浣又有了一种计时的意义，一浣为十天。西安临潼闻名中外的温泉浴室"华清池"，就建于唐代。温泉洗浴被统治阶层垄断，民众没有机会享受。到了宋代，沐浴在民众间普及开来，营业性的公共浴室也应运而生，范成大《范村梅谱》有"冬初所未开，枝置浴室中，熏蒸令拆，强名早梅，终琐碎无香"，吴曾的《能改斋漫录》中也有"公所在浴处，必挂壶于门"的记载。此外，当时也已出现了代客擦背的专职服务人员，苏东坡曾在《如梦令·水垢何曾相受》里赞叹过他们的劳动："寄词擦背人，昼夜劳君挥肘。"到了元代，公共澡堂的发展颇为成熟。在《朴通事谚解》中展现了元代大都的"市民洗澡图"，除洗澡外，公共浴室还可挠背、梳头、剃头、修脚等。明清时期，沐浴真正深入人们的生活。城市中普遍出现"混堂"，即"混"而洗之的意思，不管什么样的人，都可入浴泡澡。明人屠本畯曾将"澡身"与"赏古玩""袭名香""诵明言"并列，表明明代的洗澡较之以往更加讲究高雅。清人石成金则把"剃头、取耳、浴身、修脚"当成人生四快事，并在《快乐原》中云："冬月严寒，不可频浴。其余三季，俱当频浴。须要温水和暖，反复淋洗，遍身清爽，不亦乐乎?"①

中国古代洗浴作为一种社会习俗，蕴含着丰富的文化内涵，淋漓尽致地展现着中国传统社会的博大精深。沐浴的发展，是传统文明不断提升的过程，其首要功能是洁身。白居易在《沐浴》诗中写道："经年不沐浴，尘垢满肌肤。今朝一澡濯，衰瘦颇有馀。"除洁身外，沐浴也有健身强体、治疗疾病的功效，充分展现了中国古人的智慧和创新。此外，沐浴也是一种隆重的礼教仪式。正如《礼记·儒行》："儒有澡身而浴德。"磨炼自己的品行，使之身心清白纯洁。在帝王祭礼前，通常需要斋戒沐浴。农历四月初八，相传是释迦牟尼诞生之日，是日也称为"浴佛节"。佛教徒常以浴佛的方式纪念佛的诞生，据《三山志》载："四月八庆佛生日，是日，州民所在与僧寺共为庆赞道场，……此风盖久矣。"基督教徒、伊斯兰教徒也有着神圣的沐浴仪式。基督教徒施行的洗礼，就是一种进入基督教神秘世界的庄严仪式，有的用清水蘸点额头，有的用大水盆进行浸礼。伊斯兰教徒在礼拜前也要沐浴净身。

木桶似乎是大家对古人沐浴、洗澡的固有印象，其实古人沐浴用盛器、浴具类型丰富，材质多样，有陶质的、金属质的，也有木质的。周代的"虢季子白盘"，在道光年间出土于陕西宝鸡的虢川司，现收藏于中国国家博物馆，是镇馆之宝。其形状像一浴缸，为圆角长方形，四角尺形足，口大底小，略呈放射形。盘高40厘米，宽87厘米，长137厘米。周身铸有粗大精美的蟠螭纹，四壁各有两只衔环兽首耳，盘上还有铭文111字②。

浴具器皿的形式主要有盘、盆、壶、釜、勺、匜和瓢等。

盘，即浴盘或沐盘，在沐浴时用来承接废水。《礼记》中提道"沐用瓦盘"，说明洗头的器皿是沐盘。浴盘则是洗澡用的。汉代沐盘和浴盘多为铜器，也有漆木器。徐州东洞山二号汉墓出土一件鎏金"赵姬沐盘"。

盆：《礼记》中提道"浴水用盆"，说明盆是一种重要的沐浴器皿。盆有大小之分，其中大盆称为"鉴"，小盆称为"铟"。在无锡前洲出土战国晚期的青铜楚陵君鉴，经冯庸先生的抢救得以妥善保存，现收藏于南京博物院。

壶：汉代墓葬中有的铜壶与沐浴用具同出，说明其用途与沐浴有关，可能是汲水和洗浴的器皿。徐州狮子山楚王墓出土一件带流铜扁壶，口沿有一宽大

---

① 刘盈慧. 宋代沐浴研究 [D]. 郑州：河南大学，2016.
② 高绮梦. 基于用户体验的生态淋浴房设计 [D]. 哈尔滨：哈尔滨理工大学，2021. 李烨晴. 温泉度假酒店景观设计研究 [D]. 南京：东南大学，2021.

的鸭嘴形流，是沐浴时用来舀水或往浴者身上浇水用的。

勺、匜和瓢：勺是从容器中舀取酒、饭和水的器皿，在古代文献中或称为"枓"。《礼记》中说"沃水用枓"，说明其为沐浴用具，在沐浴中的作用是沃，即舀水往身上淋浇冲洗。作用类似的器物还有匜和瓢，二者均可用来往沐浴者身上淋水，也属"沃"具。狮子山楚王墓的铜釜出土时装满清水，水中有一瓢形物，搬运时因水晃动而分解，可能是当时放置其中的舀水瓢①。

## 二、浴具典型实例

## （一）扁柏浴缸

图7-32　扁柏浴缸 建筑大师隈研吾打造

材质：扁柏［*Platycladus orientalis*（Linn.）Franco］。

结构：扁柏浴缸，呈长方体状，四边之间以及与底面榫卯连接，形成框架，无盖，呈中空，周身涂饰透明防水漆，尺寸不详。

功能：实用类，浴具；兼具观赏性。

技艺：扁柏锯材，经自然干燥或人工干燥后，拼宽接长，端面开榫，垂直榫卯结合，形成框架结构，表面涂饰抛光。

文化特征：沐浴不仅是为了清洁身体，也为了放松身心。木质浴缸给空间环境增添了温柔质感，木材良好的保温性及节能环保性，契合设计师"回归自然"的设计理念。木质浴缸的视觉特性、触觉特性、嗅觉特性以及生物调节特

---

① LY/T 3220-2020 木质浴桶［Z］. 国家林业和草原局，2020：1-16；杨倩楠. 木材美学理论与应用初探［J］. 林产工业，2021，58（03）：75-76，79.

性对人的生理、心理感受和健康状态具有积极的、良性的调节作用，给人以温暖舒适感。扁柏富含抽提成分，可以长时间散发芳香气息，表达了居住空间的宁静诗意，成就了居住空间的宽阔心境①。

（二）黄杨木盆

**图 7-33　清代黄杨木盆 贵州省安顺市平坝区博物馆藏**

材质：黄杨木（*Buxus* sp.）。

结构：黄杨木盆，盆高 34 厘米、壁厚 2.1 厘米、周圆长 127 厘米，外壁缠三道铜箍。木盆表面题刻铭文。

功能：实用具，盛水浴具；或观赏性工艺品。

技艺：清代道光年间以千年黄杨树干整雕而成，为防止年久破坏，以三道铜箍固定，并在盆侧壁题诗纪念。

文化特征：作为贵州省安顺市平坝区非物质文化遗产，相传为吴三桂途经贵州入驻伍龙寺时所用，是天台山伍龙寺的传寺之宝和珍贵的文物，被奉为百毒不侵、镇恶避邪、平安吉祥之上品。

（三）杉木浴桶、浴盆

材质：杉木 [*Cunninghamia lanceolata*（Lamb.）Hook.]。

结构：杉木浴桶（盆），由桶（盆）身、桶（盆）底组成，或有桶（盆）盖。截面呈长圆形或圆形。底部或安装有出水口，桶（盆）身外侧或有金属箍。

---

① 李明，袁希晨. 基于宜人性的老年人卫浴设计 [J]. 艺术科技，2017，30（01）：288-289；高绮梦. 基于用户体验的生态淋浴房设计 [D]. 哈尔滨：哈尔滨理工大学，2021；李烨晴. 温泉度假酒店景观设计研究 [D]. 南京：东南大学，2021.

图 7-34 市售杉木浴桶、浴盆

根据标准《木质浴桶》（LY/T 3220-2020)①，浴桶（盆）按用途分为沐浴用、足浴用、婴儿/儿童用。不同用途类型，规格尺寸不同。

功能：实用类，盛水浴具。

技艺：杉木锯材，经自然干燥或人工干燥后，锯成窄条，拼宽作为桶身或桶盖，或拼宽接长作为桶底。桶身与桶底钉结合，桶盖与桶身不固定。桶身、桶底和桶盖所有表面均涂饰油漆。桶身外侧或采用桶箍紧固。

文化特征：木桶（盆）作为现代沐浴的重要工具，木桶浴已经成为一种有利身心的沐浴文化。以自然水力的冲击按摩，不仅增强心肺功能，还能迅速减去疲劳之功效。研究表明，木桶浴浸泡 1 小时所产生的抗炎症和降血糖反应类似 1 个小时中等强度的体育运动。木桶（盆）无污染、无辐射、不带静电、保温性强、易清洗。同其他材质的桶（盆）相比，木桶（盆）的保温性能好。在泡澡过程中，人体舒适度高。此外，木材纹理细腻优美，放在浴室中可以起到装饰作用，同时木材也可以起到散发清香去除异味的作用。

（四）桦木桶

材质：白桦（*Betula platyphylla* Sukaczev.）。

结构：刺花桦皮桶，呈圆柱状，上口略小于底口，有盖。盖与筒身由麻线或马尾连接，桶身与盖雕有花纹。

功能：实用类，盛水浴具；或观赏性工艺品。

技艺：每年农历五六月间，鄂伦春族猎民从白桦树上剥取桦树皮，去除硬皮和疤结，后经压平、选材和分类，采用麻线或马尾缝制成桶、箱或其他器物，并在口沿镶嵌宽窄相应的薄木边，以及精美图案和花纹。

---

① LY/T 3220-2020 木质浴桶［Z］. 国家林业和草原局，2020：1-16.

图7-35　刺花桦皮桶 北京故宫博物院藏

　　文化特征：桦皮桶不变形、不开裂，防潮性能好，轻便耐用，可以使用十几年。鄂伦春族女子出嫁，都会精心制作桦皮桶、箱、盒等作为陪嫁。桦树皮工艺品自然而平凡地反映了鄂伦春族民间淳朴的民风和情感，表达了他们对美好生活的期盼和美感，传递了民族文明和历史记录。2006年，桦树皮制作技艺被列入第一批国家级非物质文化遗产名录，被称作鄂伦春民族的活化石。

　　（五）木瓢

图7-36　木瓢 吉林省长白朝鲜族自治县非物质文化遗产传承人李忠元制

　　材质：椴木（*Tilia tuan* Szysz.）。

　　结构：椴木瓢，由木瓢本体和手柄组成。木瓢本体和手柄为一整体，尺寸不详。木瓢表面有手绘图案。

　　功能：实用具，盛水浴具；或观赏性工艺品。

　　技艺：椴木原木对剖成对开材，采用凿刀雕凿木瓢外形。经自然干燥或人工干燥至气干，后打磨抛光木瓢内外面。或可在瓢面作画①。

文化特征：作为吉林省长白朝鲜族自治县非物质文化遗产，将长白地区的大好河山与当地传统民居特色展现得惟妙惟肖，非常精美，充分展现了传承人对儿时记忆的回味、对貌美家乡的热爱，以及对长白文化的传承。

---

① 杨倩楠. 木材美学理论与应用初探 [J]. 林产工业，2021，58 (03)：75-76，79.

# 第八章

# 白木雕刻

## 第一节　剑川木雕

### 一、剑川木雕文化历史演变

剑川是全国著名的"木雕之乡"。早在一千多年前的南诏时期，剑川雕刻艺术家们就创造了剑川石宝山石窟的伟大奇迹①。元明清时期剑川木雕已传遍云南、贵州、四川、西藏等省区，产品远销缅甸、泰国、老挝等东南亚国家。许多著名的建筑都有剑川木雕工匠的参与，北京的明清故宫和清代承德避暑山庄的木雕装饰，昆明金马碧鸡坊、三牌坊、圆通寺、华亭寺，以及滇西一带的不少建筑都出自剑川工匠之手。

剑川木雕，始于公元 10 世纪。木雕艺术主要用于建筑物装饰。以浮雕为多，现已发展为艺术价值很高的木雕工艺品，尤其是云木雕花镶嵌大理石家具，用优质硬木精心雕出龙、凤、狮、孔雀、梅花等传统图案，制成桌、椅、茶几等，再镶嵌上苍山特产的彩花大理石，显得古朴大方、新颖高雅，富有浓郁的民族特色。

剑川木雕不仅能做古建筑及居家的雕花装饰，如斗拱、门楣、格子门、八仙桌、客堂供桌、茶几、床凳等，而且涉及日常用品，如箱柜、笔架、茶盘以及民间乐器。木雕雕刻的内容以花草、动植物图案为主，有香草纹、龙纹、凤纹、狮头、凤头、云纹等，变化多端，独具匠心；也有神仙传说故事的题材，常见的有"八仙过海""八仙庆寿"等。

建筑装饰大件中最有特色的为格子门，一般以 4 扇或 6 扇为一堂，置于寺

---

① 陈钧，段四兴. 云南大理剑川段国梁木雕艺术 [M]. 云南：云南美术出版社，2016.

庙大殿和居家正厅客堂，有2层至4层镂空浮雕等，内容有"富贵根基（牡丹和公鸡）、喜鹤登梅、鸳鸯戏水、白鹤飞松、鹿鹤同春、八仙过海"等，雕工精细，层层镂空，空间层次明朗；浮雕和立体雕巧妙融和，生动活泼。

剑川海门口是剑川木雕的源头，在距今五千八百年前，已经出现木质干栏式聚落建筑。剑川地区经过了海门口"干栏式"人类木质建筑萌芽时期的探索与发展，经过南诏、大理大规模宫廷建筑时期的锤炼（唐宋时期的佛寺建筑与宫廷建筑盛行，给剑川木雕工艺的展现提供了一个舞台）；后来到元代，剑川木匠也经常被重用；尤其明、清两代，剑川木匠艺人遍及滇、黔、川，并有幸参加了北京故宫、圆明园等古建筑的建设实践，地方木雕工艺和建筑水平得到更进一步的提高，在云南形成了独树一帜的剑川木雕工艺流派，全县范围形成了以木雕工艺为代表的古建筑产业。

改革开放以后，社会经济得到了巨大的发展，人们的生活水平不断提高，旅游业逐渐发展。精神文化，尤其是传统文化重新受到重视，剑川白族木雕得以飞速发展。剑川木雕如今已经逐渐迈向规范化、产业化的经营方向，不仅有各种各样的木雕设计加工工厂，还形成了专业的"木雕村"——剑川的狮河村，以及家家户户的手工小作坊，是名副其实的"中国木雕艺术之乡"。剑川木雕历经几千年完成了由传统的建筑木雕、家居木雕，到今天的小件工艺品木雕的华丽转变，在继承传统工艺的基础上不断创新、开发出独具剑川白族特色的木雕工艺作品与旅游商品。

## 二、剑川木雕典型实例

### （一）格子门

图8-1 格子门

材质：雕刻花板为椴木（*Tilia tuan* Szysz.），框架为杉木［*Cunninghamia lanceolata*（*Lamb.*）Hook.］。

结构：每扇格子门都由上横版、上裙板、中腰板、下裙板、下横版组成，每扇格子门上有5幅精美的木雕画。

功能：用于阻隔房屋内外，形成内部独立空间。

技艺：采用浮雕、线雕和镂空雕等工艺。

文化特征：格子门上的雕刻装饰题材多种多样，以人物、动物、花卉、宝器等为主，每个题材与意象都蕴含吉祥美好的寓意。

（二）佛龛

材质：雕刻花板为椴木（*Tilia tuan* Szysz.），框架为杉木［*Cunninghamia lanceolata*（*Lamb.*）Hook.］。

结构：佛龛是一种用来供奉佛像、神位等的小阁子，就像房子一样保护着内部的佛像。其结构与建筑类似，有冒头、挂枋、图枋、图版、挂落、垂花柱、梁头、吊牙板、围板、角花和地枋。

功能：供奉佛像、神位，保护神像。

图 8-2　佛龛

（三）折屏风

图 8-3　折屏风

材质：雕刻花板为椴木（*Tilia tuan* Szysz.），框架为红椿木［*Toona sureni*
（Bl.）Merr.］。

结构：由屏框和屏蕊组成，四片单扇配置连接。

功能：除挡风和屏障的主要功能外，还可以起到分隔、美化、协调、提亮
色彩、改变空间导向、风水、划分区域功能等作用。

技艺：深浮雕雕刻技法。

文化特征：画面依次以春牡丹、夏莲、秋菊、冬梅代表四季，寓意万物轮
回、充满生机、人运顺达、万事圆满。

（四）茶盘

图 8-4 茶盘

材质：榧木（*Torreya grandis* Fort. ex Lindl.）。

结构：由茶板、流水道、出生槽和出水口组成。流水道连接上层茶板和下
层茶板，引导水流；出水口一般接等直径大的小皮管通至蓄水桶。

功能：用于盛放泡茶所用的各种器皿，如茶杯、茶壶等，以及泡茶过程中
产生的废弃茶水和茶渣，从而保持茶桌的整洁卫生。同时还具有隔热作用，能
够保护茶桌不受热损害。此外，精美的茶盘在品茶过程中还能起到装饰作用，
增添观赏性。

（五）挂落

材质：椴木（*Tilia tuan* Szysz.）。

结构：又称"楣子"或"倒挂楣子"，是装置于廊柱间檐枋下的木质花格，
由边框、棂条以及花牙子等构件组成。

功能：要是作为装饰元素，通过其独特的设计和布局，增加建筑的美观性
和层次感，同时也能够在一定程度上划分空间，提升建筑的整体艺术效果。

文化特征：挂落的格心样式多种多样，主要有套方和万字纹等，万字纹象

图8-5 挂落

征着吉祥、幸福、长寿和繁荣，而套方则寓意着正直和吉祥，这些文化特征和内涵反映了中国古代人民对美好生活的向往和追求。

## 第二节　黄杨木雕

### 一、黄杨木雕文化历史演变

木材用于雕刻作品始于新石器晚期，当被誉为"木中象牙"的黄杨木被发现是上等的雕刻木料时，开启了黄杨木雕发展之端。起自汉代简单雕刻的黄杨木梳至唐宋时期刻版印刷，到元代出现独立的圆雕工艺品，明清时期形神兼备的人物雕像，再至近当代具有中西合璧风格特点的地方流派作品，黄杨木雕文化历史源远流长。

木雕是人类文明史中最古老的艺术形式之一，在我国有着悠久的历史。我国发现最早的木雕作品，为新石器晚期辽宁新乐出土的木雕鸟和河姆渡出土的木雕鱼①。春秋战国至东汉末，常见出土木人俑和木动物俑，在建筑上，木雕也已被应用。雕品题材与木材选用十分关键，木雕作品品质的优劣与木材色彩、密度、硬度等材质是否优良有关。《辞海》载："黄杨，木材坚韧致密，可供雕刻等。"黄杨木（*Buxus* sp.）香气清淡、色彩黄亮、材质坚韧、不易开裂、硬度适中、色泽光洁、纹理细密，是用于雕刻的上等木料，特别是其木材含有蜡质，

---

① 白竹．中国文化知识精华一本全［M］．北京：北京联合出版公司，2013.

经精雕细刻磨光后能同象牙雕相媲美，被世人称为"木中象牙"①。黄杨木虽好，但其具有生长缓慢、大料难得的特点，俗语有"千年难大黄杨树"之说。《本草纲目》记载："黄杨性难长，岁仅长一寸，遇闰则反退。"黄杨木的生长特性及其适合雕刻的优良品质，决定了其多用于小型雕刻作品。

依据不同历史时代背景，具有艺术欣赏、文化研究以及收藏价值的黄杨木雕刻作品形式及题材在不断发展变化。据考古发现，湖南长沙马王堆一号西汉墓出土的文物中有黄杨木雕刻的木梳（图8-6），表明早在汉代，黄杨木已被用来简单雕刻制作精美的梳篦②。至今可考证的资料显示，黄杨木雕以独立圆雕工艺品出现，始于宋、元，流行于明清两朝，清晚期至民国为其繁荣时期③，直至现在仍是手工业界极具文化考究价值的瑰宝。

唐宋时期，黄杨木因其色彩吉祥、树质坚韧、木纹细腻，打磨后光亮圆润，成了雕刻的上等材料，常被用来雕刻印刷中的精细文字和插图的雕版。在宋代，小件木雕较为流行，特别是雕刻小摆件。这一时期，黄杨木雕逐渐形成以单独欣赏为主的圆雕工艺品的发展趋势。到元代，黄杨木圆雕技艺已较成熟，并开始成为一门独立的工艺品。北京故宫博物院收藏的元代黄杨木雕《铁拐李》，出自元至正二年（1342年），距今约680年，为我国现存年代最久远的黄杨木雕人物像④。

明清时期，木雕工艺得到了长足的发展，黄杨木雕类型变多，从小型雕塑到佛珠、印章、家具等均有，最为昂贵的是镶嵌在红木等家具上用于装饰的。随着时间的延伸，圆雕、镂雕、浮雕等技法发展成熟，作品构造也从粗糙简单发展到更为精美丰富。黄杨木雕已从服务于装饰的配角地位，转变为自成独立的艺术品，形成了独特的艺术表现风格，并因刻画形神兼备的中国民间神话传说等人物形象而受到人们的喜爱⑤，形象取材有戏曲人物、神仙佛道、婴戏等。清晚期至民国是我国黄杨木雕最为成熟和鼎盛的时期。黄杨木雕作品中折射民俗心理的戏曲人物、宗教人物的题材明显增多，特别是浙江温州朱子常创作的黄杨木圆雕人物多次荣获国内外大奖，黄杨木雕渐发展成为以精雕细刻见长的

① 刘丽娴，朱倩倩，王羽佳．土山湾手工艺传承影响研究［J］．上海工艺美术，2020，4（01）：34-36.
② 方崇荣．现代红木家具鉴赏——话说黄杨木［J］．浙江林业，2016，4（05）：24-25.
③ 邵志清，贺寿昌．上海工艺美术精品［M］．上海：上海锦绣文章出版社，2010.
　郭中秋．新中国邮票上的浙江［M］．杭州：西泠印社出版社，2009.
④ 陈锡强．庄重与妙美——黄杨木雕艺术［M］．上海：上海科学技术出版社，2017.
⑤ 欧阳桂兰．木中翘楚 精工巧雕——浅赏清代嘉庆鸡翅木框嵌黄杨木雕寿屏［J］．艺苑，2010，4（03）：98-99.

工艺欣赏品，供人们案头摆设。

近代黄杨木雕更多体现地域文化特征，出现了各具风格特色的不同地方流派①。据有关专家考证，近代黄杨木雕创始自浙江温州乐清②。新中国成立后，乐清黄杨木雕得到迅速发展，在继承优秀传统的技法上，大胆突破、推陈出新，由"单体雕"发展成"拼雕""群雕""镶嵌雕"等多种圆雕手法。最常用的工具为翁管凿子和长柄凿子。浙江乐清黄杨木雕现已入选国家级非遗名录，与浙江东阳木雕、潮州金漆木雕和福建龙眼木雕并称为"中国四大木雕"③。随着木雕工艺的不断发展，上海的海派黄杨木雕以现实生活中的人物为主，间或以传统人物反映现实生活，并将中国传统木雕技艺与西方素描技法与线条表现、西洋雕塑的解剖与比例等手法相结合，融会贯通，继承传统而又大胆创新，形成圆润明快的雕刻技法，注重以凝练的刀法、立体的方式创造形神兼备的作品，成了中国黄杨木雕的另一典范④，有着上海市非物质文化遗产的名号。海派黄杨木雕也用翁管凿子，但是只用其出粗坯，细雕则用中碳钢丝做的雕刻刀。"海派"黄杨木雕刻创始人徐宝庆首创的传统雕刻与西洋雕塑相结合的表现形式，还影响了其他木雕、牙雕等传统雕刻，创造出现代中国雕刻的新风格⑤。比较目前浙江的乐清黄杨木雕与上海的海派黄杨木雕这两个中国木雕工艺的典型代表可知，历史悠久的乐清黄杨木雕与年轻的海派黄杨木雕，发源地相近、用材相同，最常见的创作题材都是人物，但由于地域和文化的差异，形成了既相似又各具特色的黄杨木雕艺术风格⑥。另外，重庆黄杨木雕、苏州黄杨木雕、福建黄杨木雕等也是不容忽视的存在，皆是对传统黄杨木雕的继承与发展。

黄杨木为黄杨科黄杨属植物，是一种四时不凋的常绿灌木或小乔木。在我国分布广泛，除东北外，全国各省区均有自然分布或栽培，主要分布在中部各省区⑦。黄杨木为散孔材，生长轮不显明或略显明、宽度不均匀、甚窄，木射线极细或略细，材质坚韧细密、纹理细致均匀、略重硬、色彩黄亮。具有较强的

① 谭小兵. 中国工艺美术大师柯愈劭 [M]. 重庆：重庆出版社，2017.
　　马承源. 文物鉴赏指南 [M]. 上海：上海书店出版社，1996.
② 王宇. 文玩收藏与投资：雕器 2 [M]. 北京：中央民族大学出版社，2005.
③ 石鸣. 木雕艺术：木头无言，匠心其妙 [J]. 经营管理者，2020，4 (01)：98-101.
④ 王晶，沈丽颖. 异彩纷呈的民间美术 [M]. 长春：吉林出版集团出版社，2014.
⑤ 肖秦. "海派"五刻 [J]. 上海工艺美术，1996，4 (03)：18-20.
⑥ 陈静静. 海派黄杨木雕与乐清黄杨木雕的比较研究 [J]. 大众文艺，2017 (13)：70-71.
⑦ 肖斌. 鬼斧神工 根雕 木雕 玉雕 石雕收藏与鉴赏 [M]. 北京：新世界出版社，2018.

抗虫耐腐性、易锯解、握钉力优良①。黄杨木香气轻淡，材质优良，是用于雕刻的上等木料②。黄杨树的树干、树冠和树根，均可用于雕刻。其中，树干利用率最高；树冠分主枝、侧枝，适合制作体积较小的雕刻品；树根可被根雕艺人依材立意进行局部雕刻创作③。黄杨树生长较慢，具有大料难得的特点④。故多用于文玩陈设、印章或镶嵌装饰材料等⑤。另外，有中医药相关资料述及，黄杨木有一定药用价值，可祛风除湿、理气止痛、清肝明目、杀菌和消炎止血等。

　　黄杨木雕工艺流程复杂。纵观其复杂的操作流程，可分为构思草图、塑制泥稿、选用木料、操作粗坯、镂雕实坯、精心修细、擦砂磨光、细刻发纹、打蜡上光、配合脚盆等十多道工序。黄杨木雕的技法主要有圆雕、镂雕、浮雕、根雕和劈雕等。圆雕又称立体雕，是最具代表性的雕刻手法。镂雕又称镂空雕，是精品圆雕的一种表现形式，是将挖空通透的雕刻技法运用在雕刻作品上，形成黄杨木雕作品形象生动、玲珑剔透的主要技法。浮雕将雕刻与绘画两种艺术相结合，是在平面及一些弧形面的基础上雕刻出艺术形象的手法。黄杨木雕浮雕技法多用于文房四宝和挂件、佛光板、莲花底盘及精雕人物服装装饰图案上。根雕是以天然的黄杨木根块为立意造型依据，表现其特殊的自然效果。根雕与一般传统圆雕最大的区别是"依材取题"，而传统圆雕一般是先构思定题后再寻找合适的材料。劈雕需要创作者从被劈开的黄杨木料显现出的各种纹理中悟出题材内容，然后借用水墨画大写意的夸张手法，以自然美的"木纹"取代了水墨画里的"水墨"，依树拟形就势而凿。

## 二、黄杨木雕典型实例

### （一）西汉黄杨木梳

　　概况：黄杨木梳，1972 年出自湖南省长沙马王堆辛追墓的单层五子奁内。长 8.5 厘米、宽 5 厘米。

　　功能：实用类，梳妆用具。

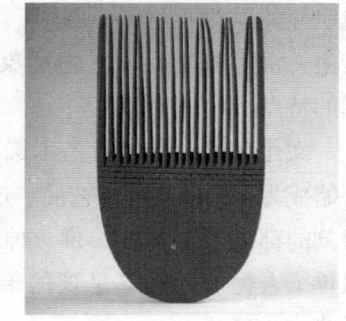

**图 8-6　黄杨木梳**
**湖南省博物馆藏**

① 汪秉. 陕西木材［M］. 西安：陕西人民出版社，1979.
② 郁宗鉴，侯百朋. 温州故实杂录［M］. 北京：作家出版社，1998.
③ 陈锡强. 庄重与妙美——黄杨木雕艺术［M］. 上海：上海科学技术出版社，2017.
④ 林静. 次级生长的植物 木材［M］. 北京：中国社会出版社，2012.
　 郭喜良. 中国名贵木材鉴赏图典［M］. 上海：上海科学技术出版社，2011.
⑤ 朴英华. 黄杨木材在建筑模型和木制品方面的用途［J］. 国外林业，1993，4（01）：28；杨倩楠. 木材美学理论与应用初探［J］. 林产工业，2021，58（03）：75-76，79.

造型：马蹄形，有 19 齿。

技艺：采用传统雕刻技法，在梳齿下方有少量简单装饰雕刻。

文化背景：古人用梳梳理头发，以篦清除发垢，梳、篦总称为"栉"。《说文解字》称："栉，梳、篦总名也。"《释名》称："梳，言其齿疏也；篦，言其齿细相比也。"黄杨木自古是制梳首选，《本草纲目》载："其木坚腻，作梳剟印最良。"

（二）元代《铁拐李》

概况：我国现存年代最为久远的黄杨木雕人物像，高 35.7 厘米，出自元至正二年（1342 年），距今约 680 年。

功能：摆件类，观赏性工艺品。

造型：铁拐李光头突额，身上穿着破衣百叶裙、挂着葫芦，右边腋下挂着拐杖，左手捏着一只蜘蛛举起，一腿直立另一腿跛起，赤脚站地。作品在服装设计上采用唐代石刻中偏重衣纹的键陀罗式艺术风格，整体表现出了铁拐李飘然超脱的仙风道骨形象。

技艺：呈立体单人圆雕形式，属于传统类最具代表性的雕刻手法——圆雕，即以单一的人物造型为主，常用圆雕表现人物形象，有生动、传神、逼真的特点。

图 8-7　铁拐李
北京故宫博物院藏

文化背景：元代黄杨木圆雕技艺已较成熟，并开始成为一门独立的工艺品。这个时期的黄杨木雕作品大多为宗教和神话传说，雕刻的都是单个的僧、佛、神仙之类，以站立、盘坐为主，呈立体圆雕形式。以单个人物加配底座呈现的单人圆雕是陈列类黄杨木雕中最基本、最传统的形式。

（三）明晚期《观世音菩萨》

概况：明晚期著名作品之一，黄杨木雕人物像，高 23.5 厘米，底径 6.1—5 厘米。

功能：摆件类，观赏性工艺品。

造型：观音长身玉立，赤足，身披天衣，高挽发髻，胸垂璎珞，右手捧经卷，左手拢衣角，身形微侧转，衣袂轻扬，于不经意间显露出神采。

技艺：采用圆雕手法，作品构造从粗糙简单发展到更为精美丰富。人物肌圆骨润，飘逸的长款衣裙呈现出柔和流畅，安详的闭目神态散发出温柔忘我，使整个作品极富美感和清灵。

文化背景：这一时期黄杨木雕已形成了独特的艺术表现风格，并因刻画形神兼备的中国民间神话传说等人物形象而受到人们的喜爱。观音面容安详，微合双目，如入物我两忘之境，澄明一片。体态呈"S"形，庄严中不失女性的妩媚。衣纹的处理繁复而华丽，将衣衫的质地、垂感等都很好地表现出来，成为此雕像中最精彩的部分。

**图8-8　观世音菩萨**
**北京故宫博物院藏**

（四）清初《东山报捷图》

**图8-9　东山报捷图（左右图为笔筒前后面）**
**北京故宫博物院藏**

概况：清早期著名作品之一，作品名为《东山报捷图》，为黄杨木雕笔筒，高17.8厘米，口径13.5—8.5厘米。

功能：同时具有观赏性和实用性。

造型：笔筒椭圆形，鹅黄色，筒壁内容有山壁、垂松、人物等。山壁右侧有曲径幽林、古松，松下三位老者围石桌而坐，谈笑自若，正在对弈。三位侍女立于老人身后，手持莲花，相顾低语。山壁左侧树高林深，峡谷重叠。两骑士高举信旗，争先恐后，策马奔驰在谷道林间。山涧一侧的石壁上刻有乾隆御题诗一首。

技艺：笔筒嵌有紫檀木的口缘和底座。筒壁采用高浮雕技法，呈现物象近似绘画，以山崖屏障为界，将画面分为两部分。

文化背景：这一时期黄杨木雕圆雕、镂雕、浮雕等技法发展成熟，雕刻内容仍以历史题材为主。笔筒取材东晋淝水之战的故事，此战为我国历史上著名的以弱胜强的战役。作品中谢安那胸有成竹的神态，表现了运筹帷幄、落子必胜的信心和毅力，与策马疾奔的信使形成一静一动的鲜明对比。

（五）晚清《捉迷藏》

**图 8-10　捉迷藏**
浙江省博物馆藏

概况：浙江黄杨木雕代表性人物朱子常著名代表作之一。作品横 20 厘米、纵 30 厘米、座高 5.3 厘米，孩童高 8.5—9 厘米，最高点石桌连孩童共 10 厘米。

功能：摆件类，观赏性工艺品。

造型：作品表现的是在庭院中正在玩捉迷藏游戏的八个孩童。空地上一孩童蒙目伸臂，屏息寻捉；前景三人，一作金鸡独立状，脖子微斜而凝视，正前稍远处的男孩，双腿弯曲，一手指划，似乎嘴里念念有词，右侧作马步的男孩保持警惕的姿态，似在顽皮地与其周旋。后景四人，似乎都觉得所处的位置不易被摸捉到，一个个无忧无虑，甚至其中一人还趴伏于石桌上，似睡非睡，石桌旁一人笑逐颜开，一个年龄稍大的有些矜持，在一旁观看，一手牵着跃跃欲试的小弟弟。

技艺：此作品有 8 位戏婴，每位呈立体单人圆雕形式，经朱子常极为传神的排列组合，形成了高低错落、疏密有致的布局，让观赏者仿佛身临其境，而戏婴们也成了有血有肉的真实再现。此时简单拼雕技艺开始出现。

文化背景：作品的创作者为朱子常（1876—1934 年），浙江黄杨木雕代表性人物，被称为游走在黄杨木里的精灵，他以创作黄杨木圆雕人物见长，其代表作品还有《六子戏弥勒》。此时期的雕刻作品不再局限于中国民间神话传说等人物形象，开始以现实人物为题材进行创作。捉迷藏是一种深受孩童喜爱的群

体游戏，江浙一带俗称"躲猫猫"。该作品于 1915 年在美国国际巴拿马赛会上
被评为二等奖。

（六）现代乐清《苏武牧羊》

概况：现代著名黄杨木雕艺术大师王凤祚于
1953 年创作，尺寸不详。

功能：摆件类，主要用于艺术欣赏。

造型：主人公苏武手执旄节、裹紧衣毡、傲立
风雪，在"天苍苍，野茫茫"的远古塞外，与蜷缩
在主人脚底的羊儿一般，感受大漠的苍凉，感受历
史的悲怆。表现了苏武在塞外牧羊仍怀念祖国的
情景。

技艺：将人物、动物和道具及背景等相互拼合
在一起，安放在一个底座上。采用的是拼雕技法。

文化背景：作品创作者王凤祚是朱子常黄杨木
雕承前启后的重要人物，其把朱子常的黄杨木雕技
艺精髓传到乐清并不断创新，推动了乐清黄杨木雕
的发展。该作品为历史传统题材，表现出苏武"塞
外思故里，千里不得还"的人生遭际。该作品在上
海举办的华东民间美术观摩会展出，轰动一时，是
王凤祚的成名作①。

**图 8-11 苏武牧羊**
**列宁格勒博物馆藏**
（图源：王笃芳，2011 年）

（七）现代乐清根雕《蓑翁》

概况：浙江乐清中国工艺美术大师高公博的作
品。1985 年被国家征集为工艺美术珍品收藏，尺寸
不详。

功能：摆件类，观赏性工艺品。

造型：被细藤缠绕的地方留下了深深的凹进去
的痕迹，呈"S"形由下至上延伸。作者巧妙地将凹
处上部处理成笠帽，凹处的下部便顺势过渡成了一
件蓑衣。

技艺：根雕技法。根雕与一般传统圆雕最大的
区别是"依材取题"。不求精雕细刻，不求面面俱

**图 8-12 蓑翁**
**中国工艺美术馆藏**

---

① 王笃芳. 燃烧的历史 王凤祚与乐清黄杨木雕 [J]. 上海工艺美术，2011（03）：96-98.

到，而是以"天工"和人工巧妙结合的方式，让作品在"似"与"不似"之间展示出耐人寻味的艺术意韵。

文化背景：根雕为高公博首创，是对传统黄杨木雕的大胆突破与开拓。作者在普通的木根中发现美感与潜在的造型可能性，通过"七分自然三分人工"的处理方式，以较少的人为雕凿，将原材料中那些粗糙的树皮、疤痕和扭曲的结构转化为特定的人物形态、服饰和道具。作品在造型处理上收放结合，取舍恰到好处，人物生动传神，具有自然天成的意趣。

（八）现代乐清劈雕《鱼湖雨声》

概况：浙江乐清中国工艺美术大师高公博于1990年创作，高45厘米、宽14厘米，在1991年荣获中国工艺美术百花奖优秀创作一等奖。

功能：摆件类，观赏性工艺品。

造型：作品塑造出一种返璞归真、恬淡自然的雨中渔翁形象。渔翁头戴斗笠，面带微笑，脸旁可见斗笠上滴落的雨水，身穿质感酷似小雨打湿的蓑衣，手持鱼竿①。

技艺：作品采用作者独创的劈雕技法，即用刀斧将木块劈开，根据劈后呈现出来的纹理、依材就形，顺势雕凿，运用夸张写意的手法进行创作，力求神似。

**图 8-13　鱼湖雨声**
南昌市中国工艺
美术大师博物馆藏
（图源：王琥，《中国当代设计全集》，2015 年第 18 卷）

文化背景：《鱼湖雨声》作为高公博的第一件劈雕作品。高公博的劈雕是对木雕工艺的成功创新，他在进行黄杨木雕和根雕的创作研究时，研发了"劈雕"这一崭新的雕刻技法，被人们赞扬为"走出了黄杨木雕数百年的限制"，为黄杨木雕的发展开辟了一条新路。由于劈雕是先劈后雕，雕受到劈的影响，它同样是先取材而后立意，根据不同劈纹的结构形状，塑造不同个性的题材内容，以形取神、以神来强化劈纹的特殊效果。

（九）现代—海派《圣母子》

概况：海派黄杨木雕刻创始人徐宝庆的代表作之一。尺寸不详。

功能：摆件类，观赏性工艺品。

造型：圣母微微侧头，轻轻环抱着孩子，神情温柔、浅浅微笑，整体形象

---

① 王琥. 中国当代设计全集：雕刻篇［M］. 北京：商务印书馆，2015.

庄严肃穆，散发出母性温柔。怀中的孩子右手叉腰，左手摸着架在左腿上的右脚，炯炯有神的双眼和笑容表现出孩子的活泼可爱。

技艺：我国传统木雕工艺与西方造型艺术、雕刻技法相结合，贯通中西技艺。

文化背景：海派黄杨木雕是徐宝庆对传统木雕的传承与创新。作品追求严谨的写实，讲究结构、比例、重心与动态的协调等，在写实的基础上充分挖掘作品的个性，此外，对于西洋雕塑中四面可观形式的运用，使海派黄杨木雕作品与传统雕刻作品产生了明显的差异。作品充分体现出徐宝庆对西方雕刻艺术的深刻理解，以及其雕刻手法的独到，其开创了现代中国雕刻的新风格——独特的海派黄杨木雕风格。

图 8-14　圣母子
上海土山湾博物馆藏

（十）现代—海派《五子戏龟》

图 8-15　五子戏龟 上海工艺美术博物馆藏
（图源：丁辉，2012 年）

概况：黄杨木雕《五子戏龟》为海派黄杨木雕创始人徐宝庆于 20 世纪 50 年代创作，作品长 20 厘米、高 14 厘米。

功能：摆件类，观赏性工艺品。

造型：五个小孩登上大寿龟，似乎怀揣着健康成长、学业有成的企盼。前两个小孩先爬上龟背，一个已稳稳坐定眺望前方，另一个则趴着试图坐稳。中间那个显然是刚爬上去，回头看到后面还有一个在费力向上爬，于是伸出左手去拉，同时右手扶着前面的同伴；第四个虽然也已爬了上去，但在龟背的斜面上还未坐稳，可看到最后还有一个小朋友，也情不自禁伸出右手想去相助①。

技艺：采用群雕技法。由一群人物组成雕刻作品，按构思构图逐个摆放在同一个空间画面里。作品的整体结构具有团块感，五个小孩的动态、衣纹乃至龟的细部都刻画得真实生动。

文化背景：作品以"五子登科"和"龟鹤长寿"为题材，是作者从西洋的宗教艺术创作转向西方艺术和中国传统雕刻艺术相结合的佳作。此时的作品常以"三百六十行"为素材，如《修鞋匠》《补碗》《爆米花》《磨剪刀》等，真实生动地展现了当时民间的生活百态。

## 第三节　东阳木雕

### 一、东阳木雕文化历史演变

东阳木雕因地得名，是中国四大木雕流派之一。其师宗鲁班，滋长于秦汉，形成于唐，经宋至明技艺臻于纯熟，到清代进入技艺全盛期。

因为木材易朽，故而东阳木雕古物存世不多。根据东阳市文保部门相关记载，民国时，东阳城东冯高楼村冯宿、冯定兄弟之墓遭盗掘，曾出土圆雕木俑，但遇风即化成灰土。同时期被盗掘的还有唐代宰相舒元舆的祖坟，也有圆雕木俑出土。冯氏兄弟系中唐人物，一门"兄弟两尚书，祖孙九进士"，其府第"高楼画廊，照耀入目，其下步廊几半里"，规模宏大，装饰精美。又有东阳法华寺（中兴寺），系由唐代贞观元年（627年）进士历文才舍宅而重建，"长梁巨栋，凌空而构，架飞禽走兽，雕姿而刻饰"，形成"或状若云腾，或势如泉涌"的艺术效果。由此可见，至晚于初唐时期，东阳木雕已与建筑营造融于一体，形成了独特的木雕装饰艺术体系；中唐时期在墓葬中已经盛行木俑陪瘞，而从木俑造型可以看出当时东阳木雕向宗教造像发展的趋势。这也是东阳木雕从平面浮雕向平面与立体兼擅过渡的重要时期。

藏于东阳中国木雕博物馆内的一尊宋代罗汉像，是现存最早的东阳木雕实物。其出土于北宋建隆元年（960年）始建的南寺塔（又称中兴寺塔），材质为枫木。像呈立姿，立于三棱形佛龛内的莲座之上，整尊佛像采取以线为主、线面结合的深浮雕技法，神情生动，眉目可亲。据上述遗物可以推定至晚于五代

---

① 丁辉. 巧夺天工的海派黄杨木雕［J］. 创意设计源，2012（04）：64-71.

十国期间，东阳木雕已作为佛教造像常用艺术手法在民间大量流行。

从南寺塔出土的罗汉像的雕工也可以看出，唐季以来，东阳木雕开始注重精雕细刻，佛像的表情、衣褶的肌理、背光的焰纹等，莫不线条流畅，状物逼真，造型准确。而在南宋时期，随宋室南迁，建都临安，众多东阳工匠征召参与都城建设，催生了江南建筑三大行帮之一的"东阳帮"。在专业化分工体制下，建筑木工于此期分化成大木作和小木作。大木作负责梁柱、屋架的制作，小木作负责建筑装饰和家具制作。木雕工匠归并入小木作，开始探索木雕与建筑构件的物理融合，使木雕更符合装饰美学与物理力学。1156年，乡绅胡嘉猷献地，在县城吴宁建辉映楼。作为县学的一部分，斯楼"琢桂为户，文锦楹兮。名翚引翼，翠螭胜兮"，可以窥见当时的东阳官方建筑已采用了木雕与彩画并用的装饰艺术。

到明代，东阳小木作又分化成专门从事家具制作的"细木"以及专门从事木雕的"雕花"两个匠作，雕刻由独立的工匠负责，对东阳木雕艺术的形成和发展起到了决定性的作用，并促进了东阳木雕应用范围转型，推动了其在建筑和家具等领域大量应用。从境内现存的明代建筑可以看出，明代东阳木雕已把平面浮雕作为基本雕刻技法，在早期线刻阴雕的基础上，发展为以浅浮雕、深浮雕、镂空雕等多种技法并用，雕刻风格也由稚拙的"古老体"发展为专业的"雕花体"。清代中叶，东阳木雕进入全盛期，嘉庆、道光年间，数百名东阳木雕工匠应召到紫禁城从事皇宫雕饰，直到清末，宫内龙廷、家具等雕刻多出自东阳艺人之手。东阳木雕于此期享誉全国并向周边省份如江西、安徽扩展。与此适应的是，东阳木雕技法由简入繁，追求精致、细腻、典雅的艺术气质，并于清末民初由"雕花体"向"画工体"变迁，以国画画谱为蓝本所雕刻的物像更加写实，融入现代几何透视，造型更加精准，人物也从原先的"五头身"向着"七头身"甚至"九头身"发展，更符合时人的审美，也奠定了现代东阳木雕的艺术风格。

除此之外，东阳木雕还广泛应用于雕版印书。其最早始于唐代，南宋时婺州成为全国四大雕版印刷中心之一，操刀者多为东阳木雕高手。东阳县（今浙江省东阳市）境内亦多私人雕版刻坊。如70卷《三苏文粹》，目录后有真书图章"婺州东阳胡仓王宅桂林堂刊行"，即出自今之东阳江北湖沧村内私家刻坊桂林堂。宋代葛洪所著《蟠室老人文集》为东阳葛氏家刻本，刻于南宋嘉熙年间（1237—1240年），经历兵燹后残存十卷，其中十四、十五卷流出东阳后藏于南京图书馆。葛洪为东阳人，历任工部尚书、国子监祭酒、端明殿学士等，这部文集采用白口、单鱼尾版式，字体为欧体和柳体，雕工古劲秀雅。南宋时金华人唐仲友是著名刻书家，与吕祖谦、陈亮并名于世，1171年出任台州知府。在台州期间，雇用东阳木雕匠人，雕刻印刷《荀子》等书600余部，雕刻精致且异常清晰，是中国出版史上的精品，人称"宋椠上驷"。据《朱文公集》载，唐仲友到任后，"关集工匠""乘势雕造花板，印染班缬之属，凡数十片，发归本家彩帛铺充染帛用"，让在台州的东阳雕花匠人雕刻花板，送回老家的彩帛铺印染花布。至清代，东阳境内仍存茹古斋、厚德堂、立言堂、学耨堂等私家刻坊。雕版以平面浮雕为主，此为东阳木雕以平面浮雕为主的技艺特色外现之一。

经历漫长的千年演变，东阳木雕最终发展成为以平面浮雕为基本技法的雕刻艺术，以散点透视构图、多层次浮雕、讲究平面装饰的艺术手法，形成了鲜明的艺术特色。又因其色泽清淡，保留原木天然纹理色泽，格调高雅，所以被称为"清水木雕"，归属于"白木雕"。"清水木雕"说法多用于建筑装饰上，因为东阳建筑木雕多采用樟树，其自然的香味可以驱虫防腐，所以无须上漆或者只刷桐油防湿气渗入。直到1965年前后，大规模使用质地洁白的椴木后，东阳木雕才流行"白木雕"的说法。东阳木雕用于家具之上，则形成两种风格：一是以白色软木为材、朱漆贴金的"十里红妆"家具，雕缋满眼，金碧辉煌。二是以红木为材、充分利用其自然纹理和色泽而施雕的红木家具。

东阳木雕最精华的雕刻装饰艺术集中于建筑之上，主要为各种梁架结构和门窗。

插柱式抬梁是明中期以后东阳传统民居的典型做法。明代早中期可见直梁，后演变为月梁，且月梁的挖底也逐渐增大，形成胖胖的"冬瓜梁"。两端梁头原先无雕饰，后来出现以线条为主的浅浮雕花纹，开始为回纹，后来为眉月状、半月状趋向抛物线状、鱼肋状，俗称"龙须纹"。龙须纹的刀工圆熟锋利，苍劲有力，线条流畅，简洁明快，东阳民国时期"木雕宰相"黄紫金如此评价："即使是简简单单的两条梁须，也雕得非常恰到好处，是现在一般师傅所不及的。"梁下垫有深浮雕的扇形雀替，俗称梁下巴；梁上有深浮雕、浅浮雕、镂空雕、圆雕等多种雕刻技法制成的"坐斗"。

坐斗之上，设置有东阳传统民居中特有的"小穿枋、上穿枋"，其在宋代称为剳牵，又称单步梁。东阳木雕工匠将这一构件雕刻出卷草纹，形成类似大象鼻子和虾背的构造，俗称"象鼻挂""花弓背""倒挂龙"等，不仅张扬了建筑美学，还保证了两柱头和两桁不发生位移。

在所有建筑构件中，最为繁华耀眼、花团锦簇的是被东阳人称为"牛腿"的斜撑。这种结构在明初是木工活，造型呈壶瓶嘴状，光滑无花纹，或仅刻几条曲线，后来逐渐雕小花。到明代中叶变成变形龙纹的"倒挂龙"。清代乾隆年后制作的这种"牛腿",是东阳传统民居的画龙点睛之处,其融合了深浮雕、多层镂空雕、圆雕、半圆雕等技法,图案内容丰富多元,既有吉祥瑞兽,又有历史人物、山水名胜。"牛腿"上方还有雕花的琴枋、花拱、花篮、垂柱等,组成了民居檐口之下最动人的群组雕饰,独树一帜。

门窗装饰方面,东阳木雕在锁腰板(绦环板)、裙板、格扇之格花、花结、天头、漏窗上,根据功能需要和视觉艺术,在清中后期形成了丰富齐全的装饰手法。锁腰板多用深浅浮雕甚至薄浮雕,适合近距离观赏;裙板为保证安全坚固,多用浅浮雕几何纹样甚至不雕;格窗上为了采光通气,多用镂空雕。

总之,从东阳现存的明代和清代古建筑上的雕刻来看,东阳木雕的建筑装饰艺术在明代即已能适应各种建筑物,包括宅、祠、堂、厅、寺、庙、表坊,无论是屋架还是门窗装饰,都有了齐全的装饰手法,不仅形成了有各种吉祥寓意的雕刻图案,而且布局统一,无论是题材撷取、构图设计还是雕法刀工,都自成体系,蔚为大观,显示出东阳木雕作为客体艺术的高超技艺水准。

传统家具是东阳木雕施艺的又一重要领域。1963 年 4 月 23 日,东阳南寺塔(中兴寺塔)倒塌时,塔身第七层出土了一个大木柜,上面雕刻有如意云头纹,专家根据其髹漆工艺推测或为明早期文物。卢宅肃雍堂内的一张明式架子床,床的围栏用短木料拼接成万字纹,每块木料双面落膛打洼。虽然没有繁复的雕刻,但在床前挂檐下有垂柱头和牙角,雕刻莲纹和龙须纹,采用了圆雕和浅浮雕技法。而东阳市画水镇紫薇山村国家级文保单位紫薇山建筑群内,则珍藏着东阳最早的明代红木雕刻家具,包括长条案和南官帽椅,其主人为南京兵部尚书许弘纲(1554—1638 年)。长条案雕饰简单,仅在案腿上方各镶嵌一块牙板,寥寥几条曲线掀起浪花,刀法流畅,朴实无华。南官帽椅 S 形椅背的上陷地深雕花鸟图案,上行玉石镶嵌,简洁明快,富于美感。到清代时,东阳木雕家具已随处可见,尤其是嘉庆、道光年间,东阳木雕达到精细雕刻的高峰期,家具上的雕刻相当精致,富庶人家往往早几年就雇请木雕艺人在家制作家具,所雕家具涉及花床、花橱、顶箱橱、八仙桌、太师椅、脸盆架、挂衣架、梳妆台、首饰箱、织带机等,特别是花床,其床门围子、围栏多从建筑雕饰中借鉴结构和纹样,形如巍阁重楼,雕刻完成后朱漆贴金,其豪华者费工在千数以上,俗称"千工床",往往数代相传,蔚成东阳雕花家具一大瑰宝。

清代咸丰年间,社会动荡,民不聊生,东阳木雕由建筑和家具雕刻发展为纯商品性、行销海外的工艺品生产。这一时期,众多东阳木雕匠人挟艺行走于金华、衢州、严州(建德)等地,并随在这一带经商的徽商来到江西、安徽,为其营造厅堂府第,在当地留下了众多佳构精品。鸦片战争之后,西方列强入侵，西式木器也随之渗入中国沿海各省份，随列强而来的洋商为打开中国市场，纷纷开设有利可图的行业，其中就包括家具业。而这个时期，农村建筑和家具上的雕饰日趋减少，一大批东阳木雕工匠投身商业性生产，融入国际市场。

1896 年开设于杭州的仁艺厂主打商业性木雕生产，其工人就是东阳木雕艺人，多时达两百余人，工友们结合平时的技艺表现，为一批雕花高手"封皇拜相"，如"雕花状元"刘明火、"雕花皇帝"杜云松、"雕花榜眼"楼水明、"雕花宰相"黄紫金等。1915 年，在美国旧金山举行的巴拿马万国博览会上，杭州仁艺厂的东阳木雕相架、书箱获得最高等级"大奖章"，室内陈设木雕工艺品获"金质奖章"。借助仁艺厂，东阳木雕发展成为外销工艺品，仁艺厂也成为东阳木雕纯商品生产的第一个专业厂，成为东阳木雕从传统走向现代的起点。

1920 年，上海"仁昌木器古董店"开设，成为东阳木雕艺人在沪发展的第一个"驿站"。借助沪上东西交汇的时风，东阳工匠生产出了雕花"麻雀箱"，成为英法租界的时髦货，催生了多家木器店。到抗战前夕，在上海从事木雕家具制作的东阳木雕艺人达 400 多人，厂店林立，高手云集，一大批东西合璧的木雕家具被东阳艺人开发并远销欧美各国，主要有啤酒柜、咖啡台、火炉凳、茶几、写字台、屏风、大餐厅等，一时声名鹊起。借此时机，东阳木雕从农村发展到城市，从以建筑装饰为主转向了以家具装饰和陈设欣赏品为主，生产方式也从农村上门加工转变为资本主义经济的城市工厂化生产。直到 1925 年前后，尤其是日本侵华后，东阳木雕才从上海转向香港，开辟产销新埠。

香港家具行业门类众多，其中樟木箱独树一帜。此类产品原先光素无雕，随着东阳木雕艺人杜夏喜兄弟率先赴港，开发出雕花樟木箱，其他东阳木雕艺人也从沪杭纷至沓来，集中至港九，综合樟木、柚木、酸枝木等，开发出精雕细刻的客厅、餐厅、睡房系列西式家具，行销五洲，使得香港成为东阳木雕家具外销的另一重要基地。东阳木雕艺人蒋恒鹤不仅于 1930 年开设了艺华盛木器行，集纳了著名木雕艺人卢连水、油漆艺人徐嘉德，还于 1958 年当选为香港雕刻木器行业樟木箱商会主席。英国女王伊丽莎白二世结婚时，港督所赠的贺礼——满地雕花樟木箱就出自楼水明之手，彼时他在东阳老乡陈济华在香港创办的华兴公司担任把作师傅。

1935 年前后，日寇染指香港，在港的东阳艺人纷纷避乱于新加坡，先在当地木器厂务工，部分人有了一定积蓄后开设木器厂和门店，但多未成规模。1945 年抗战胜利后，东阳木雕艺人又陆续返港重操旧业，促进了香港雕刻木器业的再次崛起。此时的家具雕材，大多为东南亚所产的各类硬木，由于成色古典高雅，技艺巧夺天工，吸引了各国客户订购。到 1961 年，香港家具企业达

200多家，为之服务的木匠、漆匠、铜铁匠达3000多人，大部分是东阳人。以他们为主，东阳木雕家具占据了香港手工艺产品出口额的"大头"。借助杭州、上海、香港这三大基地，东阳木雕于民国时期逐步走向世界，获得了"东阳木雕甲天下"的美誉。

新中国成立后，东阳木雕枯木逢春，开始了以个体生产为主的恢复性经营。1954年，北京工艺美术服务部派人来东阳，商谈恢复东阳木雕生产、重返国际市场的问题。当年，楼店木雕小组成立，同年升格为上湖木雕生产合作社，1956年转为木雕工艺合作社。同时期，第二木雕工艺合作社成立。1958年，两大合作社与东阳竹编工艺社合并，成立东阳木雕竹编工艺厂。1960年该厂转为地方国营企业，更名为东阳木雕厂。从1959年承担新中国成立10周年献礼产品和展品开始，东阳木雕陆续承接了新中国成立以来著名场馆的木雕装饰工程，如北京人民大会堂、北京钓鱼台国宾馆、上海革命历史博物馆等，以及重要文化场所如杭州灵隐寺大雄宝殿的修缮装饰、大佛重光等工程。在国际市场上，东阳木雕成为东阳最重要的出口创汇产品，各类木雕家具、木雕装饰陈设品大受欢迎。1980年新加坡董宫酒家所用的24幅巨型木雕条屏，每幅长12米、宽1.2米，由东阳木雕厂设计制作，受到时任新加坡总理李光耀的高度评价。这个时期的东阳木雕，装饰风味更加浓厚，实用与装饰的结合更加和谐，题材内容也更加丰富，更加适应现代建筑的结构。但因20世纪90年代末期，国有企业体制弊端限制，东阳木雕艺人纷纷南下广东，成为当地红木家具业的生产主力，东阳木雕一度陷于低谷。直到2008年，中国工艺美术大师陆光正承接了江苏无锡灵山梵宫内部木雕装饰工程，东阳木雕重焕新彩。差不多同一时期，广东红木家具业受国际金融危机重创，大批东阳木雕艺人回流故乡创办红木家具厂。之后，以陆光正为代表的东阳木雕艺人，以建筑装饰和红木家具的珠联璧合，承接了众多重大政治活动的场馆装饰和家具业务，包括APEC北京雁栖湖会议、G20杭州峰会、金砖厦门峰会、上合青岛峰会、武汉军运会、西安全运会、杭州亚运会以及澳门回归30周年庆典等，同时走进了众多知名文化景点如杭州雷峰塔、西湖楼外楼、南京牛首山等。这个时期的东阳木雕，因为陆光正创新出多层叠雕技法，突破了面积限制，单幅规模越来越大，超过百平方米的巨作屡屡可见；与建筑的结合更加紧密，无锡灵山梵宫的装饰就突破了东阳木雕在超大、超高空间的应用局限；全屋定制盛行，家具与建筑装饰水乳交融。东阳木雕在建筑、家具、陈设等领域全面开花，迈入有史以来最辉煌的发展时期。

二、东阳木雕典型实例

（一）宋代阿难罗汉像

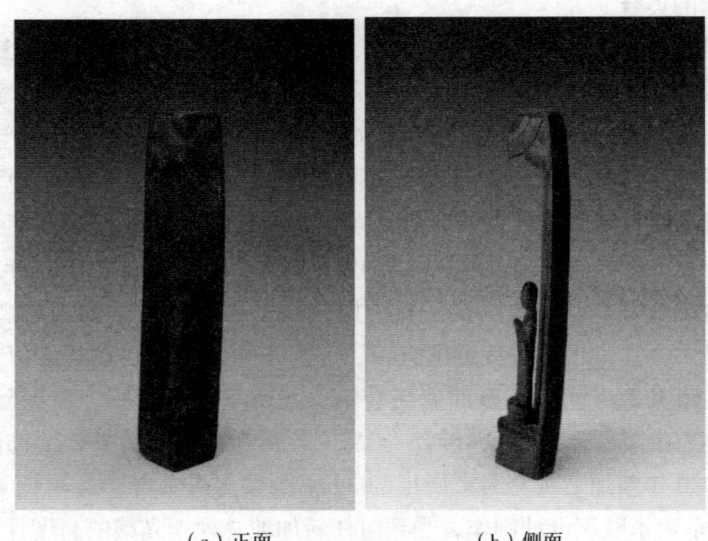

（a）正面　　　　　　　（b）侧面

图8-16　宋代阿难罗汉像（国家一级文物 藏于东阳市博物馆）

材质：枫木（*Liquidambar formosana* Hance）。东阳民间旧有"千年高搁枫，万年海底松"的说法，意谓年份久远的枫树经过风干后，是上好的建筑雕材，早期多用于制作厅堂梁柱以及家具。

结构：用一块长 18.7 厘米、宽 4.2 厘米的三棱柱形枫木雕刻而成独立的佛龛，龛下端是 1 厘米高的莲花座，座上伫立双手合十的阿难罗汉像；龛顶部是三层垂帐。左侧棱线上有两个用于系绳的小孔，根据三棱柱造型和磨损明显的小孔判断，应该还有释伽。

功能：宗教礼佛用具，宋建隆二年（961 年）东阳建造中兴寺塔时供入塔内。

技艺：综合运用圆雕、镂空雕、浅浮雕等技法。罗汉用圆雕技法刻成，着贴金交领式袈裟，长弧形和直形线条把衣褶表现得细密丰富，显得衣服质地轻薄。罗汉脚下莲花座线刻两层仰莲纹，莲花座下是四段式须弥座，运用浅浮雕技法，纹样精致。佛龛顶部垂帐采用镂空雕和浅浮雕技法，肌理细腻，悬垂感极强。从佛像面部刻画形式、衣纹线条与刀法，结合用料，可以看出东阳木雕早期"古老体"的风格。

（二）明末清初劈刀工顶箱柜

图 8-17　明末清初劈刀工顶箱柜

材质：香樟木质重而硬，香味浓郁，具有较强的防虫防蛀、驱霉防潮效果。东阳民间常用其制作大橱、衣箱、书箱，是大型厅堂等建筑雕饰主要材料。

结构：顶箱柜为矮型橱柜，顶部可放箱子。此柜柜体上部为搁板式两层，安装 4 扇柜门，中间两扇可开合，边上两扇固定封闭。每扇门用 3 方雕花板拼合而成，从上而下依次雕刻人物、花鸟、博古图案。柜体下部为两个抽屉。此柜在东阳民间较为多见，置于卧房之内，常用于放置当季衣物或者较为贵重的小件物品。

技艺："劈刀工"是南宋到明代中期东阳家具制作中常见的工艺。其做法是用单根小根制作家具的脚和档，用斧头在小料上劈削出 4 个平面做成方档直料，为了节约木料，方料 4 只棱角削成圆弧形，东阳俗称"塌脸"，达到小料大用的目的。这种方料的形状实际上有 4 个平面、4 个弧面、8 条直线，方圆结合，直线竖挺，弧线柔和。到明末时，木匠用"踩花刨"加工后，形成正面看上去为 2 个平面、4 个弧形、8 条直线组成的双拼档。此件顶箱柜的内外框架直档就是双拼档。柜面雕工为深浮雕，抽屉面板为浅浮雕如意卷草纹，脚部牙角镂空雕卷草纹，均属鲜明的"古老体"风格。柜子髹黑漆，再施以金粉，雕刻图案均贴金。

（三）清代光绪年间东阳南马上安恬懋德堂全堂木雕装饰

图8-18 清代光绪年间东阳南马上安恬懋德堂全堂木雕装饰

材质：香樟木［*Cinnamomum camphora*（L.）Presl］。

结构：此为东阳清代以来常见的厅堂满堂雕饰，主要分布于梁、柱、枋、牛腿以及整条檐廊的弧形天花。具体为月梁两端阴刻龙须纹，梁下垫雀替，柱头雕刻卷杀，横梁即脊桁雕饰双狮戏球，上方枋间安装卷草纹或者拐子龙纹构件。步廊弧形天花又称"船篷轩顶"，多为攒斗曲尺形嵌"卡子花"，花内镶嵌各种宝石；4组穿枋设计成半圆形的整块雕件，雕刻山水、人物、狮子等。檐下柱头安装木雕牛腿、琴枋、刊头以及花篮形斗拱，形成整组支撑构件。

功能：在不损害东阳传统民居构件力学功能的前提下，用木雕进行适当装饰，起到审美和教化功能。东阳木雕讲求"纹必有意，意必吉祥"，所雕刻的图案取自民间文学、神话传说、戏曲表演、四大名著，均具有极强的教化功能。

技艺：根据各个建筑部位的功能和构件造型，有针对性地运用不同的雕刻技法，达到审美和实用的高度统一。月梁龙须纹用阴刻，雀替多用深浮雕，脊桁用高浮雕，刳牵用深浮雕和镂空雕，牛腿用深浮雕、半圆雕，琴枋为深浮雕，刊头用圆雕，琴枋上花拱多用圆雕。雕工豪放中见细腻，写实中带写意，线条流畅飘逸，自带神采飞扬的韵味，是东阳木雕"雕花体"成熟期的登峰造极之作。

（四）民国三十六年（1947 年）东阳画水镇画溪三村世美堂牛腿

图 8-19　民国三十六年（1947 年）东阳画水镇画溪三村世美堂牛腿

材质：香樟木［*Cinnamomum camphora*（L.）Presl］。

结构：牛腿，学名撑拱，又称梁托，多呈直角倒梯形，是明清古建筑中的上檐柱与横梁之间的支撑件，主要起到支撑建筑外挑木、檐与檩之间承受力的作用，使外挑的屋檐起到遮风避雨的作用，又能将屋檐重力传递到檐柱，使其更加稳固。

技艺：此组构件综合用深浮雕和镂空雕、半圆雕等技法，刻画了传统门神形象。门神借鉴戏曲人物造型，面容饱满，剑眉星目，头顶祥云，骑狮执旗，丰神俊朗，身畔有小童捧着莲子，侍女捧着宝剑。另一组牛腿中的门神怒目圆睁，须髯如波，一手执铜一手握拳，身后兵弁执旗负刀，拔脚曲膝作欲奔状。两位门神犹如哼哈二将，一为迎吉一为驱邪。从雕刻风格看，这对门神在传统的"雕花体"内融入了"画工体"，从人物面部肌理则可见现代雕塑技法。作者金君成，是东阳木雕总厂技术高手、元老级艺人，1956 年曾参与杭州灵隐寺大佛重修。

（五）民国廿六年（1937 年）东阳上卢杨溪十八间双面双狮穿枋

材质：香樟木［*Cinnamomum camphora*（L.）Presl］。

结构：穿枋泛指纵向两柱间的一种连接构件，分前、后和单步、双步。这组穿枋是前檐廊下的单步枋，宋代称剳牵，又称单步梁，东阳称为小穿枋、上

**图8-20　民国廿六年（1937年）东阳上卢杨溪十八间双面双狮穿枋**

穿枋。东阳传统民居中一般用一块高宽比为3∶1的木方料制作，而大型宗祠、厅堂等彻上露明造建筑的上穿枋，多用一块很大的木雕件代替木方料，形制大象鼻子或者弓背的虾，因此东阳人又称其为"象鼻梁"或者"花弓背"。古建筑专家孙大章在《中国民居研究》中谈到以东阳民居为代表的浙江大型民居厅堂的单步梁时评价："这种装饰形式能产生一种弹性和运动感的美学效果，是结构美学的特例。"清中晚期的东阳传统民居流行把檐廊天花顶设计成弧形，其上4组穿枋多设计成左右相连的半圆形，保持两柱头及两桁不产生位移，保证屋面平稳。

技艺：该组双枋采用镂空雕、半圆雕为主要技法，兼及圆雕、浅浮雕。狮子造型摆脱了东阳传统农村舞狮或者舞台狮子的形象，根据《吴友如画宝》中的"中外百兽图"雕刻，狮子造型写实，俗称"洋狮子"。作者刘明火，民国时期被杭州仁艺厂的雕花匠誉称为"雕花状元"，是东阳木雕界"画工体"高手。

（六）民国时期《凤穿牡丹》床花板

材质：香樟木［*Cinnamomum camphora*（L.）Presl］。

结构：雕花床是东阳民间雕饰最繁复、最华美的家具，因所费雕工之多，故常有"千工床"之称。此床高脚，床脚架四角安柱，床顶置"承尘"，四周装楣板和倒挂牙子。正面立柱间为"三块头"床罩，中间留月洞门，上方安装床额。床之两侧及后面柱间设围栏。床罩、床额上雕刻"凤穿牡丹"和"三多图"等吉祥图案。

技艺：整个床罩和床额运用东阳木雕镂空雕技法。床罩两侧分别雕刻一凤

图 8-21　民国时期《凤穿牡丹》床花板

一凰，围绕正中的牡丹双向而立，构成凤穿牡丹的图景，既寓意凤求凰的夫妻恩爱感情，又象征婚后生活美好、光明而幸福。凤凰长尾下垂，尾端微卷围绕数枝荷花，寓意和谐。凤凰身上各部位翎毛形状不一，或平直，或波纹，或波点，或细须，长尾飘拂弧度甚大，动感极强，其颈脖部和头顶翎毛卷曲成旋涡状，造型大胆夸张，带有强烈写意味道，呈现出民国后期东阳木雕写意与写实兼具的风格特征。凤凰各立于岩石之上，一对芭蕉树各从岩畔直伸而上，叶缘外翻，相向构成月洞门。门额居中镂空雕刻佛手、石榴、桃子，寓意"多福、多子、多寿"，四周缀以牡丹和蕉叶等。整张花床朱漆贴金，富丽堂皇。作者黄紫金，东阳木雕界公认的"雕花宰相"，是东阳木雕从"雕花体"向"画工体"过渡的重要人物。

（七）当代杭州雷峰塔大型木雕《白蛇传的故事·盗仙草》

图 8-22　当代杭州雷峰塔大型木雕《白蛇传的故事·盗仙草》

材质：椴木（*Tilia tuan* Szysz.），其木性温和，白木质部分通常呈奶白色，纹理精细均匀，有绢丝感，经砂磨、染色及抛光能获得良好的平滑表面。干燥快速但收缩率颇大，然而尺寸性良好且变形小、老化程度低，是一种理想的雕材。

结构：内嵌式壁挂，长宽均为 2 米余，嵌于塔身内壁，直观展示所要表达的故事内容，供人近距离观赏。

技艺：采用了东阳木雕独有的多层叠雕技法。此技法由中国工艺美术大师、亚太地区手工艺大师陆光正创新发明，其也是杭州雷峰塔木雕装饰的总设计师。叠雕技法事先要研究画面内容，根据画面结构，分割成数个雕刻单元，完成雕刻后再用榫卯结构拼合，外观看上去天衣无缝。此法有效解决了东阳木雕大型作品易开裂的弊端，而且可以根据建筑空间灵活组合、无限延伸。此件作品在叠雕技法基础上，融入了东阳木雕分层贴片技法，把人物和山水、云气分层穿插组合，各层次之间留出适当空间距离，增强了层次感和立体感。主体人物形象借鉴了戏曲舞台造型，动作幅度极大，姿势极为优美。三大层次分别运用了不同的木材，即中景主体人物和背景山水用椴木，前景松树用非洲花梨木，中景山体又用柚木，显得更加层次鲜明，物象清晰，是东阳木雕"现代体"的创新佳作。

（八）当代《耕织图》十二扇立屏

图 8-23　当代《耕织图》十二扇立屏风

材质：红豆杉 [*T. chinensis*（Pilger）Rehd.]。此件作品所用的红豆杉为旧家具上拆下的板材。

结构：大型立屏，共分成 12 扇，拼装好后立面呈弧形，是室内分割空间、遮挡私密的可移动性屏障。其上雕刻清代焦秉贞所作《康熙御制耕织图》，共计

46 幅花板,每幅长宽均约 1 尺,刻画了中国传统农耕生活中耕与织的场景,融人物、建筑、山水等元素于一体。每幅花板的"天头"还雕刻诗作。外框为大红酸枝。

技艺:运用东阳木雕浅浮雕技法,在五六毫米的雕刻厚度内,采用精湛的平面压缩技法和现代透视原理,展示二十多个层次,真正体现了"致广大而尽精微"的精妙之美。屏风的造型比例遵循中国传统家具精髓,每幅花板与框架均用榫卯工艺拼装,经过精细打磨,把传统家具制作的线脚工艺、刮磨工艺与东阳木雕技法完美融合。作者蒋宝良,浙江省工艺美术大师,东阳木雕浙江省代表性传承人,是把红木家具刮磨工艺植入东阳木雕技艺体系的开路者,也是东阳木雕界画科的开拓者。

# 第四节 佛 像

## 一、佛像文化历史演变

中国木雕佛像的雕刻始于汉朝,盛于唐宋时期。现存最早的木雕佛像是1900 年英国考古学家斯坦因在新疆尼雅寺庙废墟中挖掘出的汉代木雕立佛(现存大英博物馆)。东晋名士戴逵为会稽山灵宝寺雕刻了一尊一丈六尺高的无量寿佛木像,是早期木雕佛像的典型代表。唐玄奘译《十一面神咒心经》中记载:"若欲造立此神咒者,应当先以坚好无隙白旃檀香木作观自在菩萨像……",说明木雕在佛像中已有广泛应用。旃檀是梵名"旃檀那"的略称,一般称为檀香。

旃檀木是最早用于雕刻佛像的材料。这种木材材质细密、坚实,更有幽雅的奇香,还有不蛀不腐、不变形翘裂、雕刻时不隙丝等许多优点。所以,旃檀木是木雕佛像的优选材料。我国只出产黄檀,材积小而多黑斑,不能用于佛像雕刻。因此,雕造佛像则多以樟木代替。樟木纹细而有韧性,不易被虫蛀,是适合雕刻佛像的上好材料。楠木又称"枬木""柟木",产于四川、贵州,质软韧且不易裂、不易变形,也是适合造佛的高级木材[1]。河西走廊一带的佛像大多使用西域特有的黄杨木和胡杨树根,明清两代开始使用南洋进口的桃花芯木、檀香木。总体上,高古木雕佛像很少使用名贵木材,多采用北方农村的常见树木,红木的大量使用是在明代和清代早期,清代中期后红木数量急剧减少,而

---

① 曹厚德,杨古城编著. 中国佛像艺术 [M]. 北京:中国世界语出版社,1993:764.

清朝皇室笃信佛教，对木雕佛像的需求大增，出自东北的硬杂木被大量用来冒充红木。

白檀木是雕刻佛像的上乘用材，一方面是白檀木具有浓郁的芳香，材色淡黄，肌理细腻，易于雕刻加工，另一方面是因为佛徒们虔诚地认为白檀木是来自释迦牟尼故里的圣树①。北京雍和宫万福阁供奉着一尊高 26 米、直径 3 米的白檀木雕弥勒像。日本奈良法隆寺的九面观音、高野山金刚峰寺的枕本尊佛也都是用白檀木雕刻而成。

黄杨木雕佛像一般以立、坐两种姿势为主，其规格不等，供家庭收藏的一般立佛在 15 至 20 厘米，坐佛约 10 厘米。与木雕佛像相配套的有莲花座和不同形状的佛光，如桃形、扇形、棱形、柱形、火炬形等。佛插屏技法有镂空浮雕与不镂空浮雕两种。根据佛教传统惯例，佛像在信徒家庭供奉前要经过"开光"仪式，即该木雕佛像要经过庙宇佛事的典礼。黄杨木雕佛像取材很严格，特别是佛像脸部用料，讲究纹细腻、色圆润，禁忌出现阴阳脸纹，即鼻子两侧面部木纹的粗细、色泽不对称。凡经过"开光"的木雕佛像更具有灵气②。

龙眼木雕起源于唐宋时期，最早为寺庙建筑装饰雕刻和神像雕塑。明清之际，独立、供人赏玩的小型雕刻兴起。与大型寺观雕塑不同的是，小型雕刻品更加讲究精雕细刻，要求原材坚实、木色醇厚。龙眼木雕顺应这一潮流获得发展。清代以后，龙眼木雕迎来鼎盛时期，其师承关系、流派格局也更加明晰。中国传统的民间工艺多采用家族世代传承的方式，工艺技巧秘不外宣。在长期生产实践过程中，不同工匠摸索出不同生产制作程序和工艺技术手段，从而形成不同派系各自的面貌和特点③。

佛像是东阳木雕的重要组成部分。商周时代，东阳木雕已经出现。至唐代，形成其艺术风格和装饰手法。至宋代，更加注重精细加工。明代盛行雕刻木板印书后，东阳逐渐发展成为木雕工艺的著名产地，主要制作罗汉、佛像及宫殿、寺庙、园林、住宅等建筑装饰。东阳木雕艺人所雕的最大佛像，是杭州古刹灵隐寺大雄宝殿内的佛教始祖释迦牟尼像，佛身净高 9.1 米，背光中嵌有七尊佛像，总高 19.6 米。莲花座高 3 米，须弥座高 25 米。释迦牟尼佛像由 24 块香樟木精雕细刻而成，佛像端庄慈祥，恢宏大气，是东阳木雕佛像中的精品。1963年，南寺塔倒塌时发现的佛像，距今已有 1000 多年，是迄今发现最早的东阳

① 赵广杰. 白木的概念及其文化特征 [J] 林产工业，2020，57（09）：1-5.

② 陈锡强主编. 庄重与妙美：黄杨木雕艺术 [M]. 上海：上海科学技术出版社，2017：193.

③ 王枝忠，杨式榕主编. 闽都文化读本 [M]. 福州：福建教育出版社，2017：225.

木雕。

　　凡木质细密而带韧性的木材，如桧木、梨木、枣木、银杏、椴木、柏木、黄杨木、龙眼木等，都是雕刻的材料。我国的木雕佛像用材中还有椴属、柳属、杨属、泡桐属等阔叶树材。中国地缘辽阔、物产丰富，南北佛像选材多有不同。北方多用柏木、楠木、银杏木、梧桐木、柳木等，南方多用香樟木、楠木、黄杨木、檀香木、龙眼木等，看木质也能大概区分出地区归属。

## 二、佛像典型实例

### （一）普宁寺千手千眼观音菩萨

**图8-24　清代千手千眼观音菩萨（普宁寺藏）**

　　年代：普宁寺建于清乾隆二十年（1755年），推测佛像与普宁寺建设年代相同。

　　地点：现藏于河北承德普宁寺。

　　材质：柏木（*C. funebris* Endl.）。

　　造型：菩萨头戴宝冠，身披璎珞，绀发下垂，宽额端鼻，慈眉善目，神态安详。佛像比例均匀，绘色绚丽，生动展示了菩萨的神采。

　　结构：佛像内是三层楼阁式结构，中间为一根两段拼接而成的柏木大柱，为使大佛稳固，大柱穿过1.22米的青石须弥座，又穿过台基深扎3.7米。大柱四周组合大量边柱，外钉衣纹占板密封。

　　文化特征：承德普宁寺千手千眼观音通高27.21米，重量达到110吨，用木材120立方米，是世界上最大的金漆木雕佛像，已载入吉尼斯世界纪录。这座佛像纹饰细腻、宝相庄严，展现了极高的艺术价值，是我国雕塑艺术的杰作。

（二）北京雍和宫万福阁白檀木雕弥勒像

年代：清乾隆十三至十五年（1748—1750年）。

地点：现藏于北京雍和宫万福阁。

材质：白檀。

造型：这尊大佛面部庄严肃穆，头戴五佛冠，其微垂的双目、紧闭的嘴唇，给人以万般慈祥之感。通身挂璎珞，其左右肩上各有一花篮，篮内之花含苞欲放，花之上有法物，左肩为净瓶，右肩为法轮。双手做"扶天盖地"式，象征着弥勒继承释迦牟尼佛在未来世界讲经说法，普度众生。

结构：大佛主体由一根完整的白檀木雕刻而成，地面以上高18米，地下埋有8米，巍然矗立在汉白玉石须弥座上。

图8-25 清代白檀木雕弥勒像
（北京雍和宫万福阁藏）

文化特征：在雍和宫改为藏传佛教寺院后，乾隆皇帝觉得寺院的北面太空旷，欲建一座高大楼阁，一直苦于没有一尊与之相称的大佛像。七世达赖喇嘛得知后，派人搜寻大佛造像原料。恰好尼泊尔从印度运回一根高大白檀木，达赖喇嘛以大量珍宝购得，历时三载运至京城，大佛得以建成。1990年，雍和宫弥勒大佛被载入吉尼斯世界纪录，成为独木雕刻佛像的世界之最。

（三）郭有英造木雕彩绘罗汉像

年代：北宋庆历六年（1046年）。

地点：现藏于故宫博物院。

材质：所用木材多数为柏木（*C. funebris* Endl.），少数为楠木（*Phoebe zhennan* S. Lee et F. N. Wei）、香樟木［*Cinnamomum camphora* (L.) Presl］等。

造型：罗汉光头，头偏向左，身穿袈裟，双手相交于两膝之间，倚坐在镂空山形座上。座正面中央阴刻楷书发愿文："连州客人郭有英舍钱刃造罗汉，舍入南华寺永供养。庆历六年□。"

结构：罗汉像高55厘米，宽21厘米，通

图8-26 宋代木雕彩绘罗汉像
（故宫博物院藏）

过精细的工艺与独特的设计，罗汉形象被刻画得生动传神。

文化特征：南华寺位于广东省曲江县正南 10 多千米处。寺建于南朝梁武帝天监年间（502—519 年），是由印度到中国传教的智药三藏修建。唐时禅宗六祖慧能在此传经授法，南华寺遂在禅林享有很高的声誉，成为中国南方最负盛名的佛教寺院。木雕罗汉最初为 500 尊，现存 360 尊，由客居广州的连州、泉州、衢州、潮州人捐资修造，在广州雕成后运至曲江。从发愿文看，其捐造目的多是为家庭祈福"保安吉""乞延寿平安"，追荐亡人早生净土。罗汉曾在明永乐二十年（1422 年）、成化十七至十八年（1481—1482 年）、清光绪二年（1876 年）、民国二十三年（1934 年）四次装銮，基本保持原貌，它们是宋代佛教造像的典型代表。

（四）中国木雕博物馆阿难像

**图 8-27　宋代枫木阿难像（中国木雕博物馆藏）**

年代：北宋建隆二年（961 年），1963 年 4 月 24 日出土于浙江金华东阳县城南郊南寺塔。

地点：现藏于中国木雕博物馆。

材质：枫木（*Liquidambar formosana* Hance）。

造型：童子双耳垂肩，双手合十，神态怡然，衣袂翩翩。饱满圆润的脸庞上，可见一抹平和静谧的笑意。

结构：佛像采用三棱形的枫木镂空雕刻而成，左侧边缘留有穿绳的小孔，原本应该是三连式佛龛（檀龛宝相），但是其主龛和左扉龛不存。佛像通高不足一尺、直径仅四五厘米。

文化特征：檀龛宝相流行于唐朝五代时期。这种工艺是先将一段圆柱形檀木按"丁"字形剖为三部分，截面半圆形的柱体作为主龛，雕主尊造像，其余两块截面为90度扇形的柱体作为扉龛，雕胁侍造像。主龛和扉龛之间穿孔并用绳牵系，可以开合，打开时为一组三联佛龛，闭合时为一段圆柱体。主龛与扉龛同立于一圆形莲花座上，莲座与主龛以插榫连接。1963年，东阳县城南郊始建于五代时期的南寺塔倒塌，从中发现了一尊善财童子佛像和一尊残损的观音菩萨像，塔内木器基本上破损残缺，仅有这尊佛像完整保存了"法身"，得以让人窥见千年之前东阳木雕精湛的工艺。佛像距今已有1000多年的历史，是迄今发现最早的东阳木雕。1000年前就能在如此小的木料上精雕细刻，刻画出人物的神情风貌，反映出东阳木雕在宋代已经有了相当高的艺术水平。

（五）灵隐寺大雄宝殿内释迦牟尼像

图 8-28　香樟木释迦牟尼像（灵隐寺藏）

年代：佛像雕刻始于1956年9月，1957年完工。

地点：现于杭州灵隐寺。

用材：香樟木〔*Cinnamomum camphora*（L.）Presl〕。

造型：佛像造型体态丰满，慈祥和蔼，庄严肃穆，端坐莲台，右手上抬，作吉祥姿态说法相。佛像头部微微前倾，两眼凝视，当人们进殿抬头瞻仰时，视线刚好与佛像眼神相接，显示佛祖对众生的慈视。

结构：释迦牟尼佛像由24块香樟木精雕细刻而成，身躯包括五部分，整个佛像高19.6米，其中佛身净高9.1米，背光中嵌有7尊佛像，莲花宝座高度为3米，莲花座下须弥座高为2.5米，重达26吨。

文化特征：1949年7月，年久失修又被蚁蛀的杭州灵隐寺大殿，在风雨中倒塌了，28米长的大梁折断，砸毁了三尊佛像。1951年夏，周恩来总理视察杭州，表示支持修复灵隐寺，并拨款120万元。修复佛像为一尊还是三尊？用什么材料？周总理表示，佛像只重塑一尊释迦牟尼，材料用当地香樟木。1956年，东阳木雕界20余名高手集结杭州，用精湛的技艺制作了这尊江南体量最大的木雕佛像，成为中国佛教造像史上的佳话。

（六）黄杨木雕观音

**图8-29　明代黄杨木雕观音像**
（故宫博物院藏）

年代：观音像雕刻始于明末。

地点：现藏于故宫博物院。

用材：黄杨木（*Buxus* sp.）。

造型：观音长身玉立，赤足，身披天衣，高挽发髻，胸垂璎珞，右手捧经卷，左手拢衣角，身形微侧转，衣袂轻扬，于不经意间显露出神采。其面容安详，微合双目，如入物我两忘之境，澄明一片。人物肌圆骨润，体态略呈"S"形，庄严中不失女性的妩媚。衣纹的处理繁复而华丽，将衣衫的质地、垂感等都很好地表现出来，成为此雕像最精彩的部分。

结构：木雕作品高23.5厘米，底径5—6.1厘米。

文化特征：黄杨木质地坚韧，纹理细腻，硬度适中，色彩艳丽，经过精雕细刻磨光后能与象牙雕刻媲美。这些特点使得黄杨木雕成为中国传统木雕中的一种特色材料，其作品不仅是中国传统木雕艺术的杰出代表，也是中国传统文化和审美观念的体现。

## 第五节 波罗古泽刻版

### 一、波罗古泽刻版文化历史演变

藏族雕版印刷技艺（波罗古泽刻版制作技艺）起源于清代康熙十五年（1676 年），由德格第十二代土司（第六世法王）却吉·丹巴泽仁发起。当时四川的德格、白玉县及西藏的江达都归德格土司管辖，由于佛教盛行，为印制佛教经文及图案服务的木版雕刻工艺得到空前发展，由此推动了波罗古泽刻版制作技艺的繁荣。整个清代，藏族土司、宗本耗费大量人力物力，收集各种学科历史文献和教派典籍，以较原始的制版刻版方法印刷，在寺庙中制作了数以万计的木刻雕版。由于做工精细、精美、精致，在藏区雕版刻版中属于精品。刻版用当地盛产的桦胶树作原料，雕刻工具有 40 余种。

坐落于四川省甘孜州德格县（更庆镇）文化街的德格印经院，素有"藏文化大百科全书""藏族地区璀璨的文化明珠""雪山下的宝库"的盛名，全名"西藏文化宝藏德格印经院大法库吉祥多门"，又称"德格吉祥聚慧院"。始建于 1729 年，占地面积约 5000 平方米，建筑占地面积近 3000 平方米，总建筑面积 9000 余平方米，1996 年由中华人民共和国国务院列为全国重点文物保护单位①。

德格印经院藏族雕版印刷技艺，是四川省德格县地方传统手工技艺，属于国家级非物质文化遗产。德格印经院藏族雕版印刷技艺包括造纸、制版、印刷等程序，造纸以瑞香狼毒草的根作原料，制作技艺属于浇纸法系统，独具特色。2006 年 5 月 20 日，德格印经院藏族雕版印刷技艺经国务院批准列入第一批国家级非物质文化遗产名录，项目编号 Ⅷ-80。2009 年，德格印经院雕版技艺成功进入联合国"人类非物质文化遗产名录代表作"。

德格印经院雕版制作的原材料是选用德格、白玉和西藏江达等地盛产的红桦（*Betula albo-sinensis* Burk.）。胚板根据需要而定，有 5 至 6 种之多。最大幅的为画版，长 110 厘米、宽 70 厘米、厚 3 厘米左右；大多数经版长 66 至 77 厘

---

① 任雅姣，李娟. 德格印经院对我国出版文化的贡献［J］. 新闻世界，2015（02）：152-153.

米、宽 11 至 18 厘米、厚 2 厘米；最小的长 33 厘米、宽 6 厘米、厚 1.5 厘米。画版多为单面雕刻，经版则多为双面雕刻，每块印版的顶端都有长约 10 厘米的手柄，便于取放。制作经版选用的材料为当地特有的红叶桦木，旧时土司以派差的方式向差民下达当年应缴的数额。秋叶黄后，差民上山砍伐挺直而无节的红叶桦木，按照所需尺寸锯节，然后顺木头纹路劈成 4 至 5 厘米厚的板材，在地上架起并用微火熏烤脱水，熏干后，将其驮回家放入粪池中沤制一个冬季，待次年的 3 至 4 月，板材木性沤退后，将其取出懈板。在阴暗处或灶上用熏烟烘干，推光刨平后成为胚版，再驮至印经院验收入库①。

### 二、波罗古泽刻版传承人物

彭措泽仁，男，藏族，1955 年 10 月出生，四川德格人。第一批国家级非物质文化遗产项目德格印经院藏族雕版印刷技艺代表性传承人。他手持刻刀，娴熟地在木板上刻下藏文，然后再用宣纸或藏纸印刷，便成为广为流传的藏传佛教经书和各种藏文典籍。印经院内时光流转，彭措泽仁手中那承载着民族文化和"善地德格"记忆情感的雕版，向网络时代的人们讲述"滴水穿石"的故事。

### 三、波罗古泽刻版典型实例

却吉·丹巴泽仁在位期间，印经院开始了规模性和有组织的刻版制作工作，尤其是德格版藏文《大藏经》的结集完成，在藏族文化史乃至世界出版文化史上具有划时代的意义，反映了该地区文化活动发展繁荣的盛况。藏文《大藏经》是重要的佛学典籍，是藏文化的集大成者，它对藏族物质文化和精神文化的发展以及藏族文化传统和凝聚力的形成起了重要的作用，在出版史上具有很高的学术文化价值②。

藏文的《大藏经》由《甘珠尔》和《丹珠尔》两大部分组成，是佛教经典的总集。德格版《甘珠尔》经版均为双面刻版，每一块经版长 64 厘米，宽 10 厘米，厚 3 厘米，除去手柄 10 厘米，净长 54 厘米。共有 103 函，1108 种，版片 33013 块。

---

① 夏雪. 中国少数民族非物质文化遗产保护与传承研究 [D]. 北京：中国艺术研究院，2012.

② 梁成秀. 德格印经院出版文化的特点 [J]. 西藏民族学院学报（哲学社会科学版），2015, 36 (01)：43-47, 155.

**图 8-30 藏族雕版印刷技艺非遗传承人彭措泽仁**
（图源：人民网 朱虹摄）

**图 8-31 德格印经院雕版**

藏文《甘珠尔》曾经有过 12 种不同版本，按照雕刻前后的顺序排列来看，德格版《甘珠尔》是第六位。其他版本久已失传，自从该版本刻制以来，藏文

《甘珠尔》整理、对校时发现凡有异同之处都是以德格版为正确底本。曲甲登巴泽仁执政期间（1729—1739 年），德格成为西藏多元文化协调发展的大摇篮。他的统治辖区，苯教和佛教宁玛、噶举、萨迦、格鲁五大教派和谐共存，相互包容，共同发展。各教派学说的教义教规经典一视同仁，共同得到完整保存并流传。土司家族曾雕刻过《三体合璧八千颂般若经》等典籍印版，其刻书技术力量雄厚，刻印质量属上乘，并已形成一定的风格、特色，而天时地利和人文因素具备创建印经院的条件。曲甲登巴泽仁首先雕刻了《甘珠尔》印版①。

图 8-32　《大藏经：甘珠尔》

德格印经院的木刻印版的书版有许多珍本、孤本和范本。2002 年选入《中国档案文献遗产名录》中的孤本《般若波罗蜜多经八千颂》的木刻经版就甚为珍贵。还收藏有早期的《居悉》《汉地宗教源流》《印度佛教源流》，是人们研究藏族史、佛教史和印度史的珍贵资料。德格印经院作为藏族地区的文化中心，经过多年的积累和文化开明政策的支持，总体上形成了印版内容丰富，囊括藏族历史、人物传记、文学、文集、医学、语音、文法、逻辑、诗词、声明、天文、历算、地理等各个方面的综合性文献。杂集类则包括经文、经文注释、宗教经典论释、选集、解脱、格言、歌谣、咒文之类的作品②。

---

① 彭学文．试论藏文典籍文化［J］．中国藏学，2007（1）：87-91.
② 司徒·曲吉穷乃．《甘珠尔》编纂史．显密文库（藏文）［M］．成都：四川民族出版社，2008.

## 第六节　木版画

### 一、木版画文化历史演变

木版画以创作、刊印、流通的艺术商品形式，长久伴随着中华民族的生存与发展过程，有着悠久的历史。它起源于先秦时代的宗教信仰，成熟于宋代繁华的都市生活，明清时期达到发展的鼎盛阶段。木版画内容由传统的灶王、门神扩展到富有吉祥寓意的各类题材，其显著特征是与世俗生活密切结合，反映各历史时期的民风世俗，内容包罗万象，有着旺盛的生命力，自古至今为人民群众喜闻乐见，被誉为反映农耕社会民间生活的"百科全书"①。

木版画是集绘画、刻版、复印为一体的综合性绘画艺术，它属于版画形式中凸版的一种，主要运用刻刀在木板上遵循形式上的规律将绘画图稿雕刻出凹、凸形，再将着色于凸版面的图形转印在纸张上完成作品，自有其一套以刀代笔、经版得画的工艺流程。世界上现存最早的有据可考的木版画出自《金刚般若波罗密经》扉页插图——木版画《释迦说法图》，现收藏于大英博物馆图书馆，创作于唐朝咸通九年（868年）②。中国木版画艺术起源于早期的木板雕版印刷术，距今约有一千余年的悠久历史，它是在古老的刻印文化以及造纸技术的基础上出现的。

随着我国古代雕版印刷术的不断发展与成熟，木版画不再单纯地服务于政权，而是真正融入民间百姓生活，所谓"民间"就是百姓的文化，具体是指民间木版画中包含的农耕、驱邪、吉祥、祭祀、娱乐、装饰等内容。传说贞观年间，李世民梦中以为宫中闹鬼，夜不能寝，大将秦琼、敬德自愿镇守在宫门前，宫中果然得以安静。后来李世民为免其守宫的辛劳，就命大画家吴道子为二人造像，张贴于宫门，这个习俗便沿用了下来③。唐宋以后，门神画的种类变得尤为丰富，这正是受到朝代的影响，在不同时期出现了不同的题材，如唐代以钟馗为题材的门神画。北宋时期，人们的物质和精神层次达到了新的高度。这一

---

① 王山山. 马关壮族农民木版画的艺术语言与审美特征 [J]. 今日民族，2018（9）：46-49.

② 蔡舵. 对中国传统木版画与现当代木版画的思考分析 [J]. 明日风尚，2018（15）：61.

③ 泓伦. 浅论中国版画艺术概貌及发展趋势 [J]. 艺术评鉴，2019（11）：16-17，30.

时期，由于统治者较为重视艺术，文官得到重用，所以木版画也得到充足的发展，并且衍生出与时代同步的文相门神。元代时期，由于政治原因，木版画发展有所衰落①。

　　明清时期，人们的观念受到当时社会和经济发展的影响，有了很大的转变，这一时期木版画的发展也受到了影响，人们不再满足于之前的武门神和文相门神，题材变得多种多样，童子、神仙、鸟兽等都开始出现②。各式各样的题材也导致了地方特色的产生，不同地域间形成了迥异的艺术风格，大致分为以下几个流派：天津杨柳青木版画、河南朱仙镇木版画、山东潍县杨家埠木版画、苏州桃花坞木版画、四川绵竹木版画、河北武强木版画等。年画雕刻所需的木材必须留存时间久，易于雕刻和不易断裂，一般选用果木，如梨木、柿木、枣木、核桃木等。

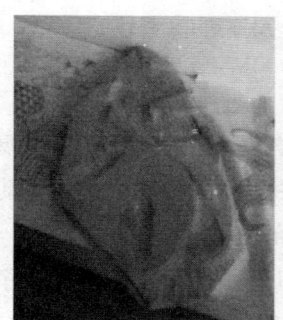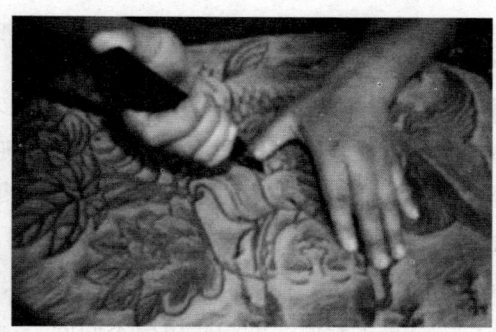

**图 8-33　木刻版（天津杨柳青木版年画博物馆藏）**

　　纵观木版画发展史，可以清楚地看到，朝代的更替对其发展产生了重要的影响。早期的木版画随着年节风俗不断演变，这就意味着当时的木版画为春节而生，所以又可以称之为木版年画，其内容题材主要以自然崇拜和信仰为主。到了唐朝，因经济、政治的繁荣稳定，精神文化生活呈现出空前的繁荣。佛教僧俗文化逐渐成为人们生活中不可或缺的一部分。明清时期的雕版画则达到了我国历史上前所未有的巅峰时代，社会高度发展，人们的精神文化需求也不断提升，促使我国古代雕印业无论是技艺还是艺术样貌的普遍化程度都是极为广泛的。

---

　① 　王进. 京杭大运河漕运经济对杨柳青木版年画兴起之影响［J］. 苏州工艺美术职业技术学院学报，2018，61（02）：56-59.

　② 　尹耀东. 杨柳青木版年画分类及艺术特点［J］. 艺海，2004（11）：67-68.

## 二、木版画典型实例

### （一）四川绵竹木版画《迎春图》

图8-34　绵竹木版画《迎春图》局部图

材质：椴木（*Tilia tuan* Szysz.）。

造型：年画描绘的是清代绵竹县城里百姓迎春游行的场景，一共4幅，以连环画的形式构成一幅长卷，展现了当时绵竹街头的民俗风情、商业活动。画卷内容分为"迎春""报春""游春""打春"4个部分。

技艺：绵竹木版年画制作包括起稿、刻版、印墨、施彩、盖花等工序。其艺术特点一是手工彩绘，同一张版因不同的手绘，效果不一；二是对称性构图；三是运用色相和色度对比，尤善用金色（如沥金、堆金、贴金）。绵竹年画的制作多先以木刻版印墨线，再敷以彩绘。制作程式和特色全在于手工施彩和勾线，按民间艺匠通称有以下几种：一、明展明挂：为绘工精细富丽的一种；二、勾金：笔蘸金粉或银粉勾出图案；三、花金：彩绘后的再加工，用木制花型戳子，拓上金或银色花纹，现所见花戳子约三十几种，分服饰花、帽花、衣角花、袖口花；四、印金：印过墨线和彩绘后，再用原印版复印一遍胶水（脸手除外），然后撒上金粉或银粉，扫净余粉后即显出金线或银线；五、水墨：讲究笔墨烘染和淡雅的色调；六、常形：力求设色单纯；七、搽水脚：寥寥几笔大写意，是绵竹年画的特色绘法①。

文化特征：纵观整个迎春活动，它反映了中华民族崇好吉祥、求之如意的传统习俗，同时起到了激发人们努力搞好农业生产的作用。年画展现了清末民

---

① 邓斌．从《迎春图》探清代四川绵竹的民风民俗［J］．兰台世界，2014（05）：148-149.

初四川绵竹县城百姓的真实生活状态，记录了四川绵竹的民俗，将绵竹民间迎春习俗表达得淋漓尽致，具有较高的民族研究和艺术价值。

（二）河北武强木版画《德宅芳春》

材质：银杏木（*Ginkgo biloba* L.）。

造型：画中三层楼阁，也可以看作三进院落。一对石狮子守门，门上一副"安乐门庭福似海""太平人物寿如山"楹联；穿过大门，迎面一道福字影壁。二进，供奉三代宗亲牌位；三进祖先影像，上书"德宅芳春"寓意家风尚德，流芳百世。三进两侧红柱子上的对联是"金炉不断千年火，玉盏常明万岁灯"，意指香火延续，子嗣相传；又有"文士""状元"两对男女，表示教子有方，光耀门楣。最外层选取六则"二十四孝"的故事，用以昭示后人恪守尊祖孝先之古训。

图 8-35 河北武强木版画
《德宅芳春》

技艺：制作工艺分两部分，第一部分是墨线版。第一道工序，把备好的杜木板和画稿做好标记，然后用糨糊粘牢粘实，待干后，起样子，涂香油，上样子完成；第二道工序，用主刻刀镌刻，刀法有发刀、挑刀、补刀、过刀、掖刀；第三道工序，剔空、平空、拨空，完成线版刻制。第二部分是套色版。第一道工序，把画师设计的分色（择套）样稿分别粘在备好的杜木板上，操作和墨线第一道工序相同；第二道工序是行空，围绕色块轮廓保持一定深度和距离，切断图案与空处的连接；第三道工序是剔空、平空，把所需色块之外的空处剔除，再把行空挤压的现象喷水使其复原，晾干；第四道工序，用主刻刀刻除色块或图案边缘的空白处；第五道工序，平空、拨空，套色版完成。然后打样试版，做最后修整，再交付印刷。印刷时首先按照画版的大小，把纸裁切好，固定在印刷案子（工作台）上，传统制作是先印墨线，然后印套色，由浅色到深色，要求套色准确，不秃、不污、四角齐全，颜色鲜艳①。

文化特征：《德宅芳春》反映的家祠文化与中华民族道德文化具有高度统一性、沿承性。古人认为祖灵与族人最亲近，祭祀祖灵可以上达天意、福佑后人。

---

① 刘霞，吕琼雯．河北传统民间木版画的传承与发展——以武强木版年画为例 ［J］．美术学，2020（7）：73.

（三）福建漳州木版画《狮衔剑》

**图 8-36　清 福建漳州木版画《狮衔剑》**

材质：桦木（*Betula* L.）。

造型：狮衔剑又叫狮咬剑，台湾称八卦剑狮。画中狮头红眉圆目，五彩鬣毛飞动于颈后，双目圆瞪，赤口锯牙，口衔七星剑，额间印有八卦，十分威猛，且在红色宣纸上印制，具有极强的视觉张力，纹样夸张但不造作。

技艺：漳州木版年画艺术技法和工艺过程独具一格，其雕版线条粗细迥异、刚柔相济，以挺健黑线为主。构图大方，造型夸张，富有拙朴风格和乡土韵味，设色好用大红大绿，追求简明对比，具有很强的装饰效果。印制采用分版分色手工套印，称为"饰版"。所用颜料分水质和粉质两种，有大红、淡红、黑以及本色纸诸种。特别是用黑纸印制的年画，为其他地区罕见。漳州木版年画的雕版分阳版和阴版两种，印制"幼神"人物背景色（红）的版为阴版，这种阴版的刻法和用法为中国所独有。雕版上所有线条和色块的边缘都是向外倾斜的，这便于印制时调节水分。印制时采用版套印，先色版后黑线条版①。

文化特征：《狮衔剑》反映了闽台崇敬神威的民间习俗，是闽南及台湾地区民宅常见的避邪制煞的符镇物，多贴于照墙、门楣、门楼及船头上，希冀防冲、辟邪、守门卫财。

---

① 高一博. 从应天齐《西递村系列》看实物拼贴在水印版画创作中的意义［D］. 西安：西安美术学院，2008.

## （四）广东佛山木版画《和合二仙》

材质：黄杨木（*Buxus* sp.）。

图 8-37　清 广东佛山木版画
《和合二仙》

造型："和合二仙"，即指寒山和拾得，他们两位都是唐代的高僧，后来演变为古代的神仙。他们手中一人执荷花，"荷"与"和"同音，意为"和谐"，一人捧圆盒，盒中装满珠宝，"盒"与"合"同音，意为"合好"，"和合二仙"喻示"夫妻恩爱，百年好合"。

技艺：第一步为开纸，将年画制作图案勾勒在纸张上，这是至关重要的一步；第二步为雕版，选用上等木材，需要风干 5 至 6 年左右才能使用，把图案雕刻在木板上；第三步为套印，把纸张在刻好的木板上印出样式，这一步讲究快而稳，印出的画面干净、线条清晰。最后为描金、开相、写花，以色彩浓郁的形式为画面增添色彩，用传统技法勾勒金线，刻画人物相貌等①。

文化特征：中国漫长历史的朝代更迭中，"和为贵""相融相合""百年好合"的愿望已成为婚姻、家族、种族延续及生产生活等活动正常开展的重要因素。《和合二仙》包含了"家庭和合""朋友和合""夫妻和合"三重象征意义和中国传统文化中的和谐意识。"和合二仙"作为民间婚嫁的喜庆之神，象征着幸福美满、和谐喜庆，是广大民间公认的"喜神""吉神"。逢家中有婚娶喜庆之事，皆要悬"和合二仙"的画像，以祝福新人百年好合，生活美满。

---

① 王颖. 佛山木版年画与橡皮章印刻艺术的创新结合探究［J］. 艺术科技，2019，32（9）：155.

# 第九章

# 白木农具

## 第一节　耕作具

### 一、耕作具文化历史演变

农业自古以来就是人们赖以生存的千秋基业，农田耕作、种植粮食是人们每日的主要活计。各种农活儿需要各种工具，所以，农具的品种纷繁复杂，数量不可胜数，在这里择要述之。

（一）曲辕犁

传统农耕时代土地耕作最为重要的工具当属曲辕犁。在中国漫长的农耕时代，一直是老黄牛拉着曲辕犁走过来的，直到改革开放前的 20 世纪六七十年代，广大农村还在普遍使用。可以说，耕牛和曲辕犁就是传统农耕的 logo。

我们在改革开放前一直沿用曲辕犁，在广大农村地区司空见惯，结构也不怎么复杂，似乎没有什么可以大惊小怪的，然而，追溯起来，它的资历却很不简单。它是从原始时代一步步走来的。曲辕犁的前身是耒耜，而耒耜是由耒和耜结合而成的复合型古老农具。

耒，是由原始人采集时代过渡而来、原始农业早期使用的重要农具。原始人为了往土地里播种种子，采下天然木棒或树枝，粗细适宜于手握，一端砍成、磨成或者烧成尖状。它的主要功能是在地面戳出洞穴，以便向穴内播种。

耜，也是原始农业早期的重要农具，多为石制，也有骨制、蚌制或木制，形状多为树叶状的长圆形或圆形，也有锯齿形。它的端头较薄，有刃口，后部稍厚，或略带把柄，用于手握。当没有安上长柄时，需要躬身弯腰或蹲下手握操作。耜的主要功能是挖掘作物的根块，或用于掘土、翻土。

　　耒和耜，最早都是单人操作农具，各有用处，也各有缺陷。后来人们把它们结合起来成为复式农具，将耜绑在或套在耒的一端，形成踏犁、铲、锹之类的农具，称为耒耜，具有播种、松土等功能。开始是一个人操作，比较费力，功效也不太好。后来为了解决这个问题，设法由二人合作，在耒耜的柄杆上横着绑上一根直木棒，这样便可以一人在后面推，一人在前边拉，使得耒耜可以在土地上向前运行、开挖沟槽，用于播种。这就是在孕育中的最早的"耕犁"。这时候的犁，还不是真正意义上的耕犁，只能在较浅的地面开沟播种或松土，不能深耕和翻垡。它兼有耕犁和耧车的功能，后人把它叫作"耧犁"，它是由耒耜向耕犁和耧车发展过渡的一种农具。

　　到了夏商周时代，由于金属的发明，耜的端头套上了金属套刃，开挖泥土的效率显著提高；再后来，做成了整体的铁质犁镶，入土起垡的功效便发生了巨大变化。这时，真正意义上的耕犁才形成了。春秋战国时代是出现真正意义上犁耕的时代。

　　汉代之后逐渐出现了曲辕犁。主要原因是发明了犁壁。因为犁壁的主要作用是翻土，随着卷翻起来的土垡越来越高，直辕会对土垡形成阻挡，如果将直辕抬高，就使得牵引受力点变得不合理。于是人们将直辕犁改为曲辕，这样一来可以使翻卷的土垡不再受犁辕的影响，二来犁辕的牵引点可以降低到适当的位置，使牵引施力点和犁的阻力点接近或处于一条直线上。汉代曲辕犁虽然没有完全定型，但作为耕犁的整个群体，已是这个时代大田耕作的主要农具。到了唐代，曲辕犁完全成熟，广泛应用。宋元时期，曲辕犁加以改进和完善，减少了策额、压镜等部件，犁辕进一步缩短，犁身结构更加轻巧灵活。到了清朝晚期，犁辕改用铁辕，省去了犁箭，在犁稍中部的位置挖出孔槽，以木楔调节和固定犁辕位置，用来决定入土深浅。至此，曲辕犁的结构更加简化而坚固耐用。直到新中国成立后，一直沿用这种曲辕犁。

　　（二）平整土地工具

　　在古代中国，土地耕作逐渐从粗放耕作方式过渡到精耕细作。精耕细作的主要表现，就是形成了耕翻土地、平整碎土、播种育苗、中耕管理、收获入藏等一系列程序、技术和相应的工具。在平整土地环节中，旱地主要使用的是耙和耱，水田主要使用的是水秒、蒲辊、耘耥等。

　　（三）耧车

　　长期以来，耧车发明于汉代，而且是赵过发明的，似乎已成定论。其实，耧车的发明并非在汉代一下子发明出来的，不该将耧车的发明权完全归功于赵过一人。耧车作为一种结构复杂、性能良好的播种工具，它的发明经历了一个漫长的过程，是多少代古人劳动经验和聪明才智的结晶。赵过可能在总结前人经验的基础上对耧车进行了改进定型。

当人类从采集过渡到原始种植农业的时候，最早使用的农具是称作"耒"的尖头木棒，"耒"具有掘地和戳穴点种两种功能，所以，从一开始"耒"就具备了掘地工具和播种工具双重身份。当"耒"和"耜"结合在一起，成为复式农具"耒耜"之后，仍然具有掘地和播种双重功能。后来，耒耜逐渐向两个分支分化：一个分支向着掘地功能发展，逐渐发展成为铲、锨、锸、锹等直柄类一柄一头式农具；另一个分支向着曲柄类一柄一头农具发展，逐渐发展演变为踏犁、耧犁、耕犁等工具群体。其中，那种用人力一推一拉连续前行、具有开沟播种功能的工具，叫作耧犁。自从有了耧犁，用这种工具开沟、随沟播种的方式便逐渐兴盛起来，并一直发展下去。

开始耧犁是单腿的，用于开沟播种的耧脚和耧铧也比较小，所以，无论人力还是牛拉，都非常轻便。于是，人们试着用细棍子把两只耧犁或三只耧犁串绑在一起，这样，一个具有立体框架式的耧犁就诞生了。实践证明，这种工具性能良好，不仅利用双辕用一头牛即可拉动，而且有两条或三条腿着地，非常平稳。

耧架、耧铧发展的同时，耧斗和耧脚等构件也在实践中探索和发展。撒播种子的方法起初是在耧架上挂一个篮、篓、筐、桶之类的容器，随着耧犁开出沟垄，需要人用手抓取种子点播或撒播到地沟里，这样比较麻烦。后来人们发现，随着耧犁的晃动，会有一些种子从篮篓的缝隙中漏出，落到地上。于是，人们受到启发，便设法做成容器，并加工有孔洞，装接上漏管，引导种子流到合适的地方。后来的成熟耧车就是这样一步步发展演变过来的。

成熟的耧车，结构精巧，性能良好。它由木制的耧架、耧斗和铁制耧铧构成，人们在耧斗漏种孔和导种管上不断改进，直到完美。耧车的基本定型，大约是在东汉至三国两晋南北朝时期。定型之后的耧车，虽然还有一些小的改进，如耧铧因各地土质不同在大小与形状上有所调整，但基本原理和整体结构均没有再发生重大变化。直到当代，传统耧车一直是广大农村不可或缺的重要播种工具，至今在偏远山区仍有使用。

（四）铁木结合工具

铁木结合的农具，在农具群体中数量和品种极其繁多。大体可以分为镢锄类农具、铲锨类农具、刀斧类工具、锤齿类农具等。这些农具大体都有一个共同特点，就是基本都是钢铁材质与白木材质的结合，白木材质用于手柄，多为小树干或树枝的圆木做成，或者大木材锯开刨镟而成，关键点一是结实耐用，二是粗细长短适宜。在这些工具中，虽然木材处于辅助地位，但缺少了它们，各种功能则无法实现，工具则不成其为工具。而且，木材的质地、手感、造型等差别，也会直接影响工作成效。

（五）纯木结构工具

纯白木结构的工具并非太多，主要有木锨、木杵、木夯、木榔头、木杈、木臼、木风箱、木水槽、木牛槽等。

## 二、耕作具典型实例

（一）蒲辊

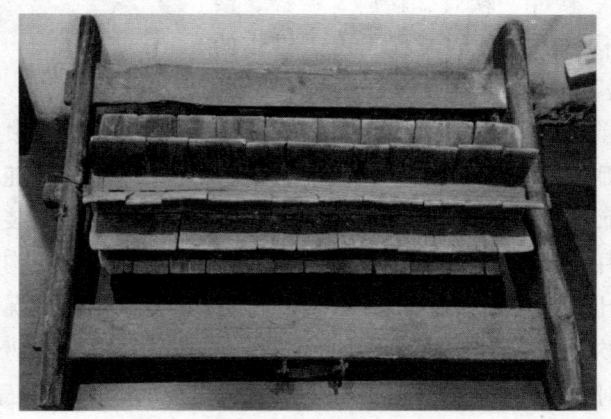

图 9-1　蒲辊

概述：为了达到碎土更加平整柔和的效果，一些地方还使用一种辊式水田耙再耕作一遍，这种工具叫蒲辊。

材质：枣木。

结构与功能：蒲辊是全木结构，是在一个长一米多的木辊周围安装上横向的木质叶片，每个叶片长约 20 厘米，高约 15 厘米。辊框的前后两侧各有踏板，操作时人可以叉开双腿站在上面，增加重量，使耙体压实在水下的土面上。行进时，随着耙辊的滚动，叶片将碎土烂泥进一步粉碎压平。这样整理出的水田，插秧时就非常适宜和便利。

（二）耧车

概述：中原老乡说话简练，称耧车就是一个字"耧"。当代的耧，结构、性能、外观、造型堪称完美。

材质：刺槐。

结构与功能：中原使用的耧车，以三腿耧居多，耧斗呈窄而深状，三门峡陕县（今河南省三门峡市陕州区）以西至陕西境内，耧斗显得宽而浅。这是当地习惯所致，功能原理是相同的。人们为了适应不同庄稼行距、稀疏等不同需要，也有两腿耧、四腿耧，甚至还有单腿耧。在河北省清河农耕文化展览馆里收藏有全套形制的耧车。三腿耧适宜耩麦子，两腿耧适宜耩豆子，独腿耧用于串垄补种。无论哪种耧，都具备耧把手、耧斗、耧管、耧脚、耧铧、耧辕等这些主要构件。播种的流程是由人操作的一个"自动化"过程。由牛或驴等牲口拉动，

图 9-2　耧车

耧车缓慢匀速前行，一人在后掌握住耧把手，均匀摇动，耧斗中的种子就会因震动而从"仓眼"中流出，流到并排装有耧管的小小空腔里，随即分流到各个耧管中，顺势而下，流到各个耧脚内，进入土壤。耧脚端头安装有耧铧，起到破土开沟的作用。而下种管口隐藏在耧铧后方，在刚刚开出土沟之时，可以迅即漏下种子入土，并可以被翻动流下的泥土随即掩盖。一般情况下，播种工作就可以这么一次性完成。个别品种，如谷子、芝麻等不易发芽的小颗粒作物，或土地墒情不好时，可以加一道工序，用小石碌轮做成的磢子在后面碾压一下，可以起到进一步掩埋和保墒的作用。

（三）秧马

图 9-3　秧马

概述：秧马本来只是水田劳作的一种辅助性工具。古代至今，秧马有两种形式，古代的秧马是船式的，其功能既可以拔秧，也可以插秧。近代以来是凳

式秧马。

材质：松木（*Pinus*）。

结构与功能：状如小船，用绳子系于船头和操作者腰间，实现了能前后移动、拔秧插秧皆可的功能。而近代以来南方所存在和使用的秧马，都是凳式秧马。凳式秧马最初由家用四足凳演化而来，基本结构是在四足凳下加一块稍大的滑板。下部的滑板面积较大，减轻了对地面的压强，人坐上去不至于陷入泥土中。这种凳式秧马只能用于拔秧，因为拔秧位置移动不太频繁，拔秧时是要向上用力的，坐在秧马上有利于用力。这种工具至今仍有使用。而古代的船型秧马早已消失。

# 第二节　物资转运具

## 一、物资转运具文化历史演变

在农事劳作中，少不了农用物资运输转送工具，其中主要是车辆。白木运输工具虽然在本书中列有专章，但在白木农具中也不可能忽略不讲。因为离开运输工具和运输手段，许多农事活动就无法进行，诸如，运转收割下的庄稼、运送肥料、运转粮食、运送其他农用物资等。鉴于有关运输工具在他章另有详述，本节择要述之。

（一）牲口驮运工具

牲口驮运是中原地区农村旧时较为常见的一种运输方式。驮运主要靠牲畜，主要有马、驴、骡等，所需工具有鞍子、驮架、驮篓、驮水桶等。制作这些工具的主要材料都是白木。

（二）人力运输工具

在传统农耕时代的生产生活中，人力挑担是更为普遍的运输方式。人力担运的工具主要有各种扁担和各种承载东西的器具。根据转运东西的不同，选择相应的工具。比如，扁担有带钩的，有不带钩的。带钩的或带有绳索铁环的，用于钩挂箩筐、篮子等容器；不带钩的扁担，两头要削尖，便于插进庄稼捆或柴草捆。扁担大多是平直的，也有两头翘的。两头翘扁担用于挑担体积大的东西，为了挑起后使得它们能够离开地面，如挑运大陶缸，就需要两头翘扁担。运载东西的容器种类非常多，主要有篓子、箩筐、篮子、木架、水桶等，有木

制的、竹制的、铁制的、荆条编的等等。另一个重要辅助工具是随身携带一个
与肩高基本等高的木棍，木棍上端有一个月牙头，下端有一个削尖的或铁打的
尖头。豫西地区叫这个工具为"搭处"，豫中地区叫"点棍"。它的作用是行走
时可以搭在不负重的肩头，把棍头翘在另一肩上的扁担下，使重量向空着的肩
上转移一点。当需要换肩或短暂休息时，就把点棍竖立在地面上，把扁担正中
位置放在点棍上端的月牙上，依靠担子的重力，点棍下端就会插进地面，上边
用手扶着，可保持担子稳定。休息片刻后，换个肩头挑起担子继续前进。负重
长途担运途中小憩，往往是靠这种方式，而不是每次都放下担子坐下休息。因
为那样休息会浪费更多时间，更重要的是，负重长途担运时，担夫非常劳累，
腰酸腿疼，如果放下担子坐下休息，往往腰和腿就很难再适应担子的重压，难
以重新挑起来。所以，长途担运，必须咬住牙一鼓作气往前走，只有到达一个
节点，才会用较长一段时间休息调整。由此可见劳动之艰辛。

## 二、物资转运具典型实例

### （一）太平车

**图 9-4　太平车**

概述：太平车也称大车，是从古代传承下来的一种古老车辆，甚至认为是
我国古代造车工艺趋向成熟的重要标志，被誉为农用大车的活化石。相传，河
南省平舆县即为太平车的发源地。民间形容太平车有个顺口溜："木制大车四轮
圆，粗框厚底坚如磐，四四方方像碉堡，拉车要用大老犍。"

材质：槐树。

结构：太平车通体为木材制作，关键部件以铁制配件加固。以中原农耕文
化博物馆收藏的清代太平车为例，车体长约 225 厘米，宽约 145 厘米，高 90 厘

米，车厢长 85 厘米，车厢内宽 80 厘米，车栏宽 33 厘米，车轮直径 80 厘米。车轮为无辐的实木圆轮，周边镶有 1 厘米厚的铁边，车栏的四个端头向外延伸，调整方向时可供人把握。车体前方有粗大方木做成的车杠，上边有三至四个用于挂接牛绳的铁鼻。附带配件还有供调整方向或刹车的木制或铁制的刹车楔子。

功能：这种车的主要特点是四平八稳，承载量大。缺点是比较笨重，由于是四个轮子着地运行，所以，拐弯调头很不灵活，必须靠人用力搬拽车尾才行。可见，太平车只适用于平原地区，在河南省中东部以及山东等地华北平原地区比较流行。在山区和丘陵地带则无法行走。

（二）牛车

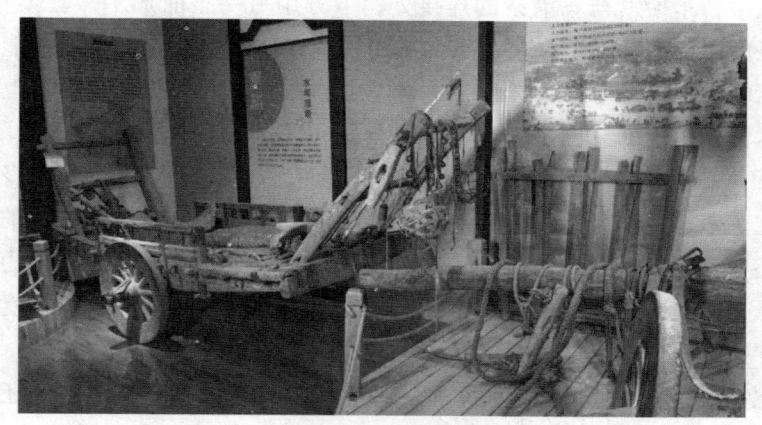

图 9-5　牛车

概述：在中原地区，牛车最为普遍，用处最大。牛车曾是生产队的重要公共财产。

材质：槐树。

结构与功能：牛车的基本架构与马车近似，但骨架体量要比马车小得多。豫西、豫北山区的牛车都是两头犍牛牵拉；豫中、豫东黄淮平原地区，一头牛即可牵拉。两头牛牵拉与一头牛牵拉的车体结构与大小有所不同。双犍牛牵拉的牛车是典型的牛车，这里参照中原农耕文化博物馆收藏的牛车，以豫西地区方言为表述方式，简要介绍一下它的结构：车的主体叫车体、车身或车架，村民们则叫它"车盘"，长 266 厘米，前部宽 110 厘米，后部宽 95 厘米，两侧各安装一道竖立护栏，高 23 厘米。车盘中间依托诸多横梁铺设上木板，形成一个可供载货的平坦空间。车盘前后两端留有框孔，分别可以插挂竖起的木架，前端木架叫护翼，高 108 厘米。后端木架叫吊翼，高 88 厘米。加装护翼和吊翼是为了装载体积较大的柴草与庄稼。车盘下方正中位置，横架着一条坚硬木料做成的中间粗、两头细的车轴，车轴两端安装两个铁制的轮子。轮子直径70厘米，生铁铸造，有轮辐与轮毂。轮毂套装在轴头上，轴头里侧粗、外侧细。在光滑的木质轴头上，分别嵌入钢质键条，由内到外分别有三根"海底键"，两根"迎风键"，一根"背风键"和两根"油键"。这些钢键是为了增强耐磨性和光滑度。每次出车，车把式都要在轴头处涂抹润滑油，目的是增强轮子转动时的光滑度。那时的所谓润滑油，其实就是植物或动物食用油。车盘的纵向底部正中位置，安装有一条长长的圆木杆，叫作"车沿条"，一般选用质地坚硬的树干制作，前端伸出车盘约200厘米。车沿条前端横向安装一条长150厘米的木杆，叫作车抬沿，车抬沿与车沿条的连接处，下方用另一条曲形木棒套架在一起，使车沿条既可抬起又能牵拉车沿条，从而拉动车体向前行走。车抬沿能围绕沿条头灵活转动，这是为了适应两头牛行进中高低起伏的变化。车抬沿上方安装有两对木橛，用于绑束固定牛绳牛套，分别叫"大扬角"和"小扬角"。车沿条前端下方安装一根50厘米的木杆支撑于地面，叫"车小脚"，使车身保持平衡与稳定。牵拉牛车需要两头犍牛，是靠车抬沿压放在牛肩脖处拉动的。牛身上同时还要有兜住屁股的牛套，叫"牛坐坡"，下坡时靠牛的后坐反向力降低车速。车盘上的辅助配件可以根据需要安放，例如，围上一个草苫子，就可以装载粪土；搭起一个篷架，围上红布，就成了娶亲的婚车。

文化特征：使牛赶车的人叫车把式或大把式，村民们日常更多的还是叫他们为"牛把儿"。车把式在大集体时期是比较高级的岗位，谁被选中当车把式，就会非常自豪，自然也会十分敬业。他们赶起车来，手握长长的鞭子，打着响鞭，亮起嗓门，牛蹄嘚嘚，车轮飞转，加上牛头上铃铛和吵子有节奏的悦耳响声，很是神气。悠久而厚重的农耕文化，不正是这古老牛车滚动出的一道道年轮吗？

## 第三节 灌溉具

### 一、灌溉具文化历史演变

土壤、水分和阳光是农作物生长的三大要素，水利灌溉是十分重要的一项农事活动。在传统农耕时代，为了寻水、取水、存水用于浇灌田地，人们发挥聪明才智，顽强地与大自然抗争，创造了许多方法和器具，兴修了许多不同类型的水利工程，有力促进了农业生产的发展。

（一）取水储水器具

早期用于灌溉的工具，应该是新石器时代陶制的壶、罐之类的器物。一些地方出土的穿牛鼻耳高领罐、陶制小口双耳罐等，就是证明。从汉代水井模型可以看出，由水井提水的机构当时已经比较成熟，使用也比较广泛。只是由于这些器物多是木制之物，因而没有保存下来。距估计，秦汉时代用于取水的工具定滑轮、桔槔、木制水桶、柳编水斗、陶制水罐等工具和设施，已经大量应用。近现代以来，用于取水储水的工具器皿早已变得多种多样。但主要的还是木制水桶居多，后来，变为金属水桶为主。

（二）辘轳、机汲和筒车

辘轳一词及其实物，早在春秋战国时代乃至周代就出现了。到了秦汉时期已比较普遍使用。那时所用的辘轳，与后来使用的手摇式辘轳不同。那时的辘轳都是在两根立柱之间加一横轴，轴上装一只两端粗、中间细的轮子，用一根绳搭跨在轮子的细部，绳子的一端系上汲水器，人用手拉绳子的另一端可使汲水器上下运动，这样便可以依靠轮子的转动比较省力地把水提出来。这种辘轳，实际上是现代物理学上所说的定滑轮结构。我们可以把这种辘轳叫作滑轮式辘轳。而王祯《农书》上描绘的辘轳，与近现代的辘轳实物及其构造已基本相同："辘轳，缠缚械也。《唐韵》作'楼轳'，汲水木也。井上立架，置轴，贯以长毂……引取汲器……"这种手摇式辘轳，以及机汲、筒车、井车、龙骨车等汲水工具，应该是汉以后逐步改进和发明的，唐代大量出现并定型下来。

手摇式辘轳与唐代刘禹锡的《机汲记》中记载的"机汲"原理和结构基本相同："比竹以为畚，置于流中。中植数尺之臬，蔂石以壮其趾，如建标焉。索绹以为絚，系于标垂上属数仞之端；亘空以峻其势，如张弦焉。锻铁为器，外廉如鼎耳，内键如乐鼓，牝牡相函，转于两端，走于索上，且受汲具。"这是为了把江中的水提取到高处和远处的岸上而特意设计制作的动滑轮机构。在江中竖立一根立柱，立柱上端安装滑轮，滑轮上的绳子横拉到岸上，岸上用辘轳摇动，使绳子拉动汲水器来往运动。用竹笼装上石头沿着立柱带着汲水器下落到江中，汲水器灌满水后，摇动岸上的辘轳把水提取过来。

唐代还发明了筒车，筒车是一种不需要人力或畜力，只借助水力即可推动运转的、实用效果很好的水利灌溉机械。这种依靠水力自动化的灌溉工具，一直在水源丰富地区广受欢迎，并传承沿用下来。直到现在，在江南和西北地区仍能见到，人们形象地称之为水轮车或木轮水车。如今，不少旅游景点做有庞大的木轮水车模型，用来吸引游客眼球。中原地区由于水源不足，这种木轮水车极少利用。

（三）水车

典型的有龙骨水车和解放式水车。龙骨水车的发明没有准确的文字可考，但从唐宋诗人大量咏颂这种器具的作品中可以判断，龙骨水车起码发明于唐代以前，因为当时已大量使用。解放式水车是新中国成立后发明的一种水车，人们当时就叫它解放式水车。它的结构比较复杂，是通过齿轮传动进行抽水的，由生铁铸造的多种部件组合到一起。在这种竖式抽水的水车上，木质部分的作用是安装铁制部件的大木架子，以便架在井口上。

## 二、灌溉具典型实例

（一）木桶

材质：杉木［*Cunninghamia lanceolata*（Lamb.）Hook.］。

结构与功能：木制水桶有平底圆桶和尖底倒桶等。尖底倒桶能够自动倾覆盛水和水满自动复位的功能，主要用于提水灌溉。木桶是用许多木条拼合而成的，需要木工中的专门师傅才能承担。

图 9-6　木桶　　　　　　　　　　图 9-7　辘轳

（二）辘轳

材质：槐树。

结构与功能：在井口上方用木棍支起一个架子，架子上固定一个圆木轴，轴上套着可以绕轴转动的辘轳头，辘轳头上安装有弯曲摇把。汲水人手摇辘轳摇把，系着汲水器的绳子一圈圈绕在辘轳头上，把汲水器从深井中提起来。

（三）龙骨水车

图 9-8　龙骨水车

概述：龙骨水车也叫翻车。人们之所以称之为龙骨水车，是因为它的外形很像龙骨（蛇骨）。

材质：榉木。

结构与功能：它有一个长长的木槽，两端有拖挂刮水板链的支架和转轴，刮水板链上一个接一个串联着方形小木板。汲水时，龙骨水车的下端插入水塘中，利用人力脚踏或手摇，驱动水槽上端的轮子转动，拉动刮水木板链从水槽中滑动上升，水便从水槽中向上流出。这种龙骨水车的优点，就是可以随意挪动。哪里需要就搬运安放到哪里，既可以抽水灌溉，也可以排水防涝。

# 第四节　粮食收储净化具

## 一、粮食收储净化具文化历史演变

庄稼种植、管理、收获、转运、脱粒、储存、加工等，是农家年复一年循环运行的不变轨迹。上面简要叙述了种植、管理以及转运等环节。收获、脱粒、储存、加工等还有许多环节和不可胜数的工具器物。

（一）收割工具

收割无疑是最重要的农事环节。辛劳一整年，图的就是把粮食收回家中。每到秋麦两季的收获季节，家家户户男女老少齐上阵，天不亮起床，昏天黑地回家，中午也常常把饭送到地头，匆匆填饱肚子接着干。收割的方式根据庄稼特点而定，大多为割收，或者用砍伐、刨挖、薅拔、摘取等方式。这里仅就收割工具说一说。

后世使用的收割工具，其实大多是人类远古时代发明并逐渐发展和传承下来的。铚、艾、镰是原始农业时代的主要收割工具，旧石器时代的采集经济中就已存在，并贯穿于整个原始农业时代的全过程。夏商西周时代，铚、镰仍然是主要的收割工具，虽然制作技术有所提高，但原理、结构和形状均未发生原则改变。这个时代铚、镰的制作材料主要还是石、蚌、骨等，但已经开始使用铜。到了春秋战国时代，铚和镰的形体结构、尺寸大小、操作方法等，与商周时代相比没有原则性变化，主要的改变在于金属铚、镰不断增多。春秋时代主要用青铜制作，战国时代主要用铁制作。

铚和艾的结构和形状很相似，一边有刃口，另一边有孔眼，可以绑在木把上。区别主要在于铚稍短，而艾较长，近似半月形。铚的用处比较狭窄，主要用于切割谷物的穗头；艾可以刈草收禾。艾与后来的镰更近似。镰刀的诞生比铚晚，因为在原始农业中，人们先学会收获谷物的穗头，尔后才学会收割秸秆。镰刀的形状多为月牙形，一边有刃口，在一端装上把柄，手持把柄，从接近地面处将谷物的秸秆割掉。

到了现当代，主要延续下来的就是镰刀。而且有着许许多多的创新和发展，适应不同需要，制作出各种各样的镰刀。但大同小异，万变不离其宗，基本形制和功能原理与古代镰刀一脉相承。

在收割工具中，金属部件是主体和关键。但是每种工具又都离不开木材的辅助。这些工具的手柄，几乎都是农民就地取材自己动手制作的。材质、大小、长短、粗细、形状等，根据功能要求、个人习惯等因素确定，既遵循历史传承模式和客观需求的规律，又可因人而异，在保证功效的前提下，尽可能舒适和美观。

（二）脱粒工具

庄稼脱粒主要是在打麦场（也称打谷场，中原人常常只用一个"场"字称呼它）进行。最常用的传统脱粒方法，是牛拉石碌碡碾压，使庄稼籽脱落下来，把秸秆和籽糠分离开来。打麦场上的工具主要有石碌碡、石耢子、木杈、木锨、竹扫帚、掠笆、连枷、撮斗等。这些工具中，除了扫帚是用竹子做的，其他都与白木材料相关：滚压拖拽使籽粒脱离下来的石磙、石耢子必须由木制的磙框作牵拉；翻挑收拢的木杈、掠笆全是木质工具，木杈是桑树从小经修剪造型，长成后原木去皮做成的；掠笆、莽杈等用于收拢或摊开庄稼、粮食等，也是全木结构，由木工师傅制作，工艺比较复杂；连枷是小规模手工脱粒工具，多用于小规模的摔打，粮食品种以稻谷、豆子为主，连枷由木把和竹片做成。

（三）除糠除尘工具

脱粒后，籽糠混杂，需要糠秕分离，进而还要除尘净化，这就需要木锨、簸箕、风车、筛子、笸箩、撮箕等。打麦场上的大堆籽糠混杂物，是用木锨向空中挥扬抛撒，依靠自然风力把糠皮吹扬出去的，比重大的籽粒直落下来，粮食就分离出来了。

除糠除尘效率较高的工具是风扇车。风扇车是一种很先进的工具，它的发明很了不起。从先后在河南洛阳东关汉墓、河南济源泗涧沟、山西芮城城南村等地出土的风扇车模型可知，早在汉代，先人们就发明了风扇车。风扇车直到改革开放前夕，大部分农村仍然在使用。后来的风扇车各个部件和整体结构发展得就更加科学了。下料口可以控制流量和速度，出料口分前后两个，粮食籽粒饱满、比重大的从靠前的出口流出，籽粒瘪、比重小的会从靠后的出口流出，糠皮杂质从出风口吹出。

（四）储存器具

以家庭为单位的传统农耕时代，家中最主要的财富就是看谁家粮食多、仓廪实。大户人家一般设有专门的储粮房间，建有大粮池或设有大粮囤。一般人家则往往在居住空间内适当安排。储存器具是一个非常庞杂的大家族，其中，木粮囤以及藤条做的筐筐篓篓的就占不小比例。量具与衡器即升、斗、杆秤等，更是日常离不开的家用器具。这些家用白木器具大多制作精准而美观，必须由专门的工匠制作。


## 二、粮食收储净化具典型实例

（一）钐镰

概述：钐（shàn）镰，也称麦钐，中原人们叫它绰子，用麦钐割麦子叫镀（pō）麦，或绰麦。

材质：枣木。

结构与功能：这种工具在王祯《农书》有所记载："三物而一事，系于一人之身而各得于用。"就是指一组收麦工具：钐镰、麦绰和网包（麦笼）。用钐刀

图 9-9　钐镰

把麦子割掉，随即倒在竹片编织的麦绰里，然后装进网包（麦笼）中。直到改革开放前夕，在中原地区仍有使用钐镰的，不过和古代钐镰已大不相同，刀片很长，同时带有可以接存麦子的网架，另外有一个大大的网包。其基本原理显然是古代钐镰的延续与改进。

　　（二）风车

图 9-10　风车

　　概述：又称风扇车、扬扇，主要用于去除糠皮杂质，获取干净米粒。

　　材质：合欢木。

　　结构与功能：风扇车的结构是比较复杂的，仅从出土的风扇车模型就可见到机体、风箱、叶轮、手柄、曲轴、进料口、出料口等许多部件。可以推测，它的发明有一个逐渐认识和创造的过程。应当是由人们扇风纳凉的道理和用具而创造出来的。当扇子发明了之后，为了增强风力，人们考虑把扇子做大一点，在较大空间里扇风，但是大了手摇就费劲。于是，人们把扇叶做成房门状，把扇叶的两端固定在轴承内，安装上手摇把，或者掉在房梁上、树杈上，用绳子拉动着扇子摇摆，便可以产生较大的风。后来，人们设法把这种创造用于扇除稻谷糠皮，将风叶增多，并将风叶的摆动式改为转动式，进而把风轮封闭在一个圆形箱体中，手摇曲柄使风叶循环转动形成风，只在一侧留一个出风口，这样风轮转动产生的风，不但集中而且定向，于是，风扇车的雏形就诞生了。这种风扇车甚至可以认为是后代各种风泵、水泵乃至电风扇叶轮的元祖。

## 第五节　粮食粉碎加工具

### 一、粮食粉碎加工具文化历史演变

#### （一）石磨辅助工具

石磨是把粮食研磨成粉的石质工具。约在 7000 年前（河南新郑出土）的石磨盘，由人工打磨的石台板和石棒组成，是磨的原始雏形。汉代以后，石转磨不断改进，遂定型下来。主要变化是上下磨扇加大加厚，上部变平，不再凿凹凸槽。上扇凿圆形孔眼两个。上下扇的齿纹分布于周围，中间留有空腔，凿有太极状的两条凸凹龙纹，便于将漏下的粮食颗粒均匀地播送到周边的磨齿中。在加工用途上，不仅有旱磨，还发展了豆腐磨、油磨和厨房用的小石磨等。石转磨的辅助工具就是磨杠、手柄、木撮箕等，有的磨盘也用木板制作。

#### （二）碓臼

石臼在原始农业时期已使用，在《易·系辞下》中有"断木为杵，掘地为臼"的记载。殷墟妇好墓已出土石臼，可见石臼历史之久远。汉代前多由人抱杵或碓，手工舂谷物成米，后利用杠杆原理改手舂为脚踏，到东汉发展为畜力碓和水力碓。石臼和碓在原始农耕时代尤为重要，那时人们已知道熟粒食法，稻、谷、黍等带壳作物只有去壳，才能为人食用。大约到魏晋有了碾，但石臼和碓仍然是个体农户常备的舂米工具，其成本低、简便易行，不出村户即可完成，直到新中国成立后的 20 世纪 70 年代以前，各个村庄的大石臼尚经常使用。

碓臼大多为石制，石碓安上木把，供人手握操作。民间也有木质碓臼，中原农耕文化博物馆收藏有多种石臼和木臼。碓臼主要功能是为谷物类粮食去壳或将粮食捣碎。小型石臼直到今天，民间仍有不少家庭在使用，是捣蒜泥的最佳工具。

（三）罗与罗面柜

秦汉时期，乃至更早，就发明了罗面的罗。这个时代，丝麻织物已经相当发达。人们用丝麻织物"绢"做筛网用于罗底，从而分离出了面和麸。在王祯《农书》水磨图中即可见到人工脚踏罗的图像。明代宋应星的《天工开物》则单独绘制了脚踏罗的图谱。图示的结构：连接面罗连接杆从面柜中伸出，与一根垂直的摆杆相连接，垂直摆杆的下端连接一块脚踏板，脚踏板中间设一支点，人用双脚交替踏动两端，牵动垂直摆杆摆动，从而拉动柜中的面罗往复运动。

（四）砻磨

砻起码发明于汉代，是专门用来研磨稻谷的磨。在河南省新县、商城及湖北省麻城均可见到古老的砻磨，当地人称它为"篱子"或"磊子"。砻磨和石转磨的基本原理是一样的。它应该是在石转磨的启发下根据稻谷加工的特点发明出来的。人们用石转磨加工稻谷，由于石磨坚硬而且较重，很容易把米磨碎。于是就想方设法将磨做轻一点，或者把磨齿做得浅一点、钝一点。于是就有了后来的木转磨和竹转磨。


**二、粮食粉碎加工工具典型实例**

（一）罗面柜与罗

概述：罗是用于筛取面粉的工具。

材质：不详。

结构与功能：罗由罗圈和罗底构成。以有韧性的薄木板弯成圆框，俗称罗圈，于罗圈的一面，张上丝麻织物或马尾编成的细网，叫作罗底。又以罗底漏孔的大小，分粗罗与细罗。罗面（又称筛面）时，先备一大筐箩，筐箩中安放光滑且挺直的木架，名为罗架子或罗床子，罗在上面推拉晃动，面粉漏下散落在筐箩中。为了防止面粉飘飞造成损耗，比较讲究的人家会用木板做成罗面柜子，四壁和底部都用木板封闭，上部半开

**图9-11  罗面柜与罗**

口，里边安放罗面支架。罗下的面粉飘落在面柜底部。由于周围有木板封闭，就大大减少了面粉的飘飞浪费。这种罗面柜子也有做成脚踏式施加动力的，有了点半机械化的味道，效率会更高一些。

（二）砻磨

图 9-12　砻磨

概述：木转磨，用来研磨稻谷。

材质：松木（*Pinus*）。

结构与功能：以木材为材料做成转磨，用木条制成磨扇形成磨齿，中间填上适度重量的泥土，木转磨或竹转磨的搓磨，最大的特点是比较柔和，其功效有利于脱壳且不易碎谷。

# 第十章

# 白木纺织具

## 第一节 纺 具

### 一、纺具文化历史演变

中国是世界上最早生产纺织品的国家之一。衣食住行从来都是人类生活必须解决的基本问题，而其中"衣"被排在了首位。对远古人类而言同样如此，纺织即发端于人们解决"衣"的朴素需要。中国纺织的起源相传来源于嫘祖养蚕冶丝，相较于神话传说，考古发现则为我们提供了更加清晰的实证脉络。

在旧石器时代的辽宁海城小孤山遗址、北京周口店山顶洞人遗址的考古发掘中均发现了骨针，作为世界上最早的手工纺织起源地之一，距今约 7500 到 9000 年以前的河南舞阳贾湖遗址同样也出土了骨针，同时在陶器上还发现有绳纹、席纹、网纹等样式。在距今约 7000 年到 6500 年的浙江河姆渡文化遗址中发现了草绳，而距今约 6200 年的江苏吴县（今江苏省苏州市吴中区、相城区）草鞋山文化遗址中则第一次发现了葛织物，这些都说明早至旧石器时代，人类已经通过对从动物毛皮中切割得来的皮带的运用，逐渐学会了利用植物纤维搓制、加捻绳索。

（一）纺专

从旧石器时代晚期开始，纺织工具出现了革命性的变化，标志就是纺专的出现。纺轮与插在中心孔洞的直杆相结合，即是纺专。纺专由纺轮和直杆两部分组成。直杆又称捻杆，一般以木质材料为主，后由完全的直杆发展成为在顶端增置曲钩的形制。由于木材的易腐性，各个人类早期遗址出土发现的纺专基本只能见到纺轮，原本插在孔洞中的直杆相对比较少见。在浙江杭州良渚古城外东北的瑶山遗址中发掘出土了一套完整的玉质纺专，纺轮为圆饼状，横截面呈梯形，直杆头端尖锥，钻有小孔，出土时直杆位于纺轮孔内①。玉质纺轮出土本就稀少，而带直杆完整出土的纺专更是独此一件。

作为最早用于纺纱和捻线的工具，纺专的出现极大提高了古人获得"线""绳"的能力，而"线"和"绳"除了用于编织衣物，解决穿衣保暖的基本需要以外，还作为生产工具的辅助工具，被广泛应用于当时的农耕、渔猎等生产领域和社会生活的方方面面，如织网捕鱼、工具部件连接、串联物品等，这些应用大大提高了当时的社会生产力。

（二）纺车

随着纺织生产的发展，纱线需求骤增，纺专效率低下的缺陷越来越明显，纺具逐渐进入了纺车时代。纺专到纺车的应用体现了从简单纺纱工具到纺纱机具的巨大进步，纺车的出现不亚于一件工业设计作品的诞生，它拥有完整的动力装置、传动装置和工作装置，充分展现了古人对轮轴传动等机械原理的深刻认知，生动体现了古代"科学"与技术的完美结合，成为当时具有很高技术含量的"高科技"发明。

纺车的发展经历了从小到大、由简至繁的变革演进过程，手摇纺车是纺车出现时的初级形态。纺车最早出现的年代目前还无法确定，但从汉代出土的许多画像石、帛画中可以清晰地发现纺车的形象信息，这些汉代文物不仅展示了当时纺织生产活跃的景象，同时说明手摇纺车在汉代已非常普及，并推断出纺车的出现应在汉代之前。手摇纺车主要由木架、锭子、绳轮和手柄四部分组成。木架由右大左小连接在一起的两个木框构成；锭子的一端固定在左侧木框两柱之间，一端伸出木柱之外，一般使用竹或木制作；绳轮的结构是圈成的两个圆环，同样以木或竹制作，直径大小则根据所纺纤维的特点而定；绳轮的外面套有绳弦和连接轮轴的手柄。在漫长的发展过程中，手摇纺车的形制也在不断发展变化，历史上曾出现过没有绳轮的手摇纺车，也曾有过没有手柄装置的手摇纺车，总体呈现出多维谱系发展的路径。手摇纺车的驱动力主要来自于手摇，操作时，用一只手摇动手柄，另一只手进行纺纱工作。由于结构简单、操作简便，手摇纺车自出现以来一直延绵使用千年，直到今天我国仍有少数偏远地区人民仍在使用。

在手摇纺车的基础上经过改造发展，出现了脚踏纺车。脚踏纺车发明的确切年代还有待考证，目前能找到的最早史料来自公元4到5世纪我国东晋著名

---

① 赵丰，金琳. 纺织考古［M］. 北京：文物出版社，2007：34.

画家顾恺之为《烈女传·鲁寡陶婴》所画的配图中，画中展现的是三锭脚踏纺车。此外，在元代著名农学家王祯所著《农书》，以及明代科学家徐光启的《农政全书》中也都出现了多锭脚踏棉纺车和麻纺车，这些都证明了脚踏纺车自东晋时便作为主要的纺具被广泛使用。脚踏纺车利用了偏心轮原理完成纺车的升级改造，它采用连杆和曲柄将脚踏往复运动转变成了绳轮和锭子的连续圆周运动，驱动力也从手摇变成了脚踏。脚踏纺车由纺纱机构、脚踏机构和传动带三部分组成，纺纱机构与手摇纺车基本类似，脚踏机构则包括了曲柄、踏杆、凸钉等机件，传动带由绳索或皮带充当。操作时，脚踏的力量通过新增添的传动机件（踏杆、凸钉、曲柄）带动绳轮转动，从而将使用手摇纺车时摇动手柄的手解放出来，使得操作人能够使用双手来进行纺纱或捻线的操作，可以更好地控制细短纤维，及时解决相互扭结等问题，克服纱线粗细不匀的缺陷，不仅大幅度提高了生产效率，同时还极大改善了产品品质。

手摇纺车和脚踏纺车也通常被归类为小纺车。随着经济社会的发展，对纺织品的需求不断增加，要求不断提高，纺具从小纺车为主发展到了大纺车时代。大纺车之"大"并非专指器型，重点在于锭子的数目。之前纺车的锭子数目一般在1至3枚，5枚已到极限，而大纺车的锭子数目多达32枚。它工作的时候能做到加捻和卷绕同时进行，传动装置也已经采用了与现在的龙带式相仿的集体传动，这些改进和变化都极大提升了纺车的生产能力，把我国的纺纱技术提升到了新的高度。

在大纺车的基础上经过改良，人们发明出了水转大纺车。在王祯的《农书》中详细介绍了水转大纺车的结构、性能和使用情况，并附有简要图样。其工作部分的构造原理与大纺车大致相同，核心的改进在于将动力从人力、畜力变成了水力，由水流击打水轮中的叶片产生动力，利用水轮作为它的动力驱动装置。水转大纺车适应大规模的专业化生产，具备了近代纺纱机械的雏形，是我国在纺织机具方面的一个重大成就，是古代将自然力运用于纺织机具的一项重要发明。如单独比较以水力为原动力的纺纱机具，中国比西方早了四个多世纪①。

通过对大纺车和水转大纺车的改进，出现了一种专用于纺丝的丝大纺车。丝织物因其特殊的功能属性和复杂的生产工艺，一直为古代社会上等人士所专用，高级丝织品的生产也主要以规模相对较大的官营和民间手工作坊为主，这些因素推动了大纺车在丝纺工艺中的继承与发展。丝大纺车的车架由长方形改成了梯形，改善了稳定性；通过滑轮连接锭带和纱框形成动力传输带，大大减

---

① 李仁溥. 中国古代纺织史稿 [M]. 长沙：岳麓书社，1983：135.

少了力的损失；将锭子的排列由单面升级为双面，增加了锭子数量；同时加装了竹壳水槽或湿毡作为加湿装置，以提高丝条的张力。丝大纺车为丝纺技术在质量和产量上的要求提供了基础工具保障，满足了皇室和贵族对作为奢侈品的丝织物的巨大需求，推动了中国丝绸生产技术长期处于世界领先地位。

尽管在技术上拥有长达数个世纪的先发优势，但中国古代的各类大纺车却并没有如英国珍妮纺纱机般引爆近代工业革命，这一现象深刻揭示出生产工具革新所带来的生产效率提升如果缺乏制度的推动和保障，很可能最终只是昙花一现的高光时刻，这其中所蕴含的深刻的社会制度原因值得深思和探究。

## 二、纺具典型实例

（一）三锭脚踏纺车

时间：明末清初。

地点：华东师范大学博物馆。

材质：不详。

造型：简洁。

结构：由车架、轮、锭子架、锭子、皮带圈、踏杆等部分组成，结构较传统手摇纺车相对复杂。

功能：连杆和曲柄将脚的往复运动转变成了圆周运动，采用脚踏方式转动绳轮，将双手完全解放全力用作引纱捻线，可同时纺出三根纱线，将生产效率大大提升至之前的两到三倍。

图 9-13 三锭脚踏纺车

技艺：车架与轮采用连杆直接穿孔连接，侧板雕刻有浮雕图案，清晰生动，整体保存完整，具有明显的使用痕迹，做工精美。

文化特征：侧板图案为一位老年女性形象，头饰布巾，微微弓背，面容慈祥，体态富腴，手捧布匹，衣着具有典型的宋末元初特征，被认为是目前最为可信的黄道婆像。在生产工具上刻画"行业神"，体现了传统民间手工业者寻求顺遂、富足和圆满的庇护愿望。

（二）高足手摇纺车

时间：现代。

地点：成都市天府新区华阳四河村刘家院子。

**图9-14 高足手摇纺车**

（图源：刘先进 四川秦汉蜀锦文化传播有限公司）

材质：松木（*Pinus*）。

造型：简洁、紧凑。

结构：由木架、锭子、绳轮、手柄等基本部件组成，结构简单。

功能：单锭手摇纺车，主要用于纺丝。

技艺：使用三角凳式底座支撑，凳面整体掏挖成浅框状，U型机架两头分别固定绳轮和锭子，绳轮轮辐采用长薄竹片制成，一根弦线将绳轮与锭子连接。

文化特征：区别于传统的卧式手摇纺车，此纺车采用了高足带底座的设计。纺车整体抬高后便于纺工操作，缓解疲劳，提高效率。使用座框连接腿足和绳轮等装置，方便纺车移动的同时增加了整体的美感和置物空间。

# 第二节　织　具

## 一、织具文化历史演变

中国是世界上最早使用、生产纺织品的国家之一，在织具的发明和发展上同样也是最具创造力的国家。织造技术起源于缝制和编织。在距今逾万年以前的辽宁海城小孤山史前遗址中已发现骨针，从这些骨针的精细状态不难判断出当时的缝制技术已达到一定的水平。编织是织布的技术基础，许多早期的新石器时代文化遗址中都发现了编织物的痕迹。在距今约7000年前的浙江余姚河姆渡遗址第四文化层中，出土了多达百余件的苇（席）编，这些编织物中最大的达到1平方米以上，它们就像今天的斜纹布一样，纹路呈人字状，经纬纵横，美观大方，同时具有很强的牢固度，不易松散脱落，说明河姆渡先民当时已具备了高超的编织水平。这也为中国古代编织技术的发端提供了珍贵的实物证据[①]。

织造技术的核心要义在于"经""纬"二字。许慎在《说文解字》中说：经，织从丝也（此处"从"通"纵"）；纬，织横丝也。经线、纬线的概念最早即来自纺织工艺，而并非日常被提及的地理学科中的基础名词。《释名》中记载："布列众缕为经，以纬横成之也。"即布是由许多纵向的经线和横向的纬线交织而成的。在《黄帝内经》和《淮南子》中也有类似的记载，将纱线的两端依次接在两根木棍上，通过木棍将纱绷紧成经线，再横向织入纬线。这也就是原始的"手经指挂，成犹绸罗"织造工艺。

（一）原始腰机

随着生产力的发展，"手经指挂"逐渐被淘汰，取而代之的是原始腰机。原始腰机又称踞织腰机，是历史最古老、构造最简单的一种织具，是现代织机的始祖。其构造主要有前后两根横木、打纬刀、杼子、分经棍和综杆，材质以木、竹为主，横木充当卷布轴和经轴，没有固定支架，而是以人来代替。工作时，操作者席地而坐，以自己的身体作为机架，腰上缚系着卷布轴，两只脚蹬住经轴，用手提着综杆不断地上下开启织口，左右穿引纬纱，并将之前后打紧。在许多新石器遗址中都能看到原始腰机的部件出土，如跨湖桥遗址、河姆渡遗址、田螺山遗址等，其中较为完整、极具代表性的为浙江良渚文化遗址中的原始织机。在良渚古城的反山墓葬的随葬品中，发现了一套被认为是原始织机的玉端饰。一共有3组6件，其中两头各有3件，分别一一对应相互配套。端饰上未见其他连接件，应是用于镶插的木质构件已腐朽消失。中国丝绸博物馆的赵丰先生对此套玉端饰进行了复原，根据其研究，3组玉端饰分别对应着织机中的卷布轴、开口刀和经轴的两端。良渚织机使用珍贵的玉质材料制作，且与其他高等级礼器共同出土于女性贵族大墓中，说明了织机在良渚社会生活中的重要性以及该款型织机具有充分的代表性。同时，也体现了良渚文化的性别分工，女性贵族掌握着纺织技术，管理着纺织事务，展示了中国古代社会延续千年的"男耕女织"图景。目前，在我国的部分少数民族聚居地，如黎族、佤族、侗族、苗族、彝族等，仍然流传使用着原始腰机，传承着中国古老的传统纺织技艺。

（二）踏板织机

随着纺织生产规模的扩大，人们创造了更加高效和专业的织机，这就是踏

---

① 陈维稷. 中国纺织科学技术史（古代部分）[M]. 北京：科学出版社，1984：14-15.

板织机。踏板织机是一类安装有脚踏提综开口装置织机的通称，它使用了正式的机架代替人的身体作为支架，增加了踏板装置，利用物理学的杠杆原理，通过脚踏板控制综片的升降将经纱分层形成开口，从而将操作者的双手解放出来专门用于投梭打纬，这一改变大大提高了织机的生产效率和产品质量。踏板织机最早出现的时间目前仍然缺少可靠的史料证明，从史书记载研究中发现，战国时期诸侯间交流馈赠的布帛数量超过春秋时期百倍以上，这一现象可以推测踏板织机在战国时期已经问世。而近年来出土的各类汉代石画像中多次出现刻有踏板织机的场景，则说明秦汉时期踏板织机已在包括黄河流域和长江流域的广大地区普遍使用。后续踏板织机又发展改良为斜织机、立织机、卧机等形式。

斜织机是一种单综双踏板织机，因机身倾斜而得名。机身分为机座和机架两个部分，经面与水平机座成50—60度斜角，机架为长方形木框，上下两端各设经轴和卷布轴，前端装有提综杆，形似"马头"状，后端则是一根分经木。机座下设有长短不一的两处脚踏板，分别连接提综杆和综片下端。当踏动脚踏板时，踏板牵动"马头"前俯后仰，控制综片上下交替升降。在江苏泗洪县曹庄出土的汉画像石《慈母投杼图》中留下了关于斜织机的最早形象。

立织机又称为立机子、竖机，经纱平面垂直于地面，因此所产出的织物也是竖起来的。立织机最早见于敦煌莫高窟的五代壁画《华严经变》图。宋元时期立织机传入内地，在元人的《梓人遗制》一书中详细描绘了这种织机的结构尺寸和制作方法。立织机的经轴设于机架上端顶部，经纱自上向下展开，"马头"形吊综杆在机架上方两旁，操作方法和原理与斜织机类似。它占地面积小，构造简单，制造方便，多用于棉、毛等结构相对简单的大众化织品。同时其劣势也比较明显，由于经轴位于织机上方，既不易更换又不能加装综片，只能生产平纹织品，产品单一；打纬时做上下运动，纬线的均匀度也较难掌握。因此，立织机的使用并未得到大范围的推广普及，明清时，在原使用地区也逐渐被淘汰。

（三）提花织机

随着织造工具的演进发展，中国古代的织造技术也不断获得提升和突破，其中的里程碑是提花技术的出现。作为古代织造技术中最为复杂的一种，与之相匹配的提花织机的工作重点也由纯粹的编织转变为对织物纹样的设计和驾驭。根据提花装置的不同，提花机先后出现了多综式提花机、束综式提花机不同的类别。

多综式提花机又称多综多蹑机，它以综片作为提花装置来贮存纹样信息，通过多个综框来实现提花织造。目前，在四川成都双流县（今四川省成都市双流区）能看到仍在使用的多综式提花织机实物——丁桥织机。作为纺织技艺的"活化石"，丁桥织机完美再现了唐中期以后即已失传的蜀锦技艺。2013 年在老官山汉墓中出土了四台织机模型，从现场发现的器物和文字可以推断墓葬中再现了西汉时蜀锦纺织工场的场景①。织机模型主要由竹、木材质构成，其中的木质部分经专业机构分析检测，树种包括了杨木、楠木等在内的四类木材种属，说明织机用材较为多样化，以本地常见树种为主，在取材方面并未有太多讲究。通过中国丝绸博物馆科研人员的研究论证，出土织机为多综式提花机模型，并成功将其中的两台进行复原。这不但是目前出土的具有明确考古信息的最完整的织机实物资料，而且是唯一完整的汉代织机模型，同时也是世界上最早的提花织机。

**图 9-15　成都老官山汉墓出土织机模型及木俑**

束综式提花机又被称为花本式提花机，它使用花本作为提花装置。花本制作时使用的工具名为挑花架，多为立式和平卧式木架，架子上配以竹制挑花钩若干，挑花师傅依照明线标记的颜色场次顺序完成挑制。在宋人楼璹的《耕织图》中绘有一台大型提花机，完整再现了工人操作、机器工作的织造场景。经过两晋、南北朝、隋、唐几代的改进，提花机在宋、元时期已经臻于完善。其中，大花楼提花织机在唐末、五代时期出现后，经过明、清时期的快速发展，成为束综式提花机制式的顶峰，也是我国古代织造技术最高成就的代表。

---

①　成都文物考古研究所，荆州文物保护中心．成都市天回镇老官山汉墓 [J]．考古，2014（7）：59-70．

## 二、织具典型实例

### （一）老官山汉墓织机

**图 9-16　织机模型 四川成都老官山汉墓出土**
（图源：中国丝绸博物馆）

时间：西汉。

地点：四川成都老官山汉墓 2 号墓葬。

材质：主要为杨木（*Populus* L.），同时还包含楠木（*Phoebe zhennan* S. Lee et F. N. Wei）、麻栎和吴茱萸。

造型：造型紧凑、归置有序。

结构：有机架、经轴、卷轴、综框、滑框、导槽、齿梁、踏板，结构复杂，设计巧妙合理，保存十分完整。

功能：属于多综式提花织机，根据织造原理和机械传动方式，其中三台为连杆式多综织机，一台为滑框式多综织机。织机采用互动式地综，设置有多个综片用以储存纹样信息，一般用于织造幅宽较大、经纬密度复杂的经锦。

技艺：出土织机为参照原织机制作的缩小模型，由于浸泡在水中，模型出土后被拆散完成脱水保护后重新拼装展示，四台织机模型的长宽高尺寸范围分别在 63—85、19—27、36—50 厘米之间，长方形综框悬挂在织机的中部，综线圈绕固定在综框上，织机上方有齿梁装置进行选综。

文化特征：老官山汉墓织机模型具有明确的考古信息，是目前出土的最为完整的早期多综式提花织机实物资料，被誉为"汉代计算机"。中国丝绸博物馆根据出土模型复原了汉代织机，使用复原织机成功织出"五星出东方利中国"

织锦护膊。

（二）土家锦斜织机

时间：现代。

地点：湖北省龙山县叶氏土家织锦传习所。

材质：冷杉。

造型：采用传统织机造型，横卧平放。

结构：分为机架、坐板、经轴、卷布轴、花筒、踩棍、梭罗、滚棒、挑子等数十个部件，结构复杂。

功能：土家织锦又被称为"打花"，是我国土家族的传统手工技艺，于2006年被列入首批国家级非物质文化遗产名录，多用作铺盖使用，在土家语中名为"西兰卡普"。

技艺：机架、坐板采用榫卯结构连接，机身两侧直立侧板打孔，综杆直接插入连接。坐板下方设置踩棍，替代了常用的踏板。考虑到使用轻便和易更换等因素，织机的综杆和踩棍等均使用了竹质材料。

文化特征：织机配有束腰用的绊带，工作时织工将绊带套于腰后，使用身体和腰部动作配合完成织造过程。织机传承融合了原始腰机部分工作原理，可视作腰机式斜织机。

图 9-17　土家锦织机　　　　　　图 9-18　丁桥织机
（图源：田伟　浙江理工大学）　　（图源：刘先进 四川秦汉蜀锦文化
　　　　　　　　　　　　　　　传播有限公司）

（三）丁桥织机

时间：民国（修复）。

地点：四川省成都市天府新区华阳四河村刘家院子。

材质：松木（*Pinus*）。

造型：周正。

结构：由卷经轴、卷布轴、弓棚、木雕、踏杆、筘、占子、范子、丁桥等部件构成，相对束综式提花织机而言结构简单。

功能：属于多综多蹑式织机，采用综片提花，综和蹑一一对应，主要用于织造"彩条经锦"，为满足我国西南地区对花边的使用需求而流传使用至今。

技艺：在民国旧织机的基础上完成修复，部分机架底座、综框、支撑杆等使用新木料，共有包括素综和花综在内的 20 片综片。用于选综的脚踏板由竹片制成钉状，竹片穿搭形成简易坐板，可根据织工身形大小活动调节。

文化特征：从原理、结构、工艺等方面评判，丁桥织机均是复原汉唐经锦最合理和现实的织机，其代表的织造技艺保留了从秦汉到初唐的古蜀锦织造的核心技艺，是我国古代丝织提花技术传承下来的一个活化石。

# 第十一章

# 白木行具

## 第一节　舟　船

### 一、舟船文化历史演变

《易经·系辞下》载有"刳木为舟，剡木为楫，舟楫之利，以济不通，致远以利天下"。从早期的独木舟，到汉唐时代的木板船，再到宋元、明清时期的各式帆船，所谓"水行而山处，以船为车，以楫为马，往若飘风，去则难从"，舟船对中国古代经济、历史、文化、艺术和科技等多个领域的发展产生了深远影响。我国舟船的发展经历了从简单的木筏、独木舟到复杂的帆船、战船和远洋货船的演变过程，凸显了中华民族在舟船制造和航海技术上的智慧和创新，映射了中国古代社会、经济、军事及文化交流的重要侧面。

（一）起源时期

木舟船的起源可以追溯到新石器时代，大约在 10000 年至 4000 年前，人类开始探索和利用水域资源，这一时期的舟船主要用于渔猎、短途交通和探索水域等活动。作为最早的船舶之一，舟船通常由单块木材雕刻而成，形状简单，但具备了基本的航行功能。在浙江杭州的跨湖桥遗址内，考古学家发掘出了一艘独木舟，经过碳 14 年代测定，这艘独木舟距今约 8000 至 7000 年，是迄今为止发现的世界上最早的独木舟之一，这不仅证明了中国古代先民对舟船制造技术的探索和应用，也反映了东部沿海地区史前先民开发、利用、探索海洋的先行者身份①。

①　张瑜. 跨湖桥文化独木舟：世界上最古老的舟船 [J]. 中国三峡，2018（02）：9-13.

（二）发展时期

在商周至汉代（大约公元前 1600 年—公元 220 年）时期，木舟船不仅用于渔猎和短途交通，还在军事和贸易中发挥了重要作用。浙江省杭州市的小古城遗址发现了一些商代晚期的木质船只遗迹，这些遗迹显示了商代舟船的制造工艺，包括使用坚硬的木材如楠木和桧木，以及防水处理技术。1958 年在江苏武进县（今江苏省常州市武进区）奄城乡发掘出几只加工精细、船壳很薄的独木舟，经鉴定是春秋战国时期的遗物①。1974 年，广州越秀区发现的秦代造船遗址是中国乃至世界上年代最早、规模最大、保存最完整的造船场所之一，这里能够建造宽 8 米、长 30 米、载重五六十吨的木船，这些船只主要用于平定岭南和瓯越的军事行动。广东东郊黄花岗西汉前期墓（《广州汉墓》编号墓 1048）、西村水厂路皇帝岗西汉中期墓（墓 2050）等西汉墓葬中发掘出土多个木船模型，这些舟船文物和木船模型证实了我国古代造船技术三大发明之一的尾舵自汉代已有使用②。2014 年，汉长安城北渭桥遗址出土汉代古船，该木船为我国发现的最早的木板船。船体加工细致，榫卯结构复杂，大量木榫板、木钉并联船板的技术在国内为首次发现，该技术是罗马时期地中海区域广泛使用的造船技术。渭桥遗址汉代古船展现出的时代相近距离较远的两个地点使用相同技术的现象，是长安—罗马间"丝绸之路"文化交流的实物资料③。在渔业上，江苏武进出土的西汉木船两舷似独木舟，底为一块厚重木板，是独木舟向木板船过渡的船体形制④，上海川扬河唐代木船仍具有类似特征⑤，这些展示了当时渔业的繁荣和技术水平。在交通上，汉代的舟船类型多样，以楼船最为有名⑥。公元前 113 年，汉武帝坐楼船巡游汾河，与群臣在舟中宴饮，当场作《秋风辞》一首，其中有"汛楼船兮济汾河，横中流兮扬素波"之句⑦。在军事上，舟船在汉武帝时期的南征北战中被广泛用于水上作战和军队运输。

① 上海交通大学"造船史话"组. 秦汉时期的船舶 [J]. 文物, 1977（04）：18-22.
② 何培. 从广州汉代墓葬出土船模看汉代船舶形制 [J]. 青年文学家, 2012（14）：110-111；何建春. 试述大运河申遗背景下的舟船文化价值 [C]. 上海：上海中国航海博物馆第四届国际学术研讨会, 2013.
③ 刘瑞, 李毓芳, 王志友, 等. 西安市汉长安城北渭桥遗址出土的古船 [J]. 考古, 2015（09）：3-6.
④ 陈晶. 江苏武进县出土汉代木船 [J]. 考古, 1982（04）：373-376, 456-7.
⑤ 王正书. 川扬河古船发掘简报 [J]. 文物, 1983（07）：50-53, 95.
⑥ 佚名. "中国古代名船"汉代楼船 [J]. 西部交通科技, 2015（07）：116.
⑦ 上海交通大学"造船史话"组. 秦汉时期的船舶 [J]. 文物, 1977（04）：18-22.

（三）鼎盛时期

唐宋至明代（618—1644 年），随着中国社会经济的繁荣和对外交流的频繁，木舟船制造技术和应用领域得到全面提升，不仅用于内河运输，还广泛用于远洋航行，成为连接中外的纽带和桥梁，达到了发展的顶峰。淮北市濉溪县柳孜隋唐大运河遗址发掘出一批唐代木板船，大多顺河道方向沉没，淤积于运河河底，船体整体修长窄狭①。江苏扬州施桥镇唐代木船和如皋唐代木船使用了水密舱壁技术，可有效防止船舶因个别船舱渗水而下沉，拥有更好的稳定性，这些为中国古代帆船采用多桅多帆奠定了基础②。我国考古发掘的宋代沉船数量较多，共计 17 个遗址点 19 艘沉船③，如泉州后渚沉船④、"华光礁一号"沉船和"南海Ⅰ号"沉船⑤。宋代的舟船种类繁多，以福船最为著名。宋代福船以载重 60 吨至 120 吨左右者居多，大多以松木或杉木等白木制成，船侧板和壳板有二或三重，并以桐油、石灰捻缝，防止漏水。考古发掘于江苏省苏州市的太仓元代沉船⑥、山东省菏泽市的元代古沉船⑦、福建省龙海市的"半洋礁一号"沉船、连江县的"白礁一号"沉船、莆田市湄洲湾的文甲大屿沉船和兴化湾的"北土龟礁二号"沉船均为元初商船，发掘于福建省漳浦县的沙洲岛沉船、圣杯屿沉船和菜屿沉船均为元代中晚期商船，反映出我国元代高超的造船技术和繁荣的远洋贸易⑧。

明代（1368—1644 年）是中国古代白木舟船发展的鼎盛时期，船型已经演化为三个主要类别，分别是"广船""福船"和"沙船"。广船最初是广东地区民用船的泛称，后演变为抗击倭寇时的战船⑨。广船的特点是船体坚固，船帆展开后形似张开的折扇，为减少船身摇摆，广船中线面安装有深过龙骨的中央插

---

① 阚绪杭龚，席龙飞．隋唐运河柳孜唐船及其拖舵的研究［J］．哈尔滨工业大学学报（社会科学版），2001（04）：35-38.

② 孟原召．中国境内古代沉船的考古发现［J］．中国文化遗产，2013（04）：54-65，8.

③ 路昊．中国境内宋代沉船的发现与研究［J］．水下考古，2018（00）：128-137.

④ 泉州湾宋代海船发掘报告编写组．泉州湾宋代海船发掘简报［J］．文物，1975（10）：1-18，99-101.

⑤ 孙键．宋代沉船"南海Ⅰ号"考古述要［J］．国家航海，2020（01）：55-76.

⑥ 朱巍．太仓元代古船的前世今生［J］．大众考古，2022（05）：29-35.

⑦ 王守功，张启龙，马法玉等．山东菏泽元代沉船发掘简报［J］．文物，2016（02）：40-49，1.

⑧ 羊泽林．漳浦圣杯屿元代沉船遗址调查收获［J］．东方博物，2015（03）：69-78.

⑨ 朱巍．太仓元代古船的前世今生［J］．大众考古，2022（05）：29-35.

板，并配有开孔舵以便于舵手操纵①。福船是福建沿海地区制造的木帆船，由水密隔舱构成的舱壁和尖底，具备良好的抗沉性能，特别适合远洋航行②。沙船具有平头、方艄、平底、船身宽、多桅多帆的特点，适合浅水航行，广泛用于内河及沿海近岸的民用运输③。《明史·郑和传》记载，郑和于1405至1433年间奉命七次下西洋，率领大小船只200余艘、27000余人，远航西太平洋和印度洋，途经三十多个国家和地区，最远到达非洲东部。这些航行加深了中国与东南亚、南亚、西亚等地区的联系，促进了中外文化和经济的交流，不仅展现了中国造船技术和航海能力的最高水平，也标志着中国在世界航海史上的重要地位④。

（四）稳定时期

明末至清代（1644—1912年），尽管造船技术没有重大突破，但在应用上依然保持稳定，进入了稳定时期。明末的造船技术仍然以传统的广船、福船和沙船为主，舟船在内河和沿海地区的应用随着海禁政策的解除和对外贸易的增加依然广泛，造船业依然保持较高水平，为清代的进一步发展奠定了基础⑤。清代初期，舟船文化延续了明代的造船传统，造船技术无重大突破，但在数量和规模上继续保持稳定。浙江宁波"小白礁Ⅰ号"沉船、西沙群岛泰兴号沉船以及"长江口二号"沉船均载有大量瓷器，展示了清代先进的造船技术和频繁的贸易往来⑥。清代中期，随着西方工业革命的兴起和蒸汽船的发明，传统木船逐渐被钢铁船所取代，木质舟船仅在内河和近海航运中发挥作用。例如，厦门港的大型海洋帆船在国内外贸易中继续使用，其载重量可达1000吨至1500吨⑦。清代末期，清朝海军引入现代战舰，如致远舰、清远舰和定远舰⑧，传统木质舟

---

① 戴柔星. 广船的考古空白、研究误区与历史上的形态 [J]. 南方文物，2017（02）：146-152.

② 席龙飞. 中国三大船型中的福船 [J]. 国家航海，2020（01）：118-129.

③ 张洁. 明代造船技术的社会动力探析——基于明代造船技术文献的考察 [D]. 太原：山西大学，2019.

④ 王春委. 元明清时期内河沉船初步研究 [D]. 长春：吉林大学，2018；宋烜. 明代海防军船考——以浙江为例 [J]. 浙江学刊，2012（02）：50-58.

⑤ 陈佩. 明末清初漳州窑外销瓷帆船纹饰研究 [D]. 景德镇：景德镇陶瓷大学，2016.

⑥ 杨天源. 中国东南沿海及东南亚地区沉船中的明清贸易瓷器 [J]. 博物院，2021（02）：84-95.

⑦ 郑东，石钦. 厦门港——闽南古陶瓷外销的重要锚地 [J]. 南方文物，2005（03）：90-94.

⑧ 姜波. "致远""经远"与"定远"：北洋水师沉舰的水下考古发现与收获 [J]. 自然与文化遗产研究，2019，4（10）：2-13.

船逐渐减少，但在战舰钢铁结构设计和建造理念上依然保留其许多传统特点，发挥了技术传承的作用。

## 二、舟船典型实例

### （一）浙江萧山跨湖桥独木舟

**图 11-1　浙江萧山跨湖桥独木舟**
（图源：维基百科：跨湖桥遗址）

时间：新石器时代中期，约 7600 到 7700 年前。

地点：跨湖桥遗址博物馆。

材质：樟子松（*Pinus sylvestris* L. var. *mongolica* Litv.）。

造型：独木舟，船头起势十分平缓，横截面呈半圆，船底较薄，舱偏浅。

结构：残长约 5.6 米，最宽部位约 53 厘米，厚约 2—3 厘米。呈东北—西南向摆放，东北端保存基本完整，舟的前端部底面翘起，宽约 29 厘米，顶面留有纵向宽度约 10 厘米的"小甲板"。舟体最大内深不足 15 厘米，底部与侧面的厚度均为 2.5 厘米左右。

功能：独木舟舟身轻便且易于操作，适合在浅水区和河网密集的区域作为交通运输工具运输物资、人员，与周边地区进行物资、信息交换，也可作为渔猎工具开展渔猎活动，在紧急情况下还可以帮助居民迅速撤离或转移至安全区域，起到一定的防御作用。

技艺："刳木为舟"结合火焦法。将树干去皮，需要保护的部分涂覆湿泥，通过火焰的高温使待修整部分炭化，以增强耐久性和防腐性；然后根据设计好的舟形再用石质工具剞刻，精准地将树干内部掏空，同时保持船体的厚度均匀。剞刻完成后，对船体内外进行打磨，使其表面光滑，减少水中的阻力。舟尾和舟首上翘设计，可有效减少水的阻力，增加独木舟在水中的稳定性和行驶速度。独木舟上破损处被其他木材填平，并用漆树汁进行黏合维修①。

文化特征：跨湖桥独木舟是世界上最早的独木舟之一，被誉为"中华第一舟"，展示了新石器时代晚期人类高超的舟船制造技艺和维修技术，促进了区域内的物资和文化交流，反映了当时社会的复杂性和经济生活的多样性。同时，跨湖桥独木舟标志着早期航海活动的开始，揭示了人类在新石器时代晚期对航海技术的探索和对外交流的尝试，为后来的海上丝绸之路奠定了基础，也为进一步研究中国古代舟船文化提供了宝贵的资料和新的视角②。

（二）泉州湾后渚港宋代古船

**图 11-2　泉州湾后渚港宋代古船**

（图源：泉州海交馆春节期间开闭馆通知｜虎年大吉 [EB/OL]. 泉州海外交通史博物馆，2022-01-26.）

时间：南宋末年，约公元 13 世纪。

地点：泉州湾古船陈列馆。

材质：船壳和船舱隔板多数用杉木 [*Cunninghamia lanceolata*（Lamb.）

① 张瑜. 跨湖桥文化独木舟：世界上最古老的舟船 [J]. 中国三峡，2018（02）：9-13；上海交通大学"造船史话"组. 秦汉时期的船舶 [J]. 文物，1977（04）：18-22.

② 何志标. 跨湖桥独木舟对探索中国舟船文化发端的重要意义 [J]. 武汉船舶职业技术学院学报，2012，11（06）：23-28.

Hook.]。

造型："福船"的前身，尖底造型、多根桅杆、三重木板、隔舱数多。龙骨两端接合处挖有"保寿孔"，上部如北斗七星排列，下部如满月形，象征"七星伴月"。在搭接船壳时，使上、下板列断面间形成锯齿形的台阶，形同鱼鳞，故称"鱼鳞式搭接"，是目前中国沉船考古中发现的唯一一例多重板鱼鳞式搭接结构。

结构：海船出土时船身基本水平，船头偏东 10.5 度。船体上部已损坏无存，基本上只残留船底部，船体残长 24.20 米，残宽 9.15 米。船底部结构为尖底，头尖尾方，船身扁阔，平面近似椭圆形。船底板为二重木板结构，舷侧板为三重木板结构。船体保存较好的部分包括船身中部底板、舷侧板和水密舱壁。船板最长为 13.5 米，最短为 9.21 米，宽度为 28—38 厘米。船体共有 13 个舱，由 12 道隔板分隔，隔板厚度为 10—12 厘米。船舱长度不一，第十舱最长为 1.84 米，第十二舱最短 0.80 米，宽度以第八舱最宽 9.15 米。船体结构采用榫合方法连接，缝隙塞以麻丝、竹茹和桐油灰的捻合物，并用参钉和吊钉钉合。铁钉为方形，有钉帽，残长 12—20 厘米。龙骨为二段木料接合而成，全长 17.65 米，宽 42 厘米，厚 27 厘米。连接龙骨的艏柱长 4.50 米。舵为竖式升降舵，传统结构，舵杆孔近似椭圆形，孔径 38 厘米[①]。第八舱保存有头桅底座，第六舱保存有中桅底座[②]。

功能：泉州湾后渚港宋代古船船体较大，结构坚固、稳定性好、抗风力强、载重量在 200 吨以上，适宜承载大量货物远洋航行。

技艺：船体采用多重板鱼鳞式搭接，不仅增加了船体的强度和稳定性，还使得船体能够承受海上航行中的各种应力，确保了在航行中的安全性和抗风浪能力；"保寿孔"上部如北斗七星排列，下部如满月形，象征"七星伴月"，不仅具有装饰性，还具有吉祥寓意，体现了古代造船工匠的智慧和信仰；采用宽阔船身和 13 个水密舱壁的多舱设计，能够有效分配和存储各种货物，即使在个别舱室进水的情况下，也能够保持船体的浮力和稳定性，确保在长途航行中货物的安全和稳定，有效提高了船体的抗沉性能；采用竖式升降舵，舵杆粗大，使船只在不同水深条件下都能灵活操作，提高了航行的适应性和操控性[③]。

---

① 杨天源. 中国东南沿海及东南亚地区沉船中的明清贸易瓷器 [J]. 博物院，2021（02）：84–95.

② 盛荣红. 泉州出水古船桅杆初探 [J]. 福建文博，2017（04）：67–72.

③ 泉州湾宋代海船发掘报告编写组. 泉州湾宋代海船发掘简报 [J]. 文物，1975（10）：1–18，99–101.

文化特征：泉州湾后渚港宋代古船的发掘不仅是对我国古代造船技术的实物验证，展示了宋代中国高超的造船工艺，也反映了宋代中国长期以来与东南亚、南亚及更远地区的经济交流、文化交流和人员往来，推动了不同文明之间的互动和融合，对研究我国造船业发展史、航海史、泉州湾地理变迁与海外交通史，以及中外人民友好关系史等提供了宝贵的实物资料，具有重要的历史和文化意义。

（三）菏泽元代沉船

**图 11-3　山东菏泽元代沉船**
（图源：王守功 2016）

时间：元顺帝十年之后，约 1351 年前后。

地点：山东博物馆。

材质：柏木（*C. funebris* Endl.）。

造型：该船为平底、纵流、虚梢尾、敞口并带有舷伸甲板的木质内河船。

结构：该船全长约 21 米，宽 4.44 米，深 1.3 米。船体由 12 道舱壁板分隔为 13 个船舱，包括尾空舱。船体底部为平板龙骨，两侧各有 4 列底板，板厚约6 厘米，中前部设有桅座，尾部设有悬式平衡舵①。

功能：该船船尾空舱出土神牌位、香炉和石罗汉，可能用于供奉神位；1 号舱出土铁灶、铁锅、锅勺和木案板等，可能为操作舱和灶舱；2 号舱出土大量瓷器，可能为生活辅助舱；3 号舱出土漆器残片，可能为船主起居室；4 号舱具有积存污水功能，可能为隔离空舱；5 号舱至 9 号舱出土粮食遗存，可能为货舱；10 号舱和 11 号舱出土瓷壶、网坠、剪刀、灯盏和铜镜等，可能为船员生活舱；12 号舱为首尖舱②。

技艺：菏泽元代古船采用平底、纵流、虚梢尾、敞口并带有舷伸甲板的结

---

① 袁晓春. 菏泽元代古船初步探析 [J]. 中国港口，2018（S2）：71-7.

② 王守功，张启龙，马法玉，等. 山东菏泽元代沉船发掘简报 [J]. 文物，2016（02）：40-49，1.

构设计；船板采用榫卯结构进行连接，确保船体的坚固性和耐久性；舭列板和舷侧列板采用搭接和平接混合连接，增强了船体的整体强度；船内设有桅座和悬式平衡舵，舵由7块舵叶板组成，通过铲钉和穿心铁条连接，使舵叶整体性强、操控灵活。船体设计充分考虑了内河航行的需求，展示了元代造船工匠在材料选择、结构设计和制造工艺上的创新与智慧①。

文化特征：菏泽元代古船的出土对研究当时的木船形制具有非常重要的考古价值；同时，与该船一起出土的精美酒器和由不同窑口与釉色组成的瓷器等文物，提供了研究元代晚期至明代初期社会生活用器组合新的证据，拓宽了对古人日常生活中器用组合的研究思路，反映了古代官窑瓷器商品流通和乘船出行中雇佣关系等社会习俗，对于研究元末明初社会生活史具有重要意义。

## 第二节　木雪橇

### 一、木雪橇文化历史演变

雪橇作为一项传统的冰雪运动，是在北方特殊的恶劣自然条件下，人们为了能够更好地在寒冷的气候环境中生存，经过不断发展与积累，形成的特殊的冰雪运动，蕴含着我国北方少数民族的传统文化和生活习惯，具有民族性、实用性的同时也具有趣味性，是人类运用自身智慧对自然环境的挑战，反映了人们适应自然、改造自然的生活智慧以及对美好生活的追求与向往。通过对雪橇的发展历程研究能够充分体现出使用者所处的地理环境、物产资源，其功能、样式、结构、加工等工艺设计过程凝结着浓厚的民族文化，既符合工程结构，又富有艺术内涵，具有鲜明的地域文化特征。

木雪橇的文化历史演变最早可以追溯到古代的瑞士。当时，人们为了在雪地上运输物品和人员，发明了木制雪橇。随着时间的推移，木雪橇运动逐渐发展成为一种竞技运动，并在欧洲、北美和亚洲等地流行起来，北方的少数民族如满族、鄂伦春族、赫哲族、蒙古族等都有使用。

1884年，英国举办了首次雪橇公开赛，标志着雪橇运动成了一项正式的竞

---

① 王守功，张启龙，马法玉，等. 山东菏泽元代沉船发掘简报［J］. 文物，2016（02）：40-49，1；吴双成，吴昊，尚津济，等. 菏泽古船保护修复［J］. 江汉考古，2014（S1）：164-17.

技项目。此后，雪橇运动经历了进一步的改进和发展。金属雪橇开始出现，并逐渐取代了木制雪橇。

1924 年，无舵雪橇被列为首届冬奥会比赛项目。北京冬奥会中的雪橇项目指的正是无舵雪橇，其于 1964 年被列为冬奥会正式比赛项目。

在如今的现代社会，雪橇的实用性减弱，逐渐成为日常的一项娱乐项目，以其独特的民俗魅力在特色旅游业中大放异彩，成为外地游客了解本地民族文化生活的窗口，对当地特色旅游业的发展起到了带动作用。此外，雪橇作为冬奥会项目也在体育竞技中得到了新的传承，进入了大众的视野，在大众体育健身中倡导全民参与，也将使我们能够同世界先进的冰雪文化相互交流，得到更好的发展。

## 二、木雪橇典型实例

（一）传统雪橇

材质：白桦（*Betula platyphylla* Sukaczev）。

制作技艺：我国传统雪橇在制作时，选用 10 厘米左右粗的木材做底部的滑板，通过窑炉烘烤做出雪橇前端的弯曲造型并将木材干燥，将被弯曲处的木料里侧部位用锛子削薄，将滑板的前端套上自制的弯板模子，然后用模子将滑板前端反复变弯曲，直到滑板前端弯折与板身形成大约 150 度的钝角，这是雪橇制作中很关键的工艺。

造型：传统雪橇由木棍组成类似于椅式或船式的外表造型（图 11-4）。

**图 11-4　传统狗拉雪橇、麋鹿雪橇**
（图源：狗拉车图片［EB/OL］. 图行天下.）

结构功能：传统雪橇用榫卯连接的方法进行安装，在雪橇辕与橇体连接处用兽皮条捆绑固定，横撑用鲜柳树条制作，既结实又有弹性。整个过程虽然不用一点胶水或钉子，却能拥有十分牢固的结构，是我国人民智慧的结晶。

最初，传统雪橇用作交通以及货品的运输，在大雪封山的日子交通不便，雪橇便成了最好的出行工具，北方的少数民族如满族、鄂伦春族、赫哲族、蒙古族等都在使用。在如今的现代社会，传统雪橇的实用性逐渐减弱，成为日常的一项娱乐项目，以其独特的民俗魅力在特色旅游业中大放异彩，成了外地游客了解本地民族文化生活的窗口，对当地特色旅游业的发展起到了带动作用（图 11-5）。

**图 11-5　民俗旅游中的马拉雪橇**

（图源：文旅产业巧创新雪城旅游正当时［EB/OL］. 黑龙江新闻网，2020-12-30.）

文化特征：8 世纪初的奥斯陆就有类似传统雪橇的运输工具出现，可视为无舵雪橇的原型，存在历史比有舵雪橇早得多。在我国，传统雪橇最早产生于鄂温克族、赫哲族、满族、蒙古族等少数民族的日常生活和宗教活动中，被俗称为"爬犁"。赫哲族人在冬季狩猎时，会将两根粗大的木棍连接在一起，将其砍凿成两头薄且上翘的弓形，使用榫卯连接木梁形成框架，中间铺上树枝①，使用狗进行牵引。到了近代，雪橇逐渐从实用工具发展成为供人娱乐的一项活动，在宫廷和民间都十分流行。此外，雪橇也被用于民族的民俗活动，如满族的萨满教雪祭，人们会赶着雪车向雪中投放祭品，送别雪神；典礼之外，族人还会使用雪橇进行娱乐活动，这也体现出民族对自然的敬畏与感激之情②。

① 杨光. 赫哲族社会文化变迁研究［D］. 长春：东北师范大学，2011. 郭淑云. 满族萨满教雪祭探析——兼论原始萨满教的社会功能［J］. 内蒙古社会科学（文史哲版），1992（05）：65-70.

② 郭淑云. 满族萨满教雪祭探析——兼论原始萨满教的社会功能［J］. 内蒙古社会科学（文史哲版），1992（05）：65-70.

（二）无舵雪橇

材质：白桦（*Betula platyphylla* Sukaczev）。

造型：无舵雪橇面板由木材制成，面板前面翘起部分可有一定柔软性，以利转弯，但不能装置能操纵滑板的舵和制动器。面板的底面有一对平行的金属滑板，宽不超过45厘米；面板前部没有舵板，后部也没有制动闸，上部为支架（图11-6）。

图11-6 奥运项目中的无舵雪橇
（图源：聪康网）

结构功能：无舵雪橇全长为70—140厘米，宽为34—38厘米，高为8—20厘米。无舵雪橇是冬季奥运会中正式比赛项目的滑行工具。行进时，雪橇的速度靠运动员和雪橇的重量获得，想要改变方向时需要运动员自行改变身体的姿势，比有舵雪橇危险性更高、难度更大。

文化特征：无舵雪橇也称"运动雪橇"或"单雪橇"，是一种乘坐或卧在雪橇上，通过变换身体姿势来操纵雪橇高速回转滑降的运动。早在1480年，挪威就出现了无舵雪橇。1883年，瑞士举行了第一次"国际性"的无舵雪橇比赛，共有8个国家的运动员参加了比赛。比赛滑道总长4000米，运动员抵达终点时的最好成绩为9分15秒。随后，这项运动开始迅速兴起，国际无舵雪橇联合会于1957年成立。1964年第九届冬奥会中，无舵雪橇被列为正式比赛项目。2022年北京冬奥会的无舵雪橇项目设有男子项目、混合28项目、女子项目3个分项①。

---

① 沈晓霞. 勇敢者的游戏——无舵雪橇［J］. 农村青少年科学探究，2022（Z1）：85.

# 第三节 木飞机

## 一、木飞机文化历史演变

自古以来，人类一直对遥远的蓝天抱有崇高的敬意与探索的热情，为了能够飞上高空，前人做了无数的尝试。从神话故事中也能窥见人类对天空的向往。在中国古代，墨子便曾制作过木鸢，鲁班制造过简易侦察机，此外，也有其他人制作过木鸟的记载，这也被认为是日后出现的风筝的原型。欧洲等国对于飞行的尝试最初大都借鉴鸟类的翅膀结构，通过模仿鸟类飞行实现飞天的愿望，但大多以失败告终。

飞机作为 20 世纪的一项重大发明，虽然尚存争议，但普遍观点是人类历史上的第一架木质飞机是由美国的莱特兄弟制造的"飞行者一号"，并于 1903 年 12 月 17 日试飞成功。在当时，材料技术并没有得到普遍发展，木材的强度、刚度等力学性能优异且重量轻，是十分优异的天然材料，因此最开始的飞机大都由木材制作。木飞机的构造较为简单，大梁和骨架使用木条及木板制作成木结构框架，除木材外还会用到亚麻布、蒙布、金属丝、钢索等进行覆盖，被称为飞机木布结构。飞机的木布结构沿用时间很久，后来也只是进行了气动外形和内部结构的进一步完善。到第一次世界大战时，飞机的出现在战场上发挥了极大的作用，但由于木材本身的性质，其对飞行的环境条件要求十分严苛。在第一次世界大战结束后，战争的需求要求飞机具有更加完备的性能。由于人们需求的不断升级以及战争的催化，许多国家开始尝试使用金属材料对木材骨架进行替换，密度低强度高的铝合金进入了人们的视野①。自此，飞机半金属结构、全金属结构逐渐产生并发展完善。

随着时间的推移，木质飞机逐渐被金属飞机取代，但二战时期英国的"蚊"式战机是一个例外。在第二次世界大战中，各国参战的飞机种类很多，但完全采用木质结构的飞机却很少。作为少数采用木质结构的战机，"蚊"式飞机是英国德哈维兰公司生产的战斗轰炸机，凭借超高的机动性、战场适应能力、体型

---

① 刘欣. 一代材料一代飞机——飞机材料的百年发展变迁 [J]. 航空世界，2021（08）：9-15.

小、造价低等特点成为二战时用途最广泛的战机，可算得上是木制飞机的"明星"①。

木飞机文化历史演变与人类飞行器的发展密切相关，经历了多个阶段和技术的不断进步。而后热气球的出现实现了人类第一次成功的天空航行，但依旧不能算作一种稳定安全的飞行方式。飞机的出现终于彻底帮助人们完成了这一梦想，开启了人们征服蓝天的历史新纪元。从出现至今，飞机在我们生活中起到了越来越重要的作用，成了必不可少的交通运输工具，深刻改变和影响了人们的生活，但飞机的巨大威力也为一些居心不良的人在战争中所用，为人类文明带来了惨烈的破坏。

### 二、木飞机典型实例

实例："蚊"式轰炸机

材质：云杉（*Picea asperata* Mast.）

技艺："蚊"式飞机使用材料都以木材为主，继承并改良了 DH.91 "信天翁"的木制工艺。例如，机身被分成左右两半单独制造，先把加强木板和木条嵌入红木或混凝土阳模上的正确位置，再涂上酪素胶贴上裁剪好的层压胶合板，最后用皮带固定，等待胶水固化后，机身硬壳就可以整体从模具上取出了，然后再粘上机身隔框。因木材的抗扭抗剪性能不好，所以德哈维兰公司在设计"蚊"式时始终遵循一个原则——木材仅被用于承受平面应力，在"蚊"式的起落架、发动机、控制翼面安装点、翼身结合点等要受到立体应力的地方全采用金属锻件或铸件，整机全部金属锻件和铸件的总重量只有 130 千克；同时，为了保证翼面的坚挺度和强度，以及避免在飞行过程中产生变形，覆盖机翼的亚麻布需要使用清漆进行处理，其间以缝纫方式与翼肋构架相连接，并且机翼采用桦木胶合板蒙皮而不是云杉木蒙皮；木条和木板之间一般会借助螺栓等进行拼接。尽管"蚊"式在生产过程中不断进行改进，但基本结构始终不变（图11-7）。

结构：木质结构的飞机骨架大部分采用轻便的木质材料，"蚊"式的椭圆形截面机身与"信天翁"一样是硬壳结构，内部除隔框外没有任何其他加强结构，如全金属半硬壳机身的纵梁和桁条等。

"蚊"式的机身采用高强度层压胶合板制造，板材厚约 11 毫米，内外层是

---

① 江东. 趣谈百年飞机材料之变迁［J］. 大飞机，2013（06）：97-99.

**图 11-7 德·哈维兰-蚊式战斗轰炸机**
（图源：兵器史志之轰炸机（9）——反击［EB/OL］.吉鲁骥，2017-06-17.）

约 2 毫米厚的加拿大桦木，中间是厄瓜多尔轻木夹芯（也称巴沙尔木）。"蚊"式的机身从头到尾逐渐收细，内部被云杉木夹芯胶合板隔框分为 7 个隔舱，第 7 号隔框承载平尾和垂尾。机身与隔框胶合处的一圈蒙皮采用云杉木夹芯胶合板加强，舱门四周和翼根等需要加强的地方也使用了云杉木夹芯胶合板。

"蚊"式的中单翼采用了经空气动力学家皮尔西改良的皇家空军 34 翼型，前缘平直，后缘前掠形成明显的梯形平面外形。机翼整体制造成型，前后翼梁呈中空盒形结构，由上下层压云杉木梁和两侧胶合板腹板构成。层压木梁使用云杉木在高温高压下叠压制造，避免特意寻找高大云杉树的问题。前后翼梁间是云杉木和胶合板制造的抗压翼肋，每侧机翼的 8 号翼肋经过加强以支持外挂物挂架。构成机翼前缘的保形肋和 D 形蒙皮构件直接固定在前翼梁上。翼肋上下沿翼展方向铺设有云杉木桁条用于支持桦木双层胶合板蒙皮，外翼段蒙皮增加覆盖一层马大普兰蒙布并涂上银漆。内翼段前缘的弦长增加了 56 厘米以容纳散热器，散热器的调节风门设置机翼下表面前翼梁之前，这种内置式散热器布局的阻力较小。液压控制的襟翼也采用胶合板制造，副翼则是全金属铝合金结构。机翼覆盖帆布蒙皮，面积达到 47.4 平方米，一台四缸水冷汽油发动机能提供 12 马力的动力。

"蚊"式的平尾和垂尾也是全木质结构，但升降舵是全金属结构，方向舵是铝合金骨架蒙布结构，两者都带有配重翼尖。所有操控翼面后缘都有一片金属配平片。

"蚊"式的弹舱布置在机翼下方的机身内，弹舱门采用轻木夹芯胶合板制造，一些轰炸型的弹舱门凸起以容纳重 1800 千克的"饼干"炸弹。

"蚊"式的低阻发动机舱也是木制的，内部安装坚固的发动机焊接钢管支架和主起落架金属安装点。两台"灰背隼"发动机各驱动一副三叶变距螺旋桨，多数"蚊"式采用同向旋转的螺旋桨，这样就可以采用相同的变速箱以简化后勤，同向螺旋桨也没对操控性产生多大影响。

功能：最初，飞机的出现主要被用于侦察，飞机的研制工作大多也由私人进行，但随着技术的成熟和研究的深入，各个国家开始意识到了飞机所具有的巨大价值，并开始尝试将其运用于军事领域。在第二次世界大战中，战斗机被广泛运用在了战场，不仅可以用于轰炸、侦察，在反潜、扫雷、预警等方面也发挥出色[1]。其中，最著名的蚊式轰炸机便是第二次世界大战时期为数不多的木质军用飞机之一，被称为"木头奇迹"。由于木材密度低，蚊式轰炸机身轻如燕，且性能优良、价格低廉、节省原料，在金属材料入不敷出的战争年代，迅速成为一种颇具特色的杰出机型，被大量生产和改装。在第二次世界大战期间，蚊式轰炸机创造了皇家空军轰炸机作战生存率的最佳纪录。但这同时也为人类带来了沉重的灾难。飞机的巨大利用价值是一把双刃剑，在为人类创造方便的同时也会为文明带来毁灭性的打击。

发展至今，飞机作为目前最主要的飞行器，主要被应用于军事和国民经济两个方面，具有运载旅客、运送货物、森林巡逻灭火、农药喷洒、空降部队、轰炸、空战、科研功能。

文化特征：蚊式战斗轰炸机这一机型在反法西斯战争中表现优越，至今仍是各国航空博物馆乐于收藏的机型。1981 年，它的售价是 10 万英镑。1986 年，筹建中国航空博物馆时，首任馆长在全国各机场普查退役飞机留存情况，在某机场的荒草丛中发现一段机翼残骸。经考证，这是"蚊"式飞机的一个"翅膀"。后来，工作人员就在这一机翼残骸基础上复制成了一架"蚊"式飞机，珍藏于航空博物馆。

---

① 江东. 趣谈百年飞机材料之变迁 [J]. 大飞机，2013（06）：97-99.

## 第四节 马 具

### 一、马具文化历史演变

蒙古族同胞以其出色的骑马技能被誉为"马背民族",从儿童时期开始,他们就会被放到马背上学习骑术。马不仅被广泛用作交通工具,在蒙古族的生活和文化中扮演着更加重要的图腾角色,是以今天的马文化与马具文化尤以蒙古族同胞的传承最完整、内涵最丰富。

一套完整的马具包括马面罩、龙头、缰绳、鞍子、肚带、垫褥、皮垫、披肩、腰带和鞭子等①。马与马具互为搭载平台和功能化配饰。在我国,马早在6000年前就被成功驯化作为役畜参与先民的劳动生活,并成为六畜之一,但受限于历史上生产力发展水平的制约,马具虽历史悠久,但其成熟的孕育期较为漫长。

军事需要促进了马具的发展,现存典籍记载春秋战国之交车、骑并称,说明其时马匹在短兵相接阶段的主要作用仍是拉动战车,也表明骑向着独立兵种过渡的进程,这正是诸侯攻伐日盛也是制铁技艺初步成型的时期②。战争造成的财政供给困难、交流受限、养马场缺乏,给我们留下了汉初刘邦出巡找不齐4匹同色骏马和大臣乘牛上朝等记载。之后元帝开启相对平稳的外交局面,给农牧文明交界区提供了贸易交流和大规模养马场存在的客观条件,加之南匈奴内附所必然带来的技艺交流、技术积累,马具的形制演化和规模化生产有长足的发展也就不足为奇③。马具的发展引发了战争形态的转变,刘秀统一过程中对突骑的倚重既说明这一时期马具已允许骑手承担冲击突围的任务,各方竞争发展也要求马具提供更好的舒适性和乘坐稳定性,汉末几次著名冲入敌阵斩敌将的记录固然要归功于骑手优良的素质,可如果没有马具发挥作用,这些同样是难以想象的。

时间来到十六国南北朝时期,统一北方的拓跋鲜卑,其草原部族的来源提

---

① 樊天波,张犇.内蒙古区域马镫形制流变刍议 [J].工业工程设计,2022,4 (02): 42-48.

② 吕壮.战国策译注 [M].上海:上海三联书店,2018.

③ 王永卫,左国城.北方民族文化融合的摇篮 [J].文史月刊,2021 (08): 70-76.

供了很好的驭马传统，其统一途中在对诸如别部鲜卑、铁弗匈奴、氐、羌等政权部众尤其工匠的吸收，柔然的侵扰要求常备一支相当规模的骑兵反制，南渡统一困难造成的相对和平的局面等因素的共同作用下，马具的发展达到一个高峰①。辅助登马的单边三角形马镫演化为能长时间稳定负载的双边半圆形马镫，今天的马镫便沿用了这一时期出土文物的外形②。随着马镫接棒鞍桥成为承担稳固骑手任务的最主要部件，鞍桥高度的实用价值被极大削弱，其后出土实物与文献记载中的鞍桥普遍低于魏晋且高度分布比较集中，高鞍桥不再承力而更多是作为精美工艺的展示。鞍桥高度的确定、马镫外形的演化更是军事用马具的最后一块拼图，标志着被我们所熟悉的马具形制大体确定不晚于此时。北朝乐府名篇《木兰诗》中这样写道："东市买骏马，西市买鞍鞯，南市买辔头，北市买长鞭"③，说明当时有关马匹以及马具贸易已经相当成熟了。

器物形制的确定、贸易的成熟必然推动其文化的繁荣，加之骑马形象附带英武雄壮含义的属性，此后史书中以马具封赏有功之臣或政权间作为礼物互赠的记载不绝如缕，自隋平陈结束南北朝割据局面到辛亥革命一千多年间的封建王朝概莫能外。这期间，在农耕游牧连接区域，贸易交流以互通技艺有无为主，以织造、揉革、锻铸金属、制木等技术的进步为辅，马具文化便借着实物制造技术的形体为繁荣的土壤进一步发展起来。工业化生产的今天，马的运载能力已不再适应社会的发展，骑马成为竞技和娱乐项目。然而其内在自由驰骋、思乡思归的文化内涵却越来越引发大家的共鸣，马具文化也受到更多的关注与保护④。

作为承载马具文化的物质实体，马具的制作往往有着复杂且烦琐的过程，蒙古族的传统马具制作技艺包括木工、金属工艺、刺绣和皮革编织等，因此制作一套优质的马具至少需要一个月的时间。高质量的马具不仅需要精细的制作工艺，在用料上同样精益求精，甚至还会镶嵌有玛瑙、金银宝石等，呈现出富丽堂皇的外观，流露出令人难以抵挡的魅力。

蒙古族同胞视蒙古语中被称为"博胡日格"的马鞍为马具当中连接人与马

---

① 王雁卿，伍雅涵. 北朝的马具与马饰 [J]. 西部考古, 2020 (01)：141-162.

② 张馨方，杜严勇. 南北朝时期马镫普及的历史背景 [J]. 科学与管理, 2020, 40 (02)：50-56.

③ 余冠英选注. 乐府诗选 [M]. 北京：人民文学出版社, 1954：119-122.

④ 赵志红. 文化生态视野下科尔沁马鞍技艺的传承与保护 [J]. 西南民族大学学报（人文社科版）, 2017, 38 (08)：70-74.

的最重要的组成部分①。通常牧民使用金属、木材和皮革等材料制作简易马鞍，这类马鞍的制备工艺结合了金属、皮革、垫褥和木工。精品马鞍的制备通常以木头为原料，鞍体（也称为裸鞍）材料选择有着很高的要求，通常使用桦木、柳木、榆木和核桃木等优质木材制作，表面光滑，注重细节。前舌呈人字形，后舌呈椭圆形，考究一些的前后舌上除绘有浮雕或各种涂饰图案外还嵌有金属和玛瑙，然后染上色彩，外观富丽堂皇，制作工艺精致。鞍桥原材料的选择通常以干柳木或榆木的根部为主。为了更加突显主人的身份地位，一般会在鞍桥上加上精美的雕刻和彩绘。《黑鞑事略》中对蒙古族马鞍的先进性进行过描述："其鞍辔轻简，以便驰骋，重不盈七八斤，鞍之雁翅，前竖而后平，故折旋而膊不伤。"巧匠完成的用料考究、制作精良的马鞍，呈现于世的是一件叫人爱不释手的精美工艺品，一副高档的马鞍可谓价值连城的无价之宝。

在内蒙古阴山、阿尔泰山等地，古代人们通过绘制狩猎、牵马和骑射的图像来记录生产生活图景，这些遗存表明他们早期就已经开始驯养马，而这一过程的发展可以追溯到商朝时期②。此外，在这些古代文物中，马鞍也被证明是游牧民族操纵马匹的关键工具。

匈奴马鞍是最早的马鞍，主要用于战争骑射，只有一个鞍垫，简单低矮，前后鞍桥尚未出现。在秦朝时期才出现低马鞍，仅有鞍垫和皮肚带，在出土的秦始皇陵兵马俑中就能看出。西汉末年传统马鞍的制备材质开始转变为动物毛皮革③，同时结构上也转变成了无鞍桥结构。东汉时期壁画描绘的狩猎图中找不到马鞍鞍桥的踪迹，仅有鞍鞯的描绘，说明此时的马鞍结构仍是无鞍桥结构。从现有的历史记载中可见其与东汉时期壁画墓中的马鞍形象有显著差别。

唐代到清代时期马鞍的样式与结构变化不大。如锡林郭勒盟多伦县小王力沟辽代贵妃墓除出土有马鞍构造主体，还有器类包括带銙、鞍具饰片等④。

在元代，马鞍的发展更加迅速，它们的功能也变得更加多样化。根据用途，它们可以分为驮物鞍、骑乘鞍和拉车马鞍。此外，制作工艺也取得了显著的进步，比如说，鞍座中间紧密封闭，没有空隙，有效防止了马鞍开裂。

在我国北方传统农耕游牧交界区也有着虽然没能坚持过历史的大浪淘沙，但仍然留下璀璨文化记忆的民族，而论及马与马具文化，契丹就是这样一个绕

① 盛锐. 马鞍工艺代表性区域特征分析 [J]. 皮革科学与工程, 2019, 29 (06): 67-71.
② 徐广伟. 北方游牧民族的鞍马饰具艺术初探 [J]. 商品与质量, 2011 (S2): 133-135.
③ 郭沫若校订. 盐铁论读本 [M]. 上海人民出版社, 1975: 372-373.
④ 盖之庸, 李权, 冯吉祥, 等. 内蒙古多伦县小王力沟辽代墓葬 [J]. 考古, 2016 (10): 55-80, 2.

不过去的存在。在《辽史》中对契丹有这样的描述："契丹旧俗，其富以马，其强以兵。"马是契丹人的财富，是战场上骑射杀敌的好伙伴，是取得政治权力的依仗。因此，契丹人愿意用上等材质和最美的图案装饰马匹与马具，位于今通辽市奈曼旗的辽墓出土文物中就不乏这样华贵精致的马具。契丹人制作的马鞍与蒙古族制作的马鞍有很大的不同，蒙古族马鞍轻便、简洁，以便于骑手在马上行动①，而契丹人马鞍则更加精美，装饰穷尽奢华，材质高档，如银鎏金、铜鎏金等，金属类工艺多用镂空或用锤揲、錾刻出各种图案，蒙古族马鞍的形状多为椭圆形或圆形，而契丹人马鞍则多为梯形或长方形，蒙古族马鞍的装饰比较简单，一般只有一些简单的花纹和图案。而契丹人马鞍则装饰华丽，常常用金银线绣制各种图案和花纹。辽代马鞍是当时非常重要的文化符号，体现了游牧民族的传统和马文化的精髓。

我国在鞍马饰具方面已经有三四千年的历史了，经历了产生、发展、成熟三个过程。从战国时期到西汉初期，鞍马饰具仍处于初级阶段，其形状和制作工艺非常简略，类似于一个鞍垫。然后，从西汉到魏晋南北朝时期，马镫的发明具有划时代的意义。隋唐以后，对鞍马饰具的装饰艺术达到了很高的水平，显示了中国工艺的精湛和历史的深厚。此外，鞍马饰具的发展也反映出了社会经济和工艺水平的进步，体现了人们对马匹和骑乘体验的重视。它的历史不仅是一部装饰艺术的演变史，也是一部社会经济和文化的变迁史。

### 二、马具器物典型实例

时间：辽中期。

地点：藏于内蒙古通辽市博物馆。

材质：柏木（*C. funebris* Endl.）。

造型：以柏木制成鞍具主体，金覆面，再镂雕图形，呈凹形，前桥立后桥向后倾斜，前后鞍桥和两侧座板都由铜条加固，整体加宽，前鞍桥加高、后鞍桥略低于前鞍桥，以提高正面装饰面积（图11-8）。

---

① 刘威婷. 从历史功能论视角谈蒙古族马鞍的发展策略 [J]. 中国民族美术，2023（01）：21-25.

**图 11-8　辽代金饰柏木鞍，内蒙古通辽市博物馆藏**
（图源：李天宇，2013 年）

功能：作为公主驸马合葬墓的随葬品，其最主要的作用在于表达高超的工艺水平和墓主人身份的尊贵。

文化特征：辽鞍鞍饰从单一质地发展为金、银以及玉石镶嵌，纹饰由古朴发展到繁复高贵。其中，黄金作为较为稀有、珍贵，具有较好的光泽性、延展性的贵金属，一直受到特别看待，常常作为代表皇家至高无上地位和殊荣的象征以宣示其权力。此鞍是宋辽时期陈国公主墓中出土的金鞍，最具代表性，反映出契丹马鞍精湛的工艺，享有盛誉，也为蒙古族马鞍奠定了基础。

# 第五节　鞋　具

## 一、鞋具文化历史演变

木质鞋具距今已有数千年的历史，《史记·夏本纪》中提道，"陆行乘车，水行乘船，泥行乘橇，山行乘檋"，是说夏禹在治理洪水的时候，走旱路乘车，走水路乘船，走泥泞的路乘橇，走山路就穿檋。"橇"和"檋"是大禹治水时穿的两种木质鞋具。之后经过时代演变，综合不同地域与时代背景，逐渐改变其称谓为"木屐"，成为我国传统木质鞋具的统称①。

---

① 王志高，贾维勇. 南京颜料坊出土东晋、南朝木屐考——兼论中国古代早期木屐的阶段性特点 [J]. 文物，2012（03）：41-58.

249

　　因木质材料容易腐朽，出土的木屐实物极为罕见且皆有残损。其中距今5300多年（新石器时代晚期）的浙江宁波慈湖遗址所出土的两只左脚木屐，属良渚文化的遗物①，是现如今有实物可考的年代最久远的木屐。木屐外轮廓呈足形，前宽后窄，出土时绳带已腐，但屐板上钻有的5至6个小孔清晰可见。

　　在春秋战国时期，据《东周列国志》《韩诗外传》记载，晋骊姬之乱后，晋公子重耳在外逃亡饥寒交迫，其臣子介子推割股奉主充饥。而后重耳成为晋文公，多次请隐居的介子推出仕不至，便焚山逼迫他，不料介子推抱柳树而燔死②。晋文公悲痛欲绝，将一段烧焦的柳木带回制成一双木屐，每天叹曰"悲乎，足下"。自此木屐开始流行起来，"足下"一词也逐渐变成了一种敬称。然而，未见相关实物出土，史籍中也没有明确的木屐外形记载。

　　到了汉代，《汉书·袁盎传》中记载："袁盎使吴，吴王使围守之。盎乃以刀决帐直出，屐步行七十里。"至东汉延熹年间，有"妇女始嫁，至作（木屐）漆画，五采为系"的习俗，漆绘木屐开始出现。木屐在汉代已然普及，然而实物迄今仅三件，出土于扬州高邮神居山一号的西汉广陵王刘胥之墓，现藏于南京博物院。此外，汉代还出现了舄，是一种在单平底的鞋底上加一层木底的复底履，用于古代的朝会和祭祀③。

　　魏晋南北朝时期的木屐可考实物明显增多，其中安徽马鞍山市郊的三国东吴大将朱然墓出土的漆木屐，距今有1700多年的历史，是世界上发现的最早的一双漆木屐，由东汉时出现的漆绘木屐发展而来。这双漆木屐的屐板与屐齿是由同一块整木刻凿而成的，屐板外轮廓呈椭圆形，有3个穿孔，2个屐齿分布在屐板底部前后的位置，髹黑红漆，做工精美。这双漆木屐不仅造型优美，且漆质漆艺水平很高，说明漆木屐最早源于中国。

　　除了朱然墓出土的漆木屐外，三国、西晋时期的木屐实物遗存还有不少，皆下设两齿，大致分为圆口鞋状屐帮、屐面系带2种。总的来说，这个时期的木屐形式多样，结构合理，且形制上开始有了明显的性别区分。《晋书·五行志》中有记载，"初作屐者，妇人头圆，男子头方。圆者顺之义，所以别男女也。至太康初，妇人屐乃头方，与男无别。此贾后专妒之征也"。起初制作出来的木屐，女子的屐头是圆形的，男子的屐头是方形的，来区分性别，这在一定程度上体现了太康前男尊女卑的现象④。到了太康初年，女子木屐的屐头也成了

①　全岳. 夏禹的木鞋 [J]. 西部皮革, 2013, 35 (17): 54-56.
②　全岳. 东周时代的木屐 [J]. 西部皮革, 2013, 35 (23): 57-59.
③　范成杰. 中西方高跟鞋文化发展对比研究 [D]. 苏州: 苏州大学, 2009.
④　骆崇骐. 趣谈中华鞋史——倾听祖先的脚步声 [M]. 上海: 东华大学出版社, 2014.

方形的，与男子的没有区别，这是贾后专权的征兆。可见性别区分是这一时期木屐的重要特点之一，而木屐的形制与所处的时代背景息息相关。

东晋、南朝时期的木屐主要延续了前一时期的屐面系带形式，其中南京城南颜料坊出土的 12 件木屐最具代表性，种类丰富并且大多保存较好，这是因为它们都出土于富含地下水的秦淮河淤积层中。东晋、南朝时期的木屐可根据屐齿的有无分为两类：1）屐底具有前后两齿，屐齿与屐板近于等宽，根据屐齿制作方法又分为整木凿制和榫卯连接。2）整木挖制且无屐齿，屐底中部开凿槽盒，史籍多称为"屦""屧""藤"①。

南朝诗人谢灵运，也称谢公，喜好山泽之游，在《南史·谢灵运传》中有提到，"常著木屐，上山则去其前齿，下山去其后齿"。谢公常穿木屐以便登山，他所着木屐是一种双齿木屐，并且屐齿可以灵活拆卸，上山时拆卸掉前齿，下山时拆卸掉后齿，这样不论何时木屐都可平行，非常省力，"谢公屐"由此而来并成为美谈。李白的《梦游天姥吟留别》中"脚著谢公屐，身登青云梯"诗中的"谢公屐"就是指这类登山木屐②，但未曾有实物留存至今。

至此，各类木屐已形成基本的定式并流传后世，影响到了之后的隋唐甚至是古代日本木屐的形制。唐代政治开明，在木屐上也有体现，李白的《浣纱石上女》中"一双金齿屐，两足白如霜"和《越女词其一》中"屐上足如霜，不著鸦头袜"都有关于女子着木屐的脚皮肤皙白的描写，这说明唐代允许女子穿木屐时显露双脚，这在唐代之前是不允许出现的。值得一提的是，唐代邻国多来朝觐觐见，木屐文化由此传入日本及东南亚各国。

到宋代，木屐有了进一步发展，最主要的变化在于木屐上部鞋帮的材质，采用光滑精致的纺织品作为鞋帮来制作木屐，称作"高齿帛屐"。由于自宋代以来裹脚之风盛行，女子大多不穿木屐，因此穿木屐的多为男子。此外，在一些画作中也有对当时木屐形态的描绘记载。苏轼好友、人物画家李公麟在其《东坡笠屐图》中题道："先生在儋，访诸梨不遇。暴雨大作，假农人箬笠木屐而归。市人争相视之，先生自得幽野之趣。"描绘的是苏东坡冒雨戴笠着屐而归的情景，除此以外还有《归去来辞图》描绘了穿着木屐的宋人形象。

到了元代，由于受到北方民族的影响，木屐上部鞋帮的材质又改用皮革来制作，称作"木高齿皮屐"。

---

① 王志高，贾维勇．南京颜料坊出土东晋、南朝木屐考——兼论中国古代早期木屐的阶段性特点 [J]．文物，2012（03）：41-58．
② 郭伯南．漫话木屐 [J]．民俗研究，1990（04）：79-82．

　　至明清之后，木屐仅作为雨鞋使用。明代谢肇淛《五杂俎》卷十二·物部四："今世吾闽兴化、漳、泉三郡，以屐当跋，洗足竟，即跣而着之，不论贵贱男女皆然，盖其地妇人多不缠足也。女屐加以彩画，时作龙头，终日行屋中，阁阁然。"不同于明初对女子的束缚，在明朝中后期，女子又开始重新穿上了木屐，由此也反映了当时社会对女子地位观念的改变。而清代所穿之屐多为无屐齿木屐，主要出产自广东潮州一带。清康熙中期屈大均的《广东新语》中记载："今粤中婢媵，多着红皮木屐。士大夫亦皆尚屐，沐浴乘凉时，散足着之，名之曰散屐。散屐以潮州所制拖皮为雅，或以枹木附水松根而生，香而柔韧，可作屐，曰'枹香屐'。"这种木屐无齿屐，更接近现代的拖鞋，而现代的木屐主要在福建以及两广地区较为流行。

## 二、鞋具典型实例

### （一）木屐

时间：二战时期。

地点：中国台湾基隆和平岛。

材质：杉木［*Cunninghamia lanceolata* (Lamb.) Hook.］。

造型：木屐整体呈带圆角的长方形，屐头为方形，推测可能属于男性，如图11-9所示。木屐屐板有3个穿孔，前端趾部有1个，后端跟部有2个，为系带所用。屐板底部设有2个屐齿，一前一后，且屐齿宽度与屐板宽度接近一致，前屐齿高度高于后屐齿。根据形态特征，将其归类于日本的"驹下驮"①。

**图11-9　木屐 中国台湾基隆和平岛出土**
（图源：Martín Seijo María，2021年）

技艺：采用整木雕刻的方式制得，木块取材于树干并通过切割成型，然后使用一个带有锋利边缘的工具来塑造屐齿，最终在屐板上进行穿孔处理。

文化特征：这只木屐是从二战期间日本军方挖掘的大型防御壕沟底部填料

---

①　MARÍA M S, MARÍA C B, ELENA S H, et al. Wooden material culture and long-term historical processes in Heping Dao（Keelung, Taiwan）[J]. Journal of Archaeological Science, 2021（133）：105443.

中挖掘出来并回收的。1895 年，中日甲午战争后双方签订《马关条约》，台湾岛及其附属各岛屿被割让给日本成为殖民地，殖民统治止于 1945 年二战结束日本投降。日本殖民统治台湾期间，开始对台湾的行政和文化进行同化，在实行"皇民化运动"对台湾民众进行精神毒害的同时，大肆屠杀奋起反抗的抗日台胞，限制台湾民众的反抗行动，同时按照"农业台湾，工业日本"的殖民统治经济模式对台湾进行盘剥，以台湾的人力和自然资源来帮助日本自身的发展①，犯下巨大罪行。和平岛出土的这只木屐充分体现了二战时日本殖民台湾期间压倒性的日本物质文化入侵。

（二）韩国扶余陵山里寺址木屐

时间：公元 567 年前。

地点：韩国扶余陵山里寺址。

材质：欧洲赤松（*Pinus sylvestris* L.）。

造型：木屐整体呈椭圆形，是一只左脚木屐。长 24 厘米、宽 9 厘米、全高 5.7 厘米、前齿 3.5 厘米，有 3 个孔（图 11-10）。

**图 11-10　木屐 韩国扶余陵山里寺址出土**
（图源：이호정，2015 年）

技艺：由一整木雕刻制得，沿着顺纹理方向将屐板打磨成类似于足状形态，屐面打磨平整，并在屐板上进行了穿孔处理。

文化特征：韩国木屐的记录是自朝鲜时代开始的，可以在《星湖僿说》《五洲衍文长笺散稿》等中找到佐证，起初是像日本的下駄（げた），也是通过平板形状固定在脚上，通过绳子连接来穿戴，后来逐渐变成了四周封闭、八字形弯曲跟底的形态。出土的这只木屐是韩国唯一的椭圆形木屐，发现自韩国扶余陵

① HUANG W C. Land and economic policies of Japan in the colonial Taiwan frontier: A case study on the Da-Nanao plain [J]. Humanities and Social Sciences, 2014, 02 (06): 182-186.

253

山里寺的水渠中，此寺是百济王室寺庙，建于公元 567 年①。关于木屐的规格问题，经考察，百济的鞋类可能有着统一适用长度，也就是说木屐的制作使用了营造尺。

　　（三）日本东京学艺大学的木屐

**图 11-11　木屐 日本东京学艺大学制作**
（图源：太田朋宏，2010 年）

　　时间：现代，2008 年。

　　地点：日本东京学艺大学。

　　材质：杉木［*Cunninghamia lanceolata*（Lamb.）Hook.］。

　　造型：造型多样，包含有椭圆形和长方形木屐，即圆形屐头和方形屐头的木屐，系带采用了不同的材质进行制作（图 11-11）。屐齿形态不一，大多与屐板融为一体。

　　技艺：取杉木木块锯切成所需尺寸，在其各个表面上画出设计的木屐形状。根据所画的形状锯掉不需要的部分，之后用凿、刨和削的方式粗削出木屐的大致形状，用锉刀和研磨纸使之平滑成型。使用钻床打孔用以穿系带，再进行涂饰、着色、干燥。而系带则以麻绳为芯，在外侧缠绕棉花作为填充材料，用布料包裹外部缝制成筒状。将系带穿过穿孔，调整系带的长度和紧度，之后打结固定。

　　文化特征：日本木屐是日本传统鞋类的一种，大多数由一整块木板制得。

---

　　① 이호정, 조우현. 한·일 고대 나막신의 유형별 특징연구［J］. 服飾, 2015, 65（06）: 1-14.

纵观木屐在日本历史中的发展，直至 20 世纪初都很常见①。经典木屐，也称为"驹下驮"，是当今日本最常见的木屐，通常由轻质泡桐木制成，具有经典的双屐齿设计。男性的木屐往往呈矩形，而女性的木屐通常呈椭圆形，延续了我国古代木屐形制的性别区分。更现代一些的木屐称为"右近下驮"，具有较低的轮廓和更现代的设计，与矮跟凉鞋类似。还有一种木屐叫作"足驮"，即高木屐，屐齿很高，远超于屐板本身的厚度。日本东京学艺大学课程制作的木屐风格更偏现代，此外，在实践制作时他们发现，木屐的原材料杉木在纤维方向很容易劈裂，这个缺陷会在一定程度上制约木屐造型方面的表现，因而之后有改用梧桐木进行相关设计与制作的尝试。

---

① 太田朋宏. 下駄をつくる授業の改善と検証——工芸の授業題材のあり方を求めて [J]. 東京学芸大学紀要 芸術スポーツ科学系, 2010 (62): 19-29.

# 第十二章

# 白木模具

## 第一节　白木传统糕饼印模文化历史演变

传统糕饼印模是制作糕饼的厨房用具，在古早，中国百姓曾经大量使用它们。在江西婺源，一些现在开放、专门供游客们随意参观的村落，在厨房的墙上还挂着一两个老旧印模，像是向游客们诉说它们在这里曾经被使用的历史。

### 一、小印模，大文化

尽管这些老旧印模在身份上只是作为制作糕饼的工具，但仔细观察会发现，它们身上刻着各式各样的"纹饰"或"图案"，这些"纹饰"或"图案"既美观，又含着很多出自人们心中的祥瑞祝福。吉祥含义与民俗艺术形式相互结合，不仅让印模们具有了复杂的社会意义，而且也让印模们生成了记载历史变迁和民俗生活传统的文化价值。

进一步深究会发现，一个小印模上的吉祥祝福与审美表现形式的融合，是有其明确"路数"的。首先，其要旨是实现审美表达对于吉祥祝福表达的服务，并在这个服务过程中同时实现了使用者们的审美需求。其次，印模上的纹饰所包含的吉祥祝福，与中国历史上长期浸染儒释道文化直接相关，从中反映出与安定、和谐和富足的生活期盼直接相关的内容。

### 二、最早的历史呈现

迄今为止，中国人对传统糕饼印模的使用，最早记载于中国农学著作《齐民要术》一书中。该书大约于北魏末年（533—534 年）问世，在其中的"卷九"，作者贾思勰简述了如何"以竹木作圆范"来制作肉食。这是中国历史典籍中首次记载了叫作"圆范"的印模。另一个记载，是在宋初《清异录》一书中，书中简述了唐代早期韦巨源（631—710 年）的"烧尾食单"。这份食单中有"八方寒食饼（用木范）"的表述，是对使用木范制作糕饼的明确记载。这表明，中国唐代的人们就使用了现在被人们普遍称之为印模的"木范"。到了元代，佚名的《居家必用事类全集》一书，在已和庚两个部分中分别记载了食物和食俗，其中有几处专门讲到了用"托子"或"脱子"（即现在的印模）来给食物"印花样"，并讲到了部分印出花样的食物，如龟莲馒头、荷花馒头、葵花馒头等。

到了明代，围绕着月饼制作，对月饼上的纹饰开始有了描述，从这个侧面表现了糕饼印模以及印模上的纹饰。明嘉靖年间，田汝成在《西湖游览志余》卷二十中写道："熙朝乐事：八月十五谓之中秋，民间以月饼相遗，取团圆之意。"作者的此段话，既描绘了南宋时中秋节人们享用月饼，并将月饼作为寄托吉祥祝福的赠礼，又暗含着描绘了月饼的圆的形状。清晚期，在彭蕴章著《松风阁诗钞》卷五中，录有《幽州土风吟》十八首（作于"辛卯年"，即 1831年），其中一首诗题为《月宫符》：

　　　　月宫符，画成玉兔瑶台居。月宫饼，制就银蟾紫府影。一双蟾兔满人间，悔煞嫦娥窃药年，奔入广寒归不得，空劳玉杵驻丹颜。

彭先生的诗作是专门描绘月饼纹饰的，也自然地表现了印模纹饰及其使用情况。至清末民初，富察敦崇著《燕京岁时记》一书（问世时间约在光绪三十二年，即 1906 年），书中记载：

　　　　中秋月饼以前门致美斋者为京都第一，他处不足食也。至供月月饼到处皆有。大者尺余，上绘月宫蟾兔之形。有祭毕而食者，有留至除夕而食者，谓之团圆饼。

## 三、流行的时期及原因

中国传统糕饼印模曾经有一个较长时间的历史流行期。在这个时期中，全国很多地方都在制作和使用印模，用来做各类糕点或小吃食。尽管没有发现明确的文献记载，但是从现存的老旧糕饼印模实物遗存情况看，这个流行时期的起点大约是明晚期的嘉靖年间，而终点则在 20 世纪的五六十年代，其时间跨度约为四百余年。糕饼印模开始普遍使用或流行，与嘉靖和万历年间人们对木雕纹饰以及木雕品的普遍使用具有关联性。发现这个时期的木版画首先兴旺起来，接着，追求祥瑞和美感的木雕，被广泛运用到建筑、院落构建和家具制作当中。从传统糕饼印模历史遗存数量和种类情况看，这些生活老物件在全国地区的分布，大都与历史上木雕业发达的地方（如浙江东阳、老徽州等）联系密切。

### 四、印模材质分五类，木质为大宗，讲究"就地取材"

根据中国传统糕饼印模的遗存情况，发现中国的老旧糕饼印模主要有五种材质，即木、瓷、陶、玉石和金属，木质印模为最大宗。木质印模之所以多，既因为木雕业的发达，也因为靠木雕技艺制作印模更容易操作。与瓷、陶、玉石和金属类印模的制作相比，木质印模使用起来更方便，日常保存和清理也更简便。根据遗存情况，可以发现制作和使用木质传统糕饼印模的地方，大都就地取材。如在中国北方，主要选取梨木（民间常选择"杜梨木"）、枣木等；在中国南方，则主要选取栎木、白檀和紫椿等。

人们在刻制木质印模时，有的使用制作建筑木构件或家具余下的"边角料"，有的则专门选用尺寸较大的"好木料"，民间常称之为"独板"。而尺寸大的，有 40 厘米以上的见方。就长方形而言，最长的部分，有的甚至接近了1.5 米。这样形状的印模，要用好木料才行。一般而言，在外形上，个头小（长不超过 15 厘米，宽在 5 到 10 厘米之间）或较小者占大多数；圆形、长方形居多；圆形中带柄与不带柄的都有；圆形中只刻制一个图案的居多，长方形中常常刻两个或更多的图案。

### 五、南北方的差异以及南方印模的髹漆

在中国，各地的木质传统糕饼印模在外形和纹饰等方面差异较大。在北方，制作糕饼的食材以麦粉为主，其制成品多为饼。北方的木质印模在雕刻时用刀比较深，图案的线条粗犷者偏多。在南方，其食材多为米粉，在不少地方多用糯米粉。人们先把这些糯米蒸熟，再通过春米等手段，制作米粉面团，最后再使用印模在揉制好的小面团上刻制出花样来。很多南方木质糕饼印模经常呈现出精细、精美的面貌，让观者见之而赞叹不已。

南北方木质印模的差异，更多地表现在具体图案的差别上。有的图案，如水禽、花鸟等，南北方均可以见到。其中，最为出色的是山东胶东半岛地区木质印模中的鲤鱼形象，其头部高度拟人化，颇有高古的绘画味道。鲤鱼的吉祥寓意主要有两个，一个是鲤鱼被视为多子之物，其形象用来表现民间对"百子千孙"的祝愿；另一个则与"鲤鱼越龙门"或"鱼化龙"的神仙故事有关。而

有的图案，则凸显南北方各自的特色。如龟的形象，在福建以及台湾地区十分流行，当地人喜欢做"龟粿"，食材主要是熟糯米粉和糖，并染上粉红色，又称"红龟粿"，在春节等重要传统节日做祭祀用。可是，在中国北方的老旧印模中，人们基本上不制作和使用绘有龟形象的糕饼印模。

在南方的木质糕饼印模中，有些是经过髹漆的。在浙江、广东、福建以及老徽州等地，能经常见到涂过紫红色或红色油漆的印模，这样的情况在北方几乎是看不到的。印模髹漆主要有两个目的，一是用来防止因潮湿给木质印模带来的霉变；二是一些地方在旧时常常把涂过漆的印模作为一种陪嫁品。

## 第二节　白木传统糕饼印模典型实例

### 一、杜梨木和枣木印模（以山东、山西和京津两地印模为主）

材质：杜梨。属于蔷薇科梨属落叶乔木，生长在平原或山坡阳处，北方尤多。杜梨抗干旱、耐寒凉，通常作各种栽培梨的砧木。"杜梨木"为土灰黄色，木材致密，木质细腻无华，横竖纹理差别不大，适于雕刻，可作各种器物，不易变形，耐磨。在旧时，常用来制作高档家具和家用木雕制品，如商标雕版、传统糕饼印模等。

**图 12-1　胶东半岛鱼类印模，王来华收藏**

材质：枣木，又名赤金檀，俗称红花檀，因环渤海地区广泛种植又称渤海铁檀。枣树在全国各地都有，但以河北、河南、山东、山西等省为主要产区。枣树是多年生木本植物，生长很慢。该木种花纹美观，色调浅红或暗红。枣木广泛用于建筑构件、旧式农具和生活用具的生产加工当中。

结构：上述三个传统糕饼印模，分别来自山东的胶东半岛、山西平遥和天津，制作和使用年份大约在清末至民国时期。它们均为木质印模，都是用杜梨木刻制的。胶东半岛的这些鱼形象的印模多带柄，外形随鱼的形状而制，并都只雕刻一条鱼，鲤鱼或金鱼。山西和天津的两块印模，外形都近似方形，内里则一个是桃形，另一个是圆形。在山西桃形上面，又加刻了福禄寿三星和一个大的寿字；在天津的印模上可以看到月宫的形象，在图案的外圈还刻制了八仙人，并雕刻"庆贺中秋"四个大字。

图 12-2 山西印模，
22 厘米×21 厘米×4.3 厘米，王来华收藏

图 12-3 天津印模，
43.5 厘米×41.5 厘米×4 厘米，王来华收藏

功能：这些印模都是用来制作糕饼用的。不同的是，山东的鱼类印模可以在一年中很多吉庆场合使用；而山西的桃形纹饰印模则主要在祝贺寿诞的场合使用；天津的圆形印模则是一块典型的月饼印模，主要用来在中秋节时制作月饼。

技艺：这几个印模都是在木料上先刻出一块凹进去的空间，这个空间正是印模纹饰的刻画之处，一般被称为印模的"印堂"。印模的印堂都是"凹刻"或"阴刻"的，用它们刻制出糕饼的纹饰则是"凸刻"或"阳刻"的，花纹突出，立体感很强。印模的制作，一般是由细木工或木雕手艺人操刀制作而成的。其制作工艺主要包括了选料、切割、做坯和确定外形、挖制印堂、画稿（常使用事先准备的纸样子，描出线样）、雕刻以及做最后的清理。有的地方（如山西、浙江、湖南等），一些雕刻手艺人会在印模上（以背面和侧面为主），用刀（也有墨书的）刻出自己的姓或全名以及纪年款或朝代款，有的还会为印模的购置者刻上姓名。

文化特征：印模纹饰具有丰富的文化特征。如山东的鱼印模，用鲤鱼表示多子多孙的祝福；山西的桃形印模则包含了对福禄寿理想的期待，尤其是对健康长寿的高度重视；天津的圆形印模则试图反映中秋节中团圆、喜庆和健康快乐的祥瑞心态和祝愿。

## 二、白檀木印模（以老徽州印模为主）

材质：白檀。

结构：这两个安徽传统糕饼印模在年份上为清中晚期。它们在外形上分别为长方形和窄长方形（或长条形）。前一个印模上雕刻了四十个小图纹，深刻，分圆形和异形。上首，先刻三尊小佛像，下面再刻多种吉祥花草和帅、相、兵等数个象棋子字样。后一个印模也为深刻，共八个小图纹，均为仙人形象。图纹中双头仙人和圆身仙人形象，疑为和合二仙和一团和气仙人形象转化而来。这两个印模均属于一木多纹饰的构造，给使用者带来了很多方便。

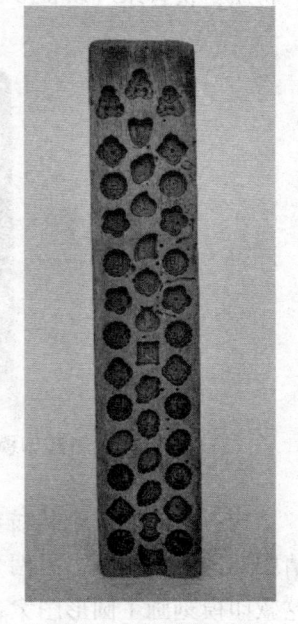

功能：前一个印模应为专门制作茶食（即小糕点）的印模，而后一个主要是用来制作小米饼的制饼工具。由于它们自身的纹饰较多，可以根据使用者的意愿，一次做出花样繁复的多种糕饼。

技艺：在一块木料上面，制作多种纹饰，不仅需要琢磨如何合理使用木料，还需要对要雕刻的纹饰进行选择，考虑图案本身的样子，合理表现吉祥祝福，并讲究图案的民俗美感。还有，由于它们都是小图案，需要合理选择和使用相应的刻刀，并要求下刀准确和熟练，以求高质量的雕刻结果。

**图 12-4 老徽州印模，**
**39.2 厘米×7.3 厘米×3 厘米，**
**王来华收藏**

文化特征：在前一个印模中，以中国象棋子字样入糕模，意义丰富。借

图 12-5　老徽州印模，41.5 厘米×9.2 厘米×3.2 厘米，王来华收藏

"棋"字与"祺、琪"等字谐音，用谐音字祝吉祥。如"祺"字，《说文解字》解释为"吉也"，《汉书·礼乐志》注为"福也"。旧时书信往来多使用祝颂语，如"近祺、文祺"等。古代曾有"善弈者长寿"之说，古代至今喜弈的寿星有很多。

### 三、银杏木、楠木印模（以浙江、福建、广东印模为主）

材质：银杏木（*Ginkgo biloba* L.）。

图 12-6　浙江印模，16 厘米×14.2 厘米×2.3 厘米，王来华收藏

结构：在上述三个传统糕饼印模中，来自福建的寿龟纹饰的大印模带柄，为清中期的木雕制品，另两个外形则为方形，均为民国时期的木雕制品。浙江的这款印模刻画了圆形图案，图案为麒麟送子，深刻，纹路十分清晰；福建的印模刻画了乌龟，着重刻画了龟的背甲，背甲中央还刻了一个双喜字。此印模曾经髹漆，经过多年使用，表面已经斑驳；广东印模个头较大，纹饰为圆形，印堂宽敞，纹饰分为几层，中央部分为月宫形象，外围雕刻了"九狮图"，九头狮子形态各异，活泼可爱。

图 12-7　福建印模，
47 厘米×22.4 厘米×4.4 厘米，王来华收藏

图 12-8　广东印模，
43 厘米×31.5 厘米×3.8 厘米，王来华收藏

功能：三个印模分别来自三个省份。浙江印模主要用在庆贺新婚或子女诞生时，大都使用糯米粉，参合糖料等配料制成糕饼，供前来庆贺的客人及家人们享用。福建的印模主要用来加工"红龟粿"，在寿诞、庆生和春节等多种场合使用；广东的印模是南方的月饼模。相比北方，南方的大型月饼模比较少见。

技艺：在浙江的这款印模上，在使用时多在纹饰圆形凹槽内配置铜质或锡质圆圈，其高度在 2 厘米以内，有助于制成圆形的糕饼。浙江当地人称此类印模为"印糕版"，是对此类印模的形象概括。相比印堂较深的那些印模，由于金属圆圈的安装和取下均很方便，所以这些"印糕版"更容易帮助糕饼"脱模"。

文化特征：在广东印模上的九狮图中，九头狮子相映成趣，底部的两个狮子头对着一绣球，下刻"和茂"二字。据载，"和茂"曾是 20 世纪二三十年代佛山地区知名的手工作坊。明清以来，中国多地都有九狮图演出，以重大节日或吉日庆典等场合为最，有民谣说："节日到，九狮跳。"

## 四、红椿木、紫椿木（以云南印模为主）

材质：红椿木［*Toona sureni*（Bl.）Merr.］。

结构：这两个云南印模均属于清中晚期的作品。前一个印模，曾髹漆，长方形，刻了三个圆形纹样，上面刻了一头跑动的小鹿，中间和下面刻了吉祥花卉。此印模尺寸大，用料厚重，耐磕耐磨，是很典型的老旧云南印模。后一个印模带短柄，刻了两个圆形纹样，一个是花卉，另一个是回首的小鹿。印堂边上刻有边牙。在印模的纹样上面，还刻了一匹小马的纹饰。

图 12-9　云南印模，　　　　图 12-10　云南印模，
62.5 厘米×12.8 厘米×4.1 厘米，　　31.7 厘米×7.5 厘米×2 厘米，
王来华收藏　　　　　　　　王来华收藏

功能：在云南大理地区，此类印模十分流行，专门用来制作以米粉为主要食材的糍粑，当地也称它们为"糍粑模"。

技艺：云南的剑川木雕和剑川石雕都非常出名，制作家具的木雕手艺也被用来制作糕饼印模。与其他地方相比，当地雕刻这些印模的技艺特殊之处，是在体量较大的木料上用刀，其雕刻风格大都粗犷，线条较深，花样朴拙。

文化特征：这两个印模上，都刻画了鹿的形象。在云南大理等白族自治市、县，鹿形象所代表的健康和快乐意趣深受百姓们喜爱。在当地白族聚居区，白鹿还象征着善良和祥瑞，据传见之可以带来好运气。

# 第十三章

# 白木炊食具

## 第一节 食 具

### 一、食具文化历史演变

民以食为天，食以器为先。饮食是人类生活的第一需要，中国饮食文化历史久远，其中食具与中国传统饮食文化相辅相成，食具是饮食理念与文化的外在表现，饮食文化则是中国传统食具的精神载体。食具主要包括以下三类：一是取食具，如箸、匕、瓢等；二是盛食具，如碗、罐、盘、盆等；三是蒸煮食具，如灶炉、锅等。中国古代的食具不仅有重大的实用价值，还拥有一定的艺术价值，从中国历代的食具演变过程中，可窥见中华民族悠久的饮食文化。

人类最初使用工具进食是在旧石器时代，懂得用火烤猎物的同时借助树枝或木棍为工具，此外还掌握了在石头上面烹烤食物的方法，这使得食物更加美味易消化。

新石器时代农业的初步发展致使古人逐渐定居，对食器也有了要求，古人偶然发现黏土掺水后火烤可以制成陶质食具，并大量使用，这开辟了人类饮食新纪元。

夏、商、西周时代中国青铜文化发展鼎盛，贵族阶层开始盛行青铜饮食器具，如鼎、镬、鬲、簋、甗、敦、豆等，饮食器具作为礼制载体在葬俗、祭祀等社会功能上有着重要作用[①]。

春秋战国时期开始出现铁质工具，贵族阶级依然以青铜器为大宗，器型风

---

[①] 张欣. 先秦饮食之漆器审美 [J]. 艺术生活－福州大学学报（艺术版），2019（02）：12－17.

格多样繁缛精美；中下阶层依然使用陶器，漆木制食器的用量逐渐增多。

秦、汉和魏晋南北朝时期，青铜器的地位被削弱，已不再作为礼器，而是还原为日常食器，并且部分器物已经完全绝迹。两汉以前人们的就餐方式是席地而坐，一人一案的分餐制，而在两汉时期分餐开始出现多样化。由于民族大融合和丝绸之路的开通，促进了中外文化的交流，在饮食器具方面引入了许多外来器物，并且融入了许多地方特色与民族特色。这个时期釉陶器、漆木器等饮食器大量出现，并出现了瓷质食器。

隋唐时期，高足家具开始出现改变了人们的就餐方式，由之前的分餐制变为合餐制。这一时期社会稳定繁荣，农业与手工业发展迅速，瓷器开始盛行，成为人们主要的餐具。王公贵族中金银及玻璃器皿盛行。宋代瓷器制造达到高峰，元明清时期合餐制定型。

## 二、食具典型实例

### （一）商洛冬青木烙花筷子

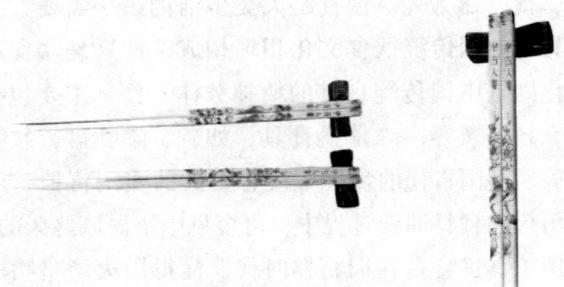

**图 13-1　商洛冬青木烙花筷子**

材质：冬青木（*Ilex chinensis* Sims）。

结构：首方足圆，一般长度在 22 厘米和 26 厘米左右，首径在 0.5 厘米到 0.8 厘米之间，足径约为 0.3 厘米到 0.6 厘米。

功能：夹、拨、挑、拌、扒、撮、剥、戳。既可作餐具，也可供欣赏。陕北民间认为冬青木筷子有祛火明目之功效，河南民间认为此筷可以防口疮。

技艺：商洛冬青木烙花筷子产于陕西省商洛地区的商南、山阳、镇安等县，为陕西的一项著名传统手工艺品，它与杭州天竺筷、福州漆筷并列为全国三大著名筷子。作为一种地方名优特产，已被载入《中国土特产》和《秦巴山区土特名产》等书。商洛冬青木烙花筷利用当地生长在悬崖峭壁上的多年生的"崖冬青木"为原料，经精细加工制成。其制作始于明代，至今已有 400 余年的生产历史。制筷时，先将所伐干枝解为细条，截出筷坯，经刮削、车圆、打磨做成木筷素身。最后烙花，用电热钢火笔，温度为 300℃—500℃。烙花艺人，一手操筷，一手施烙，以准确利落的腕力、指力控制烙笔的轻重缓急，筷转笔运，顺勾逆划，绘出明快雅致的绣色花纹。

文化特征：木筷品种较多，但就白木而言，楠木、枣木、冬青木、黄杨木、银杏木、鸡翅木、花梨木等皆可制筷。

此外，冬青木筷可在乳白色筷上烙花。图案多姿多彩，甚为美观。旋作、器具、玩具、小细工物。

枣木筷，质重坚韧，纹理直，结构细，筷杆润滑，色暗红而有光泽。北方对枣木特别有好感，民间传说枣木筷不沾饭粒，并有防馊功能。

楠木筷为樟科楠属常绿大乔木，筷在我国南方很畅销。楠木材质细密，光泽浅绿，耐久性强，且有香气，是制筷的理想材料，很受欢迎。

有进餐时不沾米饭和防馊的枣木筷，有陕北民间认为有利明目的冬青木筷，也有少数民族的结婚筷、香港的旅游筷、日本作为礼品的长寿筷，更有清代时人们用来拨弄烧炭的长铜筷、洞房中用来剪龙凤花烛烛芯的又细又长的铜筷等等。发展到今天，筷分为竹木、金属、玉石、牙骨、密塑五大类，计有数百个品种[1]。

### （二）木包铜花纹奶桶

材质：杉木 [*Cunninghamia lanceolata* (Lamb.) Hook.]。

结构：圆桶形，用箍将做桶的板捆在一起，迫使其成为所需形状和确保接缝严实。

功能：奶桶（蒙古族）。

技艺：箍桶，首先在木头上弹好墨线把木头锯成

图13-2  木包铜花纹奶桶

板块，然后拼板定型，再用滚刨、圆刨等工具将内板刨光，形成一个光滑的弧面。接下来做底板，划线刀在桶内划线槽，用斜凿加深后，劈掉多余的部分，再刨光榫槽。将大小适宜的4块木板用竹钉连接，然后用木制圆规在板上画好圆，锯掉4个角，再用刨子刨圆、刨光。最后用砂纸打磨光滑，装入桶内，完成底板的制作。之后上底口铜箍：用滚刨、圆刨加工箍口，并用木锉锉平整，调整铜箍，将铜箍套入箍口，并用榔头敲打、紧固，这样就完成了底部桶箍的制作。最后上桶身铜箍：要将

---

① 蓝翔．筷子三千年［M］．济南：山东教育出版社，1999．

外围部分刨光，并将铜箍套入桶身进行反复尝试。当调整到合适的尺寸后，便可将铜箍敲入桶身，固定住桶身。然后把桶口刨圆，用砂纸内外打磨好。

文化特征：箍桶是一项古老传统的木工手艺，隶属木工行业四大系统"大木、方木、圆木、小木"中的"圆木、小木"工种范畴。箍桶这一技艺相传至今已有七千多年的历史。2018 年 12 月，箍桶技艺被列入第七批萧山区非物质文化遗产名录。箍桶体现了民风习俗，如女子出嫁的重要嫁妆"子孙桶"，寓意深远；重要节日的祈福活动中用到的朱漆木桶盘，体现一种美好企盼。

（三）勺

材质：黄杨木（*Buxus sp.*）。

结构：长柄，柄端菩提叶形，深勺，制作规整；柄长 16.3 厘米、宽 3.5 厘米。

功能：喝汤，药香具。

技艺：画型—锯型—挖胚—修型—锯型—修型—砂纸打磨。

**图 13-3　清 黄杨木菩提叶首勺**

文化特征：勺是古代中国人发明的从盛酒器中舀酒的器具，最初为青铜制，形如有曲柄的小斗，后经长期发展演化为当今人们广泛使用的各类勺子。

（四）札古札雅木碗

**图 13-4　札古札雅木碗（故宫博物院藏）**

材质：桢楠（*Phoebe zhennan* S. Lee et F. N. Wei）。

结构：清乾隆年制，高 6 厘米，口径 16.3 厘米。清宫旧藏。碗墩形，撇口，玉璧式底，里外光素。木质光润，现出自然纹理。碗底中央刻阳文隶书"乾隆御用"四字款，底足上以银丝镶嵌楷书诗句：木椀来西藏，草根成树皮。或云能辟恶，籍用祝春禧。枝叶痕犹隐，琳琅货匪奇。陡思荆歔地，二物用充饥。乾隆丙午（1786 年）春御题。后用金丝嵌篆书"比德"字方印。碗中存有一皮笺，上用汉、满、藏三种文字记："土尔扈特四等台吉晋巴恭进木椀一个。"

功能：西藏地区贵族饮用奶茶、青稞酒之用器，据传可预防、治疗心血管疾病。

技艺：侈口，弧腹，器壁较浅，拱壁足底，内外施木釉。

文化特征：藏清代从康熙时起，每逢初春，西藏均向朝廷进献此种扎古扎雅木碗。乾隆帝的御制诗中，咏扎古扎雅木碗题的诗至少有 8 首。乾隆帝还仿效其祖父康熙帝，为扎古扎雅木碗配制木匣，并将自己的诗分别刻在匣盖和碗底，大多字体还镶嵌上银丝，以示他对此种木碗的珍爱。

（五）维吾尔族木盘

材质：银白杨（*Populus alba* L.）。

结构：直径 20—50 厘米、深 2—4 厘米，边沿有刻纹，底部是平的，有的还有底座。

功能：盛肉食和水果。

图 13-5　维吾尔族木盘
（图片来源：中国大百科全书）

技艺：先依据制作器皿大小，用斧头将木料砍削成毛坯。接着，用斧头轻剁为器皿形状，有圆的、方的。然后，用刀一点一点将碗心、碟心、盘心、杯心剜出。再将成型的器皿放在盐水锅里煮沸，经过盐水处理后，不裂、不变形。将煮过的器皿晾干，用刀将表面削刮光滑，涂上羊尾油，令其渗入，再用工具细打，绘图上色。

文化特征：维吾尔族在木床、摇篮、木箱、柜子、桌子、木门和马具，乃至乐器上无不施以雕刻，或用火烙成花纹，或涂上各种彩漆作为装饰，纹饰鲜丽且具有浓郁的民族特色。

（六）擀面杖

图 13-6　1950—1959 年 擀面杖

材质：柏木（*C. funebris* Endl.）。

结构：辊轴式，可拆卸。

功能：压制面条、饺子皮、烧麦皮。

技艺：选取比擀面杖略粗细的木棍，用刀一层一层刮削，只到粗细合适为止。砂纸打磨。

文化特征：根据使用需求不同，擀面杖种类可分为单手杖、双手杖、橄榄杖、花擀杖、走槌等。

（七）木箕

材质：楠木（*Phoebe zhennan* S. Lee et F. N. Wei）。

结构：方形。

功能：挫粮。

技艺：画线，锯形，打磨，组装。

文化特征：晚清民国农家用来铲装粮食面粉的工具。

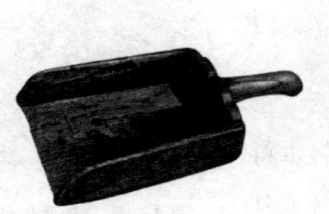 

图 13-7　清 楠木木箕　　　　　　图 13-8　木甑

（八）木甑

材质：杉木［*Cunninghamia lanceolata*（Lamb.）Hook.］。

结构：圆桶形，竹销钉连接，直径上大下小，两头是通的。甑身加固用的是竹箍或铁箍，也有用铁丝绺成的。木甑靠上口相对的位置，杉木板上留有两个抠手，以方便双手端起木甑。

功能：蒸煮食物。

技艺：木甑是利用当地的优质原木（木质软易吸水分、无味）制作成木片，接着打孔、拼接、组装成桶；两头是通的，一边大一边小，中间放置一个透气的甑底子，也可用竹条编甑子盖。箍桶技艺，同（二）。

文化特征：木甑，源于我国古代蒸食陶炊器陶甑。随着社会的发展，陶制甑子逐渐演变为木质甑，常出现在我国南方。木甑与大铁锅配套使用，铁锅叫"甑锅"。用木甑子蒸出来的米饭晶莹剔透，具有原木醇的清香，让人有回归自然的感觉。

（九）木砧板

材质：银杏木（*Ginkgo biloba* L.）。

结构：圆形。

功能：捶、切、剁、砸食材以及擀面时垫在底下的器物。

技艺：精选天然银杏木拼接而成。

文化特征：砧板的雏形最早应该出现在人类发展的"石器时代"，那时候人们用石斧、石刀的时候，底下也要垫块东西。关于砧板文献记载，元朝关汉卿杂剧《望江亭》第三折中："可将砧板、刀子来，我切鲙哩。"距今有着七百多年的历史。

图 13-9 木砧板

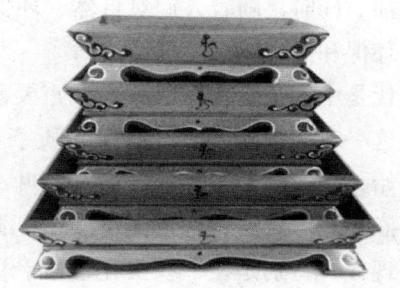

图 13-10 蒙古餐盘

（十）蒙古餐盘

材质：楠木（*Phoebe zhennan* S. Lee et F. N. Wei）。

结构：四角托盘。

功能：盛放烤肉和手把肉类。

技艺：画型—锯型—挖胚—修型—锯型—砂纸打磨—喷清漆—绘制图案。

文化特征：主要在当地蒙餐店广泛使用，也会在祭祀时使用①。

# 第二节 茶 具

## 一、茶具文化历史演变

木材作为茶具材料在中国有着悠久的历史。早在唐代，茶具就已经出现在了文人雅士的茶席上。这一点可以从许多古代诗歌中得到印证，如唐代诗人刘禹锡的《西山兰若试茶歌》中的"骤雨松声入鼎来，白云满碗花徘徊"，就描写了用茶具沏茶时，茶叶在碗中舞动的美丽景象。

<hr />

① 赛娜，娜日苏. 作为原生态文化之表象的食具——以察哈尔正蓝旗蒙古族的饮食器具为例［J］. 原生态民族文化学刊，2018，10（03）：103-110.

到了宋代，随着茶叶文化的繁荣发展，茶具的制作技术得到了极大的提升，成为当时流行的茶具之一。当时的茶具注重自然纹理和简约设计，与当时的瓷器茶具形成了鲜明的对比。

元代以后，随着茶叶产量的增加和饮茶方式的改变，茶具的数量和种类也随之增加。同时，随着人们对自然、环保和健康的追求，茶具也成为人们追求自然、环保和健康的重要载体。

明代是中国茶文化发展的一个重要阶段，也是茶具逐渐退出历史舞台的时期。在这一时期，随着紫砂壶等陶质茶具的兴起，茶具逐渐被淡忘。然而，从清代开始，随着制茶技艺的提高和茶叶品质的改良，茶叶逐渐被赋予了更高的文化内涵和艺术价值，这也促使茶具在清代中后期重新受到重视。

在现代，特别是在一些文化创意产业园和设计师的工作室里，木质茶具更是成为必备的装饰品和礼品。这种趋势展示了木质茶具独特的文化内涵和艺术价值。随着时代的变迁和技术的不断进步，木质茶具的制作工艺和设计理念也不断创新和发展，其独特的风格和文化内涵也成了中国文化的一种代表。

常用的茶具中按照功能的不同可以分为四大类：主泡具，如茶壶、茶盅、茶杯、茶盘等，由于木制茶具在长期接触温度较高的水时极易变形与开裂，故在设计木制茶具时对茶壶的设计主体泡茶部分采用生铁等材质，这样在材质上的对比也可以更加凸显木材本身的美感。辅泡器，如茶夹、茶导等。备水器，提供泡茶用水器具，如煮水器、热水器等。储茶器，存放茶叶的罐子。

## 二、茶具器物典例

### （一）楠木茶罐

材质：楠木（*Phoebe zhennan* S. Lee et F. N. Wei）。

功能：存放茶叶，保持茶叶的新鲜和品质。由于楠木具有极佳的密封性和防潮性，因此可以有效保护茶叶的品质和口感。此外，楠木茶罐还可以作为一种艺术品和收藏品，展示茶叶文化和传统工艺的魅力。

技艺：采用传统木工技艺制作。

造型：茶罐的高度在 10—20 厘米之间，直径在 10—30 厘米之间。茶罐的造型

图 13-11　楠木茶罐

多样，有圆形、方形、椭圆形等多种形状。茶罐的盖子一般采用圆形或半球形设计，便于打开和密封。有些茶罐的外部还雕刻有精美的图案和纹理，如山水、花鸟、人物等，展现出中国传统文化的独特魅力。

（二）黄杨木茶则

材质：黄杨木（*Buxus sp.*）。

功能：黄杨木茶则的主要功能是用于量取茶叶，木质和竹制居多。由于黄杨木茶则的质地坚硬且光滑，因此可以轻松量取茶叶，同时也便于清洗和保养。

技艺：选用优质的黄杨木作为原材料，经过精湛的手工雕刻和打磨技艺，呈现出独特的纹理和美观的外形。

造型：茶则的长度通常在10—15厘米之间，便于握持和使用。茶则线条流畅，没有过多的装饰雕刻和棱角，突出材质本身的柔和质感。这种简洁的造型使得茶则更加朴素、自然，适合与各种风格的茶具搭配使用。

图 13-12　黄杨木茶则

图 13-13　楠木茶碟

（三）楠木茶碟

材质：楠木（*Phoebe zhennan* S. Lee et F. N. Wei）。

功能：放置在茶杯或茶壶底部，起到隔热和防滑的作用。

技艺：采用传统木工技艺制作。

造型：杯垫的表面呈现出楠木天然的花纹图案。

（四）黄杨木柄茶刀

材质：黄杨木（*Buxus sp.*）。

功能：用于切割茶叶或茶饼。

造型：常见有直柄、曲柄、花形等多种形状。茶刀的柄部通常会进行精美

**图 13-14  黄杨木柄茶刀**

的雕刻，呈现出各种图案和纹理。这些雕刻不仅增加了茶刀的观赏价值，还彰显其独特的手工艺价值。

## 第三节  炊  具

### 一、炊具文化历史演变

《礼记·礼运》曰："夫礼之初，始诸饮食。"炊具的产生直接导致了人类文化、礼节上的发展与变革。炊具的历史演变经历自新石器时代，即人类第一件真正的炊食具陶器开始，逐步演变出青铜器、铁器。汉魏六朝上承先秦、下启唐宋，是我国炊具发展史上重要的过渡时期，不仅改进了炉灶和炊具，而且开创了以轻盈秀美的漆器作为炊具内容的历史。由隋唐到明清，食具中增加了瓷器、金银器、漆木器等多种材质。木质炊具的产生与发展，是农耕文明发展进程的必然，是农耕文明中物质文明和精神文明的有机统一体，是人类智慧的集中体现。木质炊具的演变史，承载和彰显着先民的智慧与情思，无疑是一部中国古代社会和科技发展史。

### 二、炊具典型实例

（一）茶桶

材质：杉木 ［*Cunninghamia lanceolata*（Lamb.）Hook.］。

结构：一般用短木板拼制成，口径尺余，有盖，便于携送茶水到离住所较

**图 13-15　茶桶**
（清代 梅州市大埔县客家民俗文化展览馆）

远的目的地饮用。多用在祭祀、庆典活动或公共场所泡茶供众人饮用，古时也用于廊（厝）桥、路亭舍茶给路人饮用。

功能：茶水保温、保存茶叶。

文化特征：茶桶表面和提梁表面髹饰各种颜色的漆，还可雕刻各种图案、题诗，赋予其各种吉祥寓意。

（二）大谷仓

**图 13-16　大谷仓**
（20 世纪 70 年代 梅州市大埔县客家民俗文化展览馆）

材质：杉木 ［*Cunninghamia lanceolata* (Lamb.) Hook.］。

　　结构：常见的家用谷仓大都是木制而成，有门且多为双开门，常题"五谷丰登"之类寓意丰收吉祥的词语在上，并贴红纸神符，以示吉祥和表达美好的祈愿。

　　功能：屯粮备蓄，以待常用或政用。

　　文化特征：谷仓这一文化概念是中国远古祖先经农业文明长期发展所创造出来的文明产物，始于距今六千年左右。《说文解字》曰："谷（穀）：续也，百谷之总名"，谷是所有粮种的总称，仓则是储藏谷物的所造之物。《礼记》载有"仲秋之月……穿窦窖，修囷仓"，《国语·吴语》中"市无赤米，而囷鹿空虚"。这些无不表明谷仓对一个国家、一个城邦的重要性，是国家的生计之所在，社稷之所在。

　　（三）碓

**图 13-17　碓**
（清末 梅州市大埔县客家民俗文化展览馆）

　　材质：杉木［*Cunninghamia lanceolata* (Lamb.) Hook.］。

　　结构：用柱子架起一根木杠，杠的一端竖装上一块石头，用脚连续踏另一端，石头就连续起落，舂掉下面糙米的皮（或捣碎石臼中的米等）。

　　功能：踏米（粄）。

　　文化特征：《说文长笺》有"鸟食如舂碓然，故从佳"，《康熙字典》引桓谭《新论》"宓羲制杵臼"，可见碓产生的历史相当久远。桓谭《新论》："后世加巧，因延力借身重以践碓，而利十倍。"客家人使用的碓，是舂耷出来的米，脱去米粒的皮。这种米粒皮，俗称"米皮糠"，在"经济困难"时期极其宝贵，政府将"米皮糠"添加黄糖，称之为"营养粉"，分配给一定级别的领导干部和住医院患水肿病的病人。

（四）舂杵、舂臼

**图 13-18 舂杵、舂臼**
（民国 梅州市大埔县客家民俗文化展览馆）

材质：杉木［*Cunninghamia lanceolata*（Lamb.）Hook.］。

结构：用长约 1 米、直径 15 厘米左右的硬质圆木，在其约 2/3 处安装上一根木柄，与臼接触的一端为圆形。

功能：脱（碎）粒、打糍粑。

文化特征：舂杵，捣谷物皮壳的杵。舂字造字时便作"以杵捣谷物"义，可追溯至甲骨文。《诗·大雅·生民》："或舂或揄，或簸或蹂。"杵，舂米、捣衣、筑土用的棒槌，其形一头粗一头细。杵，本义做捣米的棒槌。《易·系辞下》："断木为杵，掘地为臼。"杵，也作筑土筑墙用，如《广雅·释器》："筑谓之杵。"

（五）砻、砻钩

材质：杉木［*Cunninghamia lanceolata*（Lamb.）Hook.］。

结构：砻整体呈圆柱状，结构与石磨相似，采用竹、木或柳条做围，内填泥土。分为底座、砻上扇、砻下扇、砻推推臂、砻轴。上半部用于装谷，下半部叫砻床，与上半部相配合，碾谷、出米。砻床侧有推手，用于固定砻钩，牵引砻钩转动。一套完整的砻，包括木架、砻脚、砻盘、砻甄、砻心、砻手、砻牙、砻钩。

功能：稻谷去壳。

技艺：砻，制砻，俗称钉砻。钉砻的填充料是富有黏性的黄泥。用来碾磨稻谷的砻齿，是用楸木木片炒制出来的，非常坚硬。

**图 13-19　砻、砻钩**
（清末 梅州市大埔县客家民俗文化展览馆）

文化特征：砻，是一种脱谷壳器具，有两种类型，即土砻和木砻。木砻直径大，上合薄，早在我国汉代就已经出现，一直延续到 20 世纪 70 年代。西汉的《淮南子·说林训》："舌之以齿，孰先砻也。"此外，南宁的《耕织图》、元代王祯的《农书》、明代的《家政全书》等均对砻有记载。

（六）木水桶

**图 13-20　木水桶**
（20 世纪 70 年代 梅州市大埔县客家民俗文化展览馆）

材质：杉木 [*Cunninghamia lanceolata*（Lamb.）Hook.]。
结构：木桶的构建主要有三部分，桶板、底板及桶耳子。
功能：盛水。

技艺：先把木头解板后在阳光下晒，晒得越干越好，这样箍桶后不易变形、不易漏水。解板需要两人齐心协力配合好，先解大头后解小头，解成椭圆形的薄板，再用推刨推平推光滑。角度外大内小呈月牙缝，一般家庭的水桶直径为30厘米左右，浇地担梢的桶为50多厘米。桶板子大小不一，根据需要来制作，最好的为4页瓦，常见的水桶有8-9页，最差的有12页加4个桶耳子；桶底板多为三块刻槽粘贴紧密后再用搂锯锯成桶圈直径大小的圆板，用木板条越多桶底板质量越差；桶耳子（桶系）多采用国槐木料，做成有弯度、硬邦结实的形状。先确定两个铁环（铁匠铺用扁铁打制成圆环，两接头处烧红变软打成浑性铁环），再用两块桶耳子带板对角线竖起扎实固定，用锯好刻槽刨光的木板依次镶紧，合缝后不留缝隙，以防漏水，一片紧接一片，先紧密粘贴成浑性一圈。桶底板要求公母卯平整规矩、合缝密实不漏水。要将圆形桶底木板，严格按照桶圈的直径大小锯好、推光，不得凹凸或长短不齐。桶板、底板制作好后，再将这两部分整合到一起。底板同桶帮安紧后仍用多杈将细小的湿锯末放在孔隙处再反复砸实平整，以弥补接缝处空隙。然后在两个桶耳子上穿孔安装好桶系，装紧刨光。最后一道工序用锯子锯平锯齐四周桶板，用手推刨平整光滑即成①。

（七）粮斗

图 13-21 粮斗
（20 世纪 70 年代 梅州市大埔县客家民俗文化展览馆）

材质：杉木［*Cunninghamia lanceolata*（Lamb.）Hook.］。

结构：木制而成，上方敞口，用来装盛粮食，也用来量粮食，有"斗"的用途。

功能：称量、计量粮食。

---

① 木水桶是如何箍成的［N］. 西安晚报，2017-12-10（11）.

# 第四节 酒 具

## 一、酒具文化历史演变

我国是世界上最早酿酒的国家之一，从最初祭祀天地神灵和先祖的神圣之物，到现代日常的生活、庆典等活动都离不开酒。酒具，是酒文化最原始的载体。无论是王翰"葡萄美酒夜光杯"的描述，还是李白"兰陵美酒郁金香，玉碗盛来琥珀光"的意境，都能让人联想起美酒与容器相映生辉的美妙感觉。所谓酒具，即用来储酒、盛酒、温酒、斟酒、饮酒的器具。传统酒具从使用方法上来看，主要可以分为五类：储酒具、盛酒具、温酒具、斟酒具、饮酒具，当然很多酒具可能身兼多种功能①。

我国酒文化可追溯到远古时期，早在公元六千多年前的新石器时代，就出现了形状类似于后世酒器的陶器。在新石器时代的晚期，主要以龙山文化为代表，酒器类型的增加，用途明确，与后世的酒器有很大的相似性。这些酒器类型有罐、瓮、盂、碗、杯等等。酒杯的种类也很多：平底杯、圈足杯、高柄杯、斜壁杯、曲腹杯、觚形杯等等②。

纵观我国酒具的发展，实际上木制酒具在我国古代很少见，除秦汉时期的大部分漆制酒具选用木胎外③，木制酒具在一些少数民族中颇为流行，藏族、蒙古族、彝族、景颇族、阿昌族都有制作和使用木制酒具的习俗。制作木制酒具，一般要选择树龄较长、木纹细腻、木质坚硬的核桃木、椿木和各种栗木，根据各自的文化习惯和所需酒具的容量，截取原木，去皮、挖空，再削制修整、打磨光滑即可。而有的木制酒具是用树根挖制而成，经削制打磨后，树根的须茎纹理清晰可见，天然成趣。有条件者，再漆上朱漆，光可鉴人，极为赏心悦

① 季鑫垚. 士人酒风与宋元时期瓷制酒具的设计研究 [D]. 景德镇：景德镇陶瓷大学，2022. 王鹤松. 元代储酒器研究 [D]. 呼和浩特：内蒙古大学，2020.
② 左玉晓. 中国酒具设计中儒家造物思想研究 [D]. 景德镇：景德镇陶瓷大学，2018.
③ 洪石. 堂上置樽酒——论西汉两类漆酒具及相关问题 [J]. 考古与文物，2022（01）：72-81.

目①。对于现代，我国木质材料主要用于酒的包装盒。

　　放眼国外木制酒具的设计，较为知名的是日本的传统酒具——枡（Masu），一种木制四方形的酒杯，而这种酒杯最初是用于存放大米和清酒的量杯，而现在主要被用作盛放酒杯的工具，起到托盘的作用。普通料理店、居酒屋，客人点 1 合（180 毫升）日本清酒时，店员会先端上盛有玻璃杯的枡。然后根据客人点的品牌，从 1 升的酒瓶中将清酒倒入玻璃杯，杯满时正好为 1 合。有些店为博取客人欢心，会让酒溢出玻璃杯。溢到枡中的酒量多少，代表着店家的优惠程度。当然，枡中的清酒依然能喝，且带有木质清香，也给酒体增加了新的口感。

## 二、酒具典型实例

### （一）西汉漆耳杯

图 13-22　西汉漆耳杯

　　材质：楠木（*Phoebe zhennan* S. Lee et F. N. Wei）。

　　结构：耳杯杯口径长 20 厘米，最宽处 15.5 厘米，高 5 厘米，用整块木料斫凿而成，杯身作椭圆形，胎骨较厚，周边胎质略薄，而逐渐向底部加厚，口沿基本齐平，左右两侧附有双耳，两耳用铜扣饰边，而底下略收成弧形，但不另

----

① 杨柳. 中国少数民族酒文化［J］. 酿酒，2011，38（06）：68-87；泽君，杨柳. 藏族酒文化［J］. 酿酒，2007（05）：103-104；佚名. 就地取材，造型独特——少数民族酒具大观［J］. 民族论坛，2004（02）：8-9；潘宇. 传统酒具的造型在酒类包装设计中的应用研究［D］. 厦门：集美大学，2018.

雕塑出实心圈足，这与常见的木胎漆耳杯有所区别，底部架在十字铜座上，铜座高10厘米，铜座底呈喇叭形，上有四足托用钉钉入漆耳杯①。

功能：又称羽觞，酒食之具，耳杯通常用于饮酒、盛酒酒具②，但该出土文物，由于铜座既高又重，不宜随手握执使用，类比同类已知用途的器物，该耳杯更可能是用作盛器③。

技艺：耳杯用整块木料斫凿而成，通体髹漆，耳杯底下的铜座，上部作四只兽爪形钉托，托尖以前后、左右四个方面直接嵌入漆耳杯的底部，使两者牢牢固定成整体④。

文化特征：杯身通体髹漆，内外均为焦茶色，杯外口沿处饰一周深红色花纹，庄重典雅，铜座中下部如豆形，细腰，可握手，底下呈喇叭状盘形足，显得坚实而稳固，加之其口径之大，堪称汉代漆耳杯之最⑤。

（二）红酒木盒包装

图 13-23　红酒木盒包装

材质：樟子松（*Pinus sylvestris* L. var. *mongolica* Litv.）。

结构：单支抽拉式，榫卯结构，木板和木板间更紧密结合，卡板设计使红酒瓶贴合红酒，保证红酒不碎瓶更安全。

---

① 游咏. 西汉铜座漆耳杯及相关问题的讨论［J］. 东南文化, 1999（02）：89-91.
② 路瑶. 汉代漆耳杯装饰艺术研究［D］. 南京：南京艺术学院, 2012.
③ 游咏. 西汉铜座漆耳杯及相关问题的讨论［J］. 东南文化, 1999（02）：89-91.
④ 游咏. 西汉铜座漆耳杯及相关问题的讨论［J］. 东南文化, 1999（02）：89-91.
⑤ 游咏. 西汉铜座漆耳杯及相关问题的讨论［J］. 东南文化, 1999（02）：89-91.

功能：红酒包装、礼盒。

技艺：榫卯结构，木盒外表面采用烫印、丝印及雕刻等技术，内部设置卡板。

文化特征：包装盒为原木色，木材的纹理自然优美，整体来看高端大气，将酒的浓厚文化完美的体现了出来。

# 第十四章

# 白木梳妆具

## 第一节　梳　篦

### 一、梳篦文化历史演变

梳篦的历史悠久，最早的骨梳出土于距今 6000 年的刘林遗址，齿稀的称梳，用于梳理头发，齿密的称篦，用于清除发垢。迄今为止，原始社会保存最为完好的梳子是来自新石器时代大汶口文化象牙梳，也是我国历史上最早的象牙雕刻精品之一。作为一种与人们朝夕不离的工具，梳子上面承载着人类文明的发展与演变，通过一把小小的梳子，我们可以了解到不同时期人们的审美、制造工艺、文化礼仪等信息。

上古时期传说鱼骨演变成梳，初有插梳之俗。夏商周时期，梳子多为贵妇人随身携带之物，纹理等雕饰也逐渐丰富精美。当时常见的梳子款式是长把、短齿、装饰精美的片装玉梳，梳背和梳两侧多雕刻鸟纹、兽纹、几何纹、窃曲纹等。由于礼玉文化的发展，玉梳也得到更广泛的应用和出现更多样化的造型，制梳也变得专门化，《考工记》中记载的"梳人"就是专门制作梳子的工匠。[①]

战国时期的梳子延续着新石器时代以来"竖长方形"的造型，逐渐向"马蹄形"演变，制作材质的不断丰富、梳背雕镂更趋精美以及梳齿日益细密。[②]此时，梳子的养生功能开始受到重视，一直延续到现在。《黄帝内经·灵枢》记载"皮肤坚而毛发长"，"折毛"现象预示着健康问题。明朝《摄生要录》中亦有相关记载，"发多梳，去风明目，不死之道也"。直到现在，也有通过梳头来

---

①　李欣霏．楚国漆木梳篦研究［D］．武汉：湖北省社会科学院，2023．

②　金兰．云鬟飞蝶：浅谈中国古代梳篦文化［D］．上海：上海师范大学，2008．

缓和用脑过度、改善头皮的说法。

秦汉时期，梳子的造型回归简约，梳背造型从"方长形"转变为半圆形。此时，梳子已经成为普通人生活起居的重要工具，《礼记》中记载："鸡初鸣，咸盥漱，栉縰，笄总，衣绅。"到了魏晋时期，梳子制作工艺得到了快速发展，常州梳篦发展成熟，至今仍驰名中外。

到了唐宋时期，妇女以梳高髻为美，梳是绾发盘髻所必需的工具，插梳之风达到极盛，梳子成为装扮的重要组成部分。唐代诗人元稹对此形容道："满头行小梳，当面施圆靥。"在唐代传世画作中，也清晰描绘了唐人插梳的样貌，有的插在发髻前，有的插在发髻后，抑或是中间、两侧，没有固定的位置。唐人插梳方式多样，有于头顶发髻正前方的根部和前额发插上梳子，也有两梳一上一下对插，两梳同时向上或向下对插、只插一把等形式①。唐诗亦反映当时有不同风格、样式的梳子。温庭筠《思帝乡》提道"战篦金凤斜"，李贺《秦宫》提道"鸾篦"，应是一类雕镂细巧鸾凤纹的金质小梳。此外，唐代还流行染色象牙梳②，陶谷《清异录·装饰》提到买一把绿牙五色梳要费钱二十万，除金、象牙外，还有银、木、竹、玉、犀角、鱼牙、骨、玳瑁等材质。当时的梳子有不同的装饰，如嵌上装饰件，雕刻流行人物、花鸟题材的纹饰，印染图案等。

宋代以后，半月形梳子逐渐登上了梳具的舞台，各种材质、造型、装饰技法趋于完备③。而明清时期的梳子，则基本保持宋制，并延续至今④。半月形梳子与此前最大的不同在于梳背变窄，梳齿的数量有所增加，并且梳齿从中央至两端的长度依次递减，从而反映了梳子的实用性在不断增强。宋元时期，市井阶层使用的梳子多停留在工具层面，常采用易于获取和加工的木材等材料制作，主要体现的是实用的固发功能。

明清时期，梳子有了长足的发展，金、银、玉、琉璃、木、竹各种材质的梳子大量涌现，木质和竹制梳子成为主流，药用木材做的梳子更是深受喜爱。此外，根据用途，梳子形状也有了更细致的区分，扁长的拱形梳用来大面积梳通头发，中型的月牙梳用以梳理两边及燕尾，梳理发梢及鬓发时则用八字形小

① 金兰. 中国古代插梳习俗与日本浮世绘 [J]. 美术大观, 2011 (09): 63.
② 刘思桐. 唐代梳篦艺术探究 [D]. 北京: 中国地质大学, 2014.
③ 李颖, 闫彦. 唐马蹄形与宋半月形梳篦的形式美探究 [J]. 天工, 2022 (14): 12-14.
④ 陈思言. 性别、医疗与消费文化: 明清时期梳篦的文化史 [C]. 中华医学会医史学分会. 中华医学会医史学分会第十四届一次学术年会论文集. 南开大学历史学院, 2014: 54-64.

梳，梳齿极细密的两面梳则可以用来篦去头皮污垢，众多梳子各司其职①。到了近现代，梳子逐渐简化，人们更注重梳子的实用性，随着人们传统思想的解放，洗头成了常有的事情，原本用于清洁毛发的篦也慢慢消失，梳子成了人手必备的工具。

随着生产力的提高，社会文明的进步，人类审美观和生活方式的变化，梳子的材料也在发生着变化，从史前的兽骨、角、牙等到古代的动物骨、牙角、陶、石料、金属、木竹，再到现代的角、玉石、金属木竹、塑料等材料，都在不断发展变化。木质类梳子取材要求木质细密而坚韧，不易变形翘裂，干缩性小，刨削后表面光滑，如黄杨桃木、枣木、石楠、棠梨、龙眼、杨梅、枇杷树等，加工出来的木梳也具有质理细腻光滑、坚实耐用、历久弥新、不带静电等优点，还有清热、利湿、解毒的保健功能②。最著名的木梳当属桃木梳和黄杨木梳。桃木梳是民间传说的避邪扶正之物，历来被人们视为驱邪的吉祥物，木质也比较坚硬。黄杨木梳自古是制梳首选，据《本草纲目》（木部第三十六卷）记载："世重黄杨，以其无火""其木紧腻，作梳、剜、印最良""清热、利湿、解毒"，其梳型永不变形。此外，养生专家发现黄杨木含有的黄杨素能有效抑制细菌的生长，所以用它梳头以后头发干净利落，没有头皮屑，滋润头皮。

## 二、梳篦典型实例

### （一）西汉黄杨木梳

时间：汉，公元前 166 年左右。

地点：湖南省博物馆。

材质：黄杨木（*Buxus sp.*）。

造型：马蹄形，19 齿。长 8.5 厘米、宽 5 厘米。采用传统雕刻技法，在梳齿下方有少量简单装饰雕刻。

文化特征：与夏商周相比，西汉出土的黄杨木梳更为简约，装饰较少，这表明秦汉时期更加注重梳子的实用价值，梳子已经成为普通人生活起居的重要工具。此外，黄杨木是一种质地非常坚硬的木料，用它进行雕刻是相当困难的，此篦雕刻之细密均匀令人难以想象，这说明西汉时期的手工业技术已经非常先进。

---

① 顾海丽 .【古韵甘肃】诗文里赏文物：梳篦背后的历史 ［EB/OL］. 中国甘肃网，2023-05-04.

② 吴琼，华毓坤 . 柔性生产在常州木梳生产中的应用 ［J］. 木材工业，2006（01）：39-40.

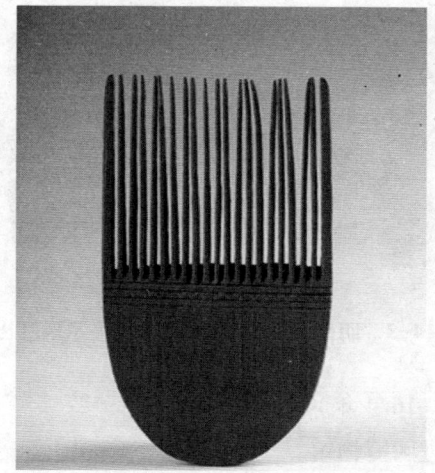

图 14-1　黄杨木梳 湖南省长沙马王堆一号汉墓出土
（图源：湖南省博物馆官网）

（二）宋半月包金木梳

图 14-2　半月包金木梳 江苏常州武进区礼河宋墓出土

时间：宋。

地点：常州博物馆。

材质：黄杨木（*Buxus sp.*）。

造型：半月形，长9厘米、宽4厘米。梳齿细密，梳背用金箔镶包，寻常之物却显出富贵气派。

文化特征：造型的改变表明宋代时半月形梳子已经登上梳具的舞台，梳子上的装饰逐渐增多，梳齿更密，表明宋代在注重实用性的同时，其各种材质、造型、装饰技法也趋于完备，这与宋代较为发达的经济有关。

（三）明代木梳

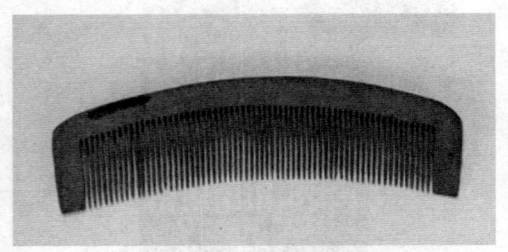

图 14-3　明代木梳 横山桥明代王洛家族墓出土

时间：明（1368—1644 年）。

地点：常州市武进区博物馆。

材质：黄杨木（*Buxus sp.*）。

造型：弓背形，长 10.7 厘米、宽 2.5 厘米。内收呈凹弧形，梳齿紧密，梳齿 65 根，齿尖圆滑，制作工艺精湛。

文化特征：明代木梳造型简练、结构严谨、装饰适度，表明明代时崇尚简约的风气。

（四）清黄杨木梳具一套

图 14-4　黄杨木梳具一套 故宫博物院藏

时间：清。

地点：故宫博物院。

材质：黄杨木（*Buxus sp.*）。

造型：半月形和弓背形，梳齿紧密，彩绘各色花卉纹样。

文化特征：此套黄杨木梳具一套 25 件，有梳、篦、胭脂棍、大小刷、扁针等，功能多样，配套十分齐全，制作简约而不失精美。这表明梳子的功能性越来越明显，分类更加齐全，明清时的生活越发精致，崇尚华丽。

（五）现代"青果巷·冬"工艺梳

图 14-5 "青果巷·冬"系列工艺品 作者：邢粮

时间：现代。
地点：真老卜恒顺梳篦博物馆。
材质：黄杨木（*Buxus sp.*）。
造型：弓背形，梳齿紧密，彩绘青果巷图样。
技艺：开齿—撞齿（抛齿）—划样—锯背（造型）—描绘（烫绘）。
文化特征：青果巷的老砖与常州梳子相结合的文创系列产品，让宫梳名篦在传承中创新，让非物质文化富有鲜明的常州地域特色。"扬州胭脂苏州花，常州梳篦第一家"，常州梳篦在明清时美誉满天下，亦有"梳篦世家延陵地"之称。梳篦作为中国古代八大发饰之一，也成了常州的一张名片。

（六）金丝楠木梳——祥云

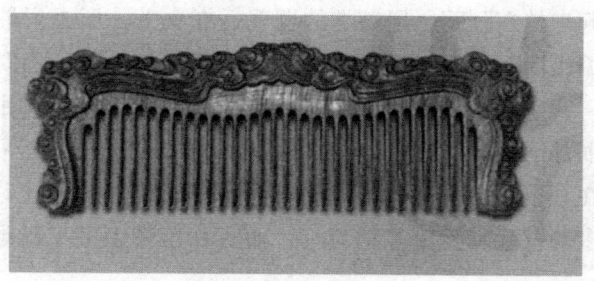

图 14-6 金丝楠木梳——祥云 巴蜀神木公司

时间：现代。
地点：巴蜀神木艺术品有限公司。

材质：桢楠（*Phoebe zhennan* S. Lee et F. N. Wei）。

造型：弓背形，梳齿宽疏，雕刻流云。

技艺：机雕纯手工打磨，双面雕刻。

文化特征：造型典雅别致，纹理细腻流畅，色泽天然，不翘不蛀，手感极佳；既具有不拉头发，不带静电等优点，并能有效刺激人体穴位，促进头部血液循环，对失眠、眩晕、脱发均有明显功效，传承民间手工工艺，将古典与时尚融合于一体，实现了收藏、实用与保健性的完美统一。

# 第二节　饰　具

## 一、饰具文化历史演变

人类佩戴饰具的历史可谓十分之长久，《后汉书·舆服志下》① 记载："后世圣人……见鸟兽有冠角𩠹胡之制，遂作冠冕缨蕤，以为首饰。"这是古人对于首饰由来的描述。"饰"在汉语字典中释义为"装饰、打扮"，饰具一般也称为装饰品。人类究竟何时开始佩戴装饰品，恐怕很难精准考究。德国艺术史家恩斯特·格罗塞在《艺术的起源》② 中指出："原始民族的大半艺术品都还不是从纯粹的审美动机发出的，他们考虑的可能只是它的实用价值。"

最初，饰具仅仅指头部的装饰物，如古时女子头饰中的笄、簪、钗、冠等等。随着爱美形式的多元化，也出现了许多装饰形式多样和不同装饰位置的饰品，包括佩戴于人们头部、手部、颈部、耳部、腰部等部位的装饰品。

早在原始社会，人类就在生产劳动中创造出最初形态的饰具，人们把兽骨、兽齿、贝壳穿起来挂在颈间，把鸟类的羽毛插在头上，形成了最早的装饰品③。北京周口店发掘出旧石器时代有孔的兽牙、海钳壳和磨光的石珠，是"山顶洞人"的装饰品。进入新石器时代以后，人类对饰具的制造和应用便更加广泛了。考古工作者在浙江河姆渡文化遗址中发现距今 7000 年前的用玉石和萤石制成的装饰品。近年在余杭瑶山发掘的良渚文化祭坛遗址中，除出土许多项链、挂饰外，还发现众多的臂环和腕镯等玉首饰，而且在玉镯上多见浮雕或阴纹刻出的

①　范晔撰. 后汉书·舆服志 [M]. 北京：中华书局，1920.

②　格罗塞. 艺术的起源 [M]. 蔡慕晖，译. 北京：商务印书馆，1984.

③　黄凯茜. 首饰与人类之初 [J]. 艺术品鉴，(02)：64-66，2022.

龙首和其他古兽形象，制作精巧绚丽①。

　　人类进入青铜器和铁器时代后，贵重金属饰具也得到了前所未有的发展，饰具的加工工艺不断完善和成熟，饰纹也越来越精美。饰具的佩戴不仅具有表现社会地位、身份及审美的功能，也是财富的象征。从平常人家结婚的嫁妆到王公贵族的殡葬品；从寻常百姓的金银饰品到皇亲国戚的凤冠霞帔……饰具始终伴随着人们生命的重要阶段，成为记载人们生命瞬间的有益标志，同时也承载着民族的审美文化，在人类历史长河中占据重要的地位。

## 二、饰具典型实例

### （一）桃木发簪

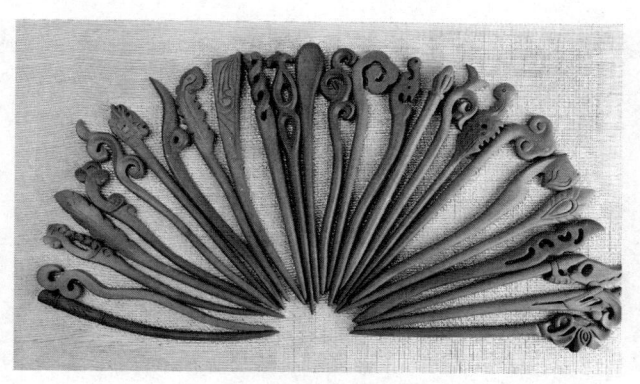

图 14-7　桃木发簪

　　材质：桃木（*Amygdalus persica* L.）。

　　结构：主体为单独一根棍式，簪体基本呈"1"字型，簪首各有区别，可雕刻各种各样的形状，有花鸟鱼虫、飞禽走兽作为簪首的，也有梅花、莲花、菊花、桃花、牡丹花和芙蓉花等常见的花种。

　　功能：固定头发或顶戴的发饰，同时具有装饰的作用。

　　技艺：将老桃木锯开，在锯好的桃木上画出簪子的大体形状，然后锯出形状，再进行打磨，打磨出簪子该有的圆滑度和形状后，进行雕刻，雕刻好后再次精细打磨，最后上木蜡油后抛光即可。

　　文化特征：自古以来，"居不可无桃"在中国很多地方是一种独具特色的文化现象，《典术》有言：

---

①　李琳. 我国古代首饰发展初探［J］. 艺苑，2016（02）：105-107.

桃者，五木之精也，今作桃符著门上压伏邪气，此仙木也。

人们认为桃木有辟邪的作用，可以被除不祥、驱鬼禳灾①。用桃木做成的工艺品，一般视为驱邪的吉祥物。桃木发簪既满足了盘发的需要，也寄托了人们对人生的吉祥、平安和长寿的向往和追求。

（二）黄杨木发簪

材质：黄杨木（*Buxus sp.*）。

结构：因黄杨木是雕刻的上等木料，多数黄杨木发簪簪首都雕刻有栩栩如生的装饰纹样，有花形头簪（图14-8），如莲花、梅花、牡丹、菊花和桃花等，或以昆虫、草叶、花卉为主要装饰的发簪，表现出昆虫恋花草的姿态；有动物形头簪（图14-9），如凤凰、小鹿、喜鹊、天鹅等。

**图14-8　黄杨木花形头式簪**

功能：用来固定和装饰头发的一种饰具。

技艺：采用传统雕刻技巧，将簪首装饰纹样表现得生动形象、富有趣味，装饰在发髻间也显得十分灵动。

文化特征："千年难长黄杨木，一朝成器出世来"，黄杨被赋有"木中君子"之号，因黄杨木的生命力很顽强，所以它也寓意着祥瑞、吉祥之意。黄杨木发簪通过雕刻纹样谐音、借喻、象征等将寓意融入其中，代表发簪吉祥、美好，如花形头簪中的花中四君子梅花、兰花、竹子、菊花，代表了坚毅的品格及高洁不变的气节；动物形头簪中的凤凰象征着美丽祥和，"鹿"与"禄"字

---

① 杨勇智. 总把新桃换旧符——论中国桃木文化的传承、创新与发展［J］. 艺术品鉴，2019（10）：31-32.

谐音，象征吉祥长寿和升官之意。

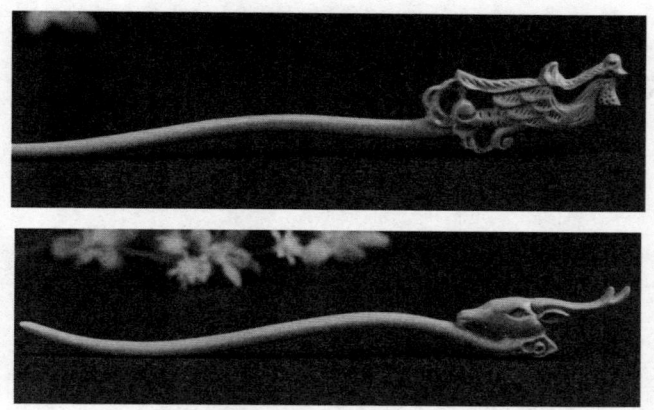

**图 14-9　黄杨木动物形头簪**

（三）金丝楠手串

**图 14-10　金丝楠手串**

材质：桢楠（*Phoebe zhennan* S. Lee et F. N. Wei）。

结构：由 13 颗金丝楠珠子串联而成。

功能：本是念佛或持咒时，用以计数的随身法具，现多用于装饰或收藏。

技艺：金丝楠开料、打眼、修圆后进行打磨、抛光，不进行雕花等工艺，保留了原木色及纹理。

文化特征：如果说紫檀、花梨珠串代表着材质价值的象征，那么金丝楠手串就是"率土之滨，莫非王臣"的帝王君临。在佛教中，13 表示功德圆满，因此，佩戴 13 颗金丝楠手串不仅好看，而且有辟邪消灾、护身保安的寓意[1]。

---

① 王立军，王玺 . 手串收藏与搭配［M］. 北京：文化发展出版社，2017.

第十五章

# 白木乐器

## 第一节 汉族乐器——古筝

### 一、汉族乐器的文化历史演变

中国古代以乐器制作材质为标准来划分乐器，即所谓"八音分类法"。据《周礼·春官》中记载："大师掌六律六同，……皆播之以八音：金、石、土、革、丝、竹、匏、木。"其中，"木"指用木材制成的乐器，如柷、木鼓、敔等。这些乐器中全部使用或部分使用木材制作的乐器有"革"（鼓）、"丝"（琴、瑟）、"木"（柷、敔、木鼓）。

原始的乐器源于"率民以事神"的祭祀活动，随着西周礼乐制度的建立，严格的礼乐等级根据不同的用乐场合对乐器的种类、数量进行严格划分，这一时期形成了以大型化、结构化、排序化、固定化的打击乐器为主流的特点，以编钟、磬为典型代表。春秋战国时期是中国历史上的大分裂时期，在音乐上呈现出"百家争鸣、竞相斗艳"的局面，出现了琴、瑟等小型化的、供文人雅士修身养性的乐器种类。隋唐时期，中国与周边国家、地区在政治、经济、文化等方面的深入交流，促进了本土音乐与外来音乐的碰撞、融合，阮咸琵琶、箜篌、笙、箫等作为代表乐器逐渐走向历史舞台。宋元时期，音乐文化从宫廷走向民间，乐器的制作工艺/技艺不断改进和丰富，出现了许多新乐器。明清时期，各民族间的文化交流更加活跃，少数民族乐器逐渐被汉民族接纳并融，成为汉民族音乐的重要组成部分。

### 二、古筝器物典型实例

概况：古筝，史称秦筝。东汉刘熙《释名·筝条》中记载："施弦高急，筝筝然也。"他认为筝以其音响效果而得名。筝在汉晋以前为十二弦，唐宋以后增为十三弦，明清以降增至十五、十六弦，目前最常见的是二十一弦。

材质：古筝的主要部件如面板、底板多使用白木树种，其余部件以硬木为主。

## （一）白松

白松并非一个树种，各地称为白松的木材主要是松科云杉属的云杉（*Picea asperata* Mast.）、红皮云杉（*Picea koraiensis* Nakai）、鱼鳞云杉［*Picea jezoensis* Carr. Var. *microsperma*（Lindl.）Cheng et L. K. Fu］、松属红松（*Pinus koraiensis* Sieb. et Zucc.）、冷杉属臭冷杉［*Abies nephrolepis*（Trautv.）Maxim.］及罗汉松科罗汉松属（*Podocarpus* L'Herit. Ex Pers.）木材。

## （二）秋枫木（*Bischofia javanica* Bl.）

在我国，秋枫属（*Bischofia* spp.）木材包含重阳木、秋枫两个树种，主要分布于我国的西南和长江流域以南地区。

结构造型：目前常见的古筝规格是通长 163 厘米，二十一弦，主要由琴弦、面板、底板、边板、筝头、筝尾、音孔、筝码、音梁、岳山、弦轴等部位组成。

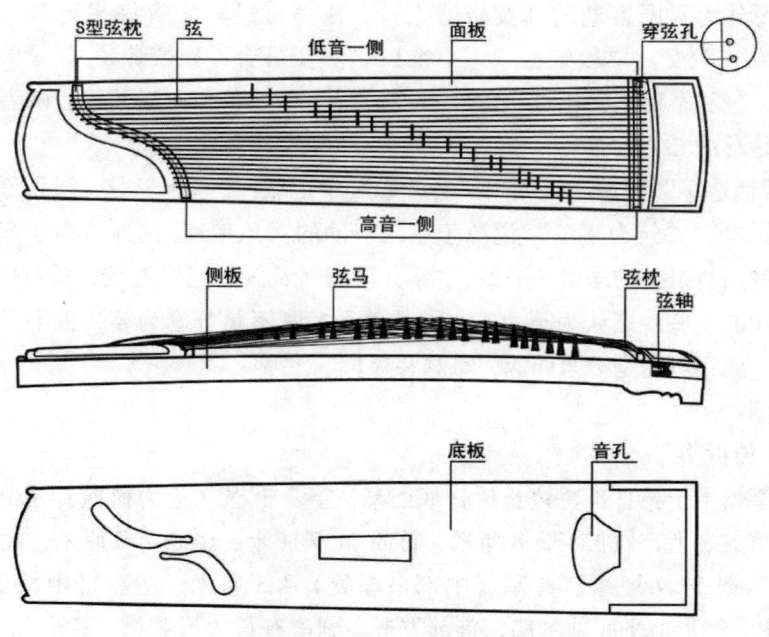

**图 15-1　古筝的形制与主要结构**

（图源：《QB/T 1207.3-2011 筝》）

制作技艺：古筝制作的核心工艺是基本结构（面板、底板、边板）等主要部件的制作，可分为传统整木斫制和现代框架折面两种方式。传统工艺是使用整块木材进行音板斫制，通过内部挖槽调整共鸣效果。音板的音质稳定性高，音色醇厚，使用寿命长，但对工人的技术水平和经验要求高，制作工时长。现代折面筝，又称框架筝，使用压机将面板在水热条件下挤压形成一定的弧度，之后将面板、底板和框架进行捆绑成型，这一过程即为木材的变定处理。由于共鸣箱由面板、底板和框架三个部件组成，音色单薄不如整木斫制，但相对前者节省材料和工时，工艺简单，适合机械加工。

筝在形制上亦符合"天圆地方"之说，面板象征天，有弧度；底板象征地，平直。然而，平底筝往往低音区弦音不够饱满浓重，高音区则多虚泛。在传统平底筝的基础上，一种改进后的双弧筝横空出世。与平底筝相比，双弧筝的底板从前侧板到后侧板呈现向上凸起的弧形过渡。弧形底板的制作方式也是对锯材进行烘烤、加压弯曲制成。弧形底板较平直底板而言，声音在共鸣箱内得到更充分、均衡地反射，底板与面板共振更为协调，音色更加清越明亮。

文化特征：古筝历史悠久，起源众说纷纭。"分瑟为筝"说认为筝由瑟演变而来，瑟作为我国古老的弹拨乐器之一，在《诗经》中有许多记载，如《关雎》："窈窕淑女，琴瑟友之。"《小雅》："妻子好合，如鼓瑟琴。"瑟的历史比筝久远，瑟和筝形制又相近。曾经一度流行十二弦筝和十三弦筝，两者弦数相加恰巧是瑟的二十五弦。

"蒙恬造筝"说源于《隋书·音乐志》中记载："筝十三弦，所谓秦声，蒙恬所作者也。""筑为筝源"说源于东汉应劭的《风俗通》，他认为筝起源于古代的一种用竹击弦的乐器——筑，"筝，谨按《礼·乐记》五弦，筑身也"。

现代的一些观点认为筝、筑、瑟的关系，既不是分瑟为筝，也不是由筑演变为筝，而很可能是筝筑同源，筝瑟并存。

典例：

1）传世筝

该筝出土于吴县长桥镇长桥村战国墓，筝身楸枫（应为秋枫）木制成，出土时置棺盖之上，通长132.8厘米、首高11.7厘米、尾高7.2厘米、额宽17.6厘米、尾宽14.7厘米、首厚（中部最厚处）4.3厘米、尾厚（中部最厚处）5.7厘米。筝形似平底独木船，首部方形，刻凿有长方形弦槽，槽底钻有12个透孔；筝面中部有音箱，面板有微小的弧度，尾部上扬弧度明显，筝首底部有足。筝身髹黑漆。该十二弦筝的发现说明秦筝的形成时间在战国时期，也表明秦筝有五弦、七弦和十二弦多种形制。

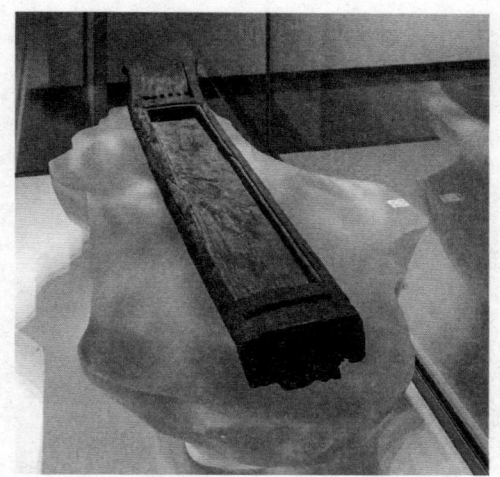

**图 15-2 吴县长桥战国古筝**
（图源：吴文化博物馆）

**图 15-3 新罗筝**
（图源：日本宫内厅网站）

"新罗琴 金泥绘木形"，即伽倻琴，亦称朝鲜筝，据朝鲜《三国史记》记载："伽倻琴亦法中国乐部筝而为之。……伽倻琴，虽与筝制度小异，而大概似之。"伽倻琴是伽倻国嘉悉王仿照中国筝制成，是中国筝文化东传的重要见证。伽倻琴从新罗国传到日本，被称为新罗琴。日本正仓院收藏的这床新罗筝的主要部件由泡桐（*Paulownia* spp.）制成，琴尾由榉木（*Zelkova* spp.）制成。十二弦，筝外部髹金漆，内部贴金箔。

2）现代筝

该筝是由扬州民族乐器研制厂有限公司研制的楠木古筝，底板材质为梧桐木，背、侧板材质为楠木（*Phoebe* spp.），面板材质为泡桐木。采用双箱结构，将古筝的共鸣箱用一块与面板弧度相同的弧形音板隔开，形成上下两个共鸣箱协调共振，使两音箱同时共振产生的音质更加饱满、圆润、纯正、清越。

**图 15-4 龙凤双箱结构楠木古筝**
（图源：龙凤乐器网站）

## 第二节 汉族乐器——古琴

### 一、古琴文化历史演变

古琴，是伴随华夏民族繁衍生息的器物，具有浓厚的文化底蕴及独特的人文价值，是华夏文化的重要符号，被称为中国音乐界的"活化石"。

古琴文化历史久远，其创制者传说纷纭，无一定论。宋代田芝翁编纂的《太古遗音》载："伏羲见凤集于桐，乃象其形削桐制以为琴"；春秋时期左丘明《世本·作篇》谓："神农作琴"；汉代戴圣所编《礼记》则有"舜作五弦之琴，以歌《南风》"① 的记载。也有炎帝、黄帝、尧造琴之说。而在不同的古籍之中，所造古琴，皆为"治天下，和天地，通人神"之用，"琴瑟击鼓，以御田祖，以祈甘雨"，以古琴作祭祀法器，祈求风调雨顺、神灵庇佑。

尽管古琴首创者已不可确考，但终究为上古圣王所出，关于古琴最早的选材和形制，说法基本一致，即先人造琴都是"削铜为琴"，即选用梧桐木为基本材料，又称青桐，原产于中国，树干为青色，只在树顶分支，所以卓然挺拔、直耸云霄。传说凤凰只栖息在梧桐树上，自古以来都有"凤栖梧桐""栽桐引

---

① 马姣姣. 中国古琴文化初探 [J]. 东方收藏，2022（06）：112-114.

凤"之说；有五根弦，象征五行，五弦之音对应五行五脏；琴长约三尺六寸五，代表一年之时日；琴面弧圆，琴底方平，寓意"天圆地方"之天地空间；琴首岳山高起，琴弦如流水淌下；琴后又有龙池凤沼；琴体排布出时间和空间的交融，天地山川、万物灵长的和谐，可以说古琴是古人对世界的理解、宇宙观的融合。后周文王加了两弦，琴成为七弦，与今天的古琴基本一致。说明古琴在创制之初便已相当成熟，其创制者非常人心智，故古人称琴，常称之为"圣人之器"。

上古至殷商时期，古琴由圣王所制，作为巫祭法器，是祭祀时沟通人神之"法器"，以至臻诚明之心弹奏，也成为古琴的一个基因。上古时期的古琴曲大多在传说中消散，唯有《神人畅》《南风畅》二首传为尧舜之作还存于世（琴谱最早可追溯至唐），经后世打谱，现可弹奏。

周代，古琴成为对贵族阶级施以政治教化之"礼器"，古琴以载"道"的观念逐渐形成；至春秋时期，古琴的应用已比较广泛。《诗经·鄘风》中所述，卫文公在位时，已选梧桐、梓木制作琴瑟。可见，桐、梓为材，自古有之。

汉代，尊琴为"乐之统"，琴被视为通往"道"的一条智慧之路①。发展至此，古琴便也经历了从"法器""礼器""道器"至"乐器"的转变。自东汉起，古琴形制基本定型。东汉桓谭在《新论·琴道篇》中说："神农削桐为琴，练丝为弦"，也指出古琴的制作材料为梧桐木。

魏晋南北朝时，古琴已出现与现今类似的全箱式、两足式、七根琴弦式，以及琴面镶嵌十三个琴徽的样式。"文人四艺"，琴棋书画中便以琴为首。图15-5所示的竹林七贤画像砖中，弹琴的嵇康便是当时著名的琴家，其手上弹的琴，据考证弦为七根，徽有十三枚，大小与现今古琴一致。

隋唐时期，古琴无论在数量还是质量上，均达到空前高度，是古琴发展的繁荣时期。唐代古琴以"唐圆"示之，由浑朴的"漫圆"变化至弓形的"椭圆"，至此框架了后世古琴弧面造型变化的规范。形制在此期间得以确定，古琴的内部结构已经定型，同时，斫琴工艺也达到了精湛的程度，制作工艺在唐代初期便臻于完善，要经过制样板、划线锯切、制面板、挖槽腹、制底板、合琴、修整、制配件、髹漆、涂表漆、装配件和拴弦等工艺过程。从原材料加工到成品要经历十几个工艺步骤与300多道工序，每个工艺步骤的制作过程极其复杂，工艺难度大，工艺流程管理严谨周密。得一张良琴，甚至耗时数年，相当难

---

① 雍树墅．古琴文化艺术传承保护的对策探析［J］．艺术研究，2022（02）：138-140.

图 15-5　南朝竹林七贤画像砖 局部

得①。此时，蜀中琴艺发展达到极其完美高超的境地，其中雷氏家族斫琴本领声闻遐迩，他们斫琴的完美结构和卓越音质，为历代帝王和琴家器重而珍藏，并流传至今。唐代段安节《乐府杂录》载："古者能士固多，贞元中成都雷生善斫琴，至今尚有孙息不坠其业，精妙天下无比，弹者亦众焉。"雷氏家族名声最盛的雷威，他在古琴选材上与众不同，打破琴面材多用桐木的局势，另辟蹊径选用松、杉。

宋代帝王好琴者甚多，官方和民间均大量制琴，称为"管琴"和"野斫"。至此，古琴也真正成为高雅的文人之琴。古琴的外形也一改唐琴圆拱的特点，开"宽扁"之风，别有一番温劲内敛的声韵气势。

制作古琴的理论也陆续出现在宋代文献中，其中不乏古琴及制作工艺的表述，甚至有专写制琴的篇章。

北宋《琴书》首用阴阳理论解释琴材选择，"凡制琴，以桐木为阳，楸木为阴"，阴材、阳材分别指琴底和琴面。民间及大量文献亦有"面桐底梓"之说，即面板选用桐木，底板选用梓木，其中桐木为阳材，梓木为阴材。琴面拟天，为阳，琴底拟地，为阴；松透者为阳，坚实者为阴。讲究阴阳谐和，不同性质的材料结合，刚柔兼济，相辅相成。然而，古人并没有完全被这样的阴阳观念所拘羁，亦有面、底皆用桐或用杉的，称之为"纯阳琴"。南宋田芝翁所著《太古遗音》，上绘 38 种琴式，是我国最早载有古琴样式的琴论专著。

明代，由于印刷术的发展，出现了大量古琴谱，如《天工开物》《长物志》《髹饰录》等很大程度上推动了古琴的发展。明代所存古籍，多为唐、宋及前代

---

① 蒙萌. 古筝的选材制作与音乐声学特征 [J]. 艺术评鉴，2021（16）：1-3.

琴谱中相关古琴制作内容的集成。卷帙浩繁，勾勒出古琴制作世代相传的脉络。

清代琴家辈出，古琴艺术集大家之所成，琴学著作颇多。在古籍的编写上，既完善了系统化的理论架构，又强化了技术规范。制琴文献内容更为详细具体，对于制琴方法、步骤及原因，均有更多科学量化的记录。同时，出现了各种琴学流派，呈现出百花齐放、百家争鸣的繁荣景象。清代古琴在样式上继承明式古琴特点，较少创新，但在细节上较重装饰，是清代繁缛艺术风格在古琴制作上的体现①。清代周鲁封编印的《五知斋琴谱》，共载琴式图 51 种。古代琴家并非追求统一的形制。然琴式虽多，也主要在项部和腰部向内弯曲上取不同。

### 二、古琴的非遗传承

中国古琴艺术，于 2003 年 11 月 7 日入选世界"人类口头和非物质遗产代表作"名录；2006 年 5 月 20 日，古琴艺术经中华人民共和国国务院批准列入第一批国家级非物质文化遗产名录。

### 三、古琴典型实例

#### （一）浮雕十弦琴

**图 15-6　战国浮雕十弦琴 湖北省博物馆藏**

时间：战国文物，出土于 2002 年湖北枣阳九连墩 2 号墓。

地点：现存于湖北省博物馆。

材质：桐木。

造型：琴长 73.5 厘米，宽 25 厘米，琴身分为音箱与尾板两部分。尾板微翘，其下有拴弦柱。通体涂黑，漆上朱绘纹饰，并浮雕凤纹等。出土时，十弦

---

① 杨致俭. 道法自然：中国古琴斫制技艺文化简论［J］. 中国非物质文化遗产，2023（01）：85-94.

琴已有部分变形，浮雕及彩绘图案已断断续续。

功能：在战国时代承担法器角色，用于祭祀时与天地沟通。

文化特征：表面漆和纹饰，具有浓郁的楚文化特征，是迄今所见先秦至西汉时最精美的古琴之一。先秦古琴的弦数并不固定，有一弦、三弦、五弦、七弦、九弦和十弦，而十弦琴非常罕见。直到东汉时期，才将七弦确定为古琴定式。十弦琴的出现也为"高山流水"这个耳熟能详的故事找到了实物佐证。

（二）九霄环佩琴

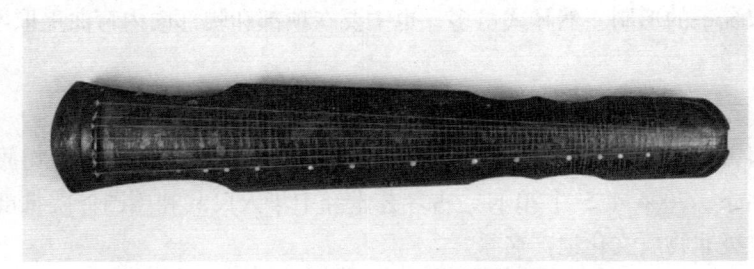

图 15-7　唐代九霄环佩古琴 故宫博物院藏

时间：唐代。

地点：现存于故宫博物院。

材质：琴面为桐木，琴底为杉木［*Cunninghamia lanceolata* (Lamb.) Hook.］。

造型：伏羲式，通长 124 厘米，隐间 114.2 厘米，额宽 21.8 厘米，肩宽 21.2 厘米，尾宽 15.4 厘米，厚 5.8 厘米。琴以梧桐为面，杉木为底。琴首微圆，上阔下窄，与琴首一体，琴腰内收为弧形，浑厚大气。通体紫漆，面底多处以大块朱漆补鬃，发小蛇腹断纹，纯鹿角灰胎。龙池、凤沼均为扁圆形，腹内纳音隆起，当池沼处复凹下呈圆底长沟状，通贯于纳音的始终。蚌徽，红木轸，白玉足镂刻精美，紫檀岳尾。护轸亦为紫檀木所作，可能是清代广陵派琴家徐祺所装。琴底龙池上方篆书"九霄环佩"琴名，下方有篆文"包含"大印一方。池右有行书"泠然希太古。诗梦斋珍藏"及"诗梦斋印"一方。凤沼上方有"三唐琴榭"篆书长方印一方，下方"楚园藏琴"印一方。

文化特征：专家考证传世古琴中最古老的一张。伏羲制式，是对古琴之祖的一种致敬。传说古琴的发明者正是伏羲，伏羲时期，天地不安，鬼神横行，他试图以音乐天籁之音净化世间邪魔，带领族人平安生活。自"九霄环佩"之后，伏羲式成为古琴最重要的样式之一。此琴曾是苏轼、黄庭坚等名人藏品，集齐了苏轼和黄庭坚两大北宋书法家的字迹，为这张古琴赋予了更深厚的文化价值。

此琴可能为唐代皇室用琴，"九"可谓极数，常作为最高境界的象征，指代至高无上的皇权地位。唐琴中，当属"雷琴"最为精妙，"九霄环佩"便是"雷琴"中的精品。有"鼎鼎唐物""仙品"以及"传世雷琴，国之重宝"之美誉。

（三）大圣遗音琴

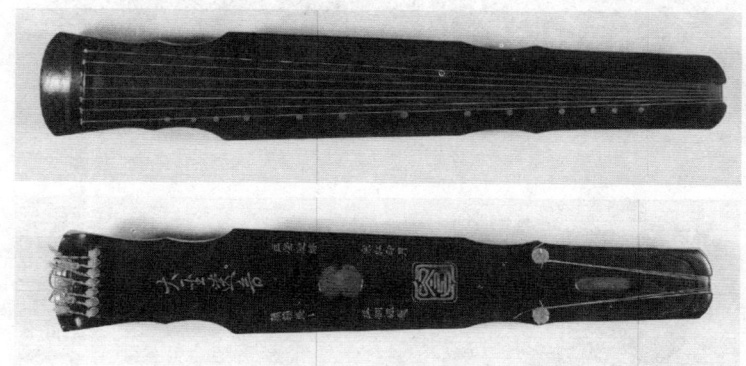

图 15-8　大圣遗音琴 故宫博物院藏

时间：唐代。

地点：现藏于故宫博物院。

材质：桐木。

造型：此琴为神农式，唐至德丙申，通长 120.3 厘米，隐间 111 厘米，额宽19.2 厘米，肩宽 20.2 厘米，尾宽 13.5 厘米，厚 5.2 厘米。

琴面浑厚略呈半椭圆状，项、腰作圆棱。通身栗壳色漆，局部有零星朱漆后补，发大小蛇腹断间细牛毛断纹。金徽。琴底发波浪形细纹断。圆形龙池，直径 7.6 厘米，扁圆凤沼，长 12 厘米，宽 2.9 厘米。琴面为桐木斫，色黄质松，纹直而密，纳音微隆起。紫檀岳尾，制作细润精致。额下由轸池向外微坡，护轸系原作，岳、尾均有后换痕迹，装旧青玉轸足一副，足雕葵瓣纹，轸作 6 棱尖底，系明黄丝绦长穗。

琴池上方刻 4 厘米许草书"大圣遗音"四字，池下方刻 8.1 厘米×7.6 厘米细边粗笔方印，篆"包含"二字，池之两侧分别刻 2 厘米许隶书铭文："巨壑迎秋，寒江印月。万籁悠悠，孤桐飒裂。"龙池内两侧上下有 3 厘米许朱漆隶书腹款"至德丙申"四字。琴背铭文均系旧刻，曾填以金漆，字口均已断出。

文化特征：据郑珉中先生考证，此琴为唐琴标准器。

古人论琴又有"九德"之说：奇、古、透、静、润、圆、清、匀、芳，但兼具"九德"的琴几乎不存在。著名琴家管平湖先生阅琴无数，曾在俪松居操缦"大圣遗音"，言："九德兼备当推'大圣遗音'。"

（四）松石间意琴

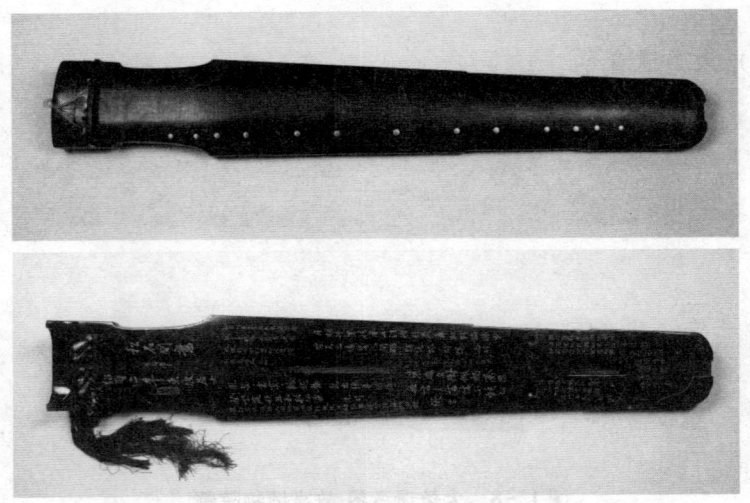

图 15-9　松石间意琴 重庆中国三峡博物馆藏

时间：北宋宣和二年（1120 年）汴京（今开封）"官琴局"制。

地点：收藏于重庆中国三峡博物馆。

材质：琴面为桐木，琴底为杉木［*Cunninghamia lanceolata*（Lamb.）Hook.］。

造型：仲尼式，通长 122.5 厘米、肩宽 19.2 厘米、肩厚 5.3 厘米。琴以桐木为面、杉木为底，琴胎上施鹿角灰胎，胎上髹黑漆，漆面发蛇腹、流水、牛毛断纹。檀木岳尾，金徽玉轸，玉制雁足。琴背龙池、凤沼皆为长方形，中规中矩。琴底刻满铭文，包括宋代苏轼，明代唐寅、祝允明、文徵明、沈周、张灵、文彭、王宠等著名书画家，清代沈竹宾、程庭鹭等文人的题诗，共有文字十二则，印章一枚。

文化特征：目前所见题刻数量最多的古琴。这张集诸多历史文人题跋于一身的琴，记录了三个时代文人的交流活动，具有珍贵的历史价值和艺术价值。

（五）鹤鸣秋月琴

时间：明代。

地点：现存于湖南省博物馆。

材质：桐木。

造型：鹤鸣秋月式，通长 123 厘米，琴额宽 20 厘米，琴尾宽 14.8 厘米，厚

图 15-10　鹤鸣秋月琴 湖南省博物馆藏

9.5 厘米。全器姿态停匀，制作精当，造型手法异于寻常。琴体形制纹饰保存完好，琴面为桐木斫，琴底为桐木斫，冠角、岳山、承露由硬木所制。焦尾冠角较圆，琴面弧度具宽平之象。黄花梨木雁足，牛角琴轸，蚌徽。琴面有龟背断、流水断、冰裂断，琴底有流水断、龟背断、牛毛断。栗壳色底间朱红漆灰。龙池、凤沼为长方形。无腹款。底板刻有"楚园藏琴""三堂琴榭""世宝"印鉴。

文化特征：造型罕见，形制奇特，传世琴学书籍中并未发现此种琴式的定名。后人将该琴名定为琴式名称。因其主体形状很像八仙之一汉钟离所持之扇，加之琴文化在道家文化中的较深影响力，疑以汉钟离之扇为形斫琴。百年前曾是享誉京城琴坛之重器。

（六）枯木龙吟琴

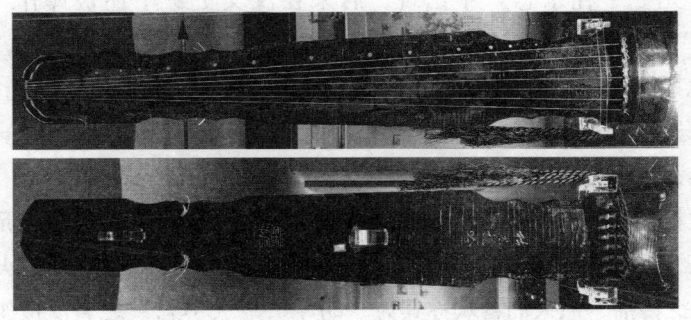

图 15-11　枯木龙吟琴 中国工艺美术博物馆藏

时间：晚唐。

地点：现存于中国工艺美术博物馆。

材质：杉木 ［*Cunninghamia lanceolata* (Lamb. ) Hook. ］。

造型：连珠式，杉木斫，通长 122.5 厘米，隐间 111 厘米，额宽 18.5 厘米，肩宽 19 厘米，尾宽 14 厘米，厚 5.9 厘米。原髹黑漆，琴面偶见的朱漆、八宝漆灰均为汪孟舒后补；底板大体保持原样。鹿角灰胎，漆胎不厚。呈蛇腹断，局部兼牛毛断。螺钿徽，玉轸，木雁足。圆形龙池，扁圆形凤沼，纳音较平，系另粘桐木而成。龙池上方刻行书"枯木龙吟"琴名；池下刻篆书"玉振"双边方印。

## 第三节　蒙古族乐器

### 一、蒙古族乐器文化历史演变

马头琴的历史悠久，是蒙古族特有的拉弦乐器，因琴杆上端雕有马头而得名。旧时蒙古语称之"胡兀尔""莫林胡兀尔"，汉语称"胡琴""马尾胡琴""弓弦胡琴"等。在内蒙古东部呼伦贝尔（现呼伦贝尔市）、哲黑木、昭乌达盟（现赤峰市）称其为"潮尔"①。

相传公元 12 世纪马头琴已在蒙古族中流传，但早期的蒙古族乐器中还没有马头琴，元朝时期出现了一种称作"火不思"的乐器。这种乐器广泛存在于古代北方民族中，从形制与奏法来看，是一种类似琵琶的弹拨乐器。"火不思"一词最早在《元史·礼乐志》中出现，后来在汉文史籍中还被译作"浑不似""虎拨思""胡拨四"等名词，而在蒙古民间，它被称作"胡兀尔"，也被今人译作"火比斯""胡比斯""胡巴斯"等等②。

火不思虽然音乐机理与马头琴有相似之处，但因其乐器型制和演奏方法等方面的差异，两者之间区别很大。

根据史料记载，火不思是北方游牧民族普遍使用的一种乐器，元朝建都时被列为国乐，在举办盛大宴会或王室内宴时作为重要的节目演奏。火不思在民间也得到广泛传播，但人们喜欢称其为"胡琴"，"火不思"之名反被忽略。"胡"

---

① 青山. 浅谈马头琴的基本类型及其演奏 ［J］. 黄河之声，2020（13）：26.

② 胥必海，孙晓丽. 马头琴源流梳证 ［J］. 四川文理学院学报，2021，21（3）：120-123.

古代泛指中国西北地区的少数民族，如现在的内蒙古、新疆等地的游牧民族。"胡琴"最初便是我国西北少数民族乐器的统称，唐诗便有"中军置酒饮归客，胡琴琵琶与羌笛"，由此可以推测，唐代的胡琴并非我们今天熟悉的拉弦乐器，而是属于弹拨类乐器边缘。乌格吉勒图①在《蒙古族音乐史》中认为，"二弦拉弦乐器，出现在十三世纪以前，唐、宋时期的胡雷和胡琴是胡兀日的别名，汉文书籍里习惯写为胡琴之名"。钱清明先生认为，这种似琵琶而瘦的马尾胡琴，是从弹拨乐器忽雷演变而来的。他认为："从现在所保留的唐代大、小忽雷图看，其最显著的特征在琴头、琴杆、音箱和二弦上。"忽雷的形制为转变成拉弦胡琴创造了条件，尤其是两弦、长柄、音箱蒙蟒皮、有码，是后来胡琴共有的特征②。关于马尾胡琴，在《元史·礼乐五》宴乐之器记载道："胡琴制如火不思，卷颈龙首，二弦，用弓捩之，弓之弦以马尾"，与《蒙古秘史》里记载的胡兀日一脉相承③。项阳认为："作为胡琴类的弓弦乐器，的确应该是由弹拨乐器发展而来，在其发展演变过程中，受到了中原轧筝类弓弦乐器的影响与启发，主要表现在其初始阶段接受了作为拉弦乐器所必不可少的'弓子'，从而产生了质的变化，即从弹弦转化为拉弦乐器了。"④ 由此可见，从乐器演奏方式的演变来看，两者之间存在历史继承性。

元朝建立后，马尾胡琴被元朝统治者列入宫廷音乐，得到了大力推崇和广泛传播。蒙古族同胞非常喜欢自己的民族乐器，将其命名为"胡兀尔"（圆筒形共鸣体胡琴）、"潮兀尔"（半瓶榼共鸣体胡琴）两种不同的称谓，说明这种乐器已在宫廷活动和社会生活中广泛使用。清朝建立前后，蒙古各部成为清朝的有力支持者，蒙古族文化得到了发展，蒙古族音乐和乐器自然在中国占有了一席之地。清朝统治者为了和蒙古贵族结盟，把蒙古音乐列为宫廷音乐。潮兀尔是与马头琴最为接近的乐器，具有各种式样的琴首和共鸣箱，其形制的典型特征是半瓶榼共鸣体，充分展示了蒙古人的想象力和创造力⑤。这些式样各异的"潮兀尔"的形成，与蒙古族的广泛分布和文化的多样性息息相关。

从弹拨乐器火不思到马尾弓擦弦的马尾胡琴这一转换的过程，是我国弓弦乐器史上的一次革命，为现代弓弦类乐器的发展奠定了基础，这也是现代马头琴形成的历史条件。

---

① 乌格吉勒图. 蒙古族音乐史［M］. 沈阳：辽宁民族出版社，2006.

② 钟清明. 胡琴起源辩证［J］. 音乐学习与研究，1989（02）：33-39.

③ 珊丹. 浅谈蒙古族音乐的风格、分类及发展状况［J］. 林区教学，2006（05）：83-84.

④ 项阳. 中国弓弦乐器史［J］. 乐器，2000（02）：28.

⑤ 何苗. 马头琴艺术的历史演变［J］. 黑龙江民族丛刊，2017（01）：145-148，193.

传统乐器的演奏方式已经无法融入新型民族管弦乐队中，单一的音乐形式已不能满足人民的审美需求，不能将人民情感进行很好的表达，大规模的20世纪传统"乐改"势在必行。马头琴便是从那时起被赋予了新的生命，历经了飞跃式发展。

1954年，桑都仍与乐器厂技师张纯华合作，对传统马头琴进行改革。他们先后尝试过将蟒皮、马皮、羊皮、驴皮和薄木分别蒙在琴箱上，进行音色对比，最终确定使用透明牛皮蒙面；1963年，桑都仍践行"洋为中用"，他参考西洋弓弦乐器大提琴的形制和工艺，大胆尝试将马头琴音箱用薄木板蒙面，通常为色木或白松木，并在琴箱上装饰蒙古民族风格的图案，使其更具民族色彩。马头琴是蒙古族演唱史诗与歌曲的主要伴奏乐器，也是蒙古族最具代表性的乐器。琴头雕刻成马头形状，向前弯曲，一般和琴杆用一整块木材，多用晒木、梨木、枫木（*Liquidambar formosana* Hance）等，也可以雕刻之后粘贴在琴杆上。传统马头琴面板和背板蒙皮，一般是牛皮、羊皮、马皮，近代的马头琴面板和背板均为木制，一般为桦木（*Betula* L.）、桐木、鱼鳞云杉［*Picea jezoensis* Carr. Var. *microsperma*（Lindl.）Cheng et L. K. Fu］等。其中，桐木、鱼鳞云杉声导功能较好、共鸣性能优良，相对于其他木材更为适宜。琴弓用藤条、竹条或木料制作，两端拴以马尾为弓弦。琴弦有两束，分为里弦和外弦，现在也有使用尼龙丝作弦，这便是现在的马头琴（图15-12）①。

马头琴映射着草原子孙柔情又深沉的民族性格，它不仅为蒙古族同胞所珍视，也是世界民族文化宝典中的精髓。2003年，马头琴成为联合国教科文组织公布的第二批非物质文化遗产。2005年，马头琴也被列入我国颁布的第一批国家级非物质文化遗产名录②。

四胡，拉弦乐器（图15-13），又名四股子、四弦或提琴，主要种类分为中、高、低四胡。蒙古族称之为呼兀尔，源于古代奚琴。宋代陈旸《乐书》："奚琴四胡本胡乐也。"是北方民族共同使用的一种古老的弓弦乐器。四胡源起"奚琴说"。奚琴是唐代时期流行于我国古代北方少数民族奚部落的一种弦鸣乐器，又被称为"嵇琴"或"稽琴"，是一种既可拨弦又可拉弦的乐器。宋元时期由于经济、政治的发展，作为民间乐器的奚琴随着"勾栏瓦舍"兴起，筒形胡琴广为流传。明清时期，筒形胡琴已成为民间戏曲音乐伴奏及民间器乐合奏

① 袁伟琦. 蒙古族马头琴乐器改革历程初探［J］. 喜剧世界，2020（09）：22-23.
② 王红艳. 非物质文化遗产——马头琴及其文化变迁研究［J］. 边疆经济与文化，2015（08）：54-55.

的主要乐器，由于地方戏曲不同演唱风格的需要，为配合乌力格尔和好来宝等传统蒙古语说唱艺术，二弦筒形胡琴又逐渐分化演变出四弦胡琴，称之为四胡①。

雅托克即蒙古筝（图 15-14），由中原古筝传入草原后演化而成。古筝又名筝、秦筝，距今已有两千多年的历史，因为它的历史悠久，源远流长，音乐淳朴典雅、古色古香，所以后来人又把它称为"古筝"②。蒙古筝与中原流传的古筝在构造和技法上基本相同，只是流行于内蒙古的古筝所奏的乐曲均为蒙古族民歌和器乐曲。

## 二、蒙古族乐器典型实例

### （一）马头琴

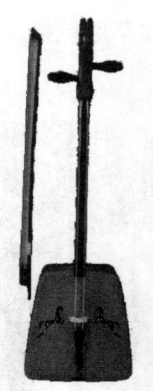

**图 15-12　马头琴**
（图源：内蒙古农业大学）

时间：马头琴最早诞生于狩猎文化到游牧文化的过渡时期，作为人们娱乐的弦乐器，在唐宋时期已在蒙古族中广泛流行，到成吉思汗时期开始在民间流行。

地点：主要盛行于内蒙古地区。

材质：枫木（*Liquidambar formosana* Hance）、桐木。

结构：马头琴是一种两弦的弦乐器，由雕刻成马头形状的琴柄和梯形的琴

---

① 斯琴塔娜. 蒙古四胡的造型艺术特征研究 [D]. 呼和浩特：内蒙古农业大学，2016.

② 田小军. 近代内蒙古西部蒙古族音乐文化 [J]. 西北民族大学学报（哲学社会科学版），2003（05）：136-142.

身构成其主体部分，整体长约1米。琴柄上有琴轴，梯形琴身由前面板、后盖板、中间夹框板组合而成，构成琴的共鸣箱，面板开有图形音孔。两根琴弦一端固定在琴身面板下部，另一端固定在琴轴上，且有阴阳之分。阴弦较细，由120根马尾组成；阳弦较粗，由160根马尾组成。琴弓木制，其弦长约66厘米，由280根马尾组成。

功能：马头琴是适合演奏蒙古古代长调的最好乐器，它能够准确地表达出蒙古人的生活。

技艺：一把品质优良的马头琴，制作的程序非常复杂，工艺要求精细，从选材、切割木材到制作琴箱、琴杆、马头等共70道工序，要求制作者有相当娴熟的技巧。

文化特征：马头琴是蒙古族的代表性乐器，不但在中国和世界乐器家族中占有一席之地，也是民间艺人和牧民们喜欢的乐器，马头琴所演奏的乐曲具有深沉、粗犷、激昂的特点，体现了蒙古族的生产、生活和草原风格。

（二）四胡

时间：大约明末或更早些时候，胡兀日二弦变成四弦（即四胡），称之为"侯勒禾胡兀日"，清代史料《律吕正义后编》中记载，四胡被称为"提琴"。

地点：以内蒙古地区及东三省的蒙古族居住区最为流行。

材质：黄杨木（*Buxus sp.*）。

结构：琴筒多呈八方形，蒙以蟒皮或牛皮为面，弦轴和轴孔无锥度，利用弦的张力紧压轴孔以固定，有的还在琴杆、琴筒上镶嵌螺钿花纹为饰，细竹系以马尾为琴弓，弓杆中部包以长10厘米的铜皮或镶钢片、象牙，根部装骨或木制旋钮，张丝弦或钢丝弦。琴杆上部设置四轴，均在右侧，轴长15.2厘米。琴杆下端穿过并露出琴筒之外，用于拴弦，并系有黄丝穗为饰。面板中央置琴马。细竹系两束马尾为琴弓，弓杆弯度较大，弓长32厘米。

功能：蒙古族四胡文化积淀丰厚、表现力丰

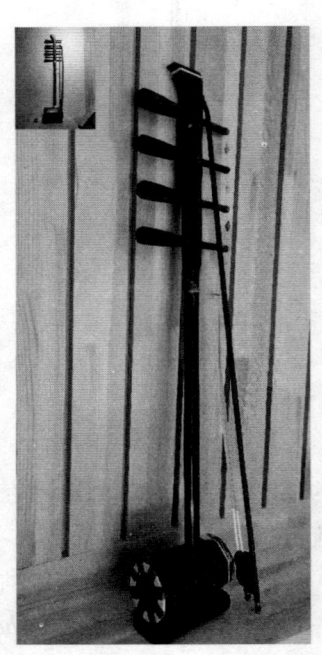

图15-13 四胡
（图源：海昏侯博物馆）

富，技艺自成一体，旋律悠扬、古朴，是半农半牧生产方式的蒙古族同胞杰出的音乐创造，2006 年被列入第一批国家级非物质文化遗产名录①。

技艺：为了保证四胡的质量，首先是选材。其次是琴筒制作，其内壁不得粗糙，琴筒外表应整洁、光滑、美观。琴筒的选材厚薄要一致，胶合处紧密无隙。八方形琴筒的边和角须匀称，圆形琴筒的圆度应准确，装饰线条宽窄一致。蒙皮要松紧适度，皮膜薄厚适度是至关重要的，这会直接影响到四胡的发声。为了演奏时更好地掌握四胡的重心，制作琴杆时不宜过长，四胡的杆体要正直且光润。

文化特征：蒙古族四胡旋律古朴、悠扬，音色丰润、醇厚，既可以进行独奏表演，也可以作为乌力格尔、好来宝、叙事民歌等音乐形式的伴奏乐器，表演方式可谓多种多样。它立体、活态地存在于蒙古族民众的现实生活中，通过灵动曼妙的旋律，演绎着丰富的情感世界。

（三）雅托克

雅托克分有 12 根弦和 10 根弦两种。一般 12 根弦筝用于宫廷或庙堂，10 根弦筝流传在民间，多半用来为民歌和牧歌伴奏。雅托克是蒙古族弹拨弦鸣乐器，又称筝、蒙古筝，其发音洪亮，音色粗犷。

时间：雅托克产生在宋、元时期，属于宫廷乐器，据《元史·礼乐志》记载："宴乐之器，筝，如瑟，两头微垂，有柱，十三弦。"

地点：始于宋元时期的宫廷。

材质：桐木，还包括白松、桢楠（*Phoebe zhennan* S. Lee et F. N. Wei）。

图 15-14　雅托克
（图源：内蒙古昭君博物馆）

结构：雅托克长 145 厘米，宽 288 厘米，共鸣箱长度为 96 厘米，弦柱高度为 5 厘米，琴体绘红、黄、蓝、绿、白五种颜色，具有内蒙古特色。

功能：能够培养丰富的想象能力、高度的专注能力、大胆的表现能力等十

---

① 包克诚. 关于科尔沁蒙古族四胡文化传承的思考［J］. 内蒙古民族大学学报（社会科学版），2013，39（05）：27-28.

大能力，使学习者奠定复合型人才的能力基础。

技艺：雅托克主要用右手的大指托、劈和食指勾、挑等技巧来演奏单声部乐曲。锡盟艺人在用大、食指八度、四度、五度应弦技巧之外，还用大指上下扫和弦；伊盟艺人则用大指和食指同时向同方向托、挑的技巧奏出八度、五度和音，以达到加强力度、变换情绪、突出风格等效果。至于左手的指法大致和汉族筝的指法相同：主要以按、揉、滑、颤弦为主，很显然，雅托克的演奏法更为古老些。

文化特征：学习古筝是对我国传统文化的一种继承与弘扬，增强民族自豪感和凝聚力。

## 第四节　西洋乐器

### 一、西洋乐器文化历史演变

#### （一）钢琴

钢琴的鼻祖是一种单弦琴，称作"monochord"。它有一根弦，固定在一个长方形共鸣箱上，共鸣箱面板上画有记号线条，用数字表示分隔成的长度比例，用手指或拨子拨弦发声，弦下面放置一个可自由活动的弦码，弦码位置不同，两边弦产生的音响也不同①。单弦琴最初用作测音器，中世纪后期，发展成 2 或 3 根弦②。

萨泰里琴（Psaltery）由独弦琴发展而来，是欧洲古钢琴的前身，弹奏时用手指或拨子拨弦发声，或者用木槌击弦发声③。后来，它的弹奏原理被羽管键琴吸收，它的使用逐渐被击弦古钢琴和羽管键琴替代。

在欧洲文艺复兴时期，音乐领域出现的空前繁荣促进了白木西洋乐器的发展。这个时期，出现了一种小型键盘乐器——击弦古钢琴（Clavichord）④。由于

① 蔡扬. 解读钢琴及其相关键盘乐器发展的往日今昔（一）［J］. 钢琴艺术，2018，23（10）：33-37；蒋瑛. 钢琴起源种种［J］. 乐器，2005，34（07）：78-79；星海音乐学院乐器工程系. 钢琴之先驱［EB/L］. 星海音乐学院乐器工程系网，2016-12-15.

② 乐声. 西洋乐器大典［M］. 北京：中国文联出版社，2017.

③ 蔡扬. 解读钢琴及其相关键盘乐器发展的往日今昔（二）［J］. 钢琴艺术，2019，24（4）：43-46.

④ 蒋瑛. 钢琴起源种种［J］. 乐器，2005，34（07）：78-79.

音量有限，使用受到限制①。与击弦古钢琴处于同一时期的，还有一种由维金娜琴（Virginal）发展而来的键盘乐器——羽管键琴（Harpsichord，即拨弦古钢琴），又名大键琴②。

古钢琴有一个共同的弱点，不能通过手指触键控制音量和声音强弱，也不能连续快速弹奏③。为此，在1709年，意大利制琴师克里斯托弗利（B. Cristofori）以击弦古钢琴为基础，以拨弦古钢琴为原型，制作出了一架用琴槌击弦发音的机械，能通过手指触动琴键来控制声音的变化，从而使琴发出的音响层次更丰富，声音更富有表现力，克里斯托弗利把它称为"具有强弱音变化的羽管键琴（gravicembelo col piano e forte）"④。之后，他又对钢琴击弦机械结构进行了多次改革，使这种钢琴被广泛采用。现存最早的现代钢琴，是克里斯托弗利于1720年制造的，使用了近一个世纪，现陈列于美国纽约大都会博物馆。

18世纪中叶，德国制琴师西尔伯曼及其弟子在钢琴变革中发挥了重要作用，其主要贡献在于对钢琴制音器的运用，他们利用手动音栓使全部制音器离弦，让钢琴的音响效果更丰富⑤。钢琴在19世纪仍在不断改进，出现了许多著名的钢琴制造师，他们完善了钢琴的机械装置，增加了音量和连续演奏的能力，扩展了音域，使现代钢琴基本定型，并得到广泛传播⑥。钢琴因此被称为"乐器之王"。

（二）小提琴

小提琴由多种拉弦乐器演进而来，它最早的祖先之一是出现在中亚的瑞凡那斯特隆（Ravanastron），式样与我国的二胡相似。随着地区间的贸易往来，瑞凡那斯特隆由中亚地区传到了阿拉伯，在阿拉伯发展成为瑞巴（Rabab)⑦。古代的摩尔人（公元8至13世纪统治西班牙等地的阿拉伯人）将瑞巴带到了西班

① 蒋瑛. 钢琴起源种种 [J]. 乐器，2005，34（07）：78-79；姜力. 钢琴结构性能流变中的几个历史特征 [J]. 音乐探索，2011（02）：62-64；金先彬. 钢琴形制及结构的演进 [J]. 演艺设备与科技，2008（02）：54-56.
② 蒋瑛. 钢琴起源种种 [J]. 乐器，2005，34（07）：78-79；胡倩如. 钢琴内在结构的前世今生（上）[J]. 乐器，2010，39（08）：66-69.
③ 周密. 钢琴的诞生及其文化意义 [J]. 音乐艺术，2011，33（04）：39-44.
④ 赵春婷，高洪波. 乐器之王——钢琴制造三百年 [J]. 乐器，2013，42（04）：6-11.
⑤ 星海音乐学院乐器工程系. 钢琴之先驱 [EB/L]. 星海音乐学院乐器工程系网，2016-12-15；胡倩如. 钢琴内在结构的前世今生（上）[J]. 乐器，2010，39（08）：66-69.
⑥ 胡倩如. 钢琴内在结构的前世今生（下）[J]. 乐器，2010，39（09）：58-62.
⑦ 乐声. 西洋乐器大典 [M]. 北京：中国文联出版社，2017；林长征. 小提琴发展的回顾 [J]. 戏剧之家，2013，23（05）：30；彭辰. 中提琴发展历史中的琴型变化及中提琴与小提琴制作中不同点之处的比较 [D]. 上海：上海音乐学院，2020.

牙，从中世纪开始在欧洲各国盛行起来。瑞巴多用于民间舞蹈和歌唱的伴奏，在流传过程中又得到不断改进，于 10 世纪出现了瑞贝克（Rebeck），13 世纪左右传入意大利①。中世纪晚期的时候，不同种类的拉弦乐器在欧洲流行，现代的小提琴就是融合了瑞贝克、里拉和维奥尔琴这 3 种拉弦乐器的优点而制成的②。意大利文艺复兴刺激了人们对音乐艺术的追求，一种 3 根弦的拉弦乐器应运而生。在罗马的教堂及欧洲古建筑物里，人们仍然能看到 16 世纪留存下来的绘画和雕刻上有 3 根弦的提琴③，现代的小提琴就是在此基础上再加 1 根弦演变而成的。

在 16 至 17 世纪的意大利，一些卓越制琴师的出现，加速了小提琴及其他提琴的产生，同时出现了两个提琴制作学派——布雷西亚学派和克雷莫那学派④。小提琴最初只是一种民间乐器，从 17 世纪开始，它逐渐从民间进入贵族、宫廷和教堂⑤。

18 至 20 世纪，随着弦乐器在交响乐中的发展，小提琴在制作工艺、演奏技巧和作品创作等方面都逐渐成熟。小提琴音色优美，音域宽广，既能演奏出轻盈悦耳的旋律，也能奏出铿锵有力的和声，在交响乐队中担任主旋律和主要声部的和声伴奏，也可用于独奏、重奏，在 17 世纪就被赋予了"乐器皇后"的美誉。

（三）吉他

吉他也是历史悠久的白木西洋乐器，关于吉他的起源说法不一。文艺复兴时期，音乐的繁荣为吉他的发展创造了条件。维忽拉琴自产生以来直到 16 世纪末，在西班牙和意大利一直受到欢迎，并且对 16 世纪中期出现在西班牙的早期 5 组弦吉他的设计和定弦有重要影响，由于演奏方便，17 世纪初到 18 世纪，西班牙 5 组弦吉他在意大利、法国等地中海沿岸国家的贵族和上层社会流行⑥。

18 世纪，西班牙的 5 弦吉他充斥着法国贵族阶层，吉他演奏家汇集巴黎，在意大利演员的推崇下，一些画作也绘有意大利演员和上流社会女士们手里拿

① 乐声. 西洋乐器大典［M］. 北京：中国文联出版社，2017.
② 林长征. 小提琴发展的回顾［J］. 戏剧之家，2013，23（05）：30.
③ 彭辰. 中提琴发展历史中的琴型变化及中提琴与小提琴制作中不同点之处的比较［D］. 上海：上海音乐学院，2020.
④ 范额伦. 小提琴及其制作在 16 至 18 世纪初的发展［J］. 音乐艺术，1997，17（08）：56-63，72；葛文佳. 小提琴的起源发展和性能特征［J］. 发展，2012，25（06）：137.
⑤ 乐声. 西洋乐器大典［M］. 北京：中国文联出版社，2017.
⑥ 王嘉伦. 浅谈吉他的起源与发展［J］. 当代音乐，2017，33（09）：87-89.

着吉他的场景①。18世纪末，德国出现了6弦吉他，由于其调弦方便并具有清晰的和声，很快得到推广。19世纪初，6弦古典吉他的形制固定下来，同时由于记谱的改进，吉他的演奏艺术得到发展，逐渐从宫廷、贵族转向民间。19世纪中期，吉他的演奏和创作一度处于低潮，但从19世纪后半叶到20世纪，一些卓越的吉他制作大师和演奏家的出现，又重新使吉他的制作技术和演奏技巧达到了新的高峰②。

现代的吉他，除了古典吉他，还有民谣吉他、爵士吉他和电吉他，除了6弦的以外，还有7弦、8弦、10弦、12弦，甚至更多的弦，目的是使和弦的音色更加丰富③。古典吉他是吉他家族中最有代表性的一类吉他，被称为"乐器王子"，与钢琴、小提琴并称为"世界三大经典乐器"。

## 二、西洋乐器典型实例

### （一）母子维金娜琴（Double Virginal）

**图 15-15　母子维金娜琴（Double Virginal）**
（图源：美国大都会博物馆网站）

时间：母子维金娜琴制作于1600年，是制琴师洛德韦克·葛洛沃斯（Lodewijck Grouwels）存世的唯一作品。

地点：收藏于美国纽约大都会艺术博物馆。

材质：欧洲赤松（*Pinus sylvestris* L.）、欧洲云杉［*Picea abies*（L.）Karst］。

造型：母子维金娜琴外观是一种长方形盒箱式造型，尺寸为188厘米×50厘

---

① 乐声. 西洋乐器大典［M］. 北京：中国文联出版社，2017.

② 李建武. 吉他史［M］. 武汉：武汉大学出版社，2017.

③ 乐声. 西洋乐器大典［M］. 北京：中国文联出版社，2017.

米×27 厘米，演奏时琴盖和侧板可以打开。内部箱板上有镀金、彩绘或象牙镶嵌装饰，琴盖内部有绘画。

结构与功能：母子维金娜琴有一个主要的键盘（表示母亲）和第二个可移动的小键盘（代表孩子），小键盘是著名的羽管键琴制作师 Arnold Dolmetsch 在1896 年修复这件作品时制作的，小键盘的前面侧板插入键盘右侧的盒箱中。琴弦与键盘平行，每根琴弦只发一个音①。母子维金纳琴的音板、箱板及联动杆都用白木制作，松木和云杉纹理通直，材质轻软，结构均匀，有弹性，共振性好②，同时使这种小型手提乐器重量轻，便于携带。演奏时放在桌面或凳子上，打开琴盖和侧板即可演奏。

技艺：母子维金娜琴装饰奢华，内部箱板上有镀金和彩绘装饰，或镶嵌象牙装饰。音板上绘有鲜花、水果及牧神吹风琴的画面及制作者名字的缩写 L. G.（Lodewijck Grouwels）。琴盖里面的绘画描绘了大卫和歌利亚的故事③。

文化特征：鲜明的宗教性和时代性。

（二）三角大钢琴（Grand Pianoforte）

**图 15-16　三角大钢琴（Grand Pianoforte）**
（图源：美国大都会博物馆网站）

时间：这架钢琴由爱拉尔于 1840 年制作完成，乔治·亨利·布雷克（George Henry Blake）设计，是 19 世纪装饰最华丽的钢琴。

---

① 美国大都会博物馆网站。
② 郭喜良，冉俊祥. 进口木材原色图鉴［M］. 上海：上海科学技术出版社，2004. 徐峰，刘洪清. 木材比较鉴定图谱［M］. 北京：化学工业出版社，2016.
③ 美国大都会博物馆网站。杨克昌. 钢琴的祖父辈乐器——母子维金娜琴，自来 1600 年的问候［EB/OL］. 个人图书馆网，2021-01-05.

地点：收藏于美国纽约大都会艺术博物馆①。

材质：欧洲云杉［*Picea abies*（L.）Karst］、核桃木（*Juglans regia* L.）、冬青木（*Ilex chinensis* Sims）、北美鹅掌楸（*Liriodendron tulipifera* L.）等。

造型：三角大钢琴尺寸为 247 厘米×149.5 厘米× 95.3 厘米，采用曲线与直线相结合的特点，既棱角分明又圆润饱满。颜色以金黄色为主，具有先声夺人的魅力，给人以强烈的视觉冲击力和亲和力，使人产生无限的遐想。三角大钢琴以技艺精湛的镶嵌技术为特色，用象牙、珍珠母和镀金材质在钢琴的顶盖、侧板镶嵌人物、动物、乐器和花卉等的造型。

结构与功能：钢琴采用冬青、桃花心、核桃、鹅掌楸等白木制成，盒箱表面以象牙、珍珠母和银丝等材料镶嵌。盒箱坐落在一个 18 世纪法国羽管键琴风格的架子上，架子中央是斜躺着的阿波罗和他的里拉琴雕像。键盘有 80 个键，由天然象牙和乌木制作；2 个木质踏板，左边是弱音踏板，右边是制音器；3 组琴弦，除了最低的 5 个音，每个音都有 2 个紧密缠绕的低音弦，前 26 个音的弦都从有 1 个穿孔的铜棒下面穿过；木质箱板的底部被 1 条长的钢棒加强②。

技艺：这架钢琴以技艺精湛的镶嵌艺术为特色，装饰方案包括神话人物及与音乐制作和乐器相关的符号。

文化特征：作品具有鲜明的时代特征。洛可可风格代表糜烂的贵族风格，追求丰富的色彩和极致的奢华，并以精湛的工艺著称，展现当时人们对奔放的自然的追求。

（三）小提琴（Violin）

时间：该小提琴是尼古拉·阿玛蒂（Nicola Amati）于 1669 年制作的。

地点：收藏于美国纽约大都会艺术博物馆。

材质：欧洲云杉［*Picea abies*（L.）Karst］、枫木（*Liquidambar formosana* Hance）。

造型：该小提琴尺寸为 60.3 厘米×20.3 厘米×8.9 厘米，面板采用欧洲云杉，背板和侧板采用槭木制作。小提琴的共鸣箱上、下呈圆弧形，腰身向里弯曲，面板和背板也有弧度，琴头旋首雕成对称的螺旋形，指板和拉弦板上雕刻有精美图案，给人以清新流畅、柔和隽永、细腻圆润的亲和感。枫木径切板做背板，其宽窄、长度不一的木射线呈现出波浪状的花纹（俗称虎背纹），光泽感

---

① 美国大都会博物馆网站。
② 美国大都会博物馆网站。

如同丝绸一般①。

结构与功能：琴身面板呈弧形，中间厚，向四周突然变薄，周边很薄，其厚度和弧度影响面板振动的强弱；面板、背板表面近边缘处嵌有饰缘木条，靠近饰缘处有一圈较深凹槽，可以预防面板和背板开裂，并使琴板边部也容易振动，从而增强振动效果②。尼古拉·阿玛蒂的小提琴琴头旋首较大，琴身中间部位狭窄，琴角长，面板上的"f"形音孔短，弯曲度大，面板振动强度低，因此，发音不够洪亮，声音传得不远③。

技艺：制作小提琴的技术工艺主要包括以下步骤。选材；拼板、刮板；制作音孔、安装低音梁；合琴、随琴；装置尾枕、琴头；涂漆、装配④。

**图 15-17 小提琴（Violin）**
（图源：美国大都会博物馆网站）

文化特征：提琴制作技艺的传承性和创新性。斯特拉第瓦利制作的小提琴，除了具有实用价值外，还具有艺术和文物价值，被竞相收藏。

（四）爵士吉他（Archtop guitar）

时间：该爵士吉他是美国马萨诸塞州最著名的制琴师肯·帕克（Ken Parker）于 2016 年制作完成的。

地点：收藏于美国纽约大都会艺术博物馆。

材质：欧洲云杉 ［*Picea abies*（L.）Karst］、柳木（*Salix matsudana* Koidz.）、花旗松 ［*Pseudotsuga menziesii*（Mirb.）Franco］ 等白木。

造型：吉他尺寸为 88.9 厘米×45.7 厘米，琴体缺角，腰部纤细，下体较宽，音孔为条状，位于面板的左上角。面板为浅黄褐色，与黑色的指板、护板形成冷暖搭配，侧板和背板深褐色，背板是两块对拼的，花纹从中央接缝处向两侧延展，呈对称的放射状。

结构与功能：面板用高山云杉（Alpine spruce）制作，背板和侧板由桃花心木（20 世纪 60 年代在伯利兹砍倒的树）制作，指板、护板和琴桥由乌木制作，

---

① 徐峰，刘洪清. 木材比较鉴定图谱 ［M］. 北京：化学工业出版社，2016.

② 美国大都会博物馆网站。

③ 乐声. 西洋乐器大典 ［M］. 北京：中国文联出版社，2017.

④ 乐声. 西洋乐器大典 ［M］. 北京：中国文联出版社，2017. 手工小提琴制作过程，小提琴作坊 ［EB/OL］. 个人图书馆网，2019-01-29.

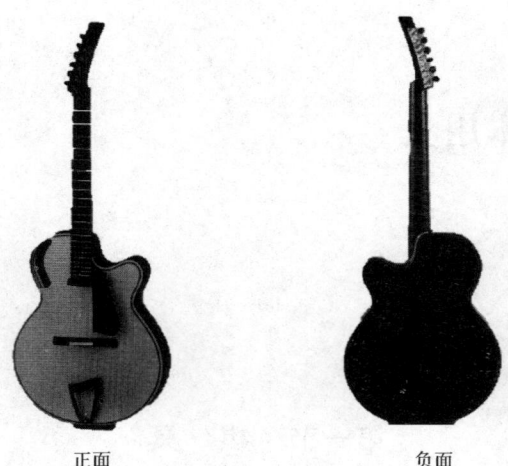

正面　　　　　　　　　　负面

**图 15-18　爵士吉他（Archtop guitar）**
（图源：美国大都会博物馆网站）

乌木材质坚硬细致，耐磨性好，且手感顺滑，尾翼、调音栓盖和音孔条由日本金属加工技术制成。面板左上角侧面开有一个弧形音孔，音孔条形状与吉他面板轮廓相同，侧面开孔能使演奏者更好感受听众所能体验到的吉他弹奏声音效果。

技艺：这款吉他包含了肯·帕克关于吉他设计的许多实验想法。与大多数爵士吉他上的传统"f"形音孔不同，这款爵士吉他在面板左上角有一个弧形音孔，音孔条形状与吉他面板轮廓相同。最重要的是，琴颈由一根碳纤维柱子固定在琴身上，琴颈和琴身的连接是帕克这款吉他设计的独特之处[1]。

文化特征：敬业、精益、专注和创新是工匠精神的体现，肯·帕克先生将木材与其他材料结合，制作出性能卓越的爵士吉他，其音色表现力和声场能量可胜任各种演奏风格[2]。

---

① 美国大都会博物馆网站。
② 哔哩哔哩网：肯·帕克的拱面吉他制作学。

# 第十六章

# 白木文体用具

## 第一节　棋　具

### 一、蒙古象棋

（一）蒙古象棋文化历史演变

蒙古象棋是蒙古古代社会流行的一个棋种，世代相传，迄今长盛不衰，已有三千五百多年历史。蒙古语称象棋为"沙塔拉"，亦写"喜塔尔"。为区别于中国象棋、国际象棋，故汉语称蒙古象棋。

蒙古象棋是世界上较古老的博弈游戏之一，是唯一具有中西合璧特点且富有蒙古族文化特点的棋具，是国际象棋的前身。在数千年前，从波斯传入，慢慢发展为现有的蒙古象棋，这种古老的博弈游戏一直在草原上流传着，从贵族到平民，规则口口相传，并不统一。蒙古象棋是蒙古族传统棋盘游戏文化的代表，产生年代可以追溯到公元前9世纪至13世纪，它最初为古印度的"恰图兰加"四人游戏。蒙古象棋一开始主要是在蒙古贵族中盛行，元朝时期印版的"史灵光记"中就有两个蒙古人在下蒙古象棋的画面。到了13世纪中期才开始在蒙古士兵中普及，传说成吉思汗纵横欧亚时期，蒙古象棋已在蒙古族中盛行，成吉思汗在军中也经常与士兵切磋棋艺，蒙古士兵称蒙古象棋为"文体活动之首"。在13—14世纪，随着成吉思汗的军事活动，蒙古象棋又流传到欧洲，成为今天被广泛推广的国际象棋①。从最原始的简单的动物骨头代替棋子到现在用树木、石头、玉石等雕刻出精致的各种形态逼真的棋子，在这个过程中表现出了文化变迁的痕迹，但雕刻形式仍保留有原始思维。

---

① 白歌乐．话说蒙古象棋源流［J］．西部资源，2007（02）：53-54.

蒙古象棋作为草原民族特有的竞技活动，因对弈方法细腻、简单易学，成为草原牧民在茶余饭后锻炼思维、丰富业余生活的娱乐活动，深受牧民喜爱，被列为国家级非物质文化遗产。20 世纪 80 年代中期，内蒙古棋协的蒙古象棋分会成立后，蒙古象棋的提高和发展进一步受到重视，蒙古象棋比赛更为规范和广泛，连汉族和其他少数民族棋类爱好者也纷纷参与。1989 年，内蒙古自治区第二届少数民族传统体育运动会首次把蒙古象棋列为该会正式比赛项目。1993年，国家体委承认蒙古象棋为国家运动，并写入体育手册。1996 年，自治区棋类协会正式增设蒙古象棋分会，并将原一年一度的三项棋类赛改为增设蒙古象棋比赛的四项棋类赛。2004 年国庆"黄金周"在呼和浩特市举行了内蒙古首届"棋协杯"蒙古象棋赛，并首次实行了"蒙古象棋等级称号条例"。2005 年 5月，内蒙古自治区蒙古象棋协会筹建委员会正式成立，并在会上通过了相应的领导名单和章程。新中国成立后，蒙古族人民的弈棋活动更加普及。蒙古象棋已被列入"那达慕"竞赛项目，多采用国际象棋的竞赛编排和竞赛规则进行比赛①。蒙古象棋的佼佼者也都是国际象棋的高手。

作为北方游牧民族中一个古老的部族，蒙古族世世代代繁衍生息在草原上，谱写了悠久的历史和灿烂的文化。民族的经济生活、地理坏境、工艺水平、教育、科技文化、审美、习俗、宗教、文学艺术等都对蒙古象棋的形成起着至关重要的作用。蒙古象棋不仅直观反映了蒙古族生活的基本特性，也间接反映了蒙古草原的文化元素。蒙古象棋集民族性、趣味性、大众性、艺术性等为一体。蒙古象棋见证了蒙古族的辉煌历史，它是草原文化的金色名片。蒙古象棋是蒙古族在长期征战和游牧生活中形成的棋类游戏，它不仅是智慧的象征，也是一种精巧的民族手工艺制品。由中国北方游牧民族的众多雕塑作品中可以看出，其材料多选树木、石头、骨头、玉石、玛瑙、铜等。选择不同的材质，其雕刻手法也随之转换，基本以浮雕、圆雕、线刻相结合进行雕刻。作为文化的媒介，蒙古象棋独特的艺术风格已吸引了众人的关注。蒙古象棋经历史的传承流变最终形成了现在独特的形式语言，其雕刻形式、造型语言都是独一无二的。蒙古象棋共有 32 个棋子，每一个棋子都有它独特的表现形式，具有浓厚的蒙古族生活气息，不仅反映了蒙古族的雕刻工艺，更为大家展现出蒙古族的审美取向。蒙古象棋的雕刻艺术除蕴含的民族性、地域性特征较为浓厚外，独特的艺术造型风格也成为我们寻味研究的开始。当今艺术追求民族性、时代性，蒙古象棋是真正意义上的了解民族雕刻的文化内涵及造型演变，从而真正创造出具有民

---

① 李海山. 蒙古象棋的起源与发展对策研究 [D]. 呼和浩特：内蒙古师范大学，2012.

族性时代性的雕塑艺术①。生动的造型、简单的玩法，蒙古象棋不仅是人类文明的一块瑰宝，也是世界文化的宝贵遗产。如今，蒙古象棋已是草原盛世那达慕大会的常规比赛项目，也时常作为民族手工艺品参加展览，喜欢蒙古象棋的人也越来越多。

（二）蒙古象棋典型实例

1. 蒙马蒙古象棋

**图 16-1　蒙马蒙古象棋**
（图源：作者自摄）

材质：杉木［*Cunninghamia lanceolata*（Lamb.）Hook.］

功能：体育竞技、休闲娱乐、收藏或赠予他人。

技艺：蒙马蒙古象棋除了小部分雕刻后铸模批量生产，其余全部原型均由敖日布道尔吉大师亲自设计手工雕刻，制作周期较长，只为传承文化。手工雕刻制作工艺流程为选材→锯块→雕刻→抛光。

文化特征：蒙马蒙古象棋（图16-1）由内蒙古自治区级蒙古象棋雕刻技艺非物质文化遗产传承人敖日布道尔吉先生历时三个月手工雕刻而成，造型各异，神态逼真。民间艺人敖日布道尔吉是内蒙古自治区级蒙古象棋传统雕刻技艺非物质文化遗产代表性传承人、内蒙古自治区民间工艺美术大师。敖日布道尔吉创作出的蒙古象棋被编入了《北京国际艺术精品博览》一书，"汉马刮板"技术获得国家外观设计专利。2005年，敖日布道尔吉被授予内蒙古自治区级"民间工艺美术大师"称号。在2008年北京"中国故事"文化展示活动中，他首次

---

① 张博程. 浅析蒙古象棋与其民族文化的融合及发展［J］. 文物鉴定与鉴赏，2018（02）：112-113.

代表内蒙古向世人展示了自己的蒙古象棋雕刻艺术。

2. 杉木蒙古象棋

**图 16-2　杉木蒙古象棋**
（图源：作者自摄）

材质：杉木 ［*Cunninghamia lanceolata*（Lamb.）Hook.］

结构：棋子为杉木，原木色，彩色边。高 3—8 厘米，长 3.6—4.8 厘米，大小不同（图 16-2）。棋盘为红木、杉木，长 50 厘米×宽 50 厘米×高 14 厘米，单格尺寸为 5 厘米×5 厘米。现今牧民使用的象棋棋盘、棋子均涂以黑白两色，以区分双方阵容。棋盘黑白相间，横竖排列着 8×8 的小方格，相同颜色的格子对角相连，棋子共 32 个，黑白两方各有 16 个。蒙古象棋的制作具有浓郁的民族特色，蒙古象棋棋子精致美观，棋子上雕刻着蒙古族特有的民族图腾花纹，立体雕刻的棋子分别为：将君王"诺颜"刻成蒙古王爷或牧人骑马的形象；"哈腾"用老虎、狮子等凶猛动物代替；"杭盖"也就是车，刻成用来运输的勒勒车或单匹马拉的载人棚车；"特么"也就是骆驼的形象，有凶悍的公骆驼，也有温顺的母骆驼；"马"的形态有奔马、走马和母子马；而"厚乌"通常雕刻成小鹿、兔子、飞禽等较温和的动物形象。均雕制成形态逼真、栩栩如生的人物、牲兽、战车。棋子造型生动、神态各异，反映出蒙古族民间艺人丰富的想象力和高超的雕刻水平。每一种角色的形象都与蒙古族息息相关，草原特色鲜明①。充分体现了草原牧民的生活场景。

功能：体育竞技、休闲娱乐、收藏或赠予他人。

技艺：手工雕刻。这些小巧精致的棋子多为草原牧民自己雕刻制成，棋子质地大多是木制，也有少数是骨雕、石雕。采用仿实物的造型形式进行雕刻，以生活中的实物作为对象，将喜爱的形象赋予寓意再雕刻成型，是一种较为单纯的造型形式和直接的表现形式。棋子造型生动，神态各异，反映出蒙古族民间艺人丰富的想象力和高超的雕刻水平。蒙古象棋传统雕刻技艺在蒙古族文化宝库中占有重要地位，沿用手工雕刻方式，工艺精湛，已被入选为国家级非物质文化遗产保护名录。

文化特征：由于各地区所处自然环境不同，所生长的动植物不同，制作蒙古象棋的材料及造型创作也有所差异，形成的艺术特点有所区别。蒙古族自然养成的勇武强悍、粗犷豪放的性格，推崇勇敢好强争胜的心理渗透到了雕刻作品中。法轮、吉祥结、莲花等纹饰的出现，显然受到了蒙、藏喇嘛教的影响，这也充分体现了蒙古象棋雕刻形式的地域性。《马可波罗游记》载："大汗养着许多豹和山猫主要是为了猎鹿之用。他还养着许多狮子比巴比伦的狮子还要大，它们的皮和毛都很好，身体两边还有条纹，问以白、黑、红三色纹路。这种狮子善于袭取野猪、野牛、野驴、熊、鹿、小种鹿和其他可供狩猎的野兽。"因而就不难理解蒙古象棋中出现狮子、马、骆驼、牛车、狗、豹子、幼狮、幼虎、兔子、鹰等形象。这些动物与蒙古族人朝夕相伴，成为游牧民族创造的原型来源，这也是当时生活环境的一个真实缩影。游牧生活方式、狩猎生活环境奠定了蒙古象棋独特的雕刻形式的基础，也成为蒙古象棋雕刻形式风格的生活基础②。

3. 冬青木蒙古象棋

材质：冬青木（*Ilex chinensis* Sims）。

结构：同上（图 16-3）。

功能：同上。

技艺：同上。

文化特征：同上。

---

① 徐跃. 棋盘上的草原春秋 [N]. 内蒙古日报（汉），2018-04-13（11）.

② 查娜. 关于蒙古象棋雕刻形式的探究 [D]. 呼和浩特：内蒙古师范大学，2009.

图 16-3 冬青木蒙古象棋

（图源：作者自摄）

4. 游牧（紫杉）蒙古象棋

材质：紫杉（*Taxus cuspidata* Sieb. et Zucc.）。

结构：同上（图 16-4）。

图 16-4 游牧蒙古象棋

（图源：作者自摄）

功能：同上。

技艺：同上。

文化特征：对蒙古族而言，哪里有水草、哪里可以牧养更多的牲畜，哪里就是他们的天下，游牧生活最大的特点是对大自然的适应性。人对大自然有依存性，各种生命现象是相互关联的，草场的出草量和畜牧进草量是固定的。当草场满足不了畜牧需要时，就必须迁徙。游牧民族迁徙多以马、骆驼、牛车为工具。蒙古象棋不仅把蒙古民族游牧生活生动地表现出来，还把现实的生活、经济、军事、文化等展示在了博弈舞台上。正是如此，单纯的艺术再现成就了蒙古象棋永不衰退的传承历史，也是蒙古民族文化传授的一种手段。这里包含的不仅仅是简单的娱乐游戏，更多地表现了其生活生存的文化哲理。

5. 教学蒙古象棋

**图 16-5　教学蒙古象棋**
（图源：作者自摄）

材质：山杨（*Populus davidiana* Dode）。

结构：同上（图 16-5）。

功能：用于教学。

技艺：同上。

文化特征：通过教学传承下去，蒙古象棋对于人的智力开发、思维方式、逻辑分析能力有很大的提高功能①。

---

① 王伟，方璐瑜，韦晓康. 从弘扬民族文化视角探究蒙古象棋的传承与教育［J］. 文体用品与科技，2018（13）：82-83.

## 二、围棋

### （一）围棋文化历史演变

围棋最早起源于中国，是一种由两人参与的策略型棋类游戏，包含棋子、棋盘和棋罐。棋子大多由玉石制作，多为圆形，有单面凸和双面凸之分，而单面凸棋子因其使用方便、制作简单，千百年来在我国流行更甚。棋盘是围棋中最为重要的一部分，通常由整块上好的木料制成，其中适合制作棋盘的木材有楸木、榧木和沉香木等，这类木材木质坚硬、不易损坏、质量轻盈，做出的棋盘色泽金黄艳丽、赏心悦目、结实耐用、长时间存放也不变形，甚至散发出阵阵幽香。这类棋盘不仅是围棋博弈的上好佳品，还具有极高的收藏价值。双方对弈时，棋子和坚硬的木质棋盘互相碰撞，激起如真实战场的决斗之声，别有一番韵味。棋罐作为盛装棋子的器物，材质多样，有木质、陶、瓷、竹、玉石、玛瑙、藤编、草编等，而以木质居多。棋罐端庄古朴，为对弈者增添了几分古典气息①。围棋可以说是棋类之鼻祖，承载了中华传统文化，至今已有 4000 多年的历史。

### 1. 围棋在我国的发展历程

关于围棋的起源，明确的记载可追溯到《左传·襄公二十五年》和《论语》。魏国大夫大叔文子曰："今甯子视君，不如弈棋。"说明围棋早在魏国时已广泛流行于士大夫阶层。《论语》中也提道："不有博弈者乎。"这些史料充分说明围棋在春秋时代已是很常见的一种文艺项目了。

围棋发展至两汉时期，博弈盛行，尤其在皇室中备受欢迎，如汉高祖刘邦就十分喜爱围棋。《西京杂记》中记载"戚夫人侍高帝，于八月四日出雕房北户竹下围棋"，可见围棋在宫廷当中的地位。到了东汉末年至三国时期，围棋更加流行，刘备、曹操等枭雄都酷爱围棋。围棋的规则在该时期逐渐成型，而且出现了许多关于围棋的著作，其中最古老最完整的理论著作首推班固的《弈旨》，其记载道"局必方正，象地则也；道必正直，神明德也；棋有白黑，阴阳分也；骈罗列布，效天文也。四象既陈，行之在人，盖王政也"，将围棋中的黑白子与五行阴阳相结合，赋予了围棋道家思想。此外，还有建安七子之一应场的《弈势》，吴伟昭的《博弈论》，以及其他文人墨客著作的《围棋铭》和《围棋赋》等②。

---

① 李莺歌.围棋文化分析［J］.体育文化导刊，2014（03）：157-160.
② 高海潮.中国古代围棋追源［J］.兰台世界，2012（24）：66-67.

魏晋南北朝时期，围棋在统治者的推崇和倡导之下得到进一步发展，棋艺水平大大提高。宋武帝刘裕、齐高宗萧道成、梁武帝萧衍、陈武帝陈霸先等都是围棋运动的爱好者和倡导者。尤其是梁武帝时专门设立了围棋"棋品制"，将棋品分为"九品"，围棋的发展更加快速。

唐代的政治、经济发展水平均处于世界前列，围棋也进一步得到普及。唐代出现了专门为围棋等活动设置的场所——"习艺馆"，而且出现了专门研究围棋的人员——"棋博士"（当世一流的棋艺高手）。除此之外，唐朝有关围棋的著作也十分浩瀚，其中最有代表性的是为后世的弈棋理论打下了坚实基础的《围棋义例》。此外，唐代繁荣的诗歌文化中关于围棋的也颇丰富。唐太宗李世民曾写过两首《五言咏棋》，高度赞美了围棋的迷人魅力；杜甫《秋兴》中写道"闻道长安似弈棋，百年世事不胜悲"；杜牧《送国棋王逢》中写道"赢形暗去春泉长，拔势横来野火烧"；元稹《解秋十首》其六中写道"酿酒并毓疏，人来有棋局"；白居易《独树浦雨夜寄李六郎中》中写道"花下放狂冲黑饮，灯前起坐彻明棋"；这些都是关于围棋的著名诗句。日本正仓院收藏了唐代木质的 19 道棋盘，该棋盘是现已发现的唐代最早的棋盘。1972 年，新疆吐鲁番阿斯塔那张氏家族墓 187 号墓出土了唐代的一组屏风画残片——《弈棋仕女图》，墓主张氏是武则天时期安西都护府的官员。她举棋欲置的手指和围棋博弈中全神贯注的神情被刻画得栩栩如生，画中可以清晰看到棋盘 16 道，说明了当时围棋在女子中也颇具地位。1987 年，西安唐太平坊遗址的废井中出土了白、绿两色棋子共计 22 枚，白色为蚌壳磨制、绿色为石质。从棋子的制作工艺和用料能看出，当时围棋的制作工艺水平已经登峰造极。

宋代的艺术文化达到了空前繁荣，围棋文化也得到进一步提升。与唐代不同，宋代的政治经济受到周边游牧民族的影响，宋代的围棋诗多了一些思考和家国情怀。比如，陆游在《冬晴日得闲游偶作》中写道"诗思长桥蹇驴上，棋声流水古松间"，黄庭坚在《弈棋二首呈任公渐其二》中写道"心似蛛丝游碧落，身如蜩甲化枯枝"等。围棋在此时也发展到草原游牧民族中。1977 年，内蒙古敖汉旗的一座陵墓中出土了一件刻有 13 道棋局的方形棋盘；1993 年，河北省张家口市宣化区下八里村 7 号辽墓墓室的墙上发现有一幅三人对弈的围棋图，而从墓志铭中的记载可知，张文藻卒于辽道宗咸雍十年（1074 年），其祖为辽按察御史张世卿。

围棋到了元代也有一定发展。《玄玄棋经》就出自于该时期，该书构思巧妙，实用价值极高，并在明末传到了日本。明朝时期的历代统治者都十分注重围棋的发展，朱元璋甚至曾以围棋作联"世事如棋，一着争来千古业；柔情似水，几时流尽六朝春"，回首往事，将围棋与千古帝业相联系；明武宗朱厚照对围棋的喜爱空前绝后，在这个时期围棋界出现了各种流派，如"永嘉派""新安派""京师派"等。此外，明代绘画高度发达，流传下来了许多围棋名画，如沈周的《观弈图》、周臣的《四皓对弈图》、仇英的《汉宫春晓》等。20世纪70年代，在北京市西直门内后英房发现一处元代院落遗址，在院中出土一副与现代围棋的黑白棋子不同的围棋子，红玛瑙红子121颗，白玛瑙白子101颗。棋子两面扁平，直径在1.5—1.8厘米间①，该文物的出土体现了围棋在当时的发展水平。

　　清朝围棋的发展并不十分顺利，但清初政治相对稳定、经济发展迅速，带动了围棋的发展，清初围棋圣手人才辈出，出现了徐星友、梁魏今、程兰如、黄龙士等名手。到乾隆年间，清代经济高度发达，人口达到了三亿多，更是出现了施襄夏、范西屏称霸当代棋坛的局面。这些名家不仅棋艺高超，而且各自对围棋都有所研究。黄龙士的《弈括》、施襄夏的《弈理指归》、范西屏的《桃花泉弈谱》皆是当时的围棋名著。遗憾的是，晚清以来，尤其是鸦片战争以后，我国国势衰微，伴随着国家多年内乱和不断的独立斗争，诸多文化体育活动渐趋衰落，围棋也不例外。新中国成立后围棋获得了新生，新中国的快速发展改写了当代围棋的走向。围棋属琴棋书画四艺之一，它的发展传承与千年中华文化，与华夏文明的发展紧密相连。围棋中包涵的博弈思想博大精深，既有中国传统的军事思想，更将传统的哲学思想和中华文化融汇其中，它是千百年来中国文化与古代文明的体现②。

　　2. 围棋在国外的发展概况

　　围棋一直流行于中国、日本、韩国、朝鲜等东亚国家，逐渐风靡世界各国。围棋在中国古代称为"弈"，西方称为"Go"。围棋在南北朝时期传入日本，日本不时遣使来华访问学习。围棋在日本从一种"艺"上升到了"道"的高度，棋道精神与日本宗教之道相融合，给日本围棋带来了独特的魅力和独有的文化底蕴。正因为围棋的思维方法有助于指导战争实践，当时的日本封建统治者十分推崇围棋，从日本战国时代末期起，围棋在日本得到了飞跃的发展。到了德川时代，幕府还建立了棋手世袭俸禄制度和"御城棋"制度。1925年以后，日本整个棋界合为一体，建立了日本棋院，有力促进了棋艺的提高。近代以来，日本围棋实现了职业化，一直在世界棋坛处于独领风骚的地位，堪称真正意义

---

① 王志军. 中国古代的围棋棋具漫谈［J］. 收藏家，2015（09）：66-70.
② 龚勋. 围棋与文化［J］. 新理财（政府理财），2019（01）：77-78.

上的"围棋王国"①。

南北朝时期，围棋传入朝鲜半岛。唐朝时期，朝鲜半岛上的围棋活动开始非常活跃，在唐朝开放的外交政策之下，朝鲜半岛和唐朝多有围棋交流活动。朝鲜半岛在李朝时期流行"巡将围棋"，李朝时期贵族盛行繁文缛节，这种风气影响了围棋的发展。"巡将围棋"的特点是有 17 个座子，过多的座子严重束缚了旗手的思考和创造性，这导致了这一时期朝鲜半岛围棋水平的停滞不前。二战结束后，韩国围棋迅速发展，水平不断提高，出现了被称为"韩国现代围棋开山鼻祖"的赵南哲以及一批世界一流棋手②。赵南哲创办了汉城学院，组织现代化围棋比赛，并且推出了韩国围棋界的理论名著《围棋概论》。

（二）围棋典型实例

1. 棋盘

**图 16-6　北京真朴书院藏品"榧木棋盘"**

（图源：一个棋墩值一套房子：日本榧木棋盘为何如此珍贵？ ［EB/OL］. 搜狐网，2018-08-21.）

时间：北京真朴书院藏品"榧木棋盘"完工于 1952 年。

地点：北京真朴书院。

材质：榧木（*Torreya grandis* Fort.）。

结构：榧木棋盘分为整木棋盘（独木盘）和拼木棋盘。前者由一块完整的木材加工而成，尺寸从 3—30 厘米不等。榧木盘一般选择直径 1—1.5m、树根

---

① 李星. 中日围棋文化交流与中国文化传承及发展 ［J］. 西安体育学院学报，2014（06）：704-707.

② 胥洪泉，廖强. 围棋文化 ［M］. 重庆：西南师范大学出版社，2012.

1m 以上的第一节树杈下的原木。

功能：榧木棋盘一般在高级别的围棋竞赛中使用，榧木棋盘具有淡淡的幽香，围棋博弈时带给双方美好的体验。由于榧木棋盘用料考究，制作周期长，制作难度大，现存的上好榧木棋盘极为稀有，具有极高的收藏价值。

技艺：首先在选材方面需要选几百年树龄的巨木，这样的榧树才能有美丽的正木纹，选材后要将整个树干带皮干燥，这需要两年左右的时间，此时的木料称为原木。干燥后的原木按照树心的位置切成木墩，这个过程叫作玉切。之后，将木墩去皮，按照顺序先取出整木盘的棋盘料，之后再取碎料用来制作拼木盘。棋盘料取出后，需要在木口进行封蜡，然后进入漫长的干燥期。棋盘料只能自然干燥，不能使用其他干燥技术，否则影响棋盘成型以及后续的使用感受。一般一寸厚的棋盘需要干燥一年，而五六寸的厚棋盘需要干燥十年甚至十年以上。由于长时间的制作周期，棋盘的制作往往需要两代人。棋盘料干燥好以后，匠人先进行粗刨，展现出棋盘的大致形态，此时就可以看出盘面的疤节，如果是完美的正目盘，则表明该粗刨棋盘可以成为一副高端棋盘。粗刨完工后，由经验丰富的匠人进行细刨，粗刨可以使用机床，但细刨必须手工操作，目的是使棋盘六面、12 线绝对垂直。好的榧木棋盘面并不是绝对水平，而是以天元为中心，向四周微微凹下，这样的棋盘在使用时棋子打在上面音效更好。

文化特征：这件榧木棋盘完工于 1952 年，是日本著名棋盘师石渡嘉七的收山之作。棋盘上有日本围棋名宿濑越宪作亲笔题写的"蓬莱"之名，濑越宪作在日本棋史上具有举足轻重的地位，是 1924 年日本棋院创立时的元老级人物，1946 年担任日本棋院第一任理事长，1955 年被日本棋院授予名誉九段。岩本薰、吴清源、桥本宇太郎三位围棋大师均在棋盘上签名。该棋盘具有极高的文化价值，现收藏于北京真朴书院，为其镇院之宝。

2. 棋罐

地点：日本屋久岛。

材质：日本柳杉 [*Cryptomeria japonica*（Thunb. ex L. f.）D. Don]。

结构：器型端庄古朴，上面的盖子与罐身作子母口，和谐自然；罐身浑圆厚重，端庄丰满，空腹，为盛装围棋棋子之用。

功能：储存围棋棋子，或作为艺术品收藏。

技艺：棋罐采用屋久杉打造，工艺精湛，古朴精致，纯手工上漆，两底两面，手感细腻光滑，纹路清晰，不开裂不变形，防虫抗菌带有芳香。

文化特征：棋罐由日本技师西川嵩先生精心雕刻打磨，光泽深透，质感丰富。表面光滑细腻，油分充足，重厚光滑的触感，玉石棋子和棋罐的碰撞发出细腻的声音让人沉醉其中。

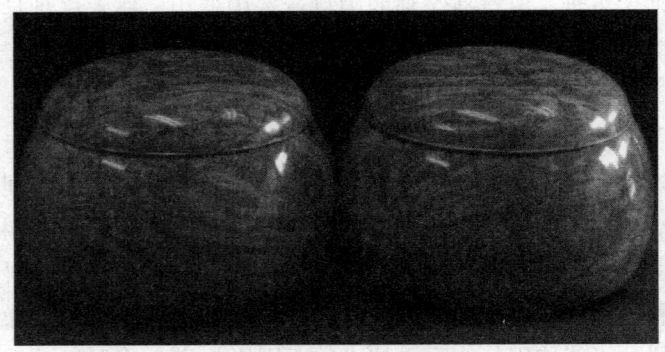

图 16-7　日本匠人精制"屋久杉棋罐"

## 第二节　套　娃

### 一、套娃文化历史演变

套娃是俄罗斯一种传统的民间木制工艺品。套娃举世闻名，不仅在俄罗斯备受青睐，在世界其他国家也被广为流传。套娃由多个空心木制娃娃组成，在大的娃娃里套着类似的小娃娃。每套木娃的数量从几个至几十个不等，每个套娃外面绘有各种可爱的娃娃图案。套娃的外形多为圆柱状的，底部是平的，可以稳稳地放在平面上，有点儿像保龄球的外形。打开套娃，会发现它可以一层一层地剥开，并且出现另外一个长相类似但大小递减的娃娃，直至最里面的一个。每套里的木娃大致相同，只是在表情上会有些变化，或是在颜色上略有变化。当多个套娃摆在面前的时候，第一感觉就是它们都是一样的娃娃，只是颜色各异而已，而实际上每个娃娃都有各自的特点，就像拥有自己的生命一样①。

套娃在俄语中叫作"马特廖什卡"，是从拉丁语"mater"（母亲）一词音译而来的。据说，俄罗斯套娃诞生于 19 世纪末距莫斯科 73 千米的古老的谢尔吉耶夫镇，由俄罗斯的一位世代相传的玩具工匠瓦西里·兹韦兹多奇金（也译作

①　马辉. 探究俄罗斯民族工艺品——套娃［J］. 青年文学家，2013（02）：156；付京锐. 浅谈俄罗斯民族经典玩具——套娃［J］. 北方文学（下半月），2012（01）：87-88；陈静. 套娃——俄罗斯民间艺术的象征［J］. 俄语学习，2012（01）：18-23.

"瓦西里·兹维奥兹多奇金")受到木制复活节彩蛋的启发后,按照画家谢尔盖·马柳京画的草图用木头削制而成。起初八个一套,其中最大的是一个裹着头巾、系着围裙、腋下挟着一只黑公鸡的姑娘马特廖娜。人们都亲昵地叫她"马特廖什卡",于是这个称呼在俄罗斯便成了套娃的通称①。

"马特廖什卡"这个名字的古希腊语原意为"一家之母",是旧俄罗斯农村妇女极常用的一个名字。她们一般身穿俄罗斯民族传统服饰,头上围着红、蓝、黄、绿颜色的头巾,有红扑扑的双颊,大眼睛,红红的小嘴,略带微笑,手上提着一只篮子或捧着一大束鲜花,质朴可爱,健壮能干。这些胖嘟嘟的农村姑娘肚子里藏着好多小娃娃,这好比一个母亲带着很多子女,寓意着旺盛的生命力、健康壮实的身体和人丁兴旺的后代②。

关于套娃的来历,坊间有多种说法。

传说一:套娃的雏形来自复活节彩蛋。它们中间是空心的,里边装着一个比一个小的彩蛋。那时,在日本也有一种类似的玩具,不过,它的形象是一个善良的、留着灰白胡须的小老头,里面套着五个一个比一个小的小老头。传说著名的俄国画家谢尔盖·马柳京曾一手拿着俄国的彩蛋,一手拿着日本的玩具,由这些来自世界不同角落的玩意儿萌发了一种新的灵感。他立即在纸上画出了各式各样的娃娃,模样既可爱又逗乐。他请来一位名叫瓦西里·兹韦兹多奇金(也译作"瓦西里·兹维奥兹多奇金")的旋工,让他按照设计的图样做成最初的木坯,马柳京则自己在木坯上画上色彩和图案。于是,头戴花头巾、身着俄罗斯民间无袖长衣、怀里抱着黑公鸡的女孩形象便问世了。木娃里还藏着七个小木娃,它们一个比一个小,第八个木娃,即最里面的那个,其造型是一个裹在襁褓里的婴儿。有人看到它们之后惊叹地叫了起来:"啊,长得活脱一个马特廖娜!(俄罗斯姑娘的名字)。"于是,人们给木娃起了一个好听的名字——"马特廖什卡(马特廖娜的爱称)"③。

传说二:一个小男孩在牧羊的时候丢失了可爱的小妹妹,他非常想念妹妹,就刻了一个漂亮的小木头娃娃,每天带在身上。过了两年,他想,妹妹应该长大一些了,更漂亮了,于是又刻了一个木头娃娃。就这样,一直过了十几年,小男孩长成了英俊的小伙子,身边一直带着自己刻的 7 个木头娃娃,他把这些

---

① 马辉.探究俄罗斯民族工艺品——套娃 [J].青年文学家,2013(02):156;张晓丽.浅论俄罗斯工艺品套娃的工艺美 [J].神州,2012(29):206.

② 许宁.俄罗斯套娃 [J].早期教育(美术版),2009(03):20-21.

③ 宋锦海."马特廖什卡"——俄罗斯木制套娃 [J].俄罗斯中亚东欧市场,2003(07):51-53.

一个比一个大的娃娃一个套着一个，思念的时候一个一个打开。后来这个故事在民间流传开来，小女孩们从小玩着套娃长大，小伙子们会选一个精致的套娃送给女孩子，表达自己的爱慕之情。因此，套娃成了极具特色的传统工艺品①。

　　传说三：一个小女孩由于挂念远方的妈妈，她的爸爸每年都给她做一个美丽的娃娃，因此日积月累越攒越多，终于等到了妈妈的归来，她将自己的思母之情全部寄托在木娃娃身上，以后便有了套娃②。

　　传说四：相传俄罗斯民族有两家表亲相邻，表兄妹童年相伴长大，后来表兄远走他乡，由于思念家乡的表妹，每年续做木娃娃，一年比一年做的娃娃大。数年后，见到表妹就将一排木娃娃送给表妹，以表达思念之情，后人模仿传称套娃，又叫吉祥娃娃。在关于套娃的传说中，人们体会到了俄罗斯民族丰富的感情色彩和强烈的民族文化情结③。

　　传说五：套娃"原型"来自19世纪末期传入俄国的一个五件套日本旋木玩具。这套玩具最外层的图案为福禄寿——日本民间信仰的七福神之一，是吉祥的象征。里面一层，即第二层图案画的是达摩——全称菩提达摩，是佛教传说中的印度高僧，曾到日本传法。以"面壁九年"闻名的达摩祖师在日本很受欢迎，达摩形象在许多家庭都被奉为圣物。日本是一个多神崇拜的国家，而每个神灵的司职有所不同，如福禄寿是幸福、高禄、长寿三德之神，惠比寿为商业之神，毗沙门天则被尊为智慧之神，于是就出现了第一套木偶神像。19世纪末，马蒙托夫夫人将这套玩偶从日本的本州岛带到了莫斯科近郊的阿布拉姆采沃庄园。玩具最外层的图案是位慈眉善目的秃顶老者，这一形象立刻引起了人们的注意。画家谢尔盖·马柳京对这个可拆装的玩具特别好奇，便决定对其加以本土化改造和创新，于是他就画了几张戴着花头巾的圆脸村姑的草图，并委托镇上最出色的玩具工匠瓦西里·兹韦兹多奇金进行旋制，这位旋工用手工精心制作出了套娃的样品，接着马柳京便对其进行具体的修饰和细节彩绘。第一个套娃就这样诞生了，这是19厘米高的八件套"儿童系列"：最外层的小姑娘年龄最大，有一张胖嘟嘟、喜盈盈的圆脸，头戴三角巾，身着俄罗斯民间服装，右手抱着一只黑公鸡；最里层的则是一个裹在襁褓里的婴儿。男女交替出现，有

---

　①　王玉云，王大民．对俄罗斯民族工艺品套娃装饰美的探究［J］．今日科苑，2008（18）：194-195.

　②　付京锐．浅谈俄罗斯民族经典玩具——套娃［J］．北方文学（下半月），2012（01）：87-88.

　③　于帅．俄罗斯传统艺术品资源的视觉表现在高校设计专业中的应用［J］．大众文艺，2012（12）：255.

的握着镰刀，有的捧着大圆面包①。

第一个套娃的诞生地是位于莫斯科市列昂季耶夫胡同 7 号的作坊店铺"儿童教育"，店铺为阿纳托利·马蒙托夫所有，但制作的确切年份及日期已无从考证，人们推断是在 1893—1896 年间完成的。这个套娃迄今还完好无损地保存在谢尔吉耶夫波萨德玩具博物馆里。1900 年，套娃在法国巴黎举行的世界博览会上一经亮相，就以其鲜明的俄罗斯民族特色征服了观众和评委而获得金奖，成为本次巴黎世博会的亮点之一②。此后，套娃又在布鲁塞尔、蒙特利尔、多伦多等地多次展出并获奖，从而得到了世界的承认，引起世人瞩目③。

近年来，随着民众观念的改变和市场需求的多样化，套娃的人物题材也出现了许多突破传统、迎合潮流的新创意，不再一贯描绘"村姑抱花"形象，圣诞老人、政治领袖、神话故事、卡通形象、影视歌坛明星、体育明星等形象纷纷被画在了套娃上，人物年龄、性别和表情、色彩也变得丰富起来。但不论如何变化与更新，套娃仍然非常重视和保持着原有的精华部分，在变化的过程中始终保留着浓浓的民族风情④。

## 二、套娃典型实例

（一）婚庆民俗主题套娃

材质：紫椴（*Tilia amurensis* Rupr.）。

结构：掏空成型，工匠按照制作要求，将木料精心雕制成一个木胚，形似直径不同的木棍，按需求截成不同的长度，固定在旋床上。然后，将木胚从中间也就是套娃肚脐的位置锯开，然后分别将两部分掏空。最后将上下两部分扣在一起，每个木娃的上下部分尺寸要求十分精确，盖上后丝毫不差。每一层木娃之间的间隙也有固定的尺寸，套上后游刃有余而又不显空旷。在木制套娃的制作中，注重的不是娃娃的大小，而是一套套娃的数量：它们逐渐从"三人套""五人套""七人套"一直发展到了"十二人套"⑤。

功能：摆件类，益智玩具和观赏性工艺品，满足受众装饰艺术审美需求，同时又可体现一定的内涵寓意。

---

① 陈静. 套娃——俄罗斯民间艺术的象征 [J]. 俄语学习，2012（01）：18-23.
② 陈静. 套娃——俄罗斯民间艺术的象征 [J]. 俄语学习，2012（01）：18-23.
③ 张晓丽. 浅论俄罗斯工艺品套娃的工艺美 [J]. 神州，2012（29）：206；宋锦海. "马特廖什卡"——俄罗斯木制套娃 [J]. 俄罗斯中亚东欧市场，2003（07）：51-53.
④ 张晓丽. 浅论俄罗斯工艺品套娃的工艺美 [J]. 神州，2012（29）：206.
⑤ 张晓丽. 浅论俄罗斯工艺品套娃的工艺美 [J]. 神州，2012（29）：206.

技艺：染色的工序是套娃工艺品最具特色的工序。套娃的染色都是手工完成，艺人们在染色的时候可以充分发挥自己的创造力，这是套娃工艺品美感体现的一道比较重要的工艺程序。在染色的工序之后，为了加强娃娃的装饰感，艺人们会在特殊造型上鎏上金，烫金的工艺显现出古朴典雅、流光溢彩、金碧辉煌的鲜明特色。有的艺人还要在套娃的身上贴上金光闪闪的装饰品，使得它们栩栩如生、惟妙惟肖①。

文化特征：该套娃主题元素选取的是婚庆民俗主题，白色婚纱代表内心的纯洁，可以作为婚礼主题伴手礼，极具纪念意义。通过套娃的工艺特质，灵动感与色彩搭配达到了浑然天成的效果，赋予了外界环境更多的柔和美以及浪漫氛围（图16-8）。

**图 16-8　婚庆民俗主题套娃**
（图源：杨佳欣 拍摄）

（二）建筑元素——克里姆林宫主题套娃

材质：白桦（*Betula platyphylla* Sukaczev）。

结构：木制的套娃十分精巧，大大小小、层层叠叠、错落有致。从套娃中间拆开以后，里面又会出现一个形状一模一样的小套娃，不断打开，到了最后一个，只有蚕豆粒大小，但形态还是那样惟妙惟肖②。

功能：摆件类，益智玩具和观赏性工艺品，呈现出俄罗斯地域的建筑特色。

技艺：艺人们将木材放到车床上，按照不同套娃的大小将木材刨光后精心雕出一个胖嘟嘟的木胚。将木胚从中间锯开，然后分别将两部分掏空。再将上下两部分扣在一起，一个生动活泼、极具特色的套娃雏形就出来了。工匠们使

---

① 王玉云，王大民. 对俄罗斯民族工艺品套娃装饰美的探究［J］. 今日科苑，2008（18）：194-195.

② 王玉云，王大民. 对俄罗斯民族工艺品套娃装饰美的探究［J］. 今日科苑，2008（18）：194-195.

用一些特殊的成套工具，如各种尺寸和形状的刀子、凿子等。通常首先是最小的不能打开的那一个套娃，之后是其他套娃，在做好的套娃底子上打上淀粉胶，烘干，这之后是涂色。

套娃的制作顺序：先制作最小的那个小娃娃，即最里面一层不可分离的小娃娃。制作过程中所需要的高度按上下两部分削减，首先是下部，然后将第二个娃娃紧紧插入另一方的内部，继而重复这个过程，让其稍大一点的娃娃将稍小的娃娃套住，以此类推。依次用淀粉胶填补所有粗糙的边缘。准备就绪后，放置干燥，之后是抛光，表面被加工得光滑无比，十分精细①。

文化特征：除了风土民俗的图案，套娃还会选择当地的城市特色建筑作为创作的主题。例如，俄罗斯的克里姆林宫建筑群，位于莫斯科心脏地带，是俄罗斯联邦的象征、总统府所在地；俄罗斯城市苏茨达儿、诺夫哥罗德等具有地域特色的建筑群落，为大众展示本土的生活风景。在绘制过程中，以人物为主体，在"肚皮"部分绘制古建筑，肚皮舞的展现形式为整体添加了调皮的氛围（图 16-9）。

**图 16-9 克里姆林宫主题套娃**
（图源：杨佳欣 拍摄）

（三）文学作品——《西游记》主题套娃

材质：荷木（*Schima superba* Gardn. et Champ.）。

结构：从套娃木胚中间位置锯开的上下两部分的尺寸要求十分精确，盖上

---

① 付京锐．浅谈俄罗斯民族经典玩具——套娃［J］．北方文学（下半月），2012（01）：87-88；王玉云，王大民．对俄罗斯民族工艺品套娃装饰美的探究［J］．今日科苑，2008（18）：194-195.

后丝毫不差。套娃每一层之间的间隙也有固定的尺寸，套上后游刃有余而又不显空旷①。

功能：摆件类，益智玩具和观赏性工艺品，呈现文学作品的魅力。

技艺：套娃嵌有底座，对《西游记》中的人物形象进行人工描绘，按照套娃上色的一般流程：先勾勒轮廓，再涂色块，最后描摹细节。该主题下的套娃选取适合的底色进行铺面，突出人物形象。

文化特征：该款套娃依据作品中鲜活的人物形象进行图案的创作（图16-10），将西游记中较为鲜明的人物如唐僧、孙悟空等作为主题元素进行绘制，一层套一层的形式又让大家不断好奇。

图16-10 《西游记》主题套娃

（图源：杨佳欣 拍摄）

（四）吉祥如意——草莓主题套娃

材质：辽东桤木（*Alnus sibirica* Fisch.）。

结构：套娃宽度和高度的比例通常是1：2。从套娃木胚中间位置锯开的上下两部分的尺寸要求十分精确，盖上后丝毫不差。套娃每一层之间的间隙也有固定的尺寸，套上后游刃有余而又不显空旷②。

功能：摆件类，益智玩具和观赏性工艺品，吉祥如意的美好寓意。

技艺：套娃的制作需要经过15道工序。先从准备木料工作开始，选择树汁饱满、坚韧而富有弹性的木材。木料经过晾晒两年以上，使用旋工车床、深眼

① 张晓丽. 浅论俄罗斯工艺品套娃的工艺美 [J]. 神州，2012（29）：206；海虹. 俄罗斯套娃制作全揭秘 [J]. 中外玩具制造，2006（05）：66-67.

② 陈静. 套娃——俄罗斯民间艺术的象征 [J]. 俄语学习，2012（01）：18-23；张晓丽. 浅论俄罗斯工艺品套娃的工艺美 [J]. 神州，2012（29）：206；海虹. 俄罗斯套娃制作全揭秘 [J]. 中外玩具制造，2006（05）：66-67.

木钻、凿子等专门工具旋制。在旋制套娃时，最小的先做，最大的最后做。每个木娃都从头部旋起，旋完后进行表面打磨，以便画家手绘图案，最后在其表面再喷涂一层清漆①。

文化特征：选取具有吉祥寓意的文化元素草莓作为套娃主题进行绘制，将自身的民族文化与传统工艺相结合，从一个简单的装饰品逐渐演变成带有民族特色的文化象征（图16-11）。

**图16-11　吉祥如意——草莓主题套娃**
（图源：杨佳欣 拍摄）

# 第三节　玩　具

## 一、玩具文化历史演变

在人类文明的演变过程中，人们发明各种生产工具以满足社会发展的需要，同时也创造了玩具以满足在劳作之余进行娱乐的物质和精神需要。玩具的发展围绕着娱乐和教育这两大主题，都是通过一个民族的传统文化作为脉络传承沿袭，并充分体现在越发繁荣的玩具创造上。玩具是一种独特的文化内容和文化形式，更是一种独特的教育和文化传播工具，影响和推动社会进步，丰富人民生活。

木玩具是玩具大家族中的一个大类，木玩具的产生建立在人类智慧和劳动

---

① 陈静. 套娃——俄罗斯民间艺术的象征［J］. 俄语学习，2012（01）：18-23；张晓丽. 浅论俄罗斯工艺品套娃的工艺美［J］. 神州，2012（29）：206；海虹. 俄罗斯套娃制作全揭秘［J］. 中外玩具制造，2006（05）：66-67.

构建起来的社会物质生产基础上，以娱乐为主要内容，是人类宝贵的文化财产。原始劳动生产和游戏是玩具起源的基础；宗教赋予玩具成型的环境和条件；民俗传统是玩具发展的生命轨迹，分别从传统信仰、礼仪、节令民俗中演化出玩具。在原始时代，在人类生产力低下、未曾使用工具有目的地制造玩具之前，从大自然原始状态中索取现成的玩物，就是玩具的最初来源。比如，截取竹木，制成"竹马""上竿""飞去来器"和"捶丸"玩具；摘取果实，制成球类玩具；扯下藤条，制成跳绳、秋千玩具；等等①。

距今 7000 多年的新石器时代河姆渡文化遗址和常州圩墩遗址中，就出土了木鱼、木陀螺。距今约 5000 多年的古埃及文物中已有木材、兽骨和象牙等材料制成的玩偶。距今约 3000 年的波斯文物中发现有安装圆轮的拖拉玩具。在古希腊有用线绳起动的发声陀螺和动物形象的玩具。拨浪鼓是一种古老又传统的民间乐器和玩具，出现于战国时期。竹蜻蜓在中国公元前就是广泛流传的玩具。中国传统民间智力玩具九连环、风筝、棋类玩具在西汉已十分盛行，卓文君在给司马相如的信中有"九连环从中折断"的句子。唐代玩具题材以人物、动物、生活用品道具为主，是玩具发展的全盛时期。七巧板则是由宋代的燕几图演变而成，也有 900 余年的历史②。宋代的玩具品种丰富远远超过以往的种类数目，在南宋的《梦梁录》中有记载。自明代开始，真正意义上的玩具行业开始兴起，出现了专门的玩具作坊和销售商铺。

在近现代我国浙江、山东、四川、湖南等地的木制玩具中，多有仿制生活用品的品种，木制的"扇车"、木头马车、木头小轿子，都生动逼真。河南卢氏的木玩具以活动变化为主要特色，切削木料，活动四肢，并利用麻绳、线绳、铁丝等连接，造型独特，色泽亮丽。

20 世纪 70 年代，我国木玩具产业工业化开始初现雏形，到 20 世纪 90 年代，玩具业已成为我国出口的五大"支柱产品"之一。但是由于行业的系统性起步较晚，尽管生产规模大、生产总量高，但主要以制造为主，几乎没有自己的独立品牌，高端营销网络被外国的知名品牌占据。面对国际化的生活模式，外来文化的冲击，中国传统民间木制玩具的发展情况更加艰难。

进入 21 世纪以来，随着电子商务的兴起，国内消费水平的提高，木玩具产业迎来新的发展机遇。木玩具自主品牌日渐增多，产品内销的比例也日益提升。

---

① 梁桂明，王涌，何文波．中国玩具史 [J]．机械技术史及机械设计，2006（00）．
② 黄伯思（长睿），戈汕（庄乐）编著．重刊燕几图蝶几谱附匡几图 [M]．上海科学技术出版社，1984．

## 二、玩具典型实例

### （一）七巧板

材质：七巧板常用橡胶木［*Hevea brasiliensis*（H. B. K.）Muell. −Arg.］、荷木（*Schima superba* Gardn. et Champ.）等材料进行制作，有用原色的也有用彩色的。

功能：七巧板的玩法有4种：1）依图成形，即根据已知的图形排出答案；2）见影排形，即根据已知的图形找出一种或一种以上的排法；3）自创图形，即自己创造新的玩法、排法；4）数学研究，即利用七巧板求解或证明数学问题。

造型：七巧板是由七块板、正方形或长方形盒子组成的，其中五块等腰直角三角形、一块正方形和一块平行四边形。

文化特征：七巧板又称七巧图、智慧板，是中国民间流传的智力玩具（图16-12）。通常，用七巧板拼摆出的图形应当由全部的七块板组成，且板与板之间要有连接，如点的连接、线的连接或点与线的连接；可以一个人玩，也可以几个人同时玩。操作七巧板是一种发散思维的活动，有利于提高人们的观察力、注意力、想像力和创造力，因此，不仅具有娱乐价值，还具有一定的教育价值。七巧板是由宋代的"燕几"

图16-12　方形彩色七巧板

（图源：张丽萍，《走进木制玩具》，2016年）

演变而来的，而"燕几"则源于我国古代数学中的正方形切割术。七巧板可拼凑成各种事物图形1600余种，利用七巧板还可以阐明若干重要几何关系，其原理便是古算术中的"出入相补原理"。

### （二）鲁班锁

材质：以橡胶木［*Hevea brasiliensis*（H. B. K.）Muell. −Arg.］、椴木（*Tilia tuan* Szysz.）、桦木（*Betula* L.）、荷木（*Schima superba* Gardn. et Champ.）等结实耐用的木料为主。

功能：鲁班锁结构与中国古代木工的榫卯结构十分相似，它通常由六根木棍组成，它们穿插在一起形成一个对称的结构体。

造型：鲁班锁的经典样式是"六子连芳"，它由六根木条组成，其中除一根上没有开槽外，其他五根木条上都挖有槽，然后将这些木条嵌在一起，变成一个三组两两互相垂直的花朵形，就像"六子"连成了"芳"。

文化特征：鲁班锁又称八卦锁、"六子连芳"，是中国古代民族传统的土木建筑固定结合器，它和七巧板一样，是广泛流传于中国民间的智力玩具，还有"别闷棍""莫奈何""难人木"等叫法（图16-13）。鲁班锁的种类各式各样，千奇百怪。其中，以最常见的六根和九根的鲁班锁最为著名。鲁班锁发展到今天已衍生出了百余种不同造型。鲁班锁相传是春秋末期的木匠祖师鲁班根据斗拱榫卯结构改进而来，用于开发锻炼其子智力。三国时期诸葛孔明根据八卦玄学的原理对这一玩具进行了改进，曾广泛流传于民间。

图16-13　鲁班锁的创新样式

（图源：蓝新章，《经典木制玩具玩法实训指导书》，2021年）

（三）华容道

材质：通常选用桦木（*Betula* L.）、橡胶木［*Hevea brasiliensis*（H. B. K.）Muell. -Arg.］、椴木（*Tilia tuan* Szysz.）等木材。

功能：华容道有一个带12个小方格的棋盘，代表华容道。积木方块10个：大方块1个、小方块4个、长方块5个。而供方块移动的木盒上留有2个小方格空位，共10个方块移动。其中，最大的方块代表曹操；5个长方块代表蜀汉的"五虎上将"，即关羽、张飞、赵云、马超、黄忠；4个小方块代表4个兵卒。

造型：华容道棋盘上仅有两个小方格空着，玩法就是通过这两个方格移动棋子，用最少的步数把曹操移出华容道。不允许跨越棋子，还要设法用最少的步数把曹操移到出口。曹操逃出华容道的最大障碍是关羽，关羽立马华容道，一夫当关，万夫莫开。关羽与曹操当然是解开这一游戏的关键。4个刘备军兵是最灵活的，也最容易对付，如何发挥他们的作用也要充分考虑周全。

文化特征：华容道是中国古代益智数学游戏，它是一种滑块游戏（图16-14）。三国时期，曹操在赤壁大战中被刘备和孙权联手打败，逃跑时经过华容道，又遇上诸葛亮的伏兵。关羽为了报答曹操对他的恩情，帮助曹操逃出了华容道。三国华容道是由上述故事衍生出的玩具，是一款阵法推理游戏，有几十种布阵方法，如"横刀立马""齐头并前""兵分三路""屯兵东路""左右布兵""层层设防""插翅难飞""前挡后阻""近在咫尺""水泄不通""小燕出巢""兵挡将阻""过五关"等，以其变化多端的玩法带给人们无限的乐趣，被许多人喜爱。

**图16-14 华容道**

（图源：蓝新章，《经典木制玩具玩法实训指导书》，2021年）

**（四）陀螺**

材质：通常选用材质较硬的荷木（*Schima superba* Gardn. et Champ.）、椴木（*Tilia tuan* Szysz.）等木材。

功能：陀螺是绕一个支点高速转动的刚体，它是一个质量均匀分布的、具有轴对称形状的刚体，其几何对称轴就是它的自转轴。在一定的初始条件和一定的外力作用下，陀螺在不停自转的同时，还会绕着另一个固定的转轴不停旋转。

造型：陀螺形如倒钟状、圆锥状，上半部分为圆形，下方尖锐。玩时可用绳子缠绕，用力抽绳，或用鞭子劈，使其直立旋转。亦有形态丰富的指间陀螺，其顶部一根或长或短的细手柄，便于单手或双手操作。

文化特征：陀螺是一种圆锥形旋转玩具，可以用多种材料制造（图16-

15）。抽陀螺是常见的也是古老的儿童游戏。陀螺在我国各地有不同的名称，而且有时会根据时代的特点，赋予它带寓意的名字。如"千千""陀罗""冰猴儿""妆域""捻捻转""空钟""汉奸"等等。在山西夏县西荫村仰韶文化遗址，就发掘到了石制陀螺。在许多古代文献中，都有关于陀螺的记载。宋朝时，陀螺游戏就十分流行了，那时将陀螺称作"千千"。宋代绘画中就画有这种玩具。宋代周密写的《武林旧事》中，记有"若夫儿戏之物，名件甚多，尤不可悉数，如相银杏、猜糖、吹叫儿，打娇惜、千千车、轮盘儿……"，其中的"千千车"就是陀螺。明朝北京童谣就有"杨柳青，放空钟，杨柳活，抽陀螺"和"鞭陀罗，鞭不己，鞭不己，陀罗死"的唱词。清代初年僧人释元璟在《鞭陀罗》诗中，描述了北京小儿玩陀螺的情景："嬉戏自三五，乐莫乐兮鞭陀罗……鞭个'走珠'，鞭个'旋螺'，随风辗转呼如何。"

**图 16-15　陀螺**

（图源：蓝新章，《经典木制玩具玩法实训指导书》，2021 年）

（五）立体五子棋

材质：棋盘用橡胶木［*Hevea brasiliensis*（H. B. K）Muell. – Arg.］或桦木（*Betula* L.）等，棋柱、棋子用荷木（*Schima superba* Gardn. et Champ.）、椴木（*Tilia tuan* Szysz.）等。

功能：立体五子棋由棋盘、棋子、棋柱、棋盒、记分器几部分组成，棋子一共125颗，黑方63颗，白方62颗，每个棋子中间有圆孔可套入棋柱，棋柱有25根，每根棋柱上最多可以放5个棋子，横、直、斜、竖任意角度、任意平面均可五子连珠（图16-16）。

造型：立体五子棋整体造型接近一个立方体，是一款可以在三维空间里进行五子连珠的游戏。

文化特征：五子棋是中国古老的一种棋类游戏，方垛式四子棋，是 1968 年

**图 16-16　立体五子棋**

（图源：蓝新章，《经典木制玩具玩法实训指导书》，2021 年）

A. P. Nienstaedt 发明的连棋类游戏，立体五子棋兼具两种游戏的特点，是适合两个人玩的一种对抗游戏。它有助于观察能力、空间思维、全局意识以及专注力的培养。立体三维的五子连珠游戏，将中国传统的五子棋游戏与西方的方垛四子棋进行结合，游戏规则是看对弈双方谁先五子连珠，或者看谁得分高。

# 第十七章

# 白木婚丧用具

## 第一节 婚 具

### 一、婚具文化历史演变

中国传统婚礼是华夏文化的精粹。古人认为黄昏是吉时，所以会在黄昏行娶妻之礼；基于此，夫妻结合的礼仪称为"昏礼"。昏礼在五礼之中属嘉礼，是继男子的冠礼或女子的笄礼之后的人生第二个里程碑。相传中国最早的婚姻关系和婚礼仪式从伏羲氏制嫁娶、女娲立媒约开始。《通鉴外纪》载："上古男女无别，太昊始设嫁娶，以俪皮为礼。"从此，俪皮（成双的鹿皮）就成了经典的婚礼聘礼之一。之后，除了"俪皮之礼"之外，还得"必告父母"；到了夏商，又出现了"亲迎于庭""亲迎于堂"的仪节。周代是礼仪的集大成时代，彼时逐渐形成一套完整的婚姻礼仪，《仪礼》中有详细规制，整套仪式合为"六礼"。六礼婚制从此为华夏传统婚礼的模板，流传至今。

十里不同风，百里不同俗，婚具是婚礼中必不可少的器具，习惯上分为内房用具和外房用具，如千工床、房前桌、红橱、床前橱、衣架、春凳、马桶、子孙桶、梳妆台之类放在内室的，都属内房用具；画桌、琴桌、八仙桌、圈椅等是外房用具；从功能上讲，可分为生活起居类、日用小木器、女红用品三大部分。正是这些红妆器具，将"闺阁'之事演绎成了流传百世的民俗文化。

作为中式传统婚礼中必不可少的元素——花轿，也叫喜轿，是传统中式婚礼上使用的特殊轿子。一般装饰华丽，以红色来显示喜庆吉利，因此俗称大红花轿。轿子原名"舆"，最早记载见于司马迁的《史记》，说明早在春秋时期就已经有轿子了。六朝盛行肩舆，即用人抬的轿子。到隋唐五代，始有"轿"之名。北宋时，轿子只供皇室使用。宋高宗赵构南渡临安（今杭州）时，废除乘轿的有关禁令，自此轿子发展到民间，成为人们的代步工具并日益普及。

用花轿迎娶新娘是我国旧时的婚娶礼俗，可民俗学家考证，这种礼俗并非自古皆然。民俗学家说，"轿子"这种交通工具在生活中出现并正式在典籍中留下记载，是晚唐至五代时期的事，之前无论官民，结婚都是用马拉车辇迎娶新娘。而唐朝还明确颁令禁止士庶乘轿，只许皇家及朝廷高官使用。所以说，唐朝以前的人结婚，是没有花轿可乘的。

把轿子运用到娶亲上，最早见于宋代，后来才渐渐成为民俗。那时，待嫁的女方在家里打扮停当，凌晨，男方就会派来迎亲的鲜艳的大花轿，这叫"赶时辰"。据说当天如有几家同时娶亲，谁赶的时间早，将来谁就会幸福美满。南宋吴自牧在《梦粱录·娶嫁篇》里有这方面的记述。这一习俗，在现在的泰安市宁阳县沿汶河一带的村庄还十分盛行。民俗学家通过《东京梦华录》《五杂俎》等宋明人士所写著作认定，花轿出现的时间大约在北宋中期，当时汴京有用"花檐子"迎娶新妇的风俗，宋廷南迁后，"花檐子"被花轿代替，花轿迎亲逐渐时兴，其后一直传承下来。

南宋孝宗皇帝为皇后制造了一种"龙肩舆"，上面装饰着四条走龙，用朱红漆的藤子编成坐椅、踏子和门窗，内有红罗茵褥、软屏夹幔，外有围幛和门帘、窗帘。据说，这乘"龙肩舆"是史籍可查的最豪华的花轿，也是最早的"彩舆"（即花轿）。随后，"彩舆"发展成迎娶新娘用的花轿，是中国传统婚礼上使用的特殊轿子。

清朝末年，在当时的上海等大城市，许多女子已不肯坐花轿，改用马车等车辆了。

民国初期，由于从日本输入的人力车（俗称黄包车）比较轻便快捷，遂在民间广为使用，轿子逐渐被取代。

## 二、婚具典型实例

### （一）宁波宁海万工轿

材质：以樟木［*Cinnamomum camphora*（L.）Presl］、银杏木（*Ginkgo biloba* L.）、杉木［*Cunninghamia lanceolata*（Lamb.）Hook.］、柏木（*C. funebris* Endl.）为主。

结构：此轿木质雕花，朱漆铺底饰以金箔贴花，远远望去金碧辉煌，犹如一座微型的宫殿（图17-1）。轿上采用圆雕、浮雕、透雕等三种工艺手法进行装饰，雕有250个人物，最小的人物仅1.8厘米高，花鸟虫兽无数，是当之无愧的"百子轿"。这顶轿子的结构前后、左右对称，一组组或圆雕或浮雕的人物组成了天官赐福、麒麟送子、魁星点斗、八仙过海、和合神仙、渔樵耕读、木兰从军、昭君出塞、梅妻鹤子、羲之爱鹅等吉祥主题和历史典故；前后左右的舞台还上演着《浣纱记》《天水关》《铁弓缘》《水浒传》《西厢记》《荆钗记》《拾玉镯》等戏文。24 只凤凰、38 条龙、54 只仙鹤、74 只喜鹊、92 只狮子和124 处石榴百子等，体现了龙凤呈祥、榴开百子、喜上梅梢、双狮戏球等常见的喜庆图案。此轿采用榫卯结构联结，由几百片可拆卸的花板组成。花轿前后对称，没有明显的轿门，需要把轿前端几十片花板拆卸下来，新娘才能进出。

**图 17-1　宁波宁海万工轿**

（图源：《国家宝藏》已火！里面的万工轿，宁波竟然也有？再不去就亏大啦！［EB/OL］. 搜狐网，2018-01-11.）

功能：旧时婚俗中新娘由娘家到夫家的代步工具。

技艺：宁波花轿都是朱金木雕，且制作精细，目前国内众多民俗博物馆展示的花轿，大多征集自宁波。特别是宁波花轿中的头等轿，四周上下全都是浮雕或立体雕刻，带有漳州木雕和潮州木雕的装饰风格，上有各种人物大大小小数百个，夹以浮雕和镂雕的朱金花板，花轿朱金相间，富丽堂皇，配上彩绘的镜片玻璃和艳丽的宁波盘金绣轿衣，还有各色精致的小宫灯。

文化特征："十里红妆"是浙东的传统婚俗，一担担、一杠杠，朱漆髹金，流光溢彩，吉祥喜庆的队伍中，万工轿是最亮眼的那一个。关于十里红妆的传说，镇海一带有民谣"镇海张礁碶，村姑救皇帝，布襕叉大旗，大脚封贵妃，凤冠霞帔留民间，龙凤花轿抬民女"。说的就是南宋初年，登基不久的宋高宗在金兵追击下，亡命逃到浙东宁波一村庄，得村姑相救，后来宋高宗传旨遍寻"救驾"村姑未果，下旨特许宁绍平原女子出嫁时可享半副銮驾、半副凤仪，即乘坐四抬花轿，轿上可雕鸾画凤。

宁波人因长年经商在外，所以婚俗中在祭告祖先和神灵仪式上，体现出特别强的宗族概念。在成婚之日五更时分，宁波大户人家的男方以全副猪羊或五牲福利及果品，在厅堂上供祭"天地君亲师"，俗称"享先"。迎亲花轿必须放在放供品的桌子前面，其实是向祖先汇报从今天开始，有新的成员将加入这个家族。宁波花轿是宁波婚俗中不可或缺的一部分，现在也成为清至民国宁波婚俗的重要见证物，甚至可以说是奢华的宁波婚俗的代名词。那"万工轿"带给老人的是许多美好的记忆，给年轻一代带来的是对宁波婚俗的无限遐想。

（二）轿前担

花轿前面是轿前担，是两个有方形套盒的红杠箱，各由两个人抬着，一个是给新娘预备的吃食，如床头果之类，另一个是为闹洞房的人准备的，如花生、糖果、糕点。轿子边上紧跟着的是通晓各种喜庆规矩的送娘子，为的是帮助新娘在大喜那天左右逢源，不出差错。

1）杠箱

材质：一般以樟木〔*Cinnamomum camphora*（L.）Presl〕、银杏木（*Ginkgo biloba* L.）、杉木〔*Cunninghamia lanceolata*（Lamb.）Hook.〕为主。

结构：有敞开式（图17-2中左图）和箱体式（图17-2中右图）两种结构。

**图17-2 杠箱**
（图源：作者自摄于宁波宁海十里红妆博物馆）

功能：抬嫁妆的工具，敞开式的用于装载果桶、提桶、瓷器、镴器、老酒氅等，箱体式杠箱用于放置衣服鞋履和金银细软等细小物品。

技艺：采用朱金木雕工艺制作而成，多雕刻有囍纹、龙纹以及喜庆吉祥的动植物和人物故事等寓意吉祥的纹样。

文化特征：杠箱是专门用来运送小件红妆物品的，是专门的礼仪用具。放被褥枕头的称"铺陈"。每杠铺陈放被褥四床枕头两对。通常嫁女陪嫁四杠，有钱人家多达十二杠。敞开式杠箱更能突显红妆的琳琅满目。

2）子孙宝桶

材质：同上。

结构：小脚桶放在一直口桶上，又称子孙桶（图17-3）。

**图17-3　子孙宝桶**

（图源：作者摄于宁波宁海十里红妆博物馆）

功能：旧时女子坐在子孙桶上分娩，刚出生的婴儿在红脚桶里洗澡，故民间有"红脚桶投胎"的说法。

技艺：同上。

文化特征：子孙桶是必不可少的嫁妆。一般排在嫁妆队伍的第一杠。子孙宝桶有三件：马桶，脚盆，水桶（又称子孙三宝），是民间嫁妆中最基本的必备物之一。马桶亦称子孙宝桶，寓意早生儿女，健康聪明；脚盆亦称聚福宝盆，寓意健康富足；水桶亦称财势宝桶，寓意勤奋上进事业有成。结婚子孙桶里面放枣子，期盼"早得贵子"；长生果（带壳花生，节数越多越好），寓意长生不老和多子多福；还有桂圆、荔枝、百合、莲子等干果；再放进五只红鸡蛋，象征"五子登科"；等等。子孙桶要专门由娘家兄弟在新娘进门之前拎进洞房。

（三）喜床

床的制作工艺十分讲究，选用朱砂、黄金、青金石、水银、黛绿、琉璃、贝壳、生漆等名贵天然材料，运用雕刻、堆塑、镶嵌、绘画、描金、泥金、罩漆等民间工艺制作而成。

1）千工床

材质：松木（*Pinus*）、柏木（*C. funebris* Endl.）为主。

结构：床楣分为两层，上层提笔"螽斯衍庆"用于祝颂子孙众多，第二层提笔"大富贵亦寿考"用以祝福富贵长寿。三面背板以画做装饰,床两侧装有"花间金做屋,灯下玉为人"的喜联。床上狮子滚绣球,表示喜庆吉祥欢乐之意,上请有10位护法尊神造像,用以驱邪避晦(图17-4)。

**图 17-4　千工床**
(图源:作者摄于洛阳华夏喜庆文化博物馆)

功能:旧时婚俗中洞房卧具。

技艺:朱金木雕。

文化特征:千工床又名拔步床。此床上有卷篷顶,下有踏步,前有雕花柱架、挂落、倚檐花罩组成的廊庑。这种床不仅冬暖夏凉,且在室内再造了一个多功能的、私密性强的起居空间。这样像小房子一样的床,是古代富家女子嫁妆中重要的一部分。

2)万工床

材质:同上。

结构:该床长6.6米,宽9米,高3.18米,采用浙东地区的传统工艺制作。榫卯回环穿插而成藤状图案,再配以朱金木雕、泥金彩漆、螺钿镶嵌、拷头拼攒、盘龙玉璧等传统技艺,特别是飞檐三挑、五廊五进、十重挂面的做法更为少见(图17-5)。

功能:同上。

技艺:此床采用一根藤工艺。

文化特征:此床意为五世同堂,五世其昌,十全十美。据传,由各种工匠十数人用五年时间,耗时万余工制作而成的亦床亦房的婚床,堪称"中国红妆"经典婚床之集大成者的传世之作。

**图 17-5　万工床**
（图源：作者摄于宁波宁海十里红妆博物馆）

（四）樟木箱

材质：香樟木［*Cinnamomum camphora*（L.）Presl］。

结构：樟木箱的外面是有一些雕刻设计的，富贵人家的樟木箱上面的雕刻一般都极为讲究，主要雕刻一些中国传统的吉祥物，樟木箱造型古朴、美观大方，总给人复古的感受。若是一般或者穷苦的人家，樟木箱上面的雕刻很少或者没有（图 17-6）。

**图 17-6　樟木箱**
（图源：中国古代女子的豪华嫁妆！［EB/OL］. 搜狐网，2020-05-08.）

技艺：榫卯雕刻。

文化特征：樟木箱，也叫女儿箱，曾是姑娘们出嫁必备的嫁妆。江南大户人家若生女儿，便在家中庭院栽种香樟树一棵，女儿到了待嫁年龄，香樟树也长成。媒婆在院外只要看到树，便知道该家有待嫁姑娘，便可来提亲。女儿出嫁时，家人要将树砍掉，做成两个大箱子，并放入丝绸，作为嫁妆，取"两厢厮守（两箱丝绸）"之意。在乡村，谁家有女孩子，到一定年纪，父母就会买来香樟木，请木匠师傅做成香樟木箱，先不上油漆，等女孩找好对象，确定婚期，才把那白坯的木箱子重新打磨上漆。

（五）橱子

材质：以樟木［*Cinnamomum camphora*（L.）Presl］、银杏木（*Ginkgo biloba* L.）、杉木［*Cunninghamia lanceolata*（Lamb.）Hook.］、柏木（*C. funebris* Endl.）为主。

结构：橱体呈长方体，矮直腿，方足。采用朱金木雕和螺钿工艺制作而成。正面分三段，上、下两段分别设四开门，其中上段雕刻戏曲人物纹，下段素面，中设四个抽屉，雕人物纹（图17-7）。

**图17-7　戏曲人物纹四开门橱**
（图源：作者摄于宁波宁海十里红妆博物馆）

技艺：朱漆木雕。

文化特征：此类朱漆大柜在宁绍特别是宁波象山一带颇为流行，俗称红橱。正面髹朱漆，左右两侧不漆朱红，柜内更是不用红料，可见当年朱砂是多么珍贵。通体光素，正面呈一平面，仅门枢起阳线，线条纤细而挺拔。此柜纹饰简单含蓄，门上的金属、面页、吊牌及门鼻，造工精细，有很高的装饰效果。此柜设计别出心裁，无论造型还是装饰都予人简单、透美、大方的感觉，最具明式家具遗韵，是宁绍红妆家具中最具代表的品种之一。

（六）妆镜台

材质：同上。

结构：一般以妆匣结构为主，上表版打开后成为支架，可放置梳妆镜，内部为多宝格装分层结构，也有宝座式妆镜台，镜台的下方还备有小抽屉，用以放置胭脂、妆粉、眉笔等化妆工具，外形大方而实用（图17-8）。

**图17-8 妆镜台**

（图源：作者摄于宁波宁海十里红妆博物馆）

技艺：同上。

文化特征："可怜楼上月徘徊，应照离人妆镜台。"在古人的世界中，早已将妆镜台作为女子的象征，殊不知，妆镜台是寄托女子感情的一个物件儿，是随女子来到夫家的，自然也成了嫁妆中最有"情感"的一个。

## 第二节　葬　具

棺、椁为葬具。《说文解字》释"棺"曰："棺，关也，所以掩尸。"释"椁"曰："椁，葬有木郭也。"木质葬具即木棺或椁，《礼记·檀弓上》认为棺、椁皆木质，棺围于椁内①。木质棺、椁从早期简陋的独木棺或木质垫板到鼎盛时期的"黄肠题凑"，从装殓死者尸骨及随葬品的器具到完善的国家礼法制度，一直是我国古代最为典型的葬具类型，在我国丧葬史上一直占据着重要的地位。其中，使用白木制作的棺、椁用途最为广泛。

---

① 礼记正义（卷八）：礼记·檀弓上第三［M］. 影印清阮元辑刻《十三经注疏》本. 北京：中华书局，1980.

### 一、葬具文化历史演变

#### （一）白木棺椁的史前起源

远古时代最初的丧葬是不使用葬具的，《周易·系辞下》载，"古之葬者，厚衣之以薪，葬之中野，不封不树，丧期无数。后世圣人易之以棺椁"①，认为棺椁为圣人所做。距今 18000 多年前的旧石器晚期，山顶洞人首先发明了墓葬，出现的棺为陶棺和石棺。约在新石器时代中期，才出现木质棺、椁。大约新石器晚期，位于黄河中游的半坡人为其女儿铺上唯一的木板葬具，从此拉开了以木材为葬具的棺葬文化序幕。木质葬具雏形发现于仰韶文化的半坡遗址中②，在 M152 长方形竖穴墓中发现了清晰的木棺痕，墓主人是一名三四岁的女孩。棺板由长短不一的木板组成，接榫方式不清楚，棺外有因葬具而形成的熟土二层台。这一时期，用石具制作的木棺葬具大多简陋粗糙，只是一些木板和木棍的结合体。年代久远导致无法发现或已腐朽，无法对葬具的木料种类进行辨别。

仰韶文化晚期至龙山时代是史前木质葬具发现数量最多的时期③，为黄河流域上游的甘青地区马家窑文化和齐家文化，以青海柳湾墓地为例，使用木质葬具比例约为 80%。这些木质葬具多为松柏类木材制成，可分为梯形木棺、吊头木棺、长方形木棺、独木棺和垫板等几种类型④。到了龙山文化时期，木椁开始出现，是一种保护内棺的大棺材，这个时期只有部落首领才能使用木棺作为葬具。棺、椁共同使用标志着棺椁制度的产生。随着人们文化水平的提高和工艺技术的进步，木质葬具也在不断发展，人们开始精细加工，甚至在木棺上进行涂彩上漆。棺椁的种类也越来越多，慢慢上升到显示权力等级和国家礼制制度。

#### （二）白木葬具的发展时期（前 2000 年至春秋晚期）

新石器时代和夏代仅在高等级的贵族墓葬中应用木质葬具，且都是单个木棺。而商代木质葬具普遍，在高等级贵族墓和广大平民墓中都有使用，这种葬具习俗开始盛行。到了周代，重棺重椁现象增多，且棺椁装饰复杂。每个等级都有相对应的葬具，这时的多重棺椁制度已经与社会等级结合起来。制度对自

---

① 周易正义（卷八）：周易·系辞下 [M].影印清阮元辑刻《十三经注疏》本.北京：中华书局，1980.

② 袁胜文.棺椁制度的产生和演变述论 [J].南开学报（哲学社会科学版），2021（03）：94-101.

③ 王琳.略论我国木质葬具的产生 [J].剑南文学（下半月），2012（03）：217.

④ 王琳.略论我国木质葬具的产生 [J].剑南文学（下半月），2012（03）：217.

天子至庶人的棺椁衣衾有着详细的规定①。这个时期主要以杉木和柏木为主，其中杉木长久以来一直作为南方地区重要且高档的棺材原料。由于考古发现的木质葬具多已腐朽成粉末状，大多数葬具的木料种类难以判断，仅有少数保存较好的木质葬具可以判断其木料种类。最早考察到如河南信阳罗山天湖墓地（商代晚期）作为葬具的木料，经鉴定为杉木、黄连木和栎木②。同为商代的信阳固始葛藤山六号墓，组成木椁的木料为麻栗木，木棺为柏木③。李洲坳东周墓葬是我国发现的时代最早、埋葬棺木最多的一坑多棺形墓葬。出土的 40 余具棺材，基本全为杉木，这是目前发掘年代最早的使用杉木的棺椁④。此外，春秋中期的沂水刘家店子墓葬中，葬具为两椁一棺，其中椁用柏木构筑，底部铺垫枕木两根，棺置于椁室中部，经髹漆，大小结构和材质不明⑤。除大量使用杉木和柏木外，松木也常常被用作木质葬具的原料。如海阳嘴子前春秋中晚期墓葬中，M2 和 M4 墓室中的木棺皆为松木制作，除椁地板和墙板有部分保留外，其余皆已朽烂，无法复原。综上，至春秋晚期，是周代棺椁多重制度的形成期。

（三）白木葬具的鼎盛时期（战国至西汉末）

战国中晚期，周代的棺椁多重制度虽然遭到一定的僭越和破坏，但在秦和西汉前期，棺椁制度仍沿袭春秋战国严格的等级制度⑥。先秦时期，墓葬采用的木质根据主人身份不同而有所区别，一般诸侯王墓室等高级墓葬的棺一般使用梓木，椁使用杉木，椁包裹着棺，套棺的层数和内外椁的数量根据主人的身份和地位决定⑦。秦代至汉早期，木椁表面的髹漆装饰基本上已销声匿迹，这时椁木大多选用楠木、柏木、樟木等优质树种⑧。至于汉代，春秋战国就已出现的"黄肠题凑"和"外藏椁"等椁制发展到了极盛。"黄肠题凑"是一种椁制，即用柏木垒出的椁室。史载："以柏木黄心致累棺外，故曰黄肠；木头皆内向，故

① 王希路. 甘肃省高台县博物馆藏棺板画探析 [D]. 西安：陕西师范大学，2018.
② 中国科学院考古研究所安阳工作队. 1972 年春安阳后冈发掘简报 [J]. 考古，1972（05）：8-19，65-67.
③ 徐广德. 1991 年安阳后冈殷墓的发掘 [J]. 考古，1993（10）：880-903，961-964.
④ 潘彪，翟胜丞，樊昌生. 李洲坳东周古墓棺木用材树种鉴定及材性分析 [J]. 南京林业大学学报（自然科学版），2013，37（3）：87-91.
⑤ 赵青青. 春秋时期东夷族墓葬习俗研究 [D]. 济南：山东师范大学，2020.
⑥ 袁胜文. 棺椁制度的产生和演变述论 [J]. 南开学报（哲学社会科学版），2021（03）：94-101.
⑦ 孙丽. 马王堆朱地彩绘棺图式研究 [D]. 长沙：湖南师范大学，2016.
⑧ 许卫红. 秦至西汉时期木葬具的装饰 [J]. 宝鸡文理学院学报（社会科学版），2001（01）：54-60.

曰题凑"，"题凑"起于战国，多见于西汉，汉代后就很少使用了。从出土的资料来看，"黄肠题凑"是西汉时期的一种高规格椁制，这类墓葬使用的木棺数量也较多，多为三重。使用"黄肠题凑"的代表性汉墓有陕西秦公一号大墓、扬州西汉广陵王墓、北京大葆台汉墓，这些汉墓都是以柏木为椁室材料。一般的诸侯、大夫、士等也可用题凑，但除经天子允许，一般不能用柏木，多用松木及其他杂木等。使用"黄肠题凑"一方面表示了墓主人的身份和地位，另一方面也有利于保护棺木，使之不受损坏。北京大葆台刘建夫妇汉墓就是"黄肠题凑"墓的典型代表，耗材 15880 根柏木条，是同类墓葬中规模最大的一座，此墓的"黄肠题凑"等葬具也保存较好。随着西汉后期洞室墓、砖石墓和石室墓的出现，木椁逐渐退出了历史舞台。

## （四）白木葬具的稳定时期（东汉至 21 世纪中叶）

汉代之后，多重棺椁制度消亡。上层贵族除少数用石棺外，大多数仍然采用木棺，至于民间则普遍使用木棺，两千多年来相沿不改。北朝时期，还出现了在棺椁下放置棺床或将死者直接放置在棺床上的入殓方式①。至于唐朝，根据有限考古鉴定材料记载，木质葬具主要有楠木②和杉木③两种，也有文献记载使用柏木、楸木和梓木作为棺木的案例。唐代棺木使用木板拼接，有棺板两端用铁片或铜皮包裹的现象，棺形多以梯形棺为主，如晚唐水邱氏墓和河北邢台96QDM32 墓④。杉木因材质轻韧，抗虫耐腐，能够长期保存等优点深受古人喜爱，从东周起就有用杉木做棺椁的案例，至宋代杉木的使用已经有大量的记载。东晋郭璞云描述杉木："黏似松，生江南，可以为船及棺材。"⑤ 黎中义《江苏宝应县经河出土南唐木屋》中提道，"江苏宝应出土的两具南唐木棺，所用木材均是松木和杉木"⑥。宋人认为："杉木直干似松叶芒心实似松蓬而细，可为栋梁、棺椁、器用，才美诸木之最。"⑦ 宋代以后杉木虽有广泛种植，在明清之际仍属于贵重木材之列。有记载曰："客则以兴贩（杉木）为商，……有挟千金、数百金者。"从宋到清，使用杉木棺的习俗逐渐由南方传入北方。如河北遵化等

---

① 王环宇. 北朝棺床艺术探究 [D]. 西安：西安美术学院，2018.

② 陈文华，许智范. 江西南昌唐墓 [J]. 考古，1977（06）：401-402，443-444.

③ 孝感市博物馆. 孝感永安铺南朝及唐代墓葬清理简报 [J]. 江汉考古，2005（02）：38-44.

④ 何月馨. 唐代木质葬具的初步研究 [J]. 文博，2018（01）：28-38.

⑤ 罗启龙，徐红. 论宋以后杉木与人们日常生活的关系 [J]. 黑龙江史志，2013（23）：46-47，50.

⑥ 黎忠义. 江苏宝应县经河出土南唐木屋 [J]. 文物，1965（08）：47-51.

⑦ 戴侗. 六书故（卷21）[M]. 北京：中华书局，2012.

非杉木产区也有使用杉木制作木棺的现象①，以及荥阳市明代周懿王墓的棺椁、夫人王氏（M102）及其他祔葬墓的棺木均为有意选择的杉木②。杉木逐渐成为制作棺木的主流木材，其余也有楠木、松木和柏木。那时棺木在材料上也有等级差别，《明史》中记载："襚仪随所用，棺用坚木油杉为上，柏次之，土杉、松又次之。"③《明史》中也有记载品官的棺椁材质，"棺椁，品官棺用油杉朱漆，椁用土杉。"④总体来看，魏晋之后，不论是墓葬结构还是木质棺椁，都趋于简化，很少有木质重棺的现象。但是木棺土葬这种基本丧葬习俗一直被保留下来，世代传承。直到21世纪中叶，部分城市实行殡葬改革。21世纪末叶，我国城市推崇尸体火化，基本上抛弃了土葬，只有一些个别乡村地区还传承着古老的棺葬习俗⑤。

### 二、葬具典型实例

（一）蜀国船棺

材质：楠木（*Phoebe zhennan* S. Lee et F. N. Wei）。

技艺：船棺使用整根楠木剜凿而成，其是将整个楠木先去掉三分之一后，将其余三分之二挖空中心部分，剜凿而成，船仓为棺室。棺前端由底部向上斜削，略微上翘，有如船头，在其两侧各凿有一个半圆形的孔，孔身斜穿至棺面上。棺盖制作方法与棺身一致，然后将棺盖与棺身两部分上下对扣在一起组成一个完整的船棺，在船棺、独木棺葬具下铺垫横木，系国内首次发现。

造型：船型或独木舟型。

结构：如图17-9所示，成都博物馆内展出的船棺，该船棺带盖分别长约4.53米和4.77米，宽约0.7—0.9米，高约1.08米，算中小型棺。出土共有4具大型船棺，其中最大的一具长达18.8米，直径1.4米，是迄今为止国内发现的规模最大的船棺，堪称"中华船棺之王"。船棺主要分为棺盖和棺身两部分，棺身与棺盖前端均打孔，棺内放置随葬陶器、漆木器等。

---

① 丁世良. 中国地方志民俗资料汇编·中南卷（上卷）［M］. 北京：书目文献出版社，1991.

② 王树芝，孙凯. 明代周懿王墓及祔葬墓出土木质葬具鉴定及相关问题［J］. 华夏考古，2019（02）：44-48.

③ 永瑢. 文渊阁四库全书［M］. 上海：上海古籍出版社，2012.

④ 张廷玉. 明史：志：第三六：礼一四（卷60）［M］. 北京：中华书局，1976.

⑤ 郭风平. 我国殡葬的木材消耗及其对策管见［J］. 中国历史地理论丛，2001（02）：11.

**图 17-9　战国古蜀船棺**

（图源：作者拍摄于成都博物馆）

文化特征：墓葬遗址为古蜀开明王朝中晚期、约战国早期的大型多棺合葬的船棺、独木棺墓葬，初步推测应是古蜀国开明王朝王族或蜀王本人的家族墓地。墓坑现存船棺、独木棺等葬具 17 具。古蜀墓葬中将棺木设计成船形，主要是因为中国有一句古话："北人骑马，南人乘船"，南方水系众多，祖先希望在死后乘着一叶扁舟到达世界的另一端，因此也将自己的棺木设计成了船形。而蜀地长期流行船棺葬，也与蜀人沿水路送魂的意识有关。船棺虽如船形，但可以实行土葬和水葬两种形式。

（二）秦公一号大墓——"黄肠题凑"

材质：柏木（*C. funebris* Endl.）。

技艺：秦公一号大墓如图 17-10 所示，整个椁室共用 600 多根枋木搭建而成，每根枋木的横截面都是边长 21 厘米的正方形，两端中心有 21 厘米长的榫头，重逾 300 千克，长度分为 5.6 米和 7.3 米两种。这些木枋通过榫卯结构相互套接，榫头呈曲直型，整个椁室没有用到一枚金属钉。为了防止地下水沿着木料结节渗入造成腐朽，椁木原有的结节都被挖出，然后用铅、锡和白铁合金浇注封护。在金属浇注过程中既没有烧坏木质，又浇注得很平整。在椁室周围和上方填有木炭，外围再填青膏泥，这些保护层可以防止水分和氧气进入以保护椁室，也起一定的防盗作用，椁木的木质至今保存完好。

造型："黄肠题凑"作为一种椁室，如同一座巨大的平顶木屋。由于使用黄亮的柏木木心作为枋木堆砌而成，整个椁室表现为亮黄色。

结构：椁室主要分为主椁室和副椁室两部分，面积约 80 平方米，长 14.4

图17-10 秦公一号大墓出土坑（左）和"黄肠题凑"椁木木枋（右上）、
金属浇筑封护的柏木结节（右中）、椁室外层的木炭（右下）
（图源：作者拍摄于秦公一号大墓及其"黄肠题凑"复原陈列）

米，宽5.6米，高5.6米。在主椁室的西南方向还有副椁室，长7米、宽4米、高2.6米的主椁室中部由一道单层的枋木将其分为南北两部分，其中一部分安放秦公遗体，四壁及椁底均为双层枋木，椁盖为3层。副椁室四壁及底盖都为单层枋木，用于放置随葬品。

文化特征：秦公一号大墓是迄今为止中国发掘的最大古墓，墓主人为秦景公。大墓中使用"黄肠题凑"的柏木椁室，是中国迄今发掘周、秦时代最高等级的葬具。"黄肠题凑"出现于西汉中期，在此之前，均称之为"题凑"，一般只有天子才能享用椁具。据"黄肠题凑"最早史料记载，在霍光死后，皇帝赐他"梓宫、便房、黄肠题凑各一具"。唐初历史学家颜师古对"黄肠题凑"注解："以柏木黄心致累棺外，故曰黄肠；木头皆向内，故曰题凑。"而后，南北朝刘昭进一步注解"题凑"："题，头也。凑，以头向内，所以为固。"因此，"黄肠"乃是指材料的颜色，而"题凑"指木头摆放的形式和结构。

（三）长沙马王堆一号汉墓

材质：杉木 [*Cunninghamia lanceolata* (Lamb.) Hook.]，梓木 (*Catalpa ovata* Don)。

技艺：马王堆一号汉墓由垫木、两层椁室、四层套棺三部分组成（图17-11左图）。二重椁也就是《仪礼·士丧礼》中记载的形状如方井的"井椁"。椁内的四层髹漆套棺均采用楚文化独特而华丽的堆漆、彩绘和装饰纹样的漆棺。漆工艺主要有堆漆、彩绘和贴银箔等。

造型：汉墓椁室和四重彩绘髹漆套棺均呈长方体（图17-11）。

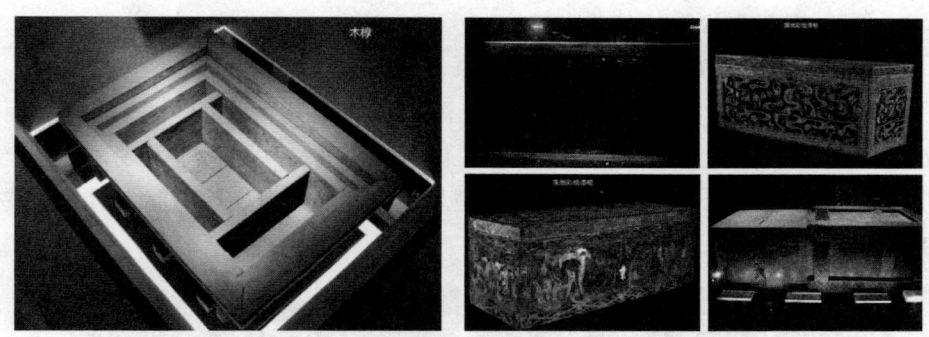

**图17-11　马王堆一号汉墓椁室和四重彩绘髹漆套棺**
**（从左上到右下依次为一重至四重棺）**

（图源：禁止出境文物之"马王堆一号墓木棺椁"［EB/OL］．百家号网，2023-03-17.）

结构：椁室的木结构与高等级的椁制"黄肠题凑"有些许类似，均有采用规格统一的方形木料围绕主体墓葬一周的结构，形如墙壁，方料的首尾按一定方向进行排列；但是马王堆一号汉墓的墓室结构相较于"黄肠题凑"还是略简单，为西汉大型墓中常用的结构形式。漆棺主要采用榫卯结构，四重棺材的盖板和四壁板均采用暗套卯榫的方法制成，盖板四周为凹进的沟槽，与棺身的凸边扣合，两端可填塞木栓以加固整体结构。头挡和足挡的两侧以半肩形榫头与侧板的透榫放眼结合，整体结构十分紧密。第一重漆棺（大棺）长2.95米，宽1.50米，高1.44米，素髹，内侧髹涂朱漆，外侧髹涂黑漆；第二重黑地彩绘漆棺（属棺）长2.56米，宽1.18米，高1.14米，棺内侧髹涂朱漆，外侧髹涂黑漆；第三重朱地彩绘漆棺（椑棺）长2.30米，宽0.92米，高0.89米，棺内外两侧均髹涂朱漆，朱地漆棺上描绘有各种彩色的图案和装饰纹样，朱地彩绘漆棺的表面四周边缘部分为勾连云纹装饰的边框；第四重棺（里棺）长2.02米，宽0.69米，高0.63米，为锦饰内棺，内侧髹涂朱漆，外侧髹涂黑漆，棺表面贴一层勾连菱纹和菱花纹锦，锦上贴鸟类羽毛为装饰①。

文化特征：马王堆一号汉墓是西汉初长沙国丞相轪侯利苍妻之墓，出土的

---

① 郭立忠．马王堆漆棺彩绘艺术特点探析［D］．南京：南京艺术学院，2010.

保存完好的女尸已经成为我国瑰宝，千年不腐不朽的神话在出土时引起了国内外的密切关注，被认定为"创造了世界实体保存记录中的奇迹"，现藏于湖南省博物馆。尸体千年不腐的原因主要是其长期深埋，夯土完全隔绝了外部的空气，密封性极高，而且使用木炭吸收水分，使躯体能够远离水的侵扰，并且多层高耐腐防虫的木棺椁具有防腐成分，可以保护尸体免遭破坏。

（四）僰人悬棺

材质：楠木（*Phoebe zhennan* S. Lee et F. N. Wei）。

技艺：悬棺分为棺盖和棺身两部分（图 17-12），均系由 2/3 的整木剜凿而成，形体较大，棺内外壁经斧劈之痕迹，尚清晰可见（实地考察发现，有极个别低处的悬棺系采用四周拼板而成的箱型悬棺，据当地人描述可能为后人放置的），棺面不漆不髹。

**图 17-12　"僰人悬棺"（上两图为户外，下两图为室内悬棺正视图和侧视图）**
（图源：作者拍摄于全国重点文物保护单位"僰人悬棺"及其博物馆）

造型：僰人悬棺为"独木舟"型，区别于福建武夷山悬棺、贵州松桃悬棺等地的"船型"①。整个棺身一头高一头低，一头大一头小，为梯形，一是根据

---

① 唐建忠. 从川南古代悬棺遗迹论僰人的体育文化元素［D］. 重庆：西南大学，2009.

人体结构设计，二在风水上也与古代阴阳之说相符。

结构：悬棺常常放置于距地面 10—50 米的悬崖峭壁上，有的甚至高达 100 米，相传生前地位越高者放置的高度越高，位置越险。悬棺根据放置的形式分为木桩式、凿穴式和利用天然岩穴这三种方式。木桩式是将悬棺放置在峭壁预先凿孔楔入的木桩上，木桩支托棺木，悬空放置在峭壁之上；凿壁式是在岩壁上凿出洞穴以盛放棺木；利用天然岩穴是直接将棺木放置在岩壁间已有的洞穴或裂缝中，木棺头大尾小，多为整木，用子母扣和榫头固定。采用仰身直肢葬，麻布裹身，随葬品放置于尾部两侧。

文化特征："僰人"是中国古代川南地区一个历史悠久的少数民族，自战国至明代一脉相承史不绝书。秦汉时期，在僰人聚居处设立"僰道"（治今四川宜宾），此地被称为"僰侯国"，是古代最大的僰人聚居区①。但明代之后，川南僰人自此从历史上消失了，留下了悬崖峭壁上的百具悬棺和岩画供人凭吊。"僰人悬棺"位于四川省宜宾市珙县，是明代以前西南少数民族典型的崖葬墓群，1956 年被列为省级重点文物保护单位，现为全国重点文物保护单位。它分布较广，计有 40 余处遗址，分布于麻塘坝和苏麻湾两地，共有悬棺约 256 具，是目前国内悬棺保存数量最多、最集中的地方。若以峭壁上的桩孔和残桩数量估计当年悬棺的数量，早年岩壁上的悬棺当有上千具。"僰人悬棺"这种独特的葬式和神秘的民族色彩，一直吸引着众多的国内外专家、学者和游客。

---

① 刘复生. 古代"僰国"地区的僰人及其"消亡"[J]. 中国社会科学文摘，2021（05）：51-59.

# 第十八章

# 白木佛教用具

佛具又称为法器、法具等。从广义而言，凡是在佛教寺院内或非寺院所设佛堂等，设有庄严佛坛，并且用于祈请、修法、供养、法会等各类佛事活动的器具，或是佛教徒所穿所带的衣物、念珠乃至锡杖等辅助修行用的器物，都可称之为佛具。就狭义而言，凡供养诸佛、庄严道场、修证佛法，以实践修行佛法或举行佛事活动所用器具即为佛具①。

## 第一节 佛 龛

龛原指掘凿岩崖为空，以安置佛像之所。据《观佛三昧海经》记载，须弥山有龛室无量，其中有无数化佛。现今各大佛教遗迹中，如印度之阿旃塔、爱罗拉，我国云冈、龙门等石窟，四壁皆穿凿众佛菩萨之龛室。后世转为以石或木，做成橱子形，并设门扉，供奉佛像，称为佛龛；此外，亦有奉置开山祖师像。佛龛作为佛家用具之一，伴随着佛教经典一起传入东土后，同印度的寺庙建筑、绘画及造像艺术一起落地生根，得到了当时各个阶层的普遍认可。

### 一、佛龛文化历史演变

北魏时期，佛教兴起，佛龛得到空前发展。北魏初至永平年间，以单龛为主，龛形主要为圆拱龛，无龛楣，有个别龛楣为双龙交缠纹。延昌至神龟年间，圆拱龛的龛楣图像变得丰富，有双龙交缠纹、交龙和飞天或火焰纹尖拱楣等，还出现了两种纹饰组成的双层龛楣。正光至孝昌年间，新出现方形龛。永安至

---

① 王建伟，孙丽编著. 佛家法器 [M]. 天津：天津人民出版社，2004. 白化文. 汉化佛家法器与服饰 [M]. 北京：中华书局，2015. 白化文. 汉化佛家法器服饰略说 [M]. 北京：商务印书馆，1998.

永熙年间，方形龛在此时期较流行，也出现了拱龛和屋形龛。西魏时期，仍以圆拱龛为主流，火焰纹尖拱楣较多，龛楣纹饰比较丰富，龛楣新出现了帐形帷幔。北周时期，佛龛布局开始多样化，多有佛座，佛座以矮方座为多，也有高方座，或方座和莲座的组合，须弥座在此时期出现了①。

隋唐时期，由于国力日盛，佛教得到空前发展。虽然佛龛仍以圆拱龛为主，还有尖拱龛，但内容和装饰等表现富有个性特征。例如，圆拱龛的龛楣以花草纹的圆拱楣和火焰纹的尖拱楣组成的双层龛楣为多，还有忍冬纹和火焰纹。佛座以方形高座为多，还有须弥座、覆莲须弥座、覆莲高座、矮座、六边形高座、无座等几种。以前多以单佛单龛为主，这个时期出现了一佛两弟子、一佛两弟子两菩萨、一佛两弟子两菩萨两天王、一佛两弟子两菩萨两力士、三佛、西方三圣、观音地藏及一菩萨两弟子等造像（组合）方式。此外，一佛两弟子四天王、各式观音、人形化天龙八部、飞天、菩提树、楼阁、莲花、文武官员、供养人以及乞讨者等形象，也经常出现在造像开凿者的刻刀之下②。

宋元时期龛称之为橱，或称之为橱子。至今，日本的佛龛也称之为橱。宋代李诫撰写的《营造法式》在小木作中明确的图示和文字，说明了当时用于寺院的佛龛采用的是将中国传统建筑缩小的做法。这也说明了，这本官方的营造著作影响了后来佛龛的形制发展，佛龛仿传统建筑的样式也开始定型。

明代佛龛的形制有几个方面的表现：①大物小做，沿袭模仿传统建筑的方式。②明代文人思想的自由性和艺术性体现在佛龛上。如以奇石作为庄严具，将佛像置于内。极具艺术性和创造性，打破了以建筑形制佛龛的形式语言。③明式家具的简洁风格同样体现在佛龛上，无过多装饰③。

清代前，于今日所见佛龛多为石质佛龛。到了清代，佛龛的形制和材质变得更加丰富。首先表现为佛龛形体大小不一，小型的佛龛大小只有几尺见方，结构却像一座袖珍宫殿样复杂，成百上千造型各异的部件，只要有一块不合规格或稍有变形，到最后就难以组装。也有的佛龛是在寺内所立大型木雕，像北京戒台寺千佛阁阁楼分上下龛两层，在每层左右两侧各有 5 个大佛龛，每个大佛

---

① 宋莉. 北魏至隋代关中地区造像碑的样式与年代考证 ［D］. 西安：西安美术学院，2011.

② 徐强. 川东北零散隋唐佛教龛窟研究 ［D］. 上海：上海师范大学，2019.

③ 曾闽江. 在家礼佛家具设计研究 ［D］. 广州：广州美术学院，2018.

龛内分为 28 个小佛龛，在小佛龛内又各分 3 个佛龛，每个佛龛内都供有 10 厘米高的木雕小佛像，全阁共计有 1680 尊小佛像。其次，佛龛除了采用石材制作以外，也可采用金银或木材，如今见到的龛，木制居多，如黄杨、楠木等白木佛龛。再次，佛龛的外观和结构也更加多样，何芳在其《18 世纪清宫佛堂供龛的样式和艺术特征》中将清代佛龛的形制分为宫殿式、亭台楼阁式、塔式、拟传统器物式、屏风式和草庐式。例如，宫殿式仿造现实中宫殿的形制特质，有重檐庑殿式、硬山顶式、歇山顶式、卷棚顶式、楼阁殿式，以木质为主，修饰以彩绘；亭台楼阁式仿造现实亭台楼阁，有四角亭式、六角亭式、八角亭式、重檐亭式；宝座坪式基座多以佛教的须弥座为元素；拟传统器物式以中国传统象征吉祥寓意器物为外形，如葫芦、灵芝、宝瓶等；屏风式为开放式，以须弥座为基座，佛像背靠屏风；塔式仿照佛塔形制，塔型一般为九层。此外，佛龛的制作工艺也更加精湛，例如，木质佛龛原色呈现相对较少，上漆上色的成品偏多，因此有"三分雕，七分漆"之说，传统中式佛龛一般以红黄为主色。在制作上历经数次修磨、刮填、彩绘和贴金等制作程序，采用朱金木雕所制的佛龛则富丽堂皇、金光灿灿。红黄这两种喜庆暖色调佛龛在民间深受喜爱，特别是黄色作为代表皇家之色，素有"金佛银龛"之说，金色佛雕像配以直接用黄金和白银制作的佛龛，供佛就如同用皇家礼仪规格，享有与皇帝一样的尊贵。

## 二、佛龛典型实例

### （一）楠木须弥座三联屏式佛龛

材质：桢楠（*P. zhennan* S. Lee et F. N. Wei）。

结构：佛龛底座 30.2 厘米×46.3 厘米×11 厘米，样式为须弥座（图 18-1）；后置三联屏式屏风；单佛单龛[①]。

技艺：佛龛底座刻有祥云纹样。

文化特征：造像整体规整、加工精美，表现出相当高的制作水平，有宫廷艺术的特色。

---

[①] 佚名. 清乾隆铜鎏金释迦牟尼佛说法像金丝楠木须弥座三联屏式佛龛成交价：920 万元 [J]. 艺术品鉴，2018（34）：16.

**图 18-1　清乾隆 铜鎏金释迦牟尼佛说法像 楠木须弥座三联屏式佛龛**
（图源：众拍网）

（二）雍和宫楠木佛龛

材质：同上。

结构：屋形龛，通高 5.5 米，宽 3.5 米，进深 2.5 米；一佛两弟子龛（图
18-2）。

**图 18-2　楠木佛龛 雍和宫藏传佛教艺术博物馆藏**
（图源：雍和宫网）

技艺：供奉佛祖的佛龛按照房间的大小量身定做而成，整体由楠木打造，佛龛从地面直达楼顶，贯通二层大殿阁楼，龛体里外三层。佛龛上雕凿有正龙、侧龙、行云龙、布雨龙、盘柱龙、滚地龙等各态金龙，共有九十九条。

文化特征：雍和宫木雕三绝中的第一件，具有藏传佛教艺术的特色。

## 第二节　鼓

鼓在佛教寺院里是最具标志性的礼拜法器，也有着报时、集众、庆典和赞诵等的作用。据《释氏要览》（又名《佛学备要》）中说："〈五分律〉云：诸比丘布施，众不时集。佛言：若（或）打犍椎，若（或）打鼓吹贝。若食时击者，〈楞严经〉云：食办击鼓，众集撞钟。若说法时敲击者，〈僧祇律〉云：帝释有三鼓，若善法堂说法，打第三鼓。"综上可知，佛陀住世时期，鼓本来是在诵戒（布萨）、用餐、听法等场合，敲打集众用的。后来才在寺院中，早起夜寝时，规定击钟鸣鼓，作为号令。更进而把"鼓"加入了赞诵的行列，配合唱念，谱成曲调，作为"伎乐供养，庄严道场"；以音声作佛事，助发大众的诚敬心念①。

### 一、鼓文化历史演变

鼓作为法器的时期较早，据传，有一次佛陀召集僧众，人虽然来的很多，但先后不一，不能准时到达。于是佛陀就说，应该击打犍椎也就是木钟来通知众人。可是由于人多声杂，大家仍然听不见击打犍椎的声音。佛陀就又说，那就应该敲击大鼓。大鼓声重传远，这样一来，僧众们就能按时到达了。这样，鼓就进入了佛家的生活，无论什么活动，都要击鼓为令。特别是在早起和夜寝时，规定以钟鼓声作为号令，统一时间，统一行动，这就有了"晨钟暮鼓"的成语。鼓的名字在许多早期佛学经典中被提及。例如：《中阿含经》第二十五卷的"苦阴经"、《金光明最腾王经》第二卷的"梦见金鼓忏悔品"、《法华经》第四卷的"提婆达多品"、《大般涅槃经》卷上、《新华严经》第八十一卷的"实叉难陀译"等典籍，都曾经提到过"鼓"。

最初，佛教中使用的鼓和民间俗众所使用的鼓并没有什么区别，可是，佛

---

① 申波. 云南南传佛教信仰族群的鼓乐文化解读［J］. 云南艺术学院学报，2012（03）：83-89.

陀发现比丘们使用的鼓有许多是金、银、玉石制作的，这显然与佛教的修行精神不相符合，于是就指示僧众们佛教中的鼓"应用铜、铁、木，以皮冠之"。因此，佛教中的鼓基本都是木制的，铜鼓或瓦鼓也是很少见的，制作木鼓的白木树种主要有枫木、桦木、杨木、柏木以及椴木等。其中杨木的加工性能很好，且杨木和椴木成本较低；大部分高档鼓都是用枫木和桦木制作的，枫木具有相对"温暖"的音色，桦木具有相对"明亮"的音色。

鼓的外形比较多样，根据其类型不同，称呼也有所差异。例如，比较小的叫"应鼓"，比较大的叫"薮鼓"（或大鼓）；有足的叫"足鼓"；贯柱（插柱）的叫"楹鼓"；悬击的叫"悬鼓"；附柄执摇由耳环自击的叫"鼗鼓""靴鼓"或是"摇鼓"；形状像漆桶，两端（两面）都敲击的叫"羯鼓"；形状类似"羯鼓"，但身粗而短，用手指触击的叫"揩鼓""摺鼓"或称"答腊鼓"；头粗面广而腰细，击打两侧的叫"震鼓""腰鼓""汉鼓"或称"鸡娄鼓"。此外，在《文献通考》（马端临撰，明王圻续，清乾隆时别记）一书中，还有更多的名目。现在佛教寺院中使用的鼓大多是矮桶形状的，大型的鼓一般都悬挂在专门建造的鼓楼之中或大雄宝殿的下面，中、小型的鼓则放置在专门的鼓架上，更小的鼓如手鼓就是用手捧持敲打了。

### 二、鼓典型实例

材质：小叶杨（*Populus simonii* Carr.）

结构：矮桶形状、两端（两面）都可敲击，由鼓身、鼓皮、鼓圈、鼓卡组成（图18-3）。

技艺：首先，按照具体的规格要求将木材分解成不同尺寸的木板，方便制作鼓圈。木板经工具刨出精准弧度后进行熏干、烘烤、定型等复杂工艺的加工，最后呈现出焦黄色，再经过打磨后露出木材的纹理。加工完毕后的木板进行涂胶，然后再整齐地将一块块涂了胶的木板放入拥有鼓腔型的铁架内，一点一点进行敲打，使其黏合成圆形。完成后还要将初步形成的鼓圈用绳子绑紧，加固鼓圈。其次，做好的鼓圈经过多次打磨，使表面变得光滑，同时还要经过多次涂胶，保证其坚固，制作好的鼓圈要涂上需要的涂料，让它变得更美观。最后，选用优质的牛皮进行蒙皮。优质的牛皮要经过一夜的泡制，保证牛皮柔软且富有弹性，泡软的牛皮第二天就要开始蒙制。将牛皮蒙紧后要铆上两排钉子，确保大鼓铿锵有力，并将多余的蒙皮裁掉。

功能：作为"法器"，是一种威仪的象征，也是传递佛神声音的工具。佛寺大鼓的声音在特定的语境下，具有构建凡俗和神圣的感召力，与广大信众的宗

图18-3 杨木大鼓

教活动紧密相关。

文化特征：在宗教仪典的全过程中，佛寺大鼓声音表层秩序里映衬的心灵图景完全有别于其他各种乐器的声音，因而通常只能由僧人或老年居士担纲执槌，并且只能在特定的时间、针对特定的内容敲响特定的节奏。大鼓在仪式各环节中发出的声音，折射出具有话语权的隐喻，即沟通人神、代达人愿的功能。从某个层面来讲，佛寺大鼓所发出的音响，与当今主流生活中倡导的"主题音乐"所要追求的美学表达完全一致。

## 第三节　木　鱼

木鱼是一种法器，相传鱼昼夜不合目，故刻木像鱼形，击之以警戒僧众应昼夜思道。在诵经礼忏时，与铜磬相互配合，用以节制经颂。

### 一、木鱼文化历史演变

大多认为木鱼由印度佛教传入中国，可是具体时间仍不可考，只能确定最迟为唐。从功能上来看，它源于佛教的"犍槌"。自释迦牟尼创立佛教以来，佛教徒就常常聚集听佛说法，相传佛身边僧徒就有五百，如此庞大的团体，如何统一召集，发挥作用的就是犍槌。犍槌从字义上可知原本为木制，然而《大智度论》卷二中云："大迦叶尊老往须弥山顶，挝铜犍稚。"① 《五分律》又云："随有瓦木铜铁鸣者，皆名犍地。"据此可知，随着发展，犍槌的制作原料已经不局限于木料了，可以有陶质、铁质、铜质等众多类型。

犍槌传入中国后，发生了中国化的改变。铜铁质的犍由钟鼓磬来代替，木质犍槌同样也寻找了自己的同类进行融合，迅速与中国传统乐器融合，改造外形，扩充功能，木鱼运用而生。现在流行于湖南省怀化地区的苗族敲击乐器木鱼鼓可能就是早期木鱼的原型，它外观奇特，既不像鱼，又不像鼓，用樟木或楠木制作，鼓身顶部横向开有一字形音孔，敲击时，右手执鼓槌敲击音孔两侧鼓身而发音②。

至唐代以后，木鱼逐渐用于寺院中，其作用也由最初的集众逐步扩大至诵经工具、警戒僧众、清晨报晓等多种功能。这在唐诗中有相关记载，如严维《宿法华寺》写道："鱼梵空山静，纱灯古殿深。"司空图《上陌梯寺怀旧僧》中云："松日明金像，山风向木鱼。"宋代后，木鱼这一名称表示法器在民间逐渐得到了认可（以前也常表示兵符和祭品等）。在苏轼的《宿海会寺》诗中云："木鱼呼粥亮且清，不闻人声闻履声。"《二十七日自阳平至斜谷宿于南山蟠龙寺》中写道："板阁独眠惊旅枕，木鱼晓动随僧粥，起观万瓦郁参差，目乱千岩散红绿。"

前期木鱼形制为挺直鱼形，如图 18-4 所示，又称"长版"或"梆"，悬于庙堂之侧或被挂在寺庙大殿之前，粥饭、集会时用之。《全宋诗·晁说之·次韵和法琦》写道："野寺木鱼午不响，老僧乞米樵松根。志幽思苦作诗戏，处身不忌如洼樽。"《全宋诗·梅尧臣·题松林院》："静邃无尘地，青荧续焰灯。木鱼传饭鼓，山衲见归僧。"《大唐三藏取经诗话·入大梵天王宫第三》云："行者教令僧行闭目，行者作法，良久之间，才始开眼，僧行七人都在北方大梵天王宫了，且见香花千座，斋果万种，鼓乐嘹亮，木鱼高挂，五百罗汉眉垂□伴，都会宫中诸佛演法。"随后又产生一种刻木中空的圆形木鱼，如图 18-5 所示，亦称为"团鱼""鱼鼓"，早期的"鱼鼓"也是用来集众粥饭的。唐真觉《咏鱼鼓》之一："我暂作鱼鼓，悬头为众苦。师僧吃茶饭，拈槌打我肚。身虽披鳞甲，心中一物无。"随着木鱼使用的广泛化，形状大小变得丰富，功能也随之增加。现寺院中的圆木鱼大小不等，有各种规格。一般大些的木鱼都是放在案上

---

① 犍稚（梵文 ghanta）为寺院报时之器具。又作犍稚、犍迟、犍地、犍抵、犍植、犍槌、犍锤。

② 孙秀青. 追寻佛学的中国之路——中国文化与佛学文化通融之法器木鱼考据 [J]. 东南学术，2012（03）：250-256.

**图 18-4 挂在佛殿前的长形木鱼**

（图源：佛堂的法器介绍［EB/OL］.搜狐网，2020-05-23.）

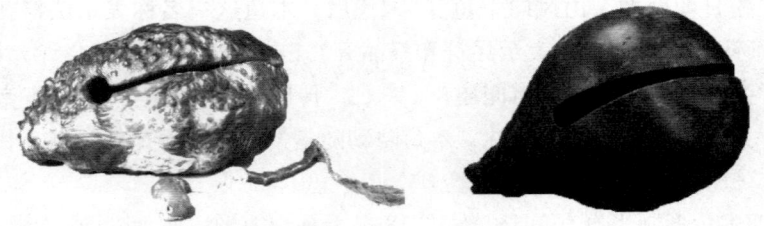

**图 18-5 圆形木鱼 故宫博物院藏（左图），广州好普艺术博物馆藏（右图）**

（图源：故宫博物院网；广州好普艺术博物馆官网）

或架上敲击的，小些的圆本鱼则是手执敲击的。小圆木鱼不敲的时候，双手捧持鱼椎，在外用两食指和两拇指夹住，其余六指托住鱼身；敲击的时候，左手拇指、食指、中指执角，右手拇指、食指、中指执椎，鱼椎头和鱼身头向上相对，两手如合掌，称为"合掌鱼子"①。

无论是长形木鱼还是圆木鱼，前期一直以鱼形鱼身为主。大约明清时期，木鱼又出现了龙首鱼身的形式。《禅林象器笺》"呗器门"说："按图会木鱼图，鱼头尾自相接，其形团栾。今清国僧称木鱼者，作龙二首一身，鳞背两口相接，衔一枚珠之形，亦空肚团栾。盖与图会木鱼同，讽唱时专敲之以成节。"鱼头鱼身变为龙头鱼身的原因，现人多引："僧言木鱼者，鱼昼夜不合目，修行者忘寐修道，鱼可化龙，凡可入圣。"木鱼形制由鱼到龙的转变应该也有借用鱼跃龙门

---

① 张雪媚.听其声，观其形，探其义——浅论木鱼［J］.云岭歌声，2002（09）：46-48.

之典，旨在激励修行之人像鱼一般忘寐修道，日日精进，最终像鱼一样超凡入圣①。

　　木鱼从印度传来时，多数木鱼用漆树制作而成，漆树生长在中国的云贵高原，与普通结构紧实的木材相比，生长速度更快，是古时候做木鱼的首选材料。当今制作木鱼的都是硬度比较高的木材，如可选用比较珍贵的红木类紫檀，但这种木鱼都是收藏级别的，一般僧侣很少用，寺庙常选用的木材有常见的樟木、柚木、柏木、楠木、桐木等。

### 二、木鱼典型实例

　　材质：香樟木［*Cinnamomum camphora*（L.）Presl］
　　结构：鱼形圆木鱼，形状类似于一边塌陷的馒头，高的一端挖空成青蛙嘴，矮的一端浅雕成二鱼戏珠状，尾部盘绕于木鱼的腰身之上（图18-6）。

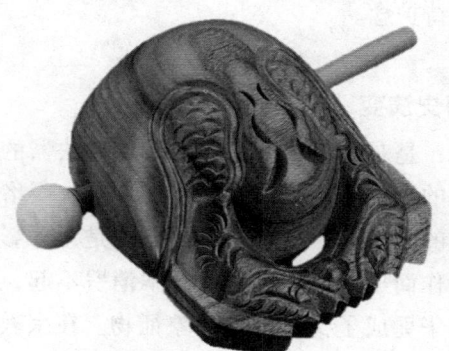

**图18-6　香樟木原色圆形木鱼**
（图源：来自淘宝网）

　　功能：在僧众赞诵经时敲击节拍，以调和音调和节奏，同时也可防止昏怠，以时时振奋精神。
　　技艺：一般先把整块木料刻成鱼的形状，然后把中间挖空，最后打磨上漆。
　　文化特征：鱼昼夜不合目，击之以警戒僧众应昼夜思道。

---

① 王德保，谭雅琴．法器木鱼源流及其鱼龙形制演变考述［J］．历史文献研究，2015
（02）：307-316.

## 第四节 佛 珠

佛珠是佛教徒用以念诵计数、收摄身心、庇护、消除烦恼障和报障的随身法具,在僧俗间广泛使用。佛珠本称"念珠",起源于持念佛法僧三宝之名,或有说"佛珠"谐音"弗诛",含有时刻劝解众人不要诛杀生命的意思。《佛说陀罗尼集经》中有经文"作是相珠一百八颗,造成珠已。又作一金珠以为母珠。又更别作十颗银珠,以充记子。此即名为三宝法相悉充圆备,能令行者捻是珠时,常得三宝加被护念。言三宝者,所谓佛宝法宝僧宝。以此证验,何虑不生西方净土"。经文中提及佛珠的构成,母珠代表佛宝,贯穿佛珠的珠绳代表法宝,弟子珠代表僧宝。一串佛珠具备了圆满的佛、法、僧三宝,使用者捻诵念珠时即得到三宝的加持护念。

### 一、佛珠文化历史演变

佛珠源于古印度,是对婆罗门教及印度教念珠法器的继承。由古印度贵族用璎珞华鬘装饰身体的风俗演化而来。古印度人喜欢璎珞华鬘缠身并以之为风尚,一方面出于美观的考虑,另一方面更重要的是为了彰显身份富贵。璎珞多以珠宝玉石等材料制作而成,低种姓民众基本消费不起,唯有王公贵族能够时常佩戴,这就让璎珞华鬘成了身份地位的象征物。在宗教中,这种风尚演变成了使用花、香、贵重宝石、珠串等以神祇的供养,以体现对佛、菩萨的尊崇和对皈依对象的无私供养。在释迦牟尼创立佛教前,印度婆罗门教已经使用念珠作为法器,佛教在对婆罗门教和印度教部分教义的吸收和发展过程中,不可避免受其影响,在公元前1世纪以砂岩雕刻而成的"佛陀伽耶药叉女"造像上,已有了类似佛珠的颈部装饰物;印度在公元1—2世纪雕刻的早期佛教造像中有珠串满身的菩萨形象。

随丝绸之路传入中国、现今可见的汉文佛经中,东晋时代译出的《佛说木槵子经》中最早出现了有关于佛珠的描述。佛告王曰:"若欲灭烦恼障报障者,当贯木槵子一百八,以常自随,若行、若坐、若卧,恒当至心无分散意,称佛陀、达摩、僧伽名,乃过一木槵子,如是渐次度木槵子,若十、若二十、若百、若千,乃至百千万。若能满二十万遍,身心不乱,无诸谄曲者,舍命得生第三焰天,衣食自然,常安乐行。若复能满一百万遍者,当得断除百八结业,始名背生死流,趣向泥洹,永断烦恼根,获无上果。"这里提及的木槵子即无患子,其果壳光亮，形似球形，坚硬且有弹性，使木槵子佛珠具有手感顺滑、经久耐用的特性。在隋之前开凿于北凉的二七五窟中，在北壁树形龛的上层有两尊半跏坐思惟菩萨像，其颈部已有类似佛珠的饰品。甘肃敦煌莫高窟开凿于隋的四一九窟中，西壁正龛里的佛形象已经明确在颈部挂有佛珠。

佛珠得益于净土宗思想的传播而被广泛接受，直到唐代被僧俗两界普遍使用。唐代著名高僧玄奘法师的传世法相中就身挂佛珠。唐代之后虽有动荡、朝代更迭较为频繁，但佛珠的使用一直未曾间断，明代沉德符在其诗词中描述持珠念佛为"近来缙绅士大夫，亦有捧咒念佛，奉僧膜拜，手持数珠，以为律戒"。清朝时，佛珠有了新的发展，成为一种官服配饰——朝珠①。

如今佛珠通常可分为持珠、佩珠、挂珠三种类型。佛珠粒数有 12 颗、14颗、18 颗、21 颗、27 颗、36 颗、42 颗、54 颗、108 颗、1080 颗之分。不过，也有少于 10 颗以下的，例如：6 颗、3 颗、1 颗。不同颗数代表的含义也不相同，如 108 颗佛珠寓意消除人世间的 108 种烦恼。用来制造佛珠的质料不胜枚举，可分为菩提类、宝玉石类、果实（核）类、竹木类、翡翠类和动物角骨牙类等②。木质佛珠主要用材有沉香木、黄花梨、小叶紫檀、金丝楠木、檀香木、绿檀、黑檀、金药檀、红酸枝、红豆杉、桃木等。因此可知，佛珠用材以硬阔叶材的红木为主，但其中一些有特殊含义和功效的白木类木材也深受偏爱。例如，桃木，中国古代一直传说其可以避邪，用桃木制成的佛珠简单明快，虽然算不上名贵，但其作用不凡。红豆杉色泽天然，不朽不蛀，纹理细腻流畅，光洁圆润，具有防癌、消炎、提高免疫力的功效。白檀油质高，手感好，质地坚硬，光滑细腻，香气醇厚，具有安抚神经、治疗喉咙痛、粉刺、抗感染、抗气喘、调理老化肌肤、去邪、杀菌提神的功效。黄杨木佛珠结构细腻，具有祛风除湿、行气活血的功能。黄金樟生长缓慢、硬度高、不易磨损，而且含有极高的油质和铁质，防酸碱、耐腐蚀，抛光后逐渐氧化成金色，越显高贵，也常用来做佛珠。

## 二、佛珠典型实例

（一）红豆杉佛珠

材质：红豆杉 [ *T. chinensis* （Pilger） Rehd. ]

结构：均由 12 颗 25 毫米串珠组成。

---

① 唐明丽. 佛珠的构成要素、制作仪轨及宗教功用 [D]. 西安：西北大学，2018.
② 张丽沙. 主要陈设工艺品木雕用材材质的系统研究 [D]. 南京：南京林业大学，2015.

**图18-7 红豆杉佛珠**
（图源：来自淘宝网。）

功能：用以念诵计数、收摄身心、庇护、消除烦恼障和报障，兼具保健、驱蚊、收藏和装饰等功能。红豆杉的医药价值，在2000多年之前早已得到充分的肯定，中国古医典《本草纲目》对红豆杉做过详细的记载，认为红豆杉通经、利尿，对肾病、肠胃病、糖尿病、伤寒、霍乱有特殊的疗效，常用于治病、养生、健体。科学家利用红豆杉提取物紫杉醇制成了抗癌药物，是治疗转移性卵巢癌和乳腺癌的药物之一。红豆杉散发的气味分子香茅醛，具有防避蚊虫的效果。

技艺：首先，将红豆杉木锯成规整的小方块，下好料后找中心，上下两边都画上线。其次，打孔、倒角、车床加工。然后，打磨、穿绳。最后，把玩包浆。

文化特征：12颗串珠在佛学中，常有"十二因缘"或是"二六之缘"一说，世间之事多为因缘而生又为因缘而去。红豆杉佛珠纹理流畅清晰，颜色突出，透露着独特的高雅之美，它是高洁、典雅的象征，一直被人们赋予了简单且美好的祝愿。同时它里面含有多种对人体有益的有机物质，一直被人们视为健康、幸福的象征，常戴可以使人健康长寿、平安幸福。

（二）香樟木佛珠

材质：香樟木 [*Cinnamomum camphora* (L.) Presl]

结构：由108颗10毫米串珠组成。

**图 18-8 香樟木佛珠**

功能：用以念诵计数、收摄身心、庇护、消除烦恼障和报障，兼具招财、辟邪、镇静、安神、驱痛、解毒、收藏和装饰等功能。香樟木散发出幽幽清香，不仅可让人情绪变得愉悦、放松，还可以驱虫防霉。

技艺：同上

文化特征：108 颗串珠暗指消除 108 种烦恼，求得身心安定，化做无欲无求的姿态。香樟木佛珠是一件充满文化和艺术气息的物品，可增强个人增添成熟、稳重的气质，更有助于平衡人的身心，使人心情舒畅、质感更好。此外，香樟木寓意吉祥，能辟邪挡煞，增强人的避邪能力和保平安的作用。

# 第五节　齿　木

齿木又名杨枝，它是原始佛教时期，出家人用以刷牙和刮舌的木片。它也是大乘比丘们所应该随身携带的"十八物"之一。

## 一、齿木文化历史演变

关于齿木的由来，《五分律》卷二十六中记载："有诸比丘不嚼杨枝，口臭食不消。有诸比丘与上座共语，恶其口臭，诸比丘以是白佛。佛言，应嚼杨枝。

嚼杨枝有五功德，消食、除冷热涎唾、善能别味、口不臭、眼明。"古印度人最早用小木枝来洁齿，随着佛教的传入，这种利用天然树枝清洁牙齿的方法也传入中国。汉代佛经中将清洁牙齿用的木枝译作"杨枝"。唐代武则天时期，游学天竺的僧人义净将古印度洁齿法正式介绍到中国，将"杨枝"译为"齿木"。唐代义净大师南海寄归内法传卷一说："每日旦朝，须嚼齿木；揩齿刮舌，务令如法。盥洗清净，方行敬礼。若其不然，受礼礼他，悉皆得罪。"据考证，中国最早有记载的牙刷，是内蒙古赤峰县大营子村"辽穆宗应历九年（959年）驸马赠卫国王墓"中出土的 2 件"骨刷柄"，与近代牙刷相似①。

所谓"杨枝"究竟是什么树枝呢？《五分律》卷二十六中记载，除了漆树、毒树、舍夷树、摩头树、菩提树等五种树不应嚼外，其余皆可嚼。不过在实际应用中，由于其他树木常有怪异之味，或者清除异味的效果不如杨枝好，因而僧人多采用杨枝作为齿木。《毗尼日用切要》云："今咸以柳条当杨枝。柳条垂下，乃小杨也。若无柳处，将何梳齿？须知一切木皆可梳齿，皆名齿木但取性和有苦味者嚼之，不独谓柳木一种。"可见，比丘通常情况下用杨枝做齿木，没有杨枝的情况下，可以采用有苦味的树木取代。例如，桃树枝、槐树枝都可以用来做齿木。因此可知，齿木的选材以白木为主。

## 二、齿木典型实例

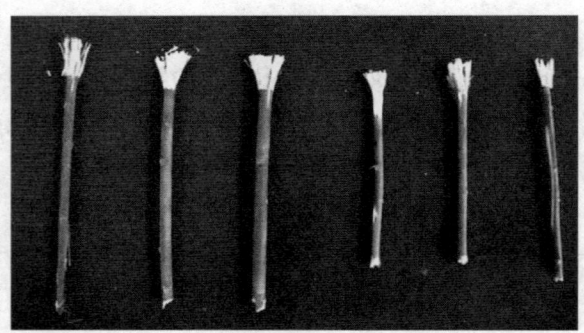

图 18-9　杨枝齿木

材质：小叶杨（*Populus simonii* Carr.）
结构：杨树的细枝条。
功能：清洁口腔。

---

① 甄雪燕. 谈谈古代牙齿那些事儿［J］. 中国卫生人才，2021（04）：74-75.

使用方法：将枝条一端用牙齿嚼成绒絮状，顺便把汁液咽到喉中。然后用嚼碎的一端，轻轻摩擦牙齿；擦罢之后，再把"齿木"撕开，曲成弯月形状，刮除舌垢。

# 第十九章

# 白木包装用具

## 第一节　饮食品盒

### 一、饮食品盒文化历史演变

饮食品盒，即盛放食物的盒子，是对古代盛装饭菜蔬果等食物的一类盛食器的统称①。根据古代食盒形制的不同，也有食檞、攒盒、提盒或食垒、食槅、捧盒等称呼。食檞，一种扁形食盒，中间有隔，有底有盖，也称"累子"；一般内设多层多格，扁而浅，可以分别盛放不同的饭食菜蔬。攒盒，也称攒合、攒盘，是纸胎、木胎漆盒。一般中间一格，周围分成多格，因"攒"与"全"音近，民间也常把"攒盒"写作"全盒"，取"十全十美"之含义。提（梁）盒或食垒，一般采用竹编或木制，可挑可提，是食盒中体量较大的一类盛食器，多为层式结构，由数格屉盘层叠组成，盒中套盒，并有盖。食槅，又称多子盒、果盒、格子盘，多为木制；槅多呈长方形，中分一大格八小格或六小格，初期是平底，稍后变为方圈足，足壁下部切割出花座②。捧盒，是一类盛装物品捧在手中呈送的盒子，材质多为瓷、漆、木，偶有珐琅和金属。造型主要有扁圆形、方形、钟形、六角形、八角形、桃形、荷叶形、牡丹形等。

饮食品盒的诞生和中华民族农耕文化有关，古时农人耕地，为节省时间而不回家吃饭，都由家人把饭送到田间，最初作为运送食物的器具。宫廷和官宦人家，则本着儒家"君子远庖厨"的教义，厨房盖得离饭堂颇远。厨师做好饭

---

① 田莉莉. 中国古代食盒发展及文化意蕴探微［J］. 北京民俗论丛，2019（00）：119–
129.

② 张景明，王燕卿. 中国饮食器具发展史［M］. 上海：上海古籍出版社，2013.

菜，须由丫鬟从厨房取来，装入食盒，送入饭堂。它与餐具不同，主要作用不在于盛装食物，而是运送食物。到了后期，因为其携带方便、容量大等特点，发展为"多功能"器具。同时，古代的食盒也并不是一次性的，通常能长期使用而不坏，甚至还可以传承流传，食盒的外观也从原来的简易发展到后来的"繁复"，渐渐发展成一种"身份的象征"——钟鸣鼎食。近代的食盒降尊纤贵，普及到寻常百姓家，食盒的功能进一步扩展——作为传情达意的介质，如祝贺寿诞升迁、祭祀祖先、婚事过礼等，都可用食盒送抵。食盒从最开始的饮食本义到象征身份地位，又因其密闭性可以沟通交流、传情达意到现在因收藏价值独居历史一隅，供后人观赏和膜拜，其功能性随着时代发生着变化，也因此具有浓厚的中国传统文化韵味。

在两广地区的西汉墓葬中，曾出土过许多圆形分格的食盒，被认为是古代越人的器具。但在三国时期及其以后，南方和北方的广大地区，圆形、方形的食盒都大量出现，既有陶瓷制品，也有装饰精美的漆木器，成为魏晋南北朝时期广为流行的食具。《魏氏春秋》中记载："太祖馈或食，发之乃空器也，于是饮药而卒。"《三国志》记载："植既以才见异，而丁仪、丁廙、杨修等为之羽翼。太祖狐疑，几为太子者数矣。而植任性而行，不自雕励，饮酒不节。植尝乘车行驰道中，打开司马门出，太祖大怒，公车令坐死。由是重诸侯科禁，而植宠日衰。太祖既虑，终始之变，以杨修颇有才策，而又袁氏之甥也，于是以罪诛修。"荀彧和杨修获赐空食盒，领会"禄尽命绝"的寓意，自杀身亡。古时的士绅名流，出门访友，或参加诗社、文社活动，把酒言欢时常会事先用食盒盛装一些肴食果品。另外在春季，文人士大夫踏青郊游，也会使用食盒携带酒菜食物到郊外野餐。

在晋以后出土的墓葬中发现有放置有食物的檫、槅。南朝宋刘义庆《世说新语》中云："在益州，语儿云：'我有五百人食器。'家中大惊，其由来清，而忽有此物，定是二百五十枲乌檫。"徐震堮校笺："檫，食盒也。"其中，"二百五十枲乌檫"为可以满足五百人食用的食盒。关于檫的记载，在《世说新语》中另一处记载："族人大怒，便举檫掷其面。夷甫都无言，盥洗毕，牵王丞相臂，与共载去。"六朝以后，无论是出土墓葬还是文献记载，对"檫"和"槅"的记载都较少。

唐朝时，开始出现花形檫，且在五代十国时期，敦煌文献中多次提到"黑檫子""黑木檫子"，这在敦煌壁画中也多次出现①。

---

① 安忠义. 敦煌文献中几种食器考辩 [J]. 中国文物科学研究，2016（03）：75-81.

宋代时期，提（梁）盒已经流行起来，主要用来盛放酒食，便于出行；或是应用于商铺和饭馆，用来运送食物或者小件货物。这一时期的提盒尺寸较大，大多为白木涂漆或者用竹子制成，一般比较粗糙，实用性强，使用频率高，故多有损坏，传世实物几乎不可见。如《清明上河图》中，就描绘有店小二抬食盒送外卖的形象。苏轼《与腾达道书》："某好携具野炊，欲问公求朱红累子两卓、二十四隔者，极为左右费。"杨万里《三月三日上忠襄坟因之行散得十绝句》之六："只亏郎罢优轻杀，槶子双檐挈酒饼。"槶（樏）子，食盒一类的盛器，出游时所用，肩挑而行。

南宋绘画作品《宋人画春游晚归图》，画面显示在夜色中，一位贵人骑着马，游湖晚归将入钱塘门，随从共九人，前面几人肩扛茶几与交椅，队伍最后一人挑担，担子的一端为炭盆，另一端为一方形箱式食盒，共两层，盖盒紧扣，盒中所贮为食具与食物。《宋元戏文辑佚·字母冤家》写道："笑道春光好，把花篮旋篏，食樏高挑。"可见樏在中国古代用途较为广泛，在文献中，也多见于南宋，应该是南宋对食盒的一种称呼。元戏《金凤钗》里描写宋人春天出游："绿杨如烟，郊外踏青赏玩，春盛担子都出去了。"春盛担子就是挑着的食盒。

在明代，食盒也被称为攒盒。由于"攒"与"全"音近，常写作"全盒"，喻指完完整整、十全十美之意。明范濂《云间据目钞·记风俗》："设席用攒盒，始于隆庆，滥于万历。初止仕宦用之，近年即仆夫龟子皆用攒盒，饮酒游山，郡城内外，始有攒盒店，而答应官府，反称便矣。"从官员到仆人、龟子都在使用，攒盒的受欢迎程度可见一斑。在明朝的典籍和插图中，这种攒盒也经常出现。诸多典籍都有对攒盒的细致描述，如张合《宙载》："世所用盛蔬果器，以竹木为质，而文又以漆，中分四格，或三或五，谓之春樏。今都下樏格，以郑、徽为著。"《金瓶梅》第三十四回："书童儿在书房内叫来安儿扫地，向食盒揭了，把人家送的桌面上响糖与他吃。"沈榜《宛署杂记·经费下》记载万历二十年吏部住宿床家伙清单中有"食盒六抬，大托盘六十八面，攒盒三十六个"。

到了清朝，攒盘发展到巅峰，尤其是宫廷用具，构思巧妙，工艺复杂，华丽精美，堪称登峰造极。形制上，有圆形、四方形、六方形、八方形等，叶形、牡丹花形、梅花形、莲花形、葵花形等仿生器型；色彩上，青花、粉彩、三彩、五彩、斗彩、贴花、印花等争奇斗艳；材质上，陶瓷、景泰蓝、珐琅、铜质、玉石、木质等各有特色。尤其是造型上，打破了盘内被分割的各部分不能移动的制约，集盖、攒盘、盘托为一体，一直影响此类器型的发展直至今日。现藏于国家博物馆的"清康熙五彩描金花蝶纹攒盘"、故宫博物院的"童胎画珐琅白猿献寿桃形九子攒盒"等实物都是构思巧妙、精巧雅致，美观和实用完美结合的传世精品。

捧盒作为食盒最为流行的时期是清朝的鼎盛时期，从宫廷到民间都普遍使用。在宫廷重大节日庆典时，捧盒常作为礼仪性器物使用。不管是皇帝的赏赐，还是臣子的进贡，用捧盒呈送都体现出一种正式、高贵而又庄严神秘的仪式感。在民间，作为食盒的捧盒也多集中在达官显贵家。捧盒形制精巧多样，分格和不分格均有。其材质各异，但作为手捧器皿，以瓷、漆、木等轻巧、保温隔热的材质为主。造型上以扁圆形、方形、钟形、六角形、八角形、荷叶形、桃形、牡丹形等美观、便于捧持的造型为主。纹样上，山水、人物、花卉、虫鸟、走兽等较为常见。《红楼梦》中多次出现过"捧盒"，如第十一回写道："是日贾敬的寿辰，贾珍先将上等可吃的东西，稀奇些的果品，装了十六大捧盒，着贾蓉带领家下人等与贾敬送去。"详细描写了捧盒的用途。

到了清末民初，食盒由于受外来文化影响，比较重视装饰，在食盒中镶嵌宝石、金属等装饰物件，但也经常见到素雅的食盒。与此同时，食盒的功能又有了进一步的扩展。如祝贺寿诞升迁、祭祀祖先、婚事过礼等，都可用食盒盛送。食盒作为传情达意的介质，也因此具有浓厚的传统文化韵味。

除了盛装食物礼品，食盒作为一种重要而又特殊的沟通交流、表情达意的媒介，仍为人们所看重。但随着时代的发展和变迁，跨越两千年的时空距离，食盒像一位经历岁月变迁的老者，逐渐淡出历史的舞台，只能在电视剧中偶然一见。

## 二、饮食品盒典型实例

### （一）楠木提梁食盒

材质：桢楠（*Phoebe zhennan* S. Lee et F. N. Wei）

结构：整体为榫卯结构，底座拼接，四角明榫，立柱下端两侧站牙相固，立柱上端榫接横梁。有底座，有提梁，有盖，为两层式结构（图19-1）。底座攒作长方形框，边角圆润，框内横两枨，上安横梁，左右用对称的提梁托起，上下连贯。底座两抹头居中各竖一立柱，立柱两侧有站牙抵夹。立柱上端与横梁榫接。盒体分两层叠落，连同盖盒共三层。下层盒底嵌落底托槽口，盒体固定在底托间，使提盒在提掣时相当稳固，不必担心提盒各层会发生错位、脱落。

功能：便携方便，功能多样，可以一物多用，可用于盛装食物和放置文房四宝等。

技艺：全部采用榫卯方式连接。

图 19-1 楠木提梁食盒

文化特征：通身无饰，简约、大方、稳重。采用楠木原色，突出原木固有的纹理色泽。色泽淡雅，色调柔和，显清新脱俗、典雅庄重之气质。

（二）黄杨木提梁提盒

材质：黄杨木（Buxus sp.）

结构：整体为榫卯结构，盖盒镶嵌瘿木，有底座，有提梁，有盖，为两层式结构（图 19-2）。底座攒作长方形框，带托泥，边角圆润，框内横两枨，上安横梁，左右用对称的提梁托起，上下连贯。底座两抹头居中各竖一立柱，立柱两侧有站牙抵夹。立柱上端与横梁榫接。盒体分两层叠落，连同盖盒共三层。每层盒体沿口起灯草线加厚子口，不仅增添了视觉效果，更起到加固盒体的作用。下层盒底嵌落底托槽口，盒体固定在底托间，使提盒在提挈时相当稳固，不必担心提盒各层会发生错位、脱落。

图 19-2 黄杨木提梁提盒

功能：同上。

技艺：榫卯结构，盖盒镶嵌瘿木，底座拼接，四角明榫，立柱下端两侧站牙相固，立柱上端榫接横梁。横梁承重，运用减榫与直榫，承受食盒重量。雕刻宋代诗人苏轼诗句。

文化特征：层盒使用黄杨木为主调，非常醒目抢眼；又在素面上雕刻宋代诗人苏轼的作品《单同年求德兴俞氏聚远楼诗三首》，甚具文房气息。

（三）杉木桃形捧盒

图19-3　杉木桃形捧盒

材质：杉木［*Cunninghamia lanceolata*（Lamb.）Hook.］

结构：外形为桃花形共两层，有身有盖，盒盖上浮雕桃叶，盒身多片弧形状，起槽推缝，环绕圆形底板拼接而成，用竹钉固定，上箍口箍紧，拼接严密，坚固耐用，小巧玲珑。

功能：便携轻便，功能多样，可用于盛装食物等。

技艺：采用"圆木制作技艺"，木料断料劈削后以竹钉（俗称"龙骨"）拼接，外加铜或铁箍以固实。

文化特征："圆木制作技艺"被列入第一批绍兴市非物质文化遗产代表性项目名录。圆木制作技艺，系绍兴旧时"百作"之一。因木盆、木桶上加有固定用的箍，所以被称为"箍桶"，箍制品也称为"圆件"。绍兴圆木制品种类繁多，雕饰独特，美观实用，明清以来在全国享有盛名。在柯桥城乡，至今仍有把圆木制品作为陪嫁之物的风俗，以求婚后生活美满顺意。

## 第二节 工艺品盒

盒是一种用来盛载物件的小型容器，又称奁、匣等。由"合""皿"两字组成，所以盒乃合的通俗表达①。工艺品盒在中国远古时代就已出现，结合考古发掘、文献记载及器上铭文，古代盒子根据日常生活中的用途不同，可分为妆盒或妆奁、粉盒或油盒、香盒、印盒、茶盒等。

### 二、工艺品盒文化历史演变

（一）妆盒

妆盒，亦称妆奁，是古人盛放梳妆用品的盒子，也称"化妆盒"。最早的妆奁是盛放铜镜的，《说文解字》谓："奁，镜匣也。"由于古代梳妆用的镜子为铜镜，为防止长时间暴露于空气中氧化，故把镜子用匣子装起来②。由于镜子是梳妆的必备用品，所以也会把有梳妆功能的奁称为镜奁、镜匣。

妆奁起源时间较早，最早可追溯到西周时期。战国时期，随着铁制用具普遍使用，各种美观实用的妆奁漆器相继出现。漆质妆奁的胎骨形式丰富，如斫木胎、毓木胎、布脱胎以及复合胎骨③。秦代历经时间短暂，妆奁未能形成独具特色的风格，只继承了自战国时期漆奁的制作工艺、朱墨溢彩风鸟云纹的装饰风格。器型以矮扁的圆形或椭圆形为主。装饰风格除了部分素髹无纹漆奁外，便是彩绘漆奁。彩绘用色以红、褐色为主，相对楚漆器略显内敛。漆奁上多有写实性的凤鸟和各种变形的鸟首纹、鸟云纹等形象，为后来逐渐升华为一种象征民族精神图腾的龙凤形象奠定了基础。

西汉时期，国家统一，国力鼎盛，南北文化相互交融。汉代妆奁的形制、胎体和髹饰都较前代有了巨大的改进与提高，作用更加凸显，造型更加别致，器型倾向于多功能和组合化、系列化，实用性特征明显，并向精致、灵巧方面发展。妆奁盖顶隆起较高，甚至近乎半球状，盖顶起数道凸棱，呈多级阶梯状逐层高起，极大增强了盖的耐压强度。器型以圆形居多，此外还有椭圆形、长方形、方形、马蹄形、双菱形、三足三钮樽形、月牙形、长方半月双联形等。

---

① 马未都. 百盒千合万和下 [M]. 北京：紫禁城出版社，2009.

② 张梅. 奁盒的造型及意蕴探究 [J]. 商品与质量，2012 (34)：78-79.

③ 冯媛. 中国古代妆奁设计研究 [D]. 无锡：江南大学，2021.

装饰手法主要有彩绘、锥画、堆漆、戗金、金银贴花、金属扣、镶嵌等。

隋唐时期政治稳定、经济发达、文教昌盛，内外往来频繁，海上贸易繁荣，使梳妆逐渐开始大众化、普及化，需求开始升温。但与前朝不同的是，梳妆功能变得单一，为携带方便，尺寸上较小，只作为盛放胭脂水粉、香料的粉盒和香盒来使用。妆奁多为方形、圆形和花瓣形的漆木制，胎骨有木胎、藤胎和银胎等，纹样主要有花鸟人物纹、团窠纹、卷草纹和佛教纹样，装饰工艺采用漆器金银平脱、螺钿镶嵌等工艺，使得隋唐时期的妆奁与汉代的羽化登仙之风相比，显得更华美活泼①。

宋元时期妆奁除了少量继承汉代常见的造型风格之外，妆奁造型与前代风格迥异，是我国妆奁的又一重要发展时期。在造型上，花口、器腹分瓣和分曲的造型较为常见。在制胎工艺上，圈叠法随梳妆工具日益增多和妆奁内部容积越来越大而得到广泛运用，汉代流行的多子奁到五代及宋元时期演变成逐层套起，具有三层、四层或五层结构。除了套奁外，宋代还出现了一种带抽屉的镜箱式妆奁，称之为镜箱，由镜架演变而来，使妆奁与镜架、镜台逐渐形成一个整体，也可以说是多子奁的一种变形，用于置放铜镜、活动的镜架以及其他梳妆用具。这种层层叠起的抽屉除了能放置更多的梳妆用具，也能很好地分类，极具实用性，是明清时期折叠式镜台的前身。元代奁盒与宋代无太大差别，同样沿用了不同深浅隔层的多层套奁的设计，不同的是元代崇尚金银器，出现了许多精致的花瓣形银质奁具②。

明初期受元代影响，依然延续了宋元时期的圆柱形套奁，材质上还是分为漆木、陶瓷、金银等，漆木装饰以剔红雕花为主，花卉的表现以肥厚茂盛为主。随着明清时期经济繁荣、海外贸易发达，受外来文化和手工技艺发展的影响较大，妆奁形制更加丰富，比例严谨，尺度适当，庄重与威严的形式风格表现更加突出。造型上，在遵从和保留妆奁本身造型完整的基础上，运用不同的结构形式以及不同的组合形式，使得结构更为严密、开启更为灵活、组合更为多元，收纳和存储功能更为合理。由于大量优质木材的使用，明清木制妆奁的造型受到明式家具的影响，一般多为方形盒状，更多称为"匣"，是多子奁形制的延续。同时，也受人们坐姿高度变化的影响，奁盒在高度上由圆形子奁演变为层层叠加的抽屉，整体上比散落的多子奁更为合理和规范，功能上延续着收纳与

---

① 冯恩学，高铷婧. 龙头山渤海墓地出土漆奁纹饰解读和历史价值 [J]. 地域文化研究，2021（03）：101-114，155.

② 刘静. 试析中国女性妆奁艺术的审美特征 [J]. 艺术市场，2022（10）：72-73.

分类的基本功能；明清妆奁因常设有置放铜镜的台面，使镜架与奁盒的组合，既保留有妆奁最初的储物功能，又附有照面梳妆功能，更具有身份地位的象征①。此外，清代雍容华丽的审美观以及明清手工艺的发展，进一步推动了妆奁加工与装饰的发展，多种工艺如雕刻加镶嵌，彩绘加贴金、包铜或黑漆描金等精彩绝伦的工艺使妆奁整体装饰风格奢华繁复，庄严厚实，越发华贵。这既具有较强的形式美感又兼容丰富纹饰雕琢，是实用与审美的完美结合。妆奁上的装饰纹样蕴藏着丰富美好的寓意和源远流长的中国传统文化，不仅有期望多子多福的麒麟送子纹、百子图和石榴纹等，还有象征夫妻和谐美满，幸福吉祥的鸳鸯纹、龙凤纹、团花纹、缠枝纹等。

总体而言，与战国、秦汉、魏晋时期扁圆筒形妆奁相比，宋元时期的妆奁其直径已小于器高，从形制上已由扁圆演变为修长，也是与人坐姿方式相适应而出现的新形制特点。妆奁经明清两代发展，除了传统的形制外，产生了更多的形制，纹饰更加精美、造型更加精致，妆奁以木胎为主，出现了采用硬木如紫檀、黄花梨等制作的妆奁。

（二）粉盒

古代的粉盒也叫香盒、油盒、黛盒等，是存放脂粉和香粉的梳妆盒，跟胭脂盒有相似的作用。粉盒由盖和底两部分组成，子母口扣合，盒身直腹，外腹模印菊瓣纹或瓜棱形、八角形等，底平内凹；盒盖浅弧顶，盖面模印各式花卉、卷草纹等精美图案。

粉盒较早发现于春秋战国时期的原始瓷器中，而后在漆器、金银器中也有发现。秦汉时期的粉盒通常盛放在妆奁内部，多以圆形出现。两汉时期，因制作工艺烦琐、制作成本较高，粉类梳妆品主要供王公贵族和社会上层人士使用②。唐代手工业的发展进一步推动了粉盒的演变，而对外贸易的发达以及用香和梳妆的兴起与普及，也让粉盒的造型和材质更加多元化。从传承角度说，唐代奠定了其"子母扣"的二元结构，整体造型十分简洁，缺少形态变化，盒盖和盒底两部分较平坦，且盒腹转角的弧度较小、与盒底保持近似垂直的状态③。

宋代的粉盒造型比唐代丰富，还出现了不同题材的纹饰，常将自然界的形

① 叶梦寒. 中国传统镜匣的设计研究 [D]. 景德镇：景德镇陶瓷大学，2021.
② 曹明哲，刘慧. 浅析近现代中国粉盒包装纹样的发展流变 [J]. 美术教育研究，2021（07）：112-113.
③ 施芳萍. 唐代瓷粉盒的艺术特征及其所反映的化妆文化 [J]. 现代装饰（理论），2016（12）：142-143.

态运用到创作之中，最终呈现出自然大方、隽永质朴的美学特点①。同时，在具体设计时又使用概括、省略、重复等艺术手法，使得粉盒呈现出朴素雅致之美。棱形粉盒棱尖做圆角处理，形成圆润的弧度，盒身虽有棱，却还是保持着光滑细腻的质感和珠圆玉润的形制美感。

明清时期的手工业更为发达，各种工艺制品进一步发展。这个时期的粉盒融汇了古今中外的历史文化精髓，造型愈加百变，除传统造型外，还出现果实、花卉造型，如花生形、荔枝形、牡丹形等；材质五花八门，有黄铜、掐丝珐琅、木质、玉质等；工艺多样精湛，纹样繁复堂皇。

改革开放以后，我国的一些粉盒多模仿西方装饰形式，追求简洁的图形和字体设计。近年来，为了迎合中国市场，众多国际高端美妆品牌重视推出"中国风"系列产品。同时，越来越多的本土化妆品品牌也在设计上注重将传统文化元素与现代艺术形式相结合。

中国传统文化历史悠久，粉盒的材质和造型不断发展演变。粉盒材质、结构、造型的发展与流变，都与不同历史文化背景下的审美取向息息相关。粉盒已不仅仅是化妆品的承载器具，更是一件具有中国传统文化底蕴的艺术品。

（三）香盒

香盒，是用于盛装焚香用香料的小容器，有香笪、香合、香函、香箱之称。香盒种类繁多，形状各异，多为扁平的圆形、方形、长方形、鱼形以及其他瓜果等形状，材质多样，有瓷、金属、漆、木、象牙、玉石等，并且汇聚了雕刻、镶嵌、描金、书画等诸多工艺，精美别致，充满雅趣。

战国中后期，楚墓中发现了大量的漆盒，是最初用来盛放各种物品的容器，包括盛放梳妆用具、盛放食物以及盛放香料等物品。

西汉南越王墓出土的一只直径为9.5厘米的红漆香盒，内盛乳香和算筹，同墓中出土的木胎圆盒中还放一件彩绘铜镜。由此可见，其中漆盒均为梳妆用漆盒，在这一时期用于存放香料的漆盒还没有脱离漆奁范畴。

北魏时期佛教大兴，作为礼佛用品的香盒也已在寺院僧侣中普遍使用。洛阳龙门石窟，刻于北魏的龙门石窟弥勒洞北二洞，窟顶就绘有一飞天持香盒的图景。

至隋唐，用香已蔚然成风，盛放香料之器，造型基本上已定型。李贺在他的《春怀引》中就有"钿合碧寒龙脑冻"，此诗中用来装龙脑的"钿合"就是

---

① 高福鑫，邓莉丽. 宋瓷粉盒造型在现代女性化妆品容器包装设计的应用研究 [J]. 大众文艺，2022（14）：61-63，82.

香盒。唐代初步形成了香炉、香箸瓶、香盒、香匙箸的香事组合形式，使用场景大多为礼佛场合。晚唐以后，香盒不再局限于盛放香料，还作为贺礼之用，但多为金银制品，价格昂贵①。

至宋代，用香更加仪式化，有"炉瓶三事"之说②。宋代香盒形制大都以扁平盒式为主，材质以漆盒和瓷盒为多见。从传世之物来看，宋代香盒的装饰工艺逐渐从隋唐以来的金银平脱风格演变至宋代以雕漆工艺为主，素髹、戗金等多种工艺并用的情况。

元代以来，香盒主要还是以漆盒和瓷盒为主，其中漆香盒又以剔红、剔犀为主，螺钿镶嵌的香盒增多，剔红在装饰风格上逐渐变得繁复细密，纹样装饰越来越密集。元代中后期，线香的出现直接改变了人们的行香方式，传统的香盒随着线香在香事中的使用，已无存在必要了。

明代香盒使用非常讲究，不同的薰香需用不同的香盒盛放。主流漆香盒以花卉图案为多的雕漆类香盒为主，并辅以螺钿镶嵌工艺制作的香盒。明代以后，香盒的材质逐渐增多，明清传世香盒中雕漆、竹木、金属、象牙或玉石等材质也较为常见。香盒的造型变化也逐渐增多，明末清初以来，螺钿香盒中使用的螺钿厚度变薄，色泽变得更加艳丽，并发展出了与多种材料结合装饰的风格③。但随着清代中后期线香广泛使用，传统形式香盒制作因此逐渐减少。

## 二、工艺品盒典型实例

（一）清黄杨木龙纹六角粉盒

材质：黄杨木（*Buxus sp.*）。

结构：盒体呈花形，侧面凹凸起伏，曲线委婉优美。盒盖、盒身子母口相嵌合，衔接紧密，接口处起一周圆润阳线，作保护、加固之功用。

功能：内壁平滑工整，可收纳梳妆用品等小件。

**图 19-4　清黄杨木龙纹六角粉盒**
（图源：田梓榆，2018 年）

技艺：盖面微凹，内以浮雕之法作龙纹，雕刻工艺精致，龙纹图案刻画写实，线条简练顺畅，栩栩如生。

---

① 杨之水. 香识［M］. 广州：广州师范大学出版社，2011.

② 吴清. 炉瓶三事［M］. 杭州：浙江人民美术出版社，2019.

③ 刘宇. 中国古代漆香盒的工艺研究［D］. 杭州：中国美术学院，2022.

文化特征：造型典雅大方，画面布局疏朗，龙首昂扬，龙目迥然，龙口微张，似有怒吼而出。龙身弯曲，犹如卷草般，别具形式美感，尾部及四爪纤细而不失力道，富有威严，气势十足。整器工料俱佳，黄杨木料与龙纹相互映衬，雅致中透着威严之气，兼具实用性与审美性。

（二）清黄杨木百宝嵌花卉纹香盒

**图 19-5　清黄杨木百宝嵌花卉纹香盒**
（图源：田梓榆，2018 年）

材质：黄杨木（*Buxus sp.*）。

结构：盒呈圆形，盒盖与盒身子母口嵌合，衔接紧密，上下口沿均起一周宽扁阳线，起加固、保护之用。

功能：盒盖与盒身子母扣合，密封性良好，内壁平滑工整，可收纳香品。

技艺：盖面平整微鼓，以百宝嵌之法作花卉图案，盖面花卉纹饰采用写实手法，两种花卉相互交缠，枝干姿态优美，委婉而舒展，若干花骨朵点缀枝头，或待放，或盛开，花形饱满，生机无限。盒身则不事雕琢，素面，黄杨木自然而成的肌理清晰可见。外底面采用落堂踩鼓做法，放置平稳。

文化特征：整盒造型工整端正，镶嵌工艺精美，花卉纹饰布局饱满，疏密有致，自然气息浓厚。整器匠心独具，黄杨木料与百宝嵌工艺相互映衬，古雅中透着清贵之气兼具实用性与审美性。

# 后　记

　　"路漫漫其修远兮，吾将上下而求索。"历时5年，《白木器物文化志》终于问世了！她恰似经历了一段跌宕起伏的"马拉松"，大汗淋漓、精疲力尽地触摸到了终点线！

　　2018年春，我的白木处女作《白木的概念及其文化特征》论文投稿过程中，《林产工业》主编张建辉博士给予了有益的建言与卓有成效的支持。其后，在"白木器物文化历程中里程碑式经典之作"论文撰写初期，查阅文献时，偶然翻阅《宇宙誌》（松井孝典，岩波书店）和《樹木の文化誌》，顿时萌生了编著《白木器物文化志》之念头。此构想迅即得到了浙江裕华木业有限公司金月华董事长的鼓励与支持，这使我坚定了编著本书的自信心。

　　人本论指出：人是第一要素。《白木器物文化志》汇集了一支学科交叉、专业素质极强、老当益壮、活力四射的编著团队。有德高望重的老专家，如舆情专家王京来研究员、农耕文化专家汪庆华教授、剑川木雕德艺双馨的段国梁大师、古琴筝创制专家田步高先生等，他们和蔼可亲、身先士卒、专业精湛，令人心服口服！有年富力强、活力四射的中青年专家，如内蒙古农业大学黄金田教授、东北林业大学胡英成教授、南京林业大学詹天翼副教授、江苏农林职业技术学院卫佩行副教授等编著者。这些中青年骨干勇挑重担、毫无怨言，一直活跃在本书编著及白木文化各类活动的第一线。编著团队专业涉及白木建筑、白木家具、白木居饰、白木雕刻、白木农具、白木纺织具、白木行具、白木模具、白木炊食具、白木梳妆具、白木乐器、白木文体具、白木婚丧具、白木佛教具、白木包装具等多学科领域。

　　2020年冬，嘉善"第一届白木器物文化研讨会"由浙江裕华木业公司主办。会议以"夯实白木器物文化基础、搭建白木器物文化架构"为主题，以《白木器物文化志》进展为议题进行了交流。在闭幕辞中总结道："第一届白木器物文化研讨会具有里程碑意义，是白木文化问世的起跑点，也是白木文化的宣言书。红木文化的前头是白木文化，白木文化起源很早，但姗姗来迟。让我们共同迎接白木文化春天的到来！"2021年夏，呼和浩特"第二届白木器物文化研讨会"由内蒙古农业大学材料工程与艺术设计学院主办。会议以"夯实白木器物文化基础 搭建白木器物文化架构"为主题，以《白木器物文化志》进展、存在问题及今后计划为议题进行交流。在闭幕辞中，提出了"树种、志含义、表达、格式"4个问题与大家共勉。2023年春，句容"白木文化论坛暨第三届白木器物文化研讨会"由江苏农林职业技术学院主办。会议以"白木器物文化传承与创新"为主题，以"白木资源分布、白木器物文化、白木器物技艺、《白木标准》制定、《白木器物文化志》编著"等若干议题展开了学术交流。在闭幕辞中总括道："如果说第一届白木器物研讨会是白木觉醒（Awakening）之萌芽初露；第二届白木器物研讨会是白木认知（Acknowledge）之枝繁叶茂；本届研讨会则是白木发育（Development）之花蕾绽放；尔后，我们热切地期待着白木释能（Energy-releasing）之硕果累累的金秋早日到来！"2024年4月，在北京林业大学材料科学与技术学院倪潇潇书记、彭锋院长鼎力支持下，"第四届白木器物文化研讨会"成功举办，会议议题扩展到"白木构造与物性""白木文化产业""白木源的落地实践"等领域。总括之，诸届研讨会的丰硕成果取得都离不开主办方一心一意、全力倾注的关爱与支持，以及全体编著人员的迅即响应与积极行动。

2020—2021年间，同北京林业大学副教授林剑博士、浙江理工大学讲师李超博士一起，在浙江省考古研究所孙国平研究员的关照与亲自陪同下，先后考察了宁波余姚河姆渡遗址博物馆、绍兴越王陵博物馆、杭州余杭良渚遗址博物馆、杭州萧山跨湖桥文化遗址博物馆。其中，河姆渡遗址7000年前干栏式木构建筑及白木用材、良渚文化遗址博物馆5000年前的木结构榫卯构件、萧山跨湖桥文化遗址8000年前的独木舟等，对本书的框架构成及内容撰写是万金难求、十分珍贵的重要文献资料。2022年，同林剑考察了潮州金漆木雕非物质文化遗产传承人辜柳希大师的木雕精品馆，馆内各种题材、技艺精湛的作品，令人目不暇接、大饱眼福。泉州海外交通史博物馆，馆藏中国宝级宋代木质沉船及其木质出土文物，令人印象深刻、收获颇丰。其间，同卫佩行副教授一起考察了扬州汉广陵博物馆，大量的楠木作为"黄肠题凑"之原料，属于举世无双的实例。2023年春，参加"白木论坛暨第三届白木器物文化研讨会"的全体与会者，又一同考察了扬州汉广陵博物馆，参观了扬州华夏琴筝艺术博物馆。田步高馆长亲自上阵，为大家讲解并即兴演奏了他老人家独创的古筝曲。该馆馆藏数件珍贵的历代古琴筝复制品，都是田馆长亲手制作。田馆长对中国古琴筝文化涵养博古通今，独具匠心、精湛的制作技艺令人欣佩不已。

《白木器物文化志》编著期间，2021年秋，受北京林业大学张扬教授邀请，为该校木材、家具工程专业的大学生们做了题为"白木器物文化历程"的学术报告；2022年春，受江苏农林职业技术学院熊伟副教授邀请，为该校园林学院木业与家具专业的学生们做了题为"白木的概念及其文化特征"的学术报告；2023年夏，受内蒙古农业大学姚利宏教授邀请，为该校材料与艺术设计专业的学生们做了题为"白木源意境及其空间固化"的学术报告。2024年春，受邀在教育部教师网络培训中心做了"白木文化基础"讲座。此外，与李超博士一起参加了"2022、2023 WWD symposium"，分别以"The Concept and Cultural Characteristics of Shira-Wood"和"The Landmark Canonical Works in the Cultural History of Shira-wood Utensil"为题做了学术交流。无疑，这些面对面的交流活动对于《白木器物文化志》的编著工作，以及白木文化的普及与推广都起到了不可替代的重要作用。

这期间，笔者积极策划、参与了白木文化基地平台建设方面的工作。2021年，在浙江裕华木业创建了校企共建的"白木器物文化创意产业研究院"；2022年，在江苏农林职业技术学院建立了国家林草局木文化创意产业联盟"白木文化论坛"；2023年，在同地建立了中国木材与木制品流通协会"中国白木园林建筑技艺传承基地"。这些平台的建立为《白木器物文化志》编著，以及为开展白木文化研究、普及推广、教育、展示、调研等各种活动奠定了牢固的物质文化基础。平台——恰如磐石之基础，立于此，白木文化之大厦才能巍然矗立；平台——恰如丰润之沃土，植于此，白木文化之大树才能根深叶茂。

2023年，在白木文化论坛暨第三届白木器物研讨会上，做了题为"白木源意境及其空间固化"的学术报告（本书第一篇第4章）。在这个报告中，借鉴了陶渊明《桃花源记》的叙事线条，将"白木的概念及其文化特征、白木器物文化历程"等文化意识形态溶解在以"白木池"为"白木源"地理中心，弥漫在"白木亭""白木阁""白木居"三个白木园林建筑，以及其周围的"白木林"所构成的白木源中。"白木池"不仅是"白木源"的地理中心，还是"白木苗圃""白木林""白木"乃至"白木源"的生命之源泉。"白木亭"是以文字形态记述"白木的概念及其文化特征、白木器物文化历程"的白木文化基础空间（区域），如"白木赋"等；"白木阁"是以图片或视频、模型和实物展示"白木的概念、白木文化特征、白木器物文化历程"的白木文化传媒空间（区域）。白木居则是由白木打造的、衣食住行人间烟火气十足的生活区域。在撰写"白木赋"过程中，我阅读了《历代赋鉴赏辞典》（赵逵夫主编，上海辞书出版社，2017）。其中，两汉时期的《柳赋》（枚乘）、《归田赋》（张衡）魏晋南北朝时期的《柳赋并序》（曹丕）、《琴赋》（嵇康）、《冬草赋》（萧子晖）、《枯树赋》（庾信）、《文木赋》（刘胜）、《雪赋》（谢惠连）、《月赋》（谢庄）；隋唐五代时期的《阿房宫赋》（杜牧）等。通过对历代赋的阅读实践，我对于中国传统纯文学的正宗体裁——赋的体式与特质有了一知半解，这对于我自身的国学文化涵养之滋润与储蓄，乃至"白木赋"的创作过程都起到了关键性的助推作用。

2023年5月，"白木文化论坛暨第三届白木器物文化研讨会"闭幕后，熊伟副教授主动、热情地提及"白木源"落地可能性等事宜。不久，在他有力推动下，张晓东董事长承诺将"白木源"项目落地于江苏田园风光环境建设有限公司（南京句容）。后来，内蒙古农业大学姚利宏教授也承诺将"白木源"项目落地于该校野外实习基地（呼和浩特郊外）。中国林业科学研究院金枝副研究员一直在福建省永泰县故里想方设法、积极地寻求"白木源"项目落地合作伙伴。2023年10月，由中国林业科学研究院研究生处林群处长、中国林业科学研究院木材研究所金枝副研究员、永泰县副县长刘峰松、永泰县嵩口镇玉湖村金华厦书记、原永泰县林业局副局长任茂正、民俗文化学者张培奋、永泰县林业局林鑫、白木文化倡导者郑肇雅女士等一行数十人，考察了玉湖村清代庄寨。初步形成了在玉湖村清代庄寨大樟溪旁、"夫妻树"（一株榕树、一株樟树）古树下，建筑一座"白木亭"。此亭将继承清代庄寨中杉木构建筑的精湛技艺，并融入中华秋沙鸭胁羽鱼鳞斑纹、嘴角流线型等修饰元素，充分体现传承历史精华、尊重自然、保护自然的设计理念。此白木亭的建造将起到白木文化为古厝赋能、激活庄寨文化的发酵作用。总之，我们热切期待着白木文化在未来中国社会主义新农村文化建设中发挥重要作用！

常言道："一个篱笆三个桩，一个好汉三个帮。"本书主编著组由年轻有为的李超博士、CCTV百家讲坛主讲耿晓杰副教授、留日归国博士林剑副教授组成。在日常繁忙工作之余，三人自始至终、不折不扣地遵照光明日报出版社稿件的规范要求，对全部稿件从内容到格式等诸方面，逐字逐句履行了细致、精准的编辑工作。如此，才使得本书的全部稿件得到光明日报出版社的专业性认可。

本书的出版，得到内蒙古农业大学姚利宏教授、浙江理工大学李超博士、浙江裕华木业股份有限公司金月华董事长给予强有力的资助。在此，本书编著团队全体人员再次向上述诸位表示最崇高的敬意！

2023年恰逢古稀之年，请允许用《古稀回首》作为本"后记"之结束语。

古稀回首

襁褓苏水两亲养，
垂髫烟山启蒙王。
总角永陵落第恨，
而立冰城大学堂。
不惑京都博士冠，
知命肖庄教授当。
花甲九朝会桃李，
古稀华夏白木章。

赵广杰
2024 年 4 月
北京柏儒苑

# 附 录

## 一、树种列表

树种共包含 49 种，其中，针叶树木材 21 种，阔叶树木材 28 种。

| 针叶树木材 | | | |
|---|---|---|---|
| 序号 | 中文名 | 拉丁名 | 科属 |
| 1 | 云杉 | *Picea asperata* Mast. | 松科云杉属 |
| 2 | 柏木 | *C. funebris* Endl. | 柏科柏木属 |
| 3 | 杉木 | *Cunninghamia lanceolata*（Lamb.）Hook. | 杉科杉木属 |
| 4 | 欧洲赤松 | *Pinus sylvestris* L. | 松科松属 |
| 5 | 紫杉 | *Taxus cuspidata* Sieb. et Zucc. | 红豆杉科红豆杉属 |
| 6 | 松木 | *Pinus* | 松科松亚科松属 |
| 7 | 红豆杉 | *T. chinensis*（Pilger）Rehd. | 红豆杉科红豆杉属 |
| 8 | 榧木 | *Torreya grandis*Fort. ex Lindl. | 红豆杉科榧属 |
| 9 | 日本柳杉 | *Cryptomeria Japonica*（Thunb. ex L. f.）D. Don | 柏科柳杉属 |
| 10 | 银杏木 | *Ginkgo biloba* L. | 银杏科银杏属 |
| 11 | 西部红柏 | *Thuja plicata* Donn. Ex D. Don | 柏科崖柏属 |
| 12 | 红松 | *Pinus koraiensis* Sieb. et Zucc. | 松科松属 |
| 13 | 樟子松 | *Pinus sylvestris* L. var. *mongolica* Litv. | 松科松属 |
| 14 | 扁柏 | *Platycladus orientalis*（Linn.）Franco | 柏科侧柏属 |
| 15 | 枞树 | *Abies fabri*（Mast.）Craib | 松科冷杉属 |
| 16 | 红皮云杉 | *Picea koraiensis* Nakai | 松科云杉属 |
| 17 | 鱼鳞云杉 | *Picea jezoensis* Carr. Var. *microsperma*（Lindl.）Cheng et L. K. Fu | 松科云杉属 |

续表

| 针叶树木材 | | | |
|---|---|---|---|
| 序号 | 中文名 | 拉丁名 | 科属 |
| 18 | 臭冷杉 | *Abies nephrolepis*（Trautv.）Maxim. | 松科冷杉属 |
| 19 | 罗汉松属 | *Podocarpus* L'Herit. Ex Pers. | 罗汉松科罗汉松属 |
| 20 | 欧洲云杉 | *Picea abies*（L.）Karst | 松科云杉属 |
| 21 | 花旗松 | *Pseudotsuga menziesii*（Mirb.）Franco | 松科黄杉属 |

| 阔叶树木材 | | | |
|---|---|---|---|
| 序号 | 中文名 | 拉丁名 | 科属 |
| 1 | 白桦 | *Betula platyphylla* Sukaczev | 桦木科桦木亚科桦木属 |
| 2 | 冬青木 | *Ilex chinensis* Sims | 冬青科冬青属 |
| 3 | 山杨 | *Populus davidiana* Dode | 杨柳科杨属白杨组山杨亚组 |
| 4 | 紫椴 | *Tilia amurensis* Rupr. | 椴树科椴树属椴树组 |
| 5 | 荷木 | *Schima superba* Gardn. et Champ. | 山茶科荷木属 |
| 6 | 辽东桤木 | *Alnus sibirica* Fisch. | 桦木科桦木亚科桤木属 |
| 7 | 橡胶木 | *Hevea brasiliensis*（H. B. K.）Muell. −Arg. | 大戟科橡胶树属 |
| 8 | 椴木 | *Tilia tuan* Szysz. | 椴树科椴树属椴树组 |
| 9 | 桦木 | *Betula* L. | 桦木科桦木亚科桦木属 |
| 10 | 樟木/香樟木 | *Cinnamomum camphora*（L.）Presl | 樟科樟木属香樟类 |
| 11 | 桢楠/楠木 | *Phoebe zhennan* S. Lee et F. N. Wei | 樟科桢楠属 |
| 12 | 梓木 | *Catalpa ovata* Don | 紫葳科梓树属 |
| 13 | 小叶杨 | *Populus simonii* Carr. | 杨柳科杨属青杨组 |
| 14 | 黄杨木 | *Buxus* sp. | 黄杨科黄杨属 |
| 15 | 核桃木 | *Juglans regia* L. | 核桃科核桃属 |
| 16 | 白木香 | *Aquilaria sinensis*（Lour.）Gilg | 瑞香科沉香属 |
| 17 | 枫木 | *Liquidambar formosana* Hance | 金缕梅科枫香亚科枫香属 |
| 18 | 红桦 | *Betula albo-sinensis* Burk. | 桦木科桦木属 |

续表

| 阔叶树木材 | | | |
|---|---|---|---|
| 序号 | 中文名 | 拉丁名 | 科属 |
| 19 | 杨木 | *Populus* L. | 杨柳科杨属 |
| 20 | 红椿木 | *Toona sureni*（Bl.）Merr. | 楝科香椿属红椿类 |
| 21 | 紫椿木 | *Populus euphratica* Oliv. | 楝科香椿属红椿类 |
| 22 | 胡杨木 | *Toona sureni*（Bl.）Merr. | 杨柳科杨属胡杨组 |
| 23 | 桃木 | *Amygdalus persica* L. | 蔷薇科桃属 |
| 24 | 红柳 | *Antidesma maclarei* Merr. | 大戟科油柑亚科五月茶属 |
| 25 | 北美鹅掌楸 | *Liriodendron tulipifera* L. | 木兰科鹅掌楸属 |
| 26 | 柳木 | *Salix matsudana* Koidz. | 杨柳科柳属 |
| 27 | 秋枫木 | *Bischofia javanica* Bl. | 大戟科油甘亚科秋枫属 |
| 28 | 银白杨 | *Populus alba* L. | 杨柳科杨属白杨组白杨亚组 |

## 二、树种信息

树种信息包含树种拉丁学名、资源分布、解剖特性、物理力学特性和树种用途等内容。

（一）针叶材树种

树种1：

云杉（*Picea asperata* Mast.），松科云杉属乔木。

云杉又名白松、脂木、松木、粗云杉、罗汉松、字杉、白果泡等。主要产于陕西南部凤县以西海拔2500米以下，宁夏贺兰山海拔2400—2700米，甘肃西南白龙江流域和洮河流域海拔2500—3600米，以及四川北部岷江流域海拔1600—3600米处，在甘肃南部和四川北部有大面积天然林。树木高达25米，树皮灰色或灰褐色，不规则鳞片状剥落。

木材纹理直、结构均匀，浅黄褐色，心边材区别不明显，有光泽；略有松脂气味，无特殊滋味；生长轮明显，轮间晚材带色深，宽度均匀；早晚材渐变；管胞弦径平均35μm，早材管胞横切面为方形、长方形及多边形，晚材管胞横切面为长方形及方形。

木材基本密度266—290kg/m³、气干密度333—459kg/m³，干缩小；材质较软, 径面硬度 127—184kgf/cm², 强度低、韧性低、握钉力较低。不耐腐, 防腐处理困难。

木材通常用于国产飞机螺旋桨, 钢琴、风琴和提琴音板, 人造丝、纸浆、胶合板、木丝、火柴杆、包装盒、玩具、家具、运动器械、电杆、矿柱等。

树种 2:

柏木 (*C. funebris* Endl. ), 柏科柏木属乔木。

柏木主要分布于长江流域及以南温暖地区, 浙江海拔 400 米以下, 江西、湖南及湖北海拔 1100 米以下, 四川康定以东海拔 1600 米以下, 贵州海拔 1100 米以下, 云南昆明、陆良、宜良、罗平、顺宁、西畴、文山等县及广东、广西北部均有分布。其中, 以四川嘉陵江流域与渠河流域及其支流江北、合川、万源、南江、巴中等县的柏木林最为茂盛。

木材纹理直或斜、结构均匀; 边材黄白、浅黄褐或黄褐色微红, 心材草黄褐色或至微带红色, 久露空气中材色转深, 心边材区别明显或略明显, 有光泽; 具有柏木香气, 味苦, 有油性感; 生长轮明显, 轮间晚材带色深; 早晚材渐变。

木材气干密度 562—581kg/m³, 干缩小至中等, 干燥较慢; 材质硬度中等, 径面硬度 367—486kgf/cm², 强度中等, 握钉力大。耐腐性和抗蚁性均强。

木材通常用于制作文具、玩具、雕刻、屏风、镜框、建筑、枕木、造船、车辆、车厢、地板、室内装修、家具、农具、木质机械、鼓乐等。

树种 3:

杉木 [*Cunninghamia lanceolata* (Lamb. ) Hook. ], 杉科杉木属乔木。

杉木主要产于长江流域以南, 尤以四川、广东、广西、贵州、湖南、福建等省区产量最多。南至福建、广东沿海山地, 向西至雷州半岛北部与广西南部中越交界, 北达淮河、秦岭南坡, 东至沿海山地直达台湾, 西达安宁河和雅砻江河谷的西昌、德昌。

木材有光泽、纹理直、有香气; 边材浅黄褐或浅灰褐色微红, 心材浅栗褐色; 早晚材之间渐变; 轴向薄壁组织量多, 但木射线稀至中。

木材基本密度 260—306kg/m³、气干密度 320—416kg/m³, 干缩小, 干燥容易且较快; 材质甚软或软, 径面硬度 119—173kgf/cm², 力学强度较低, 握钉力弱。耐腐力强、抗白蚁蛀食, 生长迅速, 容易加工。

木材被广泛应用于建筑、桥梁、造船、矿柱、木桩、电杆、家具及木纤维工业原料等方面。

树种 4：

欧洲赤松（*Pinus sylvestris* L.），松科松属乔木。

欧洲赤松原产于欧洲西部、北部，在中国东北长白山、日本北海道等也有分布。

木材早晚材之间渐变，生长轮明显，心材淡红褐色，边材淡黄褐色，材质较细，纹理通直，有树脂。早晚材管胞长度差别较小，早晚材管胞长度均从靠近髓心处向外缓慢增大，在边材部达到最大。

木材材性接近于樟子松，气干密度为 513 kg/m³，干燥迅速；强度硬度中等，强重比高，侧面硬度 304 kgf/cm²；抗变形和开裂良，易于加工，可加工成光滑表面；易胶粘、染色、磨光、涂饰和油漆，握钉力良。

木材可供房屋建筑、胶合板、坑木、枕木、电柱、造船、框架、旋切制品、器具、包装箱、车厢体、纸浆、牛皮纸、船具、家具及木纤维工业原料等用材。

树种 5：

紫杉（*Taxus cuspidata* Sieb. et Zucc.），红豆杉科红豆杉属乔木。

紫杉又名东北红豆杉，主要产于黑龙江、松花江流域以南老爷岭、张广才岭及长白山区海拔 500—1000 米山地；在山东、江西、江苏等省有种植，在日本、朝鲜、俄罗斯也有分布。

木材纹理直或斜、结构细至中且均匀；边材黄白或浅黄色，心材橘黄红至玫瑰红色，心边材区别明显；光泽略强，无特殊气味和滋味；生长轮明显，轮间晚材带色深，宽度不均匀；早材带占全轮宽度极大部分或与晚材带等宽，早晚材渐变；早材管胞横切面为不规则多边形及方形，晚材管胞横切面为长方形、方形及多边形。

木材气干密度 550kg/m³，干缩小，干燥缓慢有形裂倾向；材质硬度中等，径面硬度 365kgf/cm²，握钉力强、耐磨性好。耐腐性强，能抗菌、虫危害。

木材通常用于制造各种车工制品，如文具、玩具、木碗、乐器、雕刻、船桨、高级地板，以及高级家具装饰用单板等。

树种 6：

松木（*Pinus*），松科松亚科松属。

松木有广义和狭义之分。广义松包括松科（*Pinaceae*）10 个属 230 多种松。我国 10 属均有，90 多种，各地均产之。松科 10 属：松（*Pinus*），落叶松（*Larix*），金钱松（*Pseudolarix*），雪松（*Cedrus*），黄杉（*Peseudotsuga*），油杉（*Keteleeria*），

云杉（*Picea*），冷杉（*Abies*），银杉（*Cathaya*），铁杉（*Tsuga*）。

狭义松仅指松属（*Pinus*）的树木。约100种，分布在北半球。我国有22种，分布极广，遍及东西南北中，为极其重要的造林和用材树种。

松属根据针叶维管束的数目，就材性而论，分为两个亚属，即单维管束松亚属和双维管束松亚属。

单维管束松亚属的木材比较轻软，纹理均匀，强度较小，加工容易，早晚材一般渐变，比较耐腐朽，习惯称为软木松，包括红松类（华山松、海南五针松、乔松、红松、广东松、新疆五针松）和白皮松类（白皮松）。

双维管束松亚属的木材比较重硬，结构不均匀，强度较大，加工较难，早材至晚材通常急变，稍耐腐或耐腐，习惯称为硬木松，包括松木（油松）类（高山松、思茅松、马尾松、西藏长叶松、樟子松、云南松）和白皮松类（南亚松）。

树种7：

红豆杉 [*T. chinensis* (Pilger) Rehd. ]，红豆杉科红豆杉属乔木。

红豆杉又名水杉、血柏、榧子木、观音杉，主要产于甘南白龙江流域海拔1800米以下，湖北利川海拔1200米以下，四川东北部及西部乐山、峨眉、灌县、雅安等县海拔2000米以上地区。

木材纹理直或斜、结构细且均匀；边材黄白或浅黄色，心材橘黄红至玫瑰红色，心边材区别明显；光泽略强，无特殊气味和滋味；生长轮明显，轮间晚材带色深，宽度不均匀；早材带占全轮宽度极大部分或与晚材带等宽，早晚材渐变；早材管胞横切面为不规则多边形及方形，晚材管胞横切面为长方形、方形及多边形。

木材基本密度522—641 kg/m³、气干密度623—761kg/m³，干缩小，干燥缓慢有开裂倾向；材质硬度中等，径面硬度468—743kgf/cm²，握钉力强、耐磨性好，利于车旋，切削面光滑。耐腐性强，能抗菌、虫危害。

木材通常用于制造各种车工制品、家具、玩具、木碗、乐器、雕刻、船桨、拱形制品、椅背、高级地板、高级家具、轮船客舱、客车车厢及其他妆饰品等。

树种8：

榧木（*Torreya grandis* Fort. ex Lindl.），红豆杉科榧属常绿乔木。

榧木又名香榧、草榧、木榧、糖榧、榧子、蚕榧、青榧、油榧子、野榧子、老鸦榧、木皮子、桂木榧、玉榧等，主要产于江苏南部、浙江、福建北部、安徽南部及大别山区、江西北部，西至湖南西南部及贵州松桃等地海拔 1000 米以下。在浙江诸暨有小片人工林，安徽南部与浙江西部交界处有天然混交林。

木材纹理直、结构细且均匀；边材黄白色、心材嫩黄或黄褐色，心边材区别明显或略明显；有光泽，略具似药味的难闻气味、无特殊滋味；生长轮颇明显，轮间晚材带略深，宽度均匀；早材带占全轮宽度三分之二至绝大部分，早晚材渐变；轴向薄壁组织和树脂道未见、木射线稀至中等。早材管胞横切面为不规则多边形及方形，晚材管胞横切面为长方形及方形。

木材基本密度 417 kg/m³、气干密度 499kg/m³，干缩小，干燥容易；材质硬度中等，径面硬度 312kgf/cm²，握钉力中等、切削容易，适于车旋，切削面光滑；耐腐性强，能抗菌、虫危害。

木材通常用于制造算盘珠、棋子、棋盘、玩具、铅笔杆、装饰品、雕刻、机模、文具、家具、胶合板、船舶、车厢、房架等。

树种 9：

日本柳杉［*Cryptomeria Japonica*（Thunb. ex L. f.）D. Don］，柏科柳杉属常绿高大乔木。

日本柳杉又名孔雀松、猴抓杉、狼尾柳杉、猿尾柳杉、猴爪柳杉等，原产于日本，广泛分布于东北、四国，九州和屋久岛的本州，多在山谷、山腰湿气适中、土壤肥沃的山区沿岸自然生长，为日本重要的造林树种。其中，分布在鹿儿岛县屋久岛的屋久杉属于知名的巨大杉树，只有 1000 年以上的柳杉才被称为屋久杉，它们在海拔 600 米以上到 1300 米的地方自然生长，实际树龄大多在2000—4000 年，其中有树高 50 米以上的巨树；中国引种栽培日本柳杉始于 1914年，在江西、福建、浙江、江苏、四川、湖北、湖南、贵州、广西等省的山区生长良好，已成为中国亚热带山地重要造林种树之一。

木材纹理通直、明显清晰，会出现竹纹、鹑纹等颇具特色的纹理；心材为深浅相间的褐色，边材则是白色，分界明显；生长轮明显，肌理稍微粗糙；有特殊芳香。

木材气干密度 300—450kg/m³，平均弯曲强度 64MPa、压缩强度 34MPa、剪切强度 5.9MPa、弹性模量 7.4GPa；干燥性能、胶粘性能、耐磨性能良好；木质较为柔软，易于切削加工，加工性良好；耐腐蚀性、涂饰性能、握钉力一般；和松木不同，树脂成分较少。

木材由于纵向承载力大，大量应用于建筑材料，如木结构建筑、桥梁等；还常用于造船、室内装饰、家具、门窗、工艺品、集成材、胶合板等。

树种 10：

银杏木（*Ginkgo biloba* L.），银杏科银杏属乔木。

银杏为我国特有树种之一，分布区域广，北至沈阳以南，南至广州，东至江苏、浙江，西至甘肃南部；在浙江西天目山海拔 500—1000 米地区尚有野生混交林。

木材纹理直、结构颇细且均匀；边材浅黄褐或带浅红褐色，纵面呈黄白色，心材黄褐或红褐色，久露空气中材色转深，心边材区别明显，略有光泽；新切面上有难闻气味，特别是新伐材最显著，无特殊滋味；生长轮略明显，轮间晚材带色深；早晚材渐变。

木材基本密度 451kg/m³、气干密度 532kg/m³，干缩小，干燥容易；材质软，径面硬度 317kgf/cm²，强度低，握钉力不大。耐腐性强，抗蚁性弱。

木材通常用于制作玩具、算盘珠、棋子、雕刻、文化用品、纺织印染滚筒、脱胎漆器木模、胶合板、家具、运动器械等。

树种 11：

西部红柏（*Thuja plicata* Donn. Ex D. Don），柏科崖柏属乔木。

西部红柏又名红崖柏木、北美香柏，外文名 Western Red Cedar。分布于落基山北部、太平洋东岸北部。从美国阿拉斯加州延伸到加利福尼亚州南部，加拿大、大不列颠哥伦比亚省内陆山脉，美国华盛顿州、爱达荷州、蒙达拿州等泊北部直到北美分水岭（落基山 600—1300 米地带）的西部。立木形体高大，高达 45—75 米，胸径 1—2.5 米。

木材纹理直、结构粗，边材窄、近白色，心材浅红至粉红褐色，干燥后主要为红至褐色，长久在大气中暴露逐渐减为银灰色，具有甜、芳香、微苦涩味；生长轮清晰。管胞中等粗，径壁具缘纹孔 1—2 列，交叉场纹孔杉木型呈球形或近似球形，大小均匀，每个交叉场 1—4 个纹孔；轴向薄壁组织细胞稀疏，射线单列，射线细胞中空含有少量深色沉积物。

木材基本密度 310kg/m³、气干密度 340kg/m³，干缩小，干燥容易，干燥后材质变化不大，形状稳定；材质轻软，顺纹抗压强度 19.4—31.9MPa、抗弯强度 36.4—52.5MPa、顺纹抗剪强度 5.4—6.9MPa、抗弯弹性模量 6.6—7.8GPa、径面硬度 118—159kgf/cm²。耐腐性强，不受昆虫及真菌、白蚁等侵袭，稳定性好。

木材通常用于制作屋顶板、蜂房、室内墙板、室内装修用木条、柱子、篱笆、户外巨型木雕等。

树种 12：

红松（*Pinus koraiensis* Sieb. et Zucc.），松科松属常绿乔木。

红松又名海松、果松、韩松、朝鲜松、红果松、新罗松、东北松、扎南木等，外文名 Korean Pine。分布于中国东北的小兴安岭到长白山北坡爱辉县以南海拔 150—1800 米地带，以及俄罗斯、日本、朝鲜的部分区域，为东北林区最重要的森林树种之一，也是我国最重要的商品材之一。立木形体高大，高达 50 米，胸径 1 米，常见者大多数高 25 米，胸径 40—60 厘米。树皮幼时灰褐色，近乎平滑；大树灰褐或灰色，纵裂成不规则长方形的鳞状块片脱落，内皮红褐色。

木材纹理直、结构中而匀；边材浅黄褐色至黄褐色带红，心材红褐色，间或浅红褐色，久则转深，心边材区别明显。木材有光泽，松脂气味较浓，无特殊滋味。生长轮略明显，轮间晚材带色略深，宽度均匀，每厘米 6—7 轮，个别可达 15 轮。早材带占全轮宽度绝大部分，管胞在放大镜下略明显，早晚材渐变。木射线稀至中，极细。树脂道泌脂细胞壁薄，常含拟侵填体。

木材气干密度 440kg/m³，干缩小至中，干燥容易，气干速度快，不易开裂和变形，干燥后尺寸稳定性中等；材质软，握钉力弱至中等，耐磨性略差，端面硬度 220kgf/cm²。边材蓝变较少，耐腐性好，抗蚊蛀性弱，不抗海生钻木动物危害，防腐浸注处理较难。切削容易，切面光滑，可车旋；胶粘性能较差。

木材可用于建筑、包装、室内装修、甲板、桅杆和船舱用料、绘图板、木尺、风琴键盘、音板和风簧口、纺织卷筒和扣框、翻砂木模、水泥盒子板、蓄电池隔电板、平衡木、电杆、枕木、造纸原料等。

树种 13：

樟子松（*Pinus sylvestris* L. var. *mongolica* Litv.），松科松属常绿乔木。

樟子松又名海拉尔松、蒙古赤松、樟松等，外文名 Mongolian Scotch Pine。分布于中国大兴安岭海拔 400—900 米山地及海拉尔以西和以南一带沙丘地区，为大兴安岭主要树种之一。立木形体高达 30 米，胸径 70 厘米，常见者大多数高 15—20 米，胸径 30—50 厘米。大树树皮厚，树干下部灰褐或黑褐色，深裂成不规则的鳞状块片脱落，上部树皮及枝皮浅黄褐色，裂成薄片脱落。

木材纹理直、结构中至略均匀；材色较浅，边材显然较其他硬木松树种窄狭，呈浅黄褐色，心材红褐色。早材管胞径壁纹孔直径约接近径壁直径，早晚材略急变。射线薄壁细胞水平壁以薄为主，交叉场纹孔通常全为窗格状；树脂道较少、较小。

木材基本密度 370—381kg/m³、气干密度 457—477kg/m³，干缩中；材质轻软，端面硬度 251—258kgf/cm²，径面硬度 209kgf/cm²，冲击韧性中等。

木材可用于建筑、包装、家具、室内装修、甲板、桅杆和船舱用料、绘图板、木尺、风琴键盘、音板和风簧口、纺织卷筒和扣框、翻砂木模、水泥盒子板、蓄电池隔电板、平衡木、电杆、枕木、造纸原料等。

树种 14：

扁柏〔*Platycladus orientalis*（Linn.）Franco〕，柏科侧柏属常绿乔木。

扁柏又名侧柏、扁松、黄柏、香柏、香树、香柯树等。产于内蒙南部、东北南部、经华北向南达广东和广西北部，西至陕西、甘肃、西南至四川、云南、贵州；在河北兴隆、山西太行山区、陕西渭河流域及云南澜沧江流域山谷中有天然林，其他各地多为人工林。立木形体高达 20 米，胸径 1 米。大树树皮薄，浅灰褐色，浅纵裂，呈条片状或鳞状脱落。

木材纹理斜、结构细而匀；边材黄白至浅黄褐色，心材草黄褐或至暗黄褐色，久露空中材色转深，心边材区别明显。木材有光泽，柏木香气浓郁，味微苦，心材有油性感。生长轮明显，轮间晚材带色深（紫红褐）；宽度不均匀，每厘米 7—9 轮；时有断轮或假轮出现。早材带占全生长轮宽度绝大部分，管胞在放大镜下不见，晚材带极窄，早晚材渐变。轴向薄壁组织通常不见，有时因树脂溢出在肉眼下横切面上呈星散状或弦列，深褐色，径切面上呈黄色短条纹。木射线稀至略密，极细，在放大镜下横切面上可见，在肉眼下径切面上射线斑纹略明显。早材管胞横切面为圆形、方形及多边形；晚材管胞横切面为长方形、椭圆形及多边形；轴向薄壁组织量多或略少；星散状及弦向带状；薄壁细胞端壁节状加厚明显（通常 2—3 个）或不明显，多含深色树脂。射线细胞椭圆及长椭圆形，稀圆形，含少量树脂。射线管胞未见。

木材基本密度 502—512kg/m³、气干密度 612—618kg/m³，干缩小，干燥较慢，干燥后性质稳定，不变形；材质中等，握钉力强，端面硬度 557—596kgf/cm²，径面硬度 424—491kgf/cm²，冲击韧性中等。耐腐性强，抗蚁蛀性中等。加工容易，切面光洁，车旋性能良好，油漆和胶粘性质一般。

木材可用于制作车工制品、雕刻、文具（如木尺、笔杆等）、坑木、篱柱、桩木、枕木、电杆、桥梁、房屋建筑、木瓦、家具、舟车和常用品等。

树种 15：

枞树 ［*Abies fabri*（Mast.）Craib］，松科冷杉属常绿或落叶乔木。

枞树又为冷杉。产于四川大渡河流域峨眉、峨边、马边、洪雅、石棉及青衣江流域天全、宝兴，西至康定等高山上部海拔 2000—4000 米地带。立木形体高达 40 米。树皮深灰色，不规则薄片状剥落。

木材纹理直、结构中而匀；木材黄褐色带红或浅红褐色，心边材区别不明显；光泽弱；微有松脂气味；无特殊滋味。生长轮明显，轮间晚材带色深；宽度不均匀或均匀，每厘米 7—11 轮，早材带占生长轮宽度 1/2—4/5，管胞在放大镜下略明显，早晚材渐变。轴向薄壁组织不见。木射线稀至中，甚细至极细，在放大镜下横切面上明显，在肉眼下径切面上射线斑纹不明显。

木材气干密度 433kg/m³，干缩中，干燥容易，速度快，不翘曲，但易产生细裂纹。材质轻而软，握钉力弱，冲击韧性中，端面硬度 312kgf/cm²，径面硬度 178kgf/cm²。不耐腐，防腐处理也不容易。切削容易，切削面颇光滑，但因早材甚疏松，横切面常不易刨光。油漆后光亮性欠佳。胶粘颇易。

木材可用于造纸、建筑、室内装修、箱盒、乐器、木桶、包装材、火柴杆、平衡木、水泥盒子、电杆、篱柱、坑木等。

树种 16：

红皮云杉（*Picea koraiensis* Nakai），松科云杉属乔木。

红皮云杉又名红皮臭、白松、虎尾松、小片鳞松、针松、沙树、带岭云杉、岛内云杉、丰山云杉、溪云杉等。产于大兴安岭、小兴安岭、张广才岭、长白山和内蒙古，以小兴安岭、长白山、吉林山区最为普遍。树木高达 30 米以上，胸径 80 厘米。树皮灰褐或浅红褐色，浅灰色，裂成不规则薄条片状脱落，裂缝常为红褐色。

木材纹理直、结构中而匀；木材浅黄褐或带红色，心边材无区别；有光泽，无特殊气味和滋味；生长轮明显，较宽且均匀，晚材带更明显，早材带占生长轮宽度大部分。管胞在放大镜下可见，早材至晚材渐变。木射线稀至中，极细，在放大镜下横切面上明显，在肉眼下径切面上射线斑纹不明显。早材管胞横切面为方形及多边形，径壁具缘纹孔 1 列，圆形及卵圆形至椭圆形；纹孔口圆形至卵圆形，眉条长，数少。晚材管胞横切面为长方形及方形；径壁具缘纹孔 1 列，圆形，纹孔口透镜形，最后数列管胞弦壁上具纹孔数多。射线细胞长椭圆及椭圆形，少数细胞含深色树脂，射线管胞内壁锯齿数少，螺纹加厚间或可见；射线薄壁细胞水平壁厚，纹孔明显，端壁节状加厚明显。射线薄壁细胞与早材管胞间交叉场纹孔式为云杉型 2—5（通常 2—4）个，通常 1—2 横列。

　　木材基本密度 352kg/m³、气干密度 417—435kg/m³，干缩中至小，干燥容易，速度快，干燥后性质稳定；材质软，端面硬度 225—255kgf/cm²，径面硬度 164kgf/cm²，冲击韧性中等。稍耐腐，不抗蚁蛀，防腐浸注较难。加工容易，切面光洁，油漆后光亮性中等，胶粘较易。

　　木材通常用于国产飞机螺旋桨，钢琴、风琴和提琴音板，人造丝、纸浆、胶合板、木丝、火柴杆、包装盒、玩具、家具、运动器械、电杆、矿柱等。

　　树种 17：

　　鱼鳞云杉［*Picea jezoensis* Carr. Var. *microsperma*（Lindl.）Cheng et L. K. Fu］，松科云杉属乔木。

　　鱼鳞云杉又名鱼鳞松、白松、鱼鳞杉、戈木必南木等。产于东北大兴安岭至小兴安岭南端（铁力、带岭、伊春、翠恋等地）及松花江流域中下游（尚志、汤源、勃利等地），大兴安岭北部也有局部片状分布。苏联远东地区及日本北海道也有分布。树木高达 50 米，胸径 1.5 米。树皮幼时暗褐色，老时灰色，裂成鳞状块片剥落。

　　木材纹理直、结构中而匀；木材浅黄褐或带红色，心边材无区别；有光泽，无特殊气味和滋味；生长轮明显，轮间晚材带色略深，早材带占生长轮宽度大部分。管胞在放大镜下可见，早材至晚材渐变。木射线稀至中，极细，在放大镜下横切面上明显，在肉眼下径切面上射线斑纹不明显。早材管胞横切面为方形及多边形，径壁具缘纹孔 1 列，圆形及卵圆形至椭圆形；纹孔口圆形至卵圆形，眉条长，数少。晚材管胞横切面为长方形及方形；径壁具缘纹孔 1 列，圆形，纹孔口透镜形，最后数列管胞弦壁上具纹孔数多。射线细胞长椭圆形及椭圆形，少数细胞含深色树脂，螺纹加厚间或可见；射线薄壁细胞水平壁厚，纹孔明显，端壁节状加厚明显。射线薄壁细胞与早材管胞间交叉场纹孔式为云杉型 2—5（通常 2—4）个，通常 1—2 横列。

　　木材气干密度 451kg/m³，干缩中，干燥容易，速度快，干燥后性质稳定；材质软，端面硬度 250kgf/cm²，径面硬度 176kgf/cm²，冲击韧性中等。不耐腐，不抗蚁蛀，防腐浸注较难。加工容易，切面光洁，油漆后光亮性中等，胶粘较易。

　　木材通常用于国产飞机螺旋桨，钢琴、风琴和提琴音板，人造丝、纸浆、胶合板、木丝、火柴杆、包装盒、玩具、家具、运动器械、电杆、矿柱等。

树种 18：

臭冷杉（*Abies nephrolepis*（Trautv.）Maxim.），松科冷杉属乔木。

臭冷杉又名臭松、臭枞、白松、东陵冷杉、白枞、白果松、华北冷杉、胡桃庐子、冷杉、罗汉松、桃江庐子、不恩必南木等。产于东北小兴安岭、长白山区及张广才岭海拔 1000—1800 米，河北雾灵山、小五台山、围场及山西五台山海拔 1700—2700 米地带，为东北林区常见树种之一，但一般都是小径材，长白山林区生长者通常比小兴安岭生长的要大一些。树木多数高 20 米左右，胸径 20—30 厘米。树皮的外皮薄，不裂，浅绿灰或暗灰色，大多有灰色白斑点；表面有瘤状突起，内含树脂，为制冷胶的原料。

木材纹理直、结构中而匀；木材浅黄白至浅黄褐色，心边材无区别；光泽弱；微有松脂气味；无特殊滋味。生长轮明显，轮间晚材带色深；宽度均匀或不均匀，每厘米 4—5 轮，个别可达 15 轮；早材带占生长轮宽度 1/2—3/4；管胞在放大镜下略明显，早材管胞横切面为方形、长方形及多边形，早材管胞径壁具缘纹孔 2 列较少，弦壁纹孔较多，晚材管胞横切面为长方形及方形，早材至晚材渐变。木射线稀至中，极细至甚细，在放大镜下横切面上明显，在肉眼下径切面上射线斑纹不明显。轴向薄壁组织不见或偶见，树脂道轴向创伤可见，含少量树脂。

木材基本密度 316kg/m³、气干密度 384kg/m³，干缩中，材质甚软，端面硬度 220—248kgf/cm²，径面硬度 145—164kgf/cm²，冲击韧性中等。

树木较小，除了树皮可割制冷杉胶外，木材利用的重要性弱。

树种 19：

罗汉松科罗汉松属（*Podocarpus* L'Herit. Ex Pers.），常绿乔木或灌木。

罗汉松科罗汉松属分 3 组，约 100 种，包含罗汉松组（Sect. *Podocarpus*）、竹柏组（Sect. *Nagi* Endl.）、鸡毛松组（Sect. *Dacrycarpus* Endl.）。罗汉松组的树种管胞直径最小，木材最细致，重量、强度亦较大；鸡毛松组的树种管胞直径最大，木材较松软。该属树木多分布于亚洲东部及南半球温带与热带地区，我国有 13 种；其中，只有鸡毛松、竹叶松、竹柏等为本属的主要用材树种，其余多供庭园观赏用。

树种 20：

欧洲云杉［*Picea abies*（L.）Karst］，松科云杉属乔木。

欧洲云杉分布于欧洲中部及北部。树木高达 36 米，胸径 70—120 厘米。幼树树皮薄，老树树皮厚，裂成小块薄片。

木材纹理直、结构细致，呈浅白色至黄棕色，有自然光泽，心边材区别不明显，早晚材渐变。射线含树脂道，树脂道为 8—12 个壁较厚的泌脂细胞所包围。纵向管胞一般有一列，很少两列的对列纹孔。木射线异形，射线平均高度 10—15 个细胞，上限 25 个。射线管胞具有光滑起伏状壁。射线薄壁组织细胞壁厚，具节状切向壁。射线纹孔在早材中一般是云杉型，部分是柏型；在晚材中是云杉型。

木材基本密度 350kg/m³、气干密度 417kg/m³，干燥容易、迅速，但有时发生开裂。不耐久，不易防护；易加工，加工表面光滑；胶粘性能好，易染色、涂饰和油漆；握钉力好。

木材通常用于纸浆、单板、胶合板、地板、箱盒、包装箱、食品容器、细木工板、室内装修、框架、桅杆、坑柱、脚手架、旗杆、乐器板材等。

树种 21：

花旗松［*Pseudotsuga menziesii*（Mirb.）Franco］，松科黄杉属乔木。

花旗松又称北美黄杉，主要分布在加拿大不列颠哥伦比亚省，美国华盛顿州、俄勒冈州分布较多；从落基山到墨西哥南部广大地域均有分布。大立木一般高 24—61 米，胸径约 60—150 厘米，有的更大。树干侧枝较少。

木材纹理直，有时呈波纹状，结构中等或相当粗。木材的边材窄，心材颜色从黄色到红色至褐色。生长在沿海地区的木材较生于山地的立木颜色深，结构均匀。早晚材差别明显，径切和旋切的单板表面形成清晰的花纹。

木材基本密度 450kg/m³、气干密度 510—530kg/m³，干缩中等，干燥容易；材质中等，强度指标与欧洲赤松相比刚性超过 60%，弯曲强度和顺纹抗压强度超过 30%，载荷冲击强度超过 40%。太平洋沿岸区产的木材材质较山地地区产的木材硬而沉重，与湿地松、长叶松比较，木材力学特性相似。木材耐久性中等，易加工，对工具磨损较明显，不锐利的刃具在较软的早材区，易形成不平整的表面；胶粘性、染色性、磨光性良好；干燥的木材可能流出松脂，准备涂油漆时木材宜在室内干燥到一定程度；握钉力差。

木材通常用于大型强固、耐久的构件、桩结构、杆、起重架、桅杆、港口建筑、铁路枕木、桶、旋切制品、通信、输电柱材、地板等建筑用材，单板胶合板的生产、纸浆的制浆材等。

（二）阔叶材树种

树种 1：

白桦（*Betula platyphylla* Sukaczev），桦木科桦木亚科桦木属乔木。

白桦分布广，遍及东北各林区，以大兴安岭为最多，华北也有，俄罗斯的西伯利亚东部和远东地区、朝鲜、日本亦有分布。

木材纹理直、结构甚细均匀，黄白至黄褐色，心边材区别不明显，有光泽；无特殊气味和滋味；生长轮略明显；散孔材，宽度略均匀；管孔略多至多，分布略均匀，单管孔及短径列复管孔（2—4 个）；未见侵填体。

木材基本密度 489—501kg/m³、气干密度 607—634kg/m³，干缩小；材质软，径面硬度 337—427kgf/cm²，强度低，韧性高、握钉力大、富有弹性。树木采伐后易腐朽、抗蚁性弱。

木材通常用于特种胶合板、地板、家具、纸浆、工农具柄、生活用牙签、筷子、木桶，内部装饰材料、车船设备等。

树种 2：

冬青木（*Ilex chinensis* Sims），冬青科冬青属乔木。

冬青木主要产于长江流域以南的四川、贵州、湖北、湖南、江西、广西、安徽等省区，湖北西部宜昌一带海拔 300—1000 米与四川海拔 600—900 米处均见分布，尤以广西北部海拔 500 米左右的丘陵地区最为常见。

木材纹理直、结构较细均匀，灰白或至浅黄白色，心边材区别不明显，有光泽；略有马铃薯气味，无特殊滋味；生长轮明显，轮间呈细线；散孔材，宽度略均匀；管孔甚小，大小一致，呈短径列复管孔（2—4 个）及单管孔；未见侵填体。

木材基本密度 587kg/m³、气干密度 785kg/m³，干缩性中等，干燥时有翘裂现象；材质硬度中等，径面硬度 591kgf/cm²，强度和握钉力中等。不耐腐，抗蚁性弱，外部容易变色。

木材通常用于制造各种车工制品如玩具、工农具柄、棋子、雕刻、造纸、钢琴上的打弦器、房架、门窗及家具等。

树种 3：

山杨（*Populus davidiana* Dode），杨柳科杨属白杨组山杨亚组乔木。

山杨分布广泛，中国黑龙江、内蒙古、吉林、华北、西北、华中及西南高山地区均有分布，垂直分布自东北低山海拔 1200 米以下，到青海 2600 米以下，湖北西部、四川中部、云南在海拔 2000—3800 米之间，朝鲜、俄罗斯东部也有分布。

木材白色，轻软，富弹性，气干密度 410kg/m³。

木材供造纸、火柴杆及民房建筑等用；树皮可作药用或提取栲胶；萌枝条可编筐；幼枝及叶为动物饲料；幼叶红艳、美观供观赏；绿化荒山保持水土有较大作用。

树种 4：

紫椴（*Tilia amurensis* Rupr.），椴树科椴树属椴树组落叶大乔木。

紫椴在中国东北林区，它主要分布在长白山及小兴安岭林区，是这两个林区常见的上层乔木树种。除东北外，也产自河北、山西、河南、山东等省。在国外，俄罗斯、朝鲜等地也有分布。

木材纹理直、结构较细且均匀，黄褐或黄红褐色，心边材区别多不明显，有光泽；略有油臭气味，无特殊滋味；生长轮略明显，轮间呈浅色细线；散孔材，宽度均匀；管孔数多、甚小、大小一致、分布均匀，呈径列或斜列，单管孔及短径列复管孔（2—3 个），未见侵填体。

木材基本密度 355kg/m³、气干密度 458—493kg/m³，干缩性中等，气干速度快；材质较软，径面硬度 160kgf/cm²，强度和握钉力低，耐磨性差。不耐腐，抗蚁性弱。

木材通常用于制造旋制胶合板、铅笔杆、火柴杆、雕刻、木模制作等。

树种 5：

荷木（*Schima superba* Gardn. et Champ.），山茶科荷木属常绿大乔木。

荷木主要产于江苏、浙江、安徽、福建、湖南、湖北、江西、贵州、广东、广西、海南等省份；在福建常分布于海拔 200—800 米，湖南南部和广东北部常见于海拔 600—1400 米，海南海拔 500—800 米，四川、贵州分布于 1500—2000 米；是福建西北部、浙江南部、江西南部、广东北部、广西北部和湖南西南部重要阔叶树林的组成树种。

木材纹理斜、结构较细且均匀，浅红褐至暗黄褐色，心边材区别不明显，有光泽；无特殊气味和滋味；生长轮明显，轮间呈深色带；散孔材，宽度略均匀；管孔数多、略小、大小颇一致、分布颇均匀；单管孔，少数呈短径列复管孔（2—3 个），未见侵填体。

木材气干密度 611—638kg/m³，干缩性中等，干燥时容易产生翘裂；材质硬度适中，径面硬度 450—456kgf/cm²，强度和握钉力中等。稍耐腐，抗蚁性弱。

木材通常用于制造胶合板、家具、玩具、农具、建筑、装饰等。

树种 6：

辽东桤木（*Alnus sibirica* Fisch.），桦木科桦木亚科桤木属乔木。

辽东桤木主要产于黑龙江、吉林、辽宁、山东等省的溪边和河流附近或山间低洼的水湿地带；在大、小兴安岭及长白山林区也只限于河流两岸的水湿地；在国外分布在朝鲜、日本和俄罗斯等地。

木材纹理直或略斜、结构较细但不均匀，红褐色，心边材区别不明显，有光泽；无特殊气味和滋味；生长轮略明显；散孔材，管孔略多、略小、大小一致、分布不均匀；单管孔及径列复管孔（多数 2—4 个），未见侵填体。

木材基本密度 437kg/m³、气干密度 533kg/m³，干缩小，干燥容易；材质硬度适中，径面硬度 296kgf/cm²，强度和握钉力低。耐腐性弱，但防腐处理极容易。

木材通常用于制造木炭、胶合板、家具、木屐、农具、日用品、纸等。

树种 7：

橡胶木［*Hevea brasiliensis*（H. B. K.）Muell. -Arg.］，大戟科橡胶树属常绿大乔木或乔木。

橡胶木原产于巴西亚马逊河流域，我国云南南部、广东南部、海南、广西南部、福建漳州地区等均有引种栽培，尤其是海南南部及云南西双版纳栽培居多。

木材纹理斜、结构细且均匀，浅黄褐色，心边材区别不明显，光泽弱；无特殊气味和滋味；生长轮明显，轮间呈深色带；散孔材，管孔少、大小略一致、分布略均匀；单管孔，短径列复管孔（2—4 个），未见侵填体。

木材气干密度 400—640kg/m³，干缩小，干燥容易；材质较软，径面硬度 560kgf/cm²，握钉力弱。不耐腐，易遭虫蛀，易呈蓝变色。

木材通常用于家具、农具、建筑、室内装饰、造纸、包装、工艺品、单板、雕刻等。

树种 8：

椴木（*Tilia tuan* Szysz.），椴树科椴树属椴树组落叶乔木。

椴木主要产于江苏、江西、湖北、四川、贵州等省份。

木材纹理直、结构较细且均匀，材色深，浅红褐至红褐色，心边材区别多不明显，有光泽；略有油臭气味，无特殊滋味；生长轮略明显，轮间呈浅色细线；散孔材，宽度均匀；管孔较少、径列，短径列复管孔（2—4个，多数是2个），未见侵填体。

木材基本密度437kg/m³、气干密度553kg/m³，干缩小；材质硬度中等，径面硬度339kgf/cm²，强度和握钉力低，耐磨性差。不耐腐，抗蚁性弱。

木材通常用于制造旋制胶合板、家具、车厢板、房门、乐器、滑翔机填料、运动器械、百叶窗、文具、玩具、厨房用具、室内装饰材料、火柴杆、纸浆等。

树种9：

桦木（*Betula* L.），桦木科桦木亚科桦木属落叶乔木或灌木。

桦木约100种，分布于北美、欧洲及亚洲，我国约有29种，1变种；分布于东北、西北、西南至中南。国产主要有产于东北的白桦、硕桦、棘皮桦；陕西、甘肃、河北、河南、四川及云南西北高海拔地区的红桦和毛红桦；贵州、安徽、湖南与两广的光皮桦等。

木材纹理直、结构甚细均匀；木材由黄白至黄褐色，心边材区别不明显，也有边材浅红褐色、心材红褐色，心边材区别常明显；有光泽；无特殊气味和滋味；生长轮略明显；散孔材，宽度略均匀；管孔略少至多，分布略均匀，单管孔及短径列复管孔（2—4个）；未见侵填体。

木材基本密度485—581kg/m³、气干密度590—723kg/m³；材质软至硬，径面硬度337—658kgf/cm²，强度低至中等，韧性中等至高。树木采伐后易腐杇、抗蚁性弱。

木材通常用于胶合板、地板、家具、纸浆、手榴弹柄、百叶窗、木梭、木尺、生活用牙签、筷子、木桶，内部装饰材料、车船设备等。

树种10：

樟木［*Cinnamomum camphora*（L.）Presl］，樟科樟木属香樟类常绿乔木。

樟木，别名香樟；主要产于长江流域及以南各省区；在四川东部分布于海拔300米左右地带，贵州东南部则在海拔600米左右，海南也有分布；台湾中部和北部海拔1000米以下多为人工纯林，南部则在海拔1800米以下；日本也产樟木；香樟在我国台湾最多，次为江西，再次为福建。

木材呈螺旋纹理或交错纹理、结构细且均匀；边材黄褐至灰褐或浅黄褐色微红，心材红褐或红褐微带紫色，沿纹理方向常杂有红色或暗色条纹，心边材区别明显，有强光泽；新切面上樟脑气味浓厚，味苦；生长轮明显，轮间呈深色带；散孔材至半环孔材，宽度不均匀；管孔略多、略小至中、大小略一致、分布略均匀；单管孔，短径列复管孔（2—5个），少数有侵填体。

木材基本密度 437kg/m³、气干密度 535—580kg/m³，干缩小，干燥略困难，速度慢、易翘曲；材质硬度软至中等，径面硬度 346—351kgf/cm²，强度低，握钉力中等。耐腐耐虫。

木材通常用于船材、车辆、建筑、室内装修、枕木、农具、棺椁、木屐、家具、雕刻、运动器械等。

树种 11：

桢楠（*Phoebe zhennan* S. Lee et F. N. Wei），樟科桢楠属常绿大乔木。

桢楠，通称楠木，主要产于四川、贵州、湖北等地。

木材纹理斜或交错、结构细且均匀；木材黄褐色带绿，心边材区别不明显，有光泽；新切面上有香气，易消失，滋味微苦；生长轮明显，轮间呈深色带；散孔材，宽度颇均匀；管孔略少、略小至中、大小一致、分布略均匀；单管孔及短径列复管孔（2—3个），有侵填体。

木材气干密度 610kg/m³，干缩小，干燥较好，微有翘曲；材质硬度中等，径面硬度 408kgf/cm²，强度低，握钉力较好。耐腐耐虫。

木材通常用于制作高级家具、地板、木床、胶合板、木雕、装饰材料、钢琴壳、文具、门窗、建筑、船材等。

树种 12：

梓木（*Catalpa ovata* Don），紫葳科梓树属落叶乔木。

梓木分布较广，长江流域及以北地区均有分布，日本亦有。木材构造、性质、利用略同滇楸。

木材心边材区别略明显，有光泽；无特殊气味和滋味；边材一般为黄褐、灰黄褐色或浅褐色，心材通常呈深黄褐、深灰褐或深褐色。梓木纹理优美并具光泽，有类似榆木的花纹。

云南广通产梓木的气干密度为 472kg/m³，端面硬度为 312 kgf/cm²。梓木结构性能稳定，干缩性小，易干燥、不易翘曲开裂、耐腐蚀、易于加工，且刨削后表面光泽度极佳，纹理清晰优美。

该木材用途广，居百木之首，可用于车板、乐器、棺材、印刷刻版、棋盘、建筑檐柱、船舶、桥梁、门、窗、胶合板、枕木、坑木、篱柱、电杆、家具中箱柜、架格、桌案、雕花挡板和其他室内装饰零部件等。

树种 13：

小叶杨（*Populus simonii* Carr.），杨柳科杨属青杨组常绿乔木。

小叶杨别名杨木、白杨、南京白杨、河南杨、明杨、青杨、山白杨，为落叶乔木，东北、华北、西北、华东、华中、西南等地均有分布。

原木断面近圆形，心边材区别略明显，边材浅红褐色，边材到心材急变，心材为红褐色泛黄。木材具有光泽，无特殊气味，味苦。生长轮略明显，宽而均匀。半环孔材至散孔材，管孔镜下明显，早材管孔稍大而多，多为径向或斜向复管孔，少为单管孔，稀为管孔团。轴向薄壁组织未见。木射线甚细。纹理直，结构均匀。

木材基本密度 300—360kg/m³、气干密度 300—550kg/m³，干缩小，干燥容易；材质轻软，强度低，侧面硬度 150—216kgf/cm²；不耐腐，易遭虫蛀，加工容易，切削面光洁；油漆和胶粘性能良好，握钉力中等。

木材用于家具、民用建筑、包装箱、农具、制浆造纸等。

树种 14：

黄杨木（*Buxus* sp.），黄杨科黄杨属常绿灌木或小乔木。

黄杨木主要分布于欧洲、亚洲、热带非洲与中美洲，我国约有 17 种，除东北外，全国各省区均有自然分布与栽培，在湖北神农架林区、福建武夷山、四川等省区均有成片分布或栽培的小乔木用材林。

木材纹理斜，结构细且均匀，呈鲜黄褐或黄色，心边材区别不明显；有光泽；湿切面上略有泥土气味；无特殊滋味。生长轮不明显或略明显，轮间呈细线。散孔材，宽度不均匀，甚狭窄。管孔甚多，极小至甚小；呈单管孔，稀至短径列复管孔（2 个）；在生长轮内由内往外减小和减少。轴向薄壁组织量少。

木材材质略重、略硬，气干密度约 0.7kg/m³，耐腐耐虫，易于雕刻和车旋，切削面极光洁，油漆和胶粘性能好，握钉力优良。

木材用于雕刻及木座、玩具、车载装饰品、木梳、乐器、精致木匣、木尺、算盘珠等工具及棋子。

树种 15：

核桃木（*Juglans regia* L.），核桃科核桃属乔木。

核桃又称胡桃、纸核桃、岁子、羌桃、播多斯等。主要分布于华北、西北，在长江流域及西南等省也较普遍，为重要油料及用材树种。在四川通常分布于海拔 400—1600 米，湖北西部宜昌海拔 300—2000 米，长阳海拔 1300—1600 米，兴山海拔 1300—2100 米，房县海拔 1300—2000 米等地区。立木高可达 20 余米。树皮灰色，老时浅纵裂。

木材纹理直或斜，结构通常细致。边材浅黄褐或浅栗褐色，心材红褐或栗褐色，有时带紫色，间有深色条纹，久露空气中则呈巧克力色，心边材区别明显。木材有光泽，无特殊气味和滋味。生长轮明显，半环孔材，宽度略均匀至不均匀。管孔中等大小，在肉眼下可见，逐渐向生长轮外部减少减小，呈"之"字形排列；侵填体常见。轴向薄壁组织在放大镜下明显。木射线略密，极细至中，在肉眼下略见，比管孔小，径切面上有射线纹。导管横切面为卵圆形及椭圆形，略带多角形轮，单管孔及径列复管（2—5 个），通常含侵填体，壁薄。管间纹孔式互列，近圆形及卵圆形，或拥挤呈多角形。薄壁细胞端壁节状加厚明显或略明显，通常含树胶，晶体未见木纤维，壁薄至甚薄。射线细胞常含树胶，晶体未见，端壁节状加厚及水平壁纹孔多而明显。

木材基本密度 533kg/m³、气干密度 686kg/m³，干缩中等，干燥缓慢，干燥后性质稳定，不变形；材质中等，径面硬度 595kgf/cm²；较耐腐，立木腐朽时边材会变色。切削和刨光容易；油漆后光亮性能优异；胶粘性能好；握钉力强。

木材可用于枪托材、胶合板表板、家具、仪器盒、墙板、车厢板、船舱装修、枕木、桩柱木、钢琴壳、机模、雕刻、飞机螺旋桨及机翼等。

树种 16：

白木香（*Aquilaria sinensis*（Lour.）Gilg），瑞香科沉香属常绿乔木。

白木香又称土沉香、女儿香、马牙香、牙香树、莞香、香材等。主要产于广东的番禺、东莞、廉江、茂名、新会、从化等县，海南岛、广西的浦北、北流、博白、陆川等县，台湾、福建亦产，通常多见于海拔 1000 米左右以下的阔叶树林中。立木高达 25 米，胸径 60 厘米。树皮灰白色，粗糙或微细裂；韧皮纤维发达，强韧。

木材纹理直，结构细而匀。木材黄白色，久露空气中材色转深，心边材无区别。有光泽，微具甜香气味，无特殊滋味。生长轮不明显，轮间呈深色线，散孔材，在放大镜下明显，大小略一致，分布颇均匀。轴向薄壁组织通常不见。木射线稀至中，极细至略细，在放大镜下可见，在肉眼下径切面上有射线斑纹。内含韧皮部甚多，在肉眼下可见，系多孔式（岛屿型），均匀分布于基本组织内，有时会误认作管孔。导管横切面为圆形或卵圆形，有时略具多角形；径列复管孔（2—4个）及管孔团，少数单管孔。单穿孔，圆形或卵圆形，穿孔板多数略倾斜，少数倾斜及平行。

木材基本密度 370—380kg/m³、气干密度 400—430kg/m³，干缩小，干燥容易；材质轻，强度甚低，弦面硬度 126kgf/cm²；很不耐腐，易呈蓝变色。切削很容易，不易刨光；油漆后光亮性能不佳；胶粘性能好；握钉力弱。

木材可用于绝缘材料、包装箱、盒、独木舟、木碗、香料等。

树种 17：

枫木（*Liquidambar formosana* Hance），金缕梅科枫香亚科枫香属落叶大乔木。

枫木又称枫香、格苏、嘿和、嘿要、大叶枫、枫树、边材、边柴、边树、枫帮树、枫眼树、三解枫、鸡爪枫、枫梢木、百日材、吗草、路路通、红枫、白胶香等。主要产于长江流域以南各省区及台湾，西南至四川、贵州、云南东南部，南至广东、海南，除在云南、贵州生长于海拔 1500 米外，其余地区均分布在海拔 100 米以下地带。立木高达 40 米，胸径 150 厘米。树皮在幼皮时灰色、平滑，老皮灰黑色，深纵裂。

木材纹理交错，结构细而匀。木材红褐或浅黄或浅红褐色，容易感染变色菌致呈灰红褐至灰褐色，心边材区别不明显；光泽弱、无特殊气味和滋味，生长轮略明显至不明显；散孔材。导管横切面为多角形；管孔多至甚多，甚小至略小，在放大镜下可见；大小一致，分布均匀；单管孔及少数短径列复孔（2—3个）；侵填体未见。螺纹加厚间或出现于导管分子尾端，复穿孔，梯状，具分枝。轴向薄壁组织量少，星散—聚合及星散状，并似环管状；薄壁细胞端壁节状加厚明显；含树胶，胞间道轴向创伤者弦向排列，管腔呈多角形，裂生。

木材基本密度 455—491kg/m³、气干密度 588—612kg/m³，干缩中至大，干燥时易翘裂、蓝变色。材质、强度和硬度中等，端面硬度 522—609kgf/cm²，径面硬度 435—439kgf/cm²；很不耐腐，易感染蓝变色菌与腐朽。不易刨光；油漆后光亮性能一般；胶粘性能好；握钉力较强。

木材可用于胶合板、家具、包装箱、纸浆、枕木、坑木、木桩、室内装修材、船底板等。

树种 18：

红桦（*Betula albo-sinensis* Burk.），桦木科桦木属落叶乔木。

红桦又称桦树、桦木、红皮桦、鳞皮桦等。主要分布于甘肃西南部洮河流域和白龙江流域海拔 2200—3000 米，四川东北和西北海拔 2600—3600 米，湖北西部海拔 1600—3300 米，陕西、宁夏、青海、河北、山西、河南等，天然更新能力很强，常混生于针叶树林中，或单独形成小片纯林。立木高达 30 米，胸径 100 厘米以上。树皮橘黄至橘红色而有光泽，呈横向薄片状剥落，表面有白粉，皮孔白色显著，极为美观。

　　木材纹理直、结构甚细均匀。木材边材浅红褐色，心材红褐色，心边材区别常明显；木材有光泽，无特殊气味和滋味；生长轮略明显或明显，轮间呈浅色细线；散孔材，宽度略均匀；管孔略少，略小至中，在肉眼下常呈白点状，大小略一致，分布颇均匀，在生长轮外面部分较小；轴向薄壁组织在放大镜下可见；木射线密度中，极细至略细，在放大镜下明显，比管孔小。导管横切面为圆形及卵圆形；单管孔及短径列复管孔（2—3 个，间或 4 个）。

　　木材基本密度 500kg/m$^3$、气干密度 597—627kg/m$^3$；材质强度和冲击韧性中，端面硬度 542—595kgf/cm$^2$，径面硬度 388—453kgf/cm$^2$。木材干缩小，干燥颇快，不翘裂。不耐腐，抗蚁性弱，但防腐处理容易。切削容易，切面光滑，利于车旋，油漆后光亮性好，胶粘容易，握钉力大。

　　木材通常用于胶合板、室内装修、工农具、枪托材等。


　　树种 19：
　　杨木（*Populus* L.），杨柳科杨属落叶乔木或小乔木。

　　杨柳科杨属木材分 5 组，包含黑杨组（Sect. *Aegeiros* Duby）、白杨组（Sect. *Populus*）、大叶杨组（Sect. *Leucoides* Spach）、青杨组（Sect. *Tacamahace* Spach）和胡杨组（Sect. *Turanga* Bunge），约 100 多种，该属树木多分布于北美洲、欧洲、北非和亚洲，南达喜马拉雅山；我国约有 62 种，主要分布于华北、西北、东北、东部。各组间树种的共同特性是生长迅速，繁殖容易。其木材材性相差不大，可视作同一类商品材，为纤维、包装、火柴等工业的优良原料，也是胶合板、民房建筑用料。


　　树种 20：
　　红椿木 ［*Toona sureni*（Bl.）Merr.］，楝科香椿属红椿类乔木。

　　红椿木又称森木、榄姑笋、赤昨工、桃花森、红楝子、香椿芽、格逊芽、嘞勇、嘞勇拼、嘞荣、双翼香椿等。主要分布于云南保山、腾冲、潞西、贡山、石屏、墨山、普洱、景东、蒙自、大理、泸西、耿马、河口、屏边、景洪、马关等县，生长于海拔 1800 米以下的阔叶树疏林中；也在广东乐昌、曲江、乳源、博白及湛江地区各县海拔800米以下与海南、广西西部隆林、百色等地区分布；自印度至马来西亚、爪哇，往东至摩鹿加群岛均有生产。立木高达15—20余米。树皮灰褐色，小片状剥落。

木材纹理直、结构中至粗、略均匀。木材边材灰红褐或灰黄褐色，心材深红褐色，心边材区别明显。木材有光泽，具芳香气味；无特殊滋味。生长轮明显，半环孔材或近似散孔材；宽度均匀至略均匀。管孔数少，在肉眼下可见至甚明显；具侵填体。轴向薄壁组织在放大镜下明显，傍管状及轮界状。木射线稀至中，甚细至中，在肉眼下可见，径切面上射线斑纹明显。导管在生长轮内部横切面上为圆形及卵圆形，稀至圆形；在生长轮外部横切面上为卵圆形及圆形，单管孔或短径列复管孔（2—4个）。射线细胞内树胶丰富，晶簇或菱形晶体常见，端壁节状加厚多而明显。

木材基本密度388kg/m$^3$、气干密度477kg/m$^3$；材质轻而软，冲击韧性中，端面硬度372kgf/cm$^2$，径面硬度254kgf/cm$^2$。木材干缩小，干燥容易。耐腐性好，抗蚁蛀，防腐处理容易。切削容易，但光洁性差；油漆后光亮性好，胶粘容易，握钉力弱。

木材通常用于高级家具、机模、室内装修、乐器、雕刻、仪器木壳、体育用具、农具等。

树种21：

紫椿木（*Populus euphratica* Oliv.），楝科香椿属红椿类乔木。

紫椿木又称小果香椿。主要分布于广西西部百色、田西、西林等县海拔100米左右，云南景东海拔1300米、澂江海拔1800米、石屏海拔1600米、景洪海拔600米左右和佛海、马耿等县均普遍分布，广东西南，海南尖峰岭、白沙、贵州、湖北等林区均有分布，锡金、越南均有生产。立木高达10—25米。树皮浅灰褐色，不规则纵裂，片状剥落。

木材纹理直、结构中至粗、略均匀。木材边材灰红褐或灰黄褐色，心材深红褐色，心边材区别明显。木材有光泽，具芳香气味；无特殊滋味。生长轮明显，半环孔材；宽度均匀至略均匀。管孔数少至略少，在肉眼下可见至甚明显；具侵填体。轴向薄壁组织在放大镜下明显，傍管状及轮界状。木射线稀至中，甚细至中，在肉眼下可见，径切面上射线斑纹明显。导管在生长轮内部横切面上为圆形及卵圆形，稀至圆形；在生长轮外部横切面上为卵圆形及圆形，单管孔或短径列复管孔（2—4个）。射线细胞内树胶丰富，晶簇或菱形晶体常见，端壁节状加厚多而明显。

木材气干密度 495kg/m³；材质轻，冲击韧性中。木材干缩小，干燥容易。耐腐性好，抗蚁蛀，防腐处理容易。切削容易，但光洁性差；油漆后光亮性好，胶粘容易，握钉力弱。

木材通常用于高级家具、机模、室内装修、乐器、雕刻、仪器木壳、体育用具、农具等。

树种 22：

胡杨木 [Toona sureni (Bl.) Merr.]，杨柳科杨属胡杨组乔木。

胡杨木又称胡桐、异叶杨、托马拉克等。主要分布于内蒙古西部、甘肃、青海、新疆等。立木高达 15—30 米。

木材纹理略斜，结构甚细、均匀。木材心材黄白至浅黄褐色，心边材无区别。木材有光泽，无特殊气味和滋味。生长轮明显，轮间呈深色带，散孔材至半环孔材；宽度略均匀。管孔数多，略小，在放大镜下可见；侵填体未见。轴向薄壁组织不见；木射线中至略宽，极细至甚细，在放大镜下可见，比管孔小，在肉眼下径切面上射线斑纹略见或不见。导管横切面上为卵圆形及椭圆形，具有多角形轮廓，偶呈管孔团，径列；射线细胞内部含树胶，晶体未见，端壁节状加厚明显，水平壁纹孔可见（数少）。

木材基本密度 388kg/m³、气干密度 469kg/m³；材质轻而软，冲击韧性中，端面硬度 356kgf/cm²，径面硬度 232kgf/cm²。木材干缩小，干燥容易。不耐腐，但防腐处理容易。锯解时有夹锯现象，施刨困难，刨切面发毛；油漆后光亮性一般，胶粘容易，握钉力弱。

木材通常用于纸浆、木丝、人造丝、纤维板、刨花板、胶合板、家具、车厢板、包装箱、压缩木、枪托、地板等。

树种 23：

桃木 (Amygdalus persica L.)，蔷薇科桃属落叶乔木。

桃木原产于中国甘肃、陕西高原地带，全国都有栽培，栽培历史悠久，主产华北、华东、西北各地。公元前从甘肃、新疆传入波斯，并传到欧洲各地。立木高 3—8 米。树冠宽广而平展；树皮暗红褐色，老时粗糙呈鳞片状。

木材纹理特征非常明显，其纹路大多是直线状的，呈现出一种均匀的条状图案；材质坚硬，颜色淡雅，细腻均匀；木质结实致密富有弹性、耐腐蚀、不易开裂，带状条纹，自然散。

木材气干密度 600—800kg/m³；材质较硬，耐磨性好。木材耐腐性高，能够抵抗各种腐蚀因素的侵蚀；不容易受潮、开裂或变形，握钉力强。

木材通常用于家具、室内装饰、工艺品、船舶、桥梁、乐器、雕刻、厨具等。

树种 24：

红柳（*Antidesma maclarei* Merr.），大戟科油柑亚科五月茶属常绿乔木。

红柳又称莫氏五月茶、多花五月茶等。主要分布于海南省海拔 1000 米以下各林区。立木高 10 余米。树皮黑褐色，浅纵裂。

木材纹理直或斜、结构甚细、均匀。木材紫红褐，心边材区别不明显。木材有光泽，无特殊气味和滋味。生长轮不明显，散孔材；管孔通常略小，在放大镜下可见，大小一致，分布略均匀，径列；侵填体未见。轴向薄壁组织未见；木射线略密致密，甚细至中，在肉眼下略见，与最大管孔约等大或略小，径切面上射线斑纹明显。导管在横切面上为圆形、卵圆及椭圆形；径列复管孔（通常 2—4 个），稀单管孔，径列。具少量侵填体与树胶。

木材气干密度 700kg/m³ 左右；材质硬，能抗虫、菌危害。

木材通常用于房屋结构、篱柱、农具、木刻、纸浆、烧炭及燃材等。

树种 25：

北美鹅掌楸（*Liriodendron tulipifera* L.），木兰科鹅掌楸属乔木。

北美鹅掌楸别名美国鹅掌楸、美国黄杨、美国白杨、金丝白木等。主要分布于北美的美国、加拿大东部。立木高达 37 米，胸径 2 米有余。

木材纹理直、结构细。木材边材白色，常有杂斑或条纹，心材颜色从橄榄绿到黄色或褐色不同，有时带有淡白青色至银白色的条纹。每个年轮的外层有银白色条纹，在弦切面上形成明显花纹。木材无特殊气味和滋味，生长轮明显，轮间界以边缘薄壁组织的微白细线。管孔小，放大镜下可见，散孔材，单管孔或 2 至数个形成复管孔。薄壁组织边缘型，薄壁组织线肉眼清晰可见。射线肉眼下明显，宽度几乎一致。导管略多至多，最大者小至中等；梯状穿孔，导管间的纹孔卵形或大多为卵状多角形，纤维管胞壁薄至中等厚，直径中等至粗。

木材基本密度 400kg/m³、气干密度 510kg/m³；材质轻软，侧面硬度 200—245kgf/cm²。木材干缩中等至大。易加工，可加工成光洁表面；胶粘容易，可染色、磨光及涂油漆。

木材通常用于细木工制品、室内装修材、建筑用材、造船、玩具、胶合板等。

树种 26：

柳木（*Salix matsudana* Koidz.），杨柳科柳属落叶乔木或灌木。

柳属木材约 520 种，主产于北半球温带地区，我国 257 种，122 变种，33 变型，各省区均有产。柳属树种的共同特性是喜水湿，容易插条繁殖，生长快，不可作为高山干旱地区的造林树种，宜植于河堤或平地。我国古代农村中用作小木器、编织、烧炭、水平保持等。其中，西北和西南的乌柳（*S. cheilophila* Schneid.）、西北的筐柳［*S. linearistipularis* (Franch.) Hao］和沙柳等为优良的治沙树木，枝条又可编织用具；产于全国各地的河柳（腺柳，*S. chaenomeloides* Kimura）对水害的抵抗力很强；垂柳、河柳、旱柳和大白柳（*S. maximowiczii* Kom.）可做各种用材；杞柳（*S. sinopurpurea* C. Wang et Ch. Y. Yang）、簸箕柳（*S. suchowensis* Cheng）、蒿柳（*S. viminalis* L.）、沙柳（*S. psammophila* Wang et Yang）的枝条强韧，可编制柳条箱、篮筐等用具。

柳木又称河柳、江柳、旱柳、梢柳等。主要产于华北、西北、东北、华中及安徽、江苏、四川等地区；陕西榆林地区用作沙区用材林的主要造林树种。立木高 15 米。

木材纹理直，结构甚细、均匀。木材边材黄白或浅红褐色，心材浅红褐或暗红褐色，边心材区别明显或略明显。木材具光泽，无特殊气味和滋味。生长轮略明显，散孔材，宽度略均匀；管孔数多，略小，在放大镜下可见，大小略一致，分布均；侵填体未见。轴向薄壁组织不见；木射线略密，极细至甚细，在放大镜下略见，比管孔小，在肉眼下径切面上射线斑纹不见。导管横切面为卵圆形及椭圆形，略具多角形轮廓，多为单管孔，少数为短径列复管孔（通常 2—3 个，稀 4 个），偶见管孔团散生；薄壁细胞端壁节状加厚略明显或不明显，含少量树胶；晶体未见。

木材基本密度 424—490kg/m$^3$、气干密度 524—588kg/m$^3$；材质轻而中，冲击韧性甚高，强度低至中，硬度中等，端面硬度 414—524kgf/cm$^2$，径面硬度 277—462kgf/cm$^2$。木材干缩小或中，干燥后不易变形。不耐腐，不抗蚁蛀，但防腐处理容易。易切削，解锯时板面颇易发毛；油漆后光亮性好，胶粘容易，握钉力小。

木材通常用于家具、包装箱、单板、纸浆、农具、建筑用品、运动器械、各类球棍、扁担、牛轭、假肢、夹板等制品。

树种 27：

秋枫木（*Bischofia javanica* Bl.），大戟科油甘亚科秋枫属半常绿乔木。

秋枫木别名加冬、水架、碰风、水胶、水加、嘎反等。主要产于我国西南及长江流域以南诸省区，南达海南，东至台湾，尤以云南、广东及海南、台湾的产量较多，常生于低海拔温暖潮湿的地区；在云南南部景洪常分布于海拔 500

米左右的阔叶树林中，海南各林区海拔900米以下及广西龙津县小青山、蚂蝗山、上降和凭祥等地海拔200—400米的低山地带均普遍分布；越南、印度、印度尼西亚、菲律宾、日本、澳大利亚亦有。立木高达20米，胸径达1米多。树皮暗灰褐色，易搓成粉末状，灰白色纤维明显；横断面外缘有红色树液积聚。

木材纹理略斜或至交错，结构细而匀。木材边材灰红褐色，心材紫红褐色，常杂有暗色条纹，心边材区别略明显，自外往内材色逐渐加深，窄狭。木材有光泽，无特殊气味和滋味。生长轮不明显，散孔材，管孔略少，中等大小，在肉眼下可见，大小略一致，分布略均匀，通常径列，部分管孔中含有侵填体。轴向薄壁组织未见。木射线密度中，甚细至中，在放大镜下明显，比管孔小，在肉眼下径切面上射线斑纹明显。导管横切面为卵圆形及圆形，径列复管孔（通常2—4个），单管孔较少，管孔团偶见，通常径列。侵填体及树胶偶见。射线细胞多含树胶，菱形晶体常见，端壁节状加厚及水平壁纹孔多而明显。

木材基本密度550kg/m$^3$、气干密度692kg/m$^3$；材质中，冲击韧性中，强度中，端面硬度747kgf/cm$^2$，径面硬度534kgf/cm$^2$。木材干缩小至中，干燥后可能产生蜂窝裂。耐腐，边材常有鳞毛粉蠹虫及变色菌危害，在水中能长久保存。易切削，切面光滑，材色花纹鲜艳美观；油漆后光亮性好，胶粘容易，握钉力良好。

木材特别适用于水中，用作渔轮的肋骨及船底板、码头木桩等；又用作枕木，房屋用搁栅、柱子、地板及其他室内装修、家具、雕刻、农具、棺材、茶叶盒等。

树种28：

银白杨（*Populus alba* L.），杨柳科杨属白杨组白杨亚组乔木。

银白杨主要产于中国新疆，在辽宁、河北、山西、山东、河南、陕西、宁夏、甘肃、青海等地均有分布。银白杨喜大陆性气候、喜光、耐寒不耐荫，耐干不耐湿，低温下无冻害，抗风力强。立木高15—30米，树干不直，树冠宽阔，树皮为白或灰白色。

银白杨木材花纹清晰，纹理直，结构细而均匀，刨削面光滑。心边材区别明显，边材白色，心材呈淡黄褐色，年轮明显。

木材质轻软，气干密度小于其变种新疆杨（409 kg/m$^3$）；干燥性质良好，不裂缝，节疤少；木材顺纹抗压、抗弯曲强度中等，抗弯曲弹性模量与冲击强度低，径向与弦向顺纹抗剪强度和顺纹抗拉强度均属较高。

木材可供建筑、家具、门窗、地板、车箱板、木桶、食品包装箱、造纸等用。